Verhandlungen der Gesellschaft Deutscher Naturforscher und Ärzte

109. Versammlung
Stuttgart vom 19. bis 23. September 1976

Springer-Verlag Berlin Heidelberg GmbH
1978

ISBN 978-3-662-42721-7 ISBN 978-3-662-42998-3 (eBook)
DOI 10.1007/978-3-662-42998-3

Inhalt

I. Allgemeiner Bericht über die 109. Versammlung in Stuttgart

II. Vortragsteil

Universitätsdruckerei H. Stürtz AG, Würzburg.

109. Versammlung der Gesellschaft Deutscher Naturforscher und Ärzte in Stuttgart vom 19. bis 23. September 1976

Allgemeiner Bericht

Die 109. Versammlung der Gesellschaft Deutscher Naturforscher und Ärzte, die vom 19. bis 23. September in Stuttgart stattfand, stand unter dem Generalthema „Der Mensch und sein Lebensraum – Eingriff und Wandel“. In 26 Vorträgen wurden an 4 Tagen nicht nur die vordergründigen Umweltveränderungen behandelt, sondern gerade auch die langfristigen Wandlungsprozesse, die der Mensch durch sein Wirken – teils notwendigerweise, teils unbedacht – auslöst.

Den Vorsitz über die Versammlung und ihre Planung führte Professor Dr. Dr. h.c. H.E. Bock, Tübingen. Wissenschaftlich vorbereitet wurde sie von Professor Dr. Dr. P.H. Hofschneider, Martinsried, und Professor Dr. Dr. H. Schipperges, Heidelberg. Die örtliche Vorbereitung lag in den Händen von Professor Dr. h.c. H.L. Merkle und Professor Dr.-Ing. H. Blenke. Darin wurden sie sehr wirksam von Herrn Direktor U. Frank-Planitz, sowie von der Wuppertaler Geschäftsstelle, Herrn J. Fegers und Frau A. Friese unterstützt.

Die Herbsttage in Stuttgart machten dem vorangegangenen strahlenden Sommer alle Ehre; die Stadt war dabei, sich von den schweren Operationen durch den U-Bahnbau zu erholen, und bot mit der Liederhalle als Tagungsort einen harmonischen Rahmen. Besichtigungsfahrten zu Forschungsinstituten und Industriebetrieben, zu kulturellen und landschaftlichen Schönheiten des Schwabenlandes rundeten das Programm ab. Aus einem abendlichen Puppenspiel von Albrecht Roser werden „Gustaf und sein Ensemble“ vielen im Gedächtnis bleiben, vor allem der Professor und die schwäbische Oma, die behauptete, schon an der Stuttgarter Naturforscherversammlung von 1938 teilgenommen zu haben. Einen Höhepunkt des Rahmenprogramms bildete der Schwäbische Abend in der Schwabenlandhalle Fellbach am Mittwoch, zu dem der frühere Fellbacher Bürgermeister, Staatssekretär G. Palm die Teilnehmer bei Weinprobe, Gesang und Tanz herzlich begrüßte.

Mit einem gut besuchten öffentlichen Abendvortrag von Professor Dr. H.J. Elster über „Der Bodensee – Bedrohung und Sanierungsmöglichkeiten eines Ökosystems“ wandte sich die Gesellschaft auch an die breite Öffentlichkeit der Baden-Württembergischen Landeshauptstadt. Über Presse, Rundfunk und Fernsehen wurden Berichte über die Versammlung weit über Stuttgart hinausgetragen.

Besonderen Rang erhielt die 109. Versammlung durch die Teilnahme des Bundespräsidenten Walter Scheel an der Eröffnungssitzung im vollbesetzten Silcher-Saal der Liederhalle am Sonntag, dem 19. September.

Nach 2 Sätzen aus dem Streichquartett c-Moll op. 51 Nr. 1 von Johannes Brahms, gespielt vom Melos-Quartett, eröffnete Professor Merkle die Versammlung durch folgende Ansprache:

Meine sehr verehrten Damen, meine Herren,

Es ist nicht die Regel, daß Versammlungen der Gesellschaft Deutscher Naturforscher und Ärzte durch die Anwesenheit des Staatsoberhauptes der Bundesrepublik Deutschland ausgezeichnet werden. Jedenfalls mußte sich die Gesellschaft seit 1958 mit dem schriftlichen Ausdruck des allerhöchsten Interesses begnügen: Theodor Heuss war der letzte Bundespräsident, der seine Verbundenheit mit ihr auch persönlich bekundete, indem er auf der 100. Versammlung unbekannte Einzelheiten aus ihrer ehrwürdigen Geschichte vortrug. Als einer der örtlichen Geschäftsführer und zugleich im Namen meines Kollegen Blenke möchte ich deshalb Sie, Herr Bundespräsident, ganz besonders herzlich begrüßen. Dieser Gruß gilt selbstverständlich auch Ihnen, sehr verehrte Frau Dr. Scheel, zumal ich von Ihnen vermuten darf, daß Sie nicht nur aus protokollarischen Gründen, sondern auch aus ärztlicher Berufsverpflichtung bei uns sind.

Einen ebenso herzlichen Gruß rufe ich Ihnen, Herr Ministerpräsident, zu. Wir wissen das Opfer an Zeit und Kraft zu würdigen, das Sie gerade heute bringen, um unter uns zu sein.

Unsere Grüße und unser Dank gelten des weiteren allen Persönlichkeiten aus der Politik, dem öffentlichen Leben, aus der Wissenschaft, der Wirtschaft und der Publizistik, die sich heute eingefunden haben. Ich begrüße, stellvertretend für alle Vertreter von Körperschaften, Herrn Oberbürgermeister Rommel und die Magnifizenzen und die Herren Präsidenten der wissenschaftlichen Hochschulen und der wissenschaftlichen Gesellschaften aus dem In- und Ausland, die unserer Veranstaltung Glanz geben.

Sie alle aber, meine sehr verehrten Damen, meine Herren, die ich nicht beim Namen nennen kann, sind ebenso herzlich in diese Grußworte eingeschlossen; ich danke Ihnen aufrichtig dafür, daß Sie an einem Sonntagnachmittag gekommen sind, um Ihr Interesse an der Arbeit unserer Gesellschaft zu beweisen, die in diesen Tagen zeigen will, daß sie 154 Jahre lang jung geblieben ist.

Als ich vorschlug, die 109. Versammlung unter das Zeichen des Heilbronner Arztes und Naturforschers Robert Mayer zu stellen, war ich mir wohl seiner schwäbischen Herkunft und wissenschaftlichen Leistung, nicht aber seiner tiefen, für ihn teilweise schmerzlichen Beziehungen zu unserer Gesellschaft bewußt. Heute wissen wir, daß Mayer mit ihr viel mehr verbindet, als es zunächst den Anschein hatte. Denn er besuchte von 1858 bis 1869 nicht nur sechs ihrer Versammlungen, sondern betrachtete die Einladung zum Vortrag auf der Innsbrucker Tagung gestern vor 107 Jahren als den Höhepunkt seines Lebens. Damals, am 18. September 1869,

waren 27 lange Jahre vergangen, seit seine „Bemerkungen über die Kräfte der unbelebten Natur“ in den von Justus Liebig herausgegebenen „Annalen der Chemie und Pharmacie“ erschienen waren.
Obwohl Mayer in diesem Aufsatz als erster das Gesetz von der Erhaltung der Energie, und damit eines der Prinzipien der modernen Physik, formuliert hatte, blieb ihm die Anerkennung zunächst versagt. Das mag man darauf zurückführen, daß er für die Veröffentlichung auf Liebigs Annalen angewiesen war, die nicht zur Pflichtlektüre der Physiker gehörten. Bei dem Redakteur von Poggendorfs Annalen, die von den Physikern gelesen wurden, hatte der physikalische Autodidakt keinen Anklang gefunden. Auseinandersetzungen mit Helmholtz (auch dieser hatte bekanntlich als Arzt begonnen) und mit Joule traten hinzu. Erst als der Widersacher Helmholtz, der Mayers Anspruch anfangs hartnäckig bestritt, einräumte, dem Arzt aus Heilbronn gebühre die Priorität, häuften sich die Ehrungen, unter den sich schließlich zwei Ehrendoktorhüte und der königlich-württembergische Adelsbrief befanden.
1863 wurde Mayer zum ersten Dr. rer. nat. der Welt promoviert — von derselben Universität Tübingen, die ihn ein Vierteljahrhundert zuvor relegiert hatte, weil neben seiner „unschicklichen Kleidung“ seine Zugehörigkeit zu einer allzu fortschrittlichen Studentenverbindung unliebsam aufgefallen war. Man sieht, das gab es schon in früheren Zeiten. Ich füge an, daß der renitente Student von einst in den revolutionären Wirren von 1848/49 als Anhänger der Monarchie galt und in Sinzheim, während des badischen Aufstandes, als royalistischer Spion denunziert, nur knapp einem Standgericht der Freischärler entging. Alles in allem war er aber eine unpolitische Natur, die in erster Linie ihren wissenschaftlichen Neigungen nachging.
Die Gesellschaft Deutscher Naturforscher und Ärzte — das kann und darf in diesem Zusammenhang nicht verschwiegen werden — ehrt mit Robert Mayer freilich nicht etwa nur den bedeutenden Wissenschaftler, der aus dem Lande stammt, dessen Hauptstadt 1976 Gastgeberin ihrer 109. Versammlung ist. Sie schmückt sich auch nicht bloß mit dem Bilde eines Mannes, den sie, weil er ihre Tagungen besuchte und an ihrer Arbeit Anteil nahm, für sich in Anspruch nehmen möchte. Sie bekennt mit dieser Ehrung auch, daß sie ihm Wiedergutmachung schuldet — nicht nur in einem ganz allgemeinen Sinn, stellvertretend für die vielen, die ihn zu Lebzeiten unterschätzten und mißachteten, sondern auch, weil die Physikalische Sektion der 59. Versammlung Deutscher Naturforscher und Ärzte Helmholtz — als habe Robert Mayer überhaupt nie existiert — 1886 in einem Telegramm als Vater des Energieerhaltungsgesetzes feierte.
Mayer ist 1878 im Alter von 63 Jahren gestorben, nachdem er schon zuvor mehrmals totgesagt worden war. An seinem Grabe sagte der Geistliche: „Es ist die Weise der geheimnisvollen Ratschlüsse Gottes über des Menschen Leben, daß die glänzendsten Gaben und Kräfte oftmals in zerbrochene Gefäße gelegt werden“ — womit angedeutet war, was dieses Leben verdunkelt hatte. Theodor Heuss, der ihn in seinen „Deutschen Gestalten“ porträtiert hat, schrieb: „Man blickt mit Schmerz auf die tragischen Jahre, da sich ... ein weltweiter Geist in der Kleinstadtenge wundstößt ...“ „Er erfuhr“ — so Heuss weiter — „jenes Schicksal des Außenseiters, der, von der Fernwirkung seines Gedankens gepackt, vergeblich auf Echo wartet, und dann, als doch die Frage die Menschen zu bewegen beginnt, nicht seinen, sondern andere Namen hört.“
Robert Mayer (den der englische Physiker Tyndall, in seiner Verehrung gewiß übertreibend, als größten Genius des 19. Jahrhunderts bezeichnete und den sein Stuttgarter Biograph Weyrauch mit Galilei, Kepler und Newton in einem Atemzuge nannte) teilt das Schicksal, verkannt zu werden, mit anderen Forschern. Denn es entstehen in manchen Phasen der wissenschaftlichen Entwicklung, wie wir wissen, neue Gedanken und Entdeckungen in vielen Köpfen zugleich, als ob es einen Zeit- und Weltengeist gebe, der die Durchbrüche heranreifen läßt. Häufig genug fällt es dann den Zeitgenossen schwer, die Prioritäten richtig zu erkennen, den Lorberr gerecht zu verteilen, und Auseinandersetzungen in der Öffentlichkeit waren und sind nicht selten. Nachdem Leibniz in den Acta Eruditorum des Jahres 1684 erstmals den Calculus, die Differentialrechnung, beschrieben hatte, kam es zwischen ihm und Newton zu jahrelangem Streit, der von Rechtsanwälten geführt wurde; Newton machte geltend, er habe Leibniz im vorangegangenen Briefwechsel auf die Spur gebracht.
Die Geschichte unserer Gesellschaft liefert ein Beispiel dafür, was aufbauende Zusammenarbeit vermag, um Erkenntnisse zu sichern. Man kann bei Max Born nachlesen, daß „die Relativitätstheorie um 1900 sozusagen in der Luft lag“. Im Jahr 1905 publizierte Albert Einstein seine grundlegende Arbeit. Aber es blieb Hermann Minkowski vorbehalten, „ihr die endgültige mathematische und logische Darstellung“ zu geben — und dies geschah in einem Vortrag auf der 80. Naturforscherversammlung 1908 in Köln.
Im Auftreten des Empirikers und Arztes Mayer und des Theoretikers und Physikers Minkowski in den Versammlungen unserer Gesellschaft — verlassen wir die besonderen Aspekte, die ihr Leben und ihre wissenschaftlichen Taten bieten — drückt sich nun die Spannweite aus, die eine Gesellschaft von Naturforschern *und* Ärzten auszeichnet, also eine Gesellschaft, die sich der übergreifenden wissenschaftlichen Arbeit schon vor anderthalb Jahrhunderten angenommen hat, längst bevor der Begriff der interdisziplinären Forschung geprägt worden war.
So steht auch die 109. Versammlung der Gesellschaft unter einem die Grenzen sprengenden Thema:

Der Mensch und sein Lebensraum
— Eingriff und Wandel —

Sprechen wir von Wandel, so könnte noch immer ein Stück Fortschrittsglaube mitschwingen, der doch in vieler Hinsicht kritischer Betrachtung bedarf, seitdem wir nach mancher Enttäuschung gelernt haben — oder gelernt haben sollten —, daß nicht jeder Wandel ein Fortschritt ist — und vielleicht auch, daß nicht jeder Fortschritt Umwälzung bedingt.
Auf das „finstere Mittelalter“ blicken wir mit der Überlegenheit der Fortschrittsgläubigen zurück oder herab, ohne uns bewußt zu sein, wie nah wir ihm noch sind. Es ist noch nicht viel mehr als hundert Jahre her — unsere Großväter waren Zeitgenossen —, daß man Robert Mayer in die Zwangsjacke steckte, um seinen „Größenwahn“ zu brechen, den man darin sah, daß er für sich beanspruchte, das Gesetz von der Erhaltung der Energie als erster entdeckt zu haben. Mir scheint die Finsternis zeitlich und räumlich noch nicht so weit von uns entfernt zu sein, als daß wir uns völlig von Mitverantwortung freisprechen könnten, und es gibt Hinweise auf die Anwendung der Zwangsjacke auch in unserer Zeit — ich meine das nicht nur in übertragenem Sinn.
Der 109. Versammlung der Gesellschaft Deutscher Naturforscher und Ärzte wünsche ich, daß sie dem Menschen und der Menschlichkeit gerecht werde. Ich erkläre sie hiermit für eröffnet, und ich bitte, Herr Bundespräsident, daß Sie jetzt zu uns sprechen.

Die gemeinsame Verantwortung von Wissenschaft und Politik für die Zukunft der Menschen hob Bundespräsident Walter Scheel in der folgenden Ansprache hervor:

Herr Ministerpräsident, Herr Vorsitzender,
meine Damen und Herren!

Seit der ersten Zusammenkunft im Jahre 1822 sind die Versammlungen der Gesellschaft Deutscher Naturforscher und Ärzte ein

Spiegelbild des geistigen, kulturellen und auch des politischen Geschehens in Deutschland. Ein Blick auf das diesjährige Programmheft zeigt, daß auch diese Versammlung den Anspruch darauf erheben kann.
Sich dem Geist verpflichtet wissen, heißt vor allem und zuerst offen sein und offenbleiben für neue Erkenntnisse und Einsichten. Das schließt auch die Bereitschaft ein, neue Prioritäten zu setzen.
Das 19. Jahrhundert glaubte an die unbegrenzten Möglichkeiten der Naturwissenschaften. Die heutige Generation von Naturwissenschaftlern ist bescheidener geworden. Naturwissenschaftliches Denken und Forschen wird nicht mehr als ein Wert an sich betrachtet. Der Naturwissenschaftler hat die Pflicht, die Folgen seines Denkens für die Menschen mitzubedenken. Ich glaube nicht mehr daran, daß der Naturwissenschaftler seine Hände in der Umschuld einer abstrakten Wahrheit – das heißt einer Wahrheit, die von dem Menschen absieht – waschen darf. Die Möglichkeiten, die sein Denken dem Mißbrauch bieten, sind zu schrecklich geworden.
Ihre Gesellschaft hat sich von Anfang an als ein Zusammenschluß aller deutschen Naturforscher und Ärzte verstanden. Äußerlich kam das schon dadurch zum Ausdruck, daß die Versammlungen abwechselnd in allen Großstädten Deutschlands und Österreichs abgehalten wurden. Die ganze Nation war gemeint, als man sich den Namen „Deutsche Naturforscher" gab. 1822 schien die Möglichkeit, die staatliche Einheit Deutschlands zu verwirklichen, in weite Ferne gerückt. Das hat die Männer und Frauen, die damals das geistige Deutschland repräsentierten, nicht abgehalten, die Grenzen der Teilstaaten negierend, das Gespräch und geistigen Austausch untereinander zu suchen. Doch auch diese Gesellschaft hat ihren Tribut an den Zeitgeist gezahlt. Im ausgehenden 19. Jahrhundert blieben auch ihre Versammlungen nicht frei von übersteigertem Nationalismus.
Es ist der Ungeist, der trennt und stets bemüht ist, Grenzen und Mauern zu errichten und Fronten aufzubauen, zu halten und zu verstärken. Kennzeichen des Geistes ist es, daß er Grenzen überspringt, Menschen verbindet und Hoffungen lebendig erhält. Im Vertrauen auf diese Wirkung des Geistes liegt auch heute die friedliche Chance derer, die hüben und drüben als deutsche Wissenschaftler an der Einheit der Nation unbeirrt festhalten.
Die Wissenschaft hat mit dem, was sie erforscht hat, die Welt grundlegend verändert. Sie wird auch die weitere Entwicklung bestimmen. Darum erwarten die Menschen von den Wissenschaftlern nicht nur eine Antwort auf die Frage, wie es weitergehen *wird*, sondern wie es weitergehen *soll*, wenn der Wandel dem Menschen und unserer Erde zum Wohl und nicht zum Schaden gereichen soll.
Es ist ein Verdienst der Wissenschaftler, die diese 109. Versammlung der Gesellschaft Deutscher Naturforscher und Ärzte vorbereitet haben, daß sie – wie das Programmheft es ausweist – bereit sind, sich dieser Frage zu stellen. Sie haben der Versuchung widerstanden, die Naturwissenschaftler aufzufordern, einfach weiterzumachen, die Menetekel zu übersehen, sich in ihrer Arbeit nicht stören zu lassen. Sie haben den Mut gehabt, Warnschilder vor den Gefahren aufzurichten, auf die wir zusteuern.
Der Mensch und sein Lebensraum ist das Thema dieser Tage. Dieser Lebensraum ist bedroht: die Böden sind erschöpft, die Gewässer sind krank, die Energie wird knapp. Über die Nebenwirkungen der Pflanzenschutzmittel, über die Chancen und Gefahren der Biotechnologie wird in den nächsten Tagen von Fachwissenschaftlern berichtet. Mit dem allen wird zugleich nach der Zukunft des Menschen gefragt. Was steht ihm bevor, wenn gezielte Eingriffe in die Erbsubstanz technisch möglich sind und moralisch akzeptiert werden, wenn durch Veränderungen der Gehirnfunktionen sein soziales Verhalten geändert werden kann, wenn durch Psychopharmaka der Wille, die Vernunft und die Verantwortung, kurz die Persönlichkeit des Menschen, manipuliert werden?
Das sind die schrecklichen Möglichkeiten der Wissenschaft. Doch schon in der Gegenwart haben wir uns mit zahlreichen Zivilisationsschäden herumzuschlagen, die in engem Zusammenhang mit dem Fortschritt von Technik und Medizin stehen. Erwähnt sei hier nur das Stichwort Hospitalismus. Auch er wird ein Thema dieser Versammlung sein.
Kennzeichnend für diese Tage in Stuttgart ist, daß Wissenschaftler versuchen, eine Antwort auf die Frage zu geben, wie die Wissenschaft die Fortschritte von Wissenschaft und Technik bewältigen kann. Darum geht es.
Es geht um eine radikale Abkehr von einer im Industriezeitalter selbstverständlich gewordenen Einstellung zur Natur. Bisher wurde die Natur als ein Reservoir von Rohstoffen angesehen, die der Mensch ausschließlich zu *seinem* Nutzen verwendet. Die Natur wurde ausgebeutet. Und man war der Meinung, daß ihre Reserven ewig reichen würden. Heute stehen wir vor dem Resultat, daß wir uns auf diese Weise eine Umwelt geschaffen haben, die zunehmend menschenfeindlicher wird. Das Leben unserer Kinder und Enkel ist erst dann gesichert, wenn es gelingt, mit den Mitteln von Wissenschaft und Technik den gestörten Kreislauf der Natur, das ausbalancierte ökologische System von Boden, Luft und Wasser, von Pflanzen- und Tierwelt, wieder ins Gleichgewicht zu bringen.
Die gewandelte Einstellung zur Natur wird zwangsläufig auch zu einem gewandelten Selbstverständnis des Menschen führen. Das durch Zivilisation und Technik verschüttete Bewußtsein, selbst ein Stück Natur zu sein, muß wieder zum inneren Kompaß für Tun und Handeln werden. Ein neues Verantwortungsbewußtsein verbietet es, alles, was machbar ist, auch zu machen.
Ein realistisches Bild vom Menschen bewirkt auch ein vertieftes Verständnis von Alter, Krankheit und Tod. Eine, wie viele Fachleute meinen, unerläßliche Voraussetzung dafür, daß übertriebene Erwartungen an die Medizin abgebaut werden.
Meine Damen und Herren, angesichts der tiefgreifenden Bewußtseinsveränderungen, die notwendig sind, taucht die kritische Frage auf, ob wir das überhaupt leisten können. Gibt es in der Geschichte der Menschheit Beispiele dafür, daß der Mensch angesichts drohender Gefahren sein Verhalten so gründlich geändert hat, wie eine verantwortungsbewußte Wissenschaft das heute von uns fordern muß.
Wie auch immer man diese Frage beantworten mag, wir haben keine andere Wahl. Sonst sind wir vielleicht in 50 Jahren mit unserem Latein am Ende, wenn, um nur einige Beispiele zu nennen,
– die Bevölkerung im gleichen Tempo weiterwächst,
– die Frage der Energieerzeugung nicht weit vorausschauend gelöst wird,
– die Rezyklisierung von Müll und Rohstoffen nicht schon heute mit aller Energie betrieben wird,
– die Herstellung und Beseitigung von Kunststoffen nicht schon bald weltweit geregelt wird.
In dieser Situation müssen Wissenschaft und Politik ein Bündnis eingehen. Das hat zur Voraussetzung, daß Politiker in der Lage sind, zwischen Prognosen, die wissenschaftlich fundiert sind und dem, was unwissenschaftlicher Panikmache entspringt, unterscheiden zu können. Das setzt voraus, daß sie selbst wissenschaftliches Denken verstehen können, eine Forderung, die mir für die Politiker von morgen unerläßlich erscheint. Die Wissenschaftler ihrerseits müssen lernen, politisch zu denken, damit sie in der Lage sind, die Wirkungen ihrer Forschungsarbeit politisch abzuschätzen. Dazu gehört auch, daß sie bereit sind, die Ergebnisse ihrer Arbeit in einer Sprache mitzuteilen, die dem Laien verständlich und zugänglich ist. Denn ohne Mitwirkung und Zustimmung einer breiten Mehrheit sind die Änderungen von der Art, die heute notwendig sind, nicht durchsetzbar.
Wissenschaft und Politik stehen vor einer Bewährungsprobe, die sie nur gemeinsam bestehen können. Nur gemeinsam können sie erreichen, daß die Perspektiven der Zukunft intellektuell begriffen und moralisch, kulturell, wirtschaftlich und politisch bewältigt werden.

Im Namen des Landes Baden-Württemberg hielt Ministerpräsident H. Filbinger die folgende Grußansprache:

Meine sehr verehrten Damen und Herren!

Ich glaube nicht fehl zu gehen, wenn ich in der Gesellschaft Deutscher Naturforscher und Ärzte eine jener großen Traditionen wirken sehe, welche die europäische Kultur bestimmen. Von Europa wurde jenes „analytische Denken" entwickelt, das die Grundlage vor allem auch der Naturwissenschaft darstellt. Ich verstehe dieses analytische Denken als ein auf's Äußerste ausgebildetes abstraktes Denken, das aber gleichwohl die Beweislast jeweils bei der Empirie beläßt. Es ist dieses Denken ein bewegliches und bewegendes Denken, das als solches keine letzten – wissenschaftlichen – Wahrheiten kennt, aber eben darum, weil es auf das Wirkliche zurückgreift, zugleich das Religiöse als sinnstiftende Kraft zu verstehen imstande ist.
Diese Konzeption geistig-wissenschaftlicher Erkenntnis enthält in sich selbst jene „Tendenz zur Freiheit", die mir als die andere große Tradition der europäischen Kultur erscheint, zu der in moderner Zeit u.a. auch Nordamerika zählt. Wird doch kaum irgendwo anders eine Sache schon deshalb gefördert, weil sie die Freiheit vermehrt, sei es durch eine ausgebreitetere Bewältigung der Natur, sei es durch eine entwickeltere Gestaltung der sozialen Dinge.
Aufgrund dieser beiden eben angesprochenen Traditionen ist es dann der europäischen Kultur gelungen, das menschliche Individuum zu entfalten als ein Wesen, das sich frei Ziele setzt und anhand von Ordnungsvorstellungen eine Gesellschaft konstituiert. Indem das Individuum zugleich als der Zweck jeder Gesellschaftlichkeit erscheint, obliegt es dann der Gesellschaft, einem jedem Individuum bestimmte Rechte und Chancen einzuräumen.
Ich mache diese Bemerkungen, weil ich meine, daß in ihnen die Gründe benannt sind, welche die europäische Kultur zu einer offenen Struktur gemacht haben, offen für jegliche Herausforderung und für jedweden Veränderungswillen. Die offene Struktur der europäischen Kultur aber ist die entscheidende Grundlage gerade der Naturwissenschaft und ihrer Anwendungen. Sie bedingt, daß die europäische Geschichte keinen – innerweltlich vorgegebenen – Zielbegriff kennt, was unsere Gesellschaft zwar anfällig macht für Irritationen und Krisen, sie aber zugleich instand setzt, mit Störungen fertig zu werden, die für Gesellschaften mit einhelliger, von vornherein festgelegter Zielrichtung zu Katastrophen führen müssen.
Von hier aus gelange ich zu zwei Feststellungen: Zum einen: Wissenschaftler dürften es nicht hinnehmen, daß die Fragen nach Sein und Sinn, nach Wert und Gott als unwissenschaftlich, als unvereinbar mit Wissenschaft hingestellt und ausgegeben werden. Gehört es doch zu den Grundprinzipien aller Wissenschaft, daß ein zur Erklärung bestimmter Phänomene erfundenes System nichts auszusagen vermag über Phänomene, die einem anderen Bereich angehören. Die offene Struktur der Wissenschaft schließt eine solche Offenheit über das jeweilige System der einzelnen Fachwissenschaft hinaus nicht *aus*, sondern notwendigerweise *ein*.
Zum anderen: Wissenschaftler müssen füglich für ein politisches System votieren, daß es ihnen möglich macht, Mitverantwortung für die Ergebnisse ihrer wissenschaftlichen Arbeit zu übernehmen. Die offene Struktur der Wissenschaft verlangt eine offene Struktur von Staat und Gesellschaft, drängt auf freiheitliche und rechtliche Verhältnisse im Gemeinsamen. Gerade Sie, die Naturforscher und Ärzte, scheinen mir in diesem Zusammenhang aufgerufen zu sein, um der Sache der Wissenschaft willen die Sache der Freiheit zu fördern, aus Sachlichkeit und Sachverstand also die politische Freiheit zu stützen, auf daß die Wissenschaft selber frei bleibe von Politik, vom Zugriff der Politik. In diesem Sinn wächst der Wissenschaft dann freilich auch eine politische Komponente zu.
Ich denke noch an eine andere Komponente von Wissenschaft, von angewandter Wissenschaft insbesondere, die selber zwar keine politische ist, aber in Politik hineinreichen kann. Ist es doch so, daß ein Erfinder oder Konstrukteur seine Hervorbringung, sein Werk auch dann schätzt und für wertvoll befindet, wenn es noch nicht zur Vollkommenheit entwickelt, wenn es noch der Verbesserung bedürftig ist. Mit anderen Worten: Auch die Stufe erscheint dem Erfinder und Konstrukteur für wichtig und wesentlich, wohl wissend, daß es sich um eine Stufe handelt, um einen Durchgang zum Besseren, in welcher immer aber alle Stufen des Durchgangs enthalten bleiben und aufgehoben sind.
Hier gilt es für die politisch verantwortlich handelnden Bürger anzuknüpfen. Das heißt, daß die jeweilige politische und gesellschaftliche Gegenwart zumindest in den demokratischen Industriestaaten der westlichen Welt immer auch als etwas schon Schätzenswertes und Bewahrenswertes betrachtet werden muß, als etwas, was zwar weiterentwickelt und verbessert werden kann, was aber nicht umgestoßen oder zerschlagen werden darf. Es ist den demokratischen Industrieländern – nicht zuletzt durch Wissenschaft, Technik und Medizin – bisher gelungen, Hunger und Elend einigermaßen aus ihren Grenzen zu verbannen. Als demokratische Staaten garantieren sie außerdem rechtliche Gleichheit und politische Freiheit. Auf diese Weise haben die meisten westlichen Länder einen politischen und sozialen Standard gewonnen, der es verbietet, zum gesellschaftlichen Umsturz aufzurufen oder gar revolutionäre Gewalt anzuwenden, weil diese nicht aus der alltäglichen Erfahrung politischer Unterdrückung oder sozialer Ausbeutung abgeleitet werden können. Schließlich haben die demokratischen Rechtsstaaten politische, publizistische und nicht zuletzt rechtliche Mittel entwickelt, deren Gebrauch es möglich macht, wünschbare oder notwendige Veränderungen in die Wege zu leiten und die Bürger vor Willkür und Zurücksetzungen zu schützen.
Diese Gemeinsamkeit in der Haltung von Wissenschaftlern, Ingenieuren und Ärzten einerseits und uns Politikern andererseits gegenüber den Gegenständen unseres Denkens und Handelns erscheint mir auch deshalb der Hervorhebung wert, weil sich in ihr abermals eine der Gemeinsamkeiten aufzeigen läßt, welche die europäische Kultur in all ihrer Vielfalt doch als eine Einheit ausweisen.
Dabei bin ich mir durchaus bewußt, daß es eben in dieser Gemeinsamkeit auch Unterschiede gibt – beispielsweise den, daß der Gegenstand politischen Handelns keine mechanische Konstruktion ist – aber das gilt auch für den Gegenstand ärztlichen Handelns. Ein anderer Unterschied besteht darin, daß die Offenheit etwa des Ingenieurs für Veränderungen und Verbesserungen sich zeitlich dehnen läßt, während die Entscheidung des Politikers nicht selten von Tag zu Tag herausgefordert ist. Wo der eine, der Wissenschaftler oder Ingenieur, vor der Offenheit von sachlichen Möglichkeiten steht, steht der andere, der Politiker, zudem oft genug vor der Geschlossenheit von Sachzwängen. Was sie dann wieder verbindet, ist das Kriterium, ob das, was sie geschaffen oder geleistet haben, dann auch seine Funktion zu erfüllen vermag.
Damit will ich beileibe nicht dem bloßen Funktionieren das Wort reden, das aus uns beiden, Wissenschaftlern wie Politikern, schließlich nur noch Funktionäre machen würde. Daß eben dieses nicht gemeint sein kann, geht aus dem vorhing Gesagten mit hinlänglicher Deutlichkeit hervor. Aber daß unsere Hervorbringungen, unsere Werke, zu etwas taugen sollen, zu etwas dienlich sein sollen, das steht doch außer Frage: sei es zur Erklärung eines Phänomens, sei es zur Herstellung eines Werkzeugs oder Hilfsmittels, sei es zur Wiederherstellung von Gesundheit oder zur Ordnung des menschlichen Zusammenlebens. In allen diesen Fällen handelt es sich letzten Endes um die Verbesserung von Lebenschancen, nicht zuletzt auch von geistigen Lebenschancen. In diesem Sinn wünsche ich Ihnen, die Sie hier versammelt sind, für die kommenden Tage eine fruchtbare und gedeihliche Arbeit. Denn: Eine menschliche Wissenschaft und eine menschliche Politik – sie gehören zusammen!

Verhandlungen der Gesellschaft Deutscher Naturforscher und Ärzte 1976

Im Namen der Stadt Stuttgart hieß Oberbürgermeister Manfred Rommel die Teilnehmer willkommen:

Hochverehrter Herr Bundespräsident!
Sehr verehrter Herr Ministerpräsident!
Sehr verehrte Herren Professoren Bock und Merkle!
Meine sehr geehrten Damen und Herren!

Ich habe die Freude, Sie im Namen der Stadt Stuttgart herzlich zu begrüßen.
Stuttgart hat als Tagungsort der Naturforscher und Ärzte eine Tradition, die bis 1834 zurückreicht und die bis 1801 zurückreichen könnte, wenn der damalige Herzog und spätere König Friedrich der I. von Württemberg, der ein bedeutender, aber auch mißtrauischer Monarch war, nicht eine damals geplante Versammlung von Naturforschern und Ärzten in Stuttgart untersagt hätte.
Die Natur hat sich an Friedrich gerächt, indem sie ihn mit einem mächtigen Appetit und mit entsprechender Leibesfülle ausgestattet hat, so daß Napoleon angeblich gesagt hat, an Friedrich habe Gott demonstrieren wollen, wie weit sich menschliche Haut ausdehnen kann.
Die Einstellung des Menschen zur Natur und zu den in ihr wirkenden Kräften schwankt schon seit jeher zwischen Vertrauen und Mißtrauen.
Zu den Mißtrauischen gehörte unser Landsmann, der berühmte Barockprediger Abraham a Santa Clara, der meinte, es gebe nur ein einziges Wasser, das Heilkraft hat: nämlich das, welches dem bußfertigen Sünder aus den Augen fließt.
Ich bin froh, daß dieser etwas radikale Standpunkt hinsichtlich der Heilwirkung des Wassers heute nur noch selten eingenommen wird, denn in unserem Land und in unserer Stadt sind die bußfertigen Sünder nur durchschnittlich vorhanden, die Heilquellen aber in überdurchschnittlichem Maße.
Abraham a Santa Clara lieferte Vorlage und Vorbild für Schiller's Kapuzinerpredigt in Wallensteins Lager, deren Aussage „Das deutsche Reich ist geworden ein deutsch Arm" eine zwar im 30jährigen Krieg richtige, aber leider auch heute viel gehörte und insoweit unzutreffende Behauptung ist, die auf den Verlust des rechten Maßes zurückgeführt werden muß.
Ich erwähne hier Schiller mit besonderer Freude, weil er ein großer deutscher Dichter und gleichzeitig ein Naturwissenschaftler und Mediziner war und weil er hier in Stuttgart an der Hohen Carlsschule Examensergebnisse erzielt hat, die auch heute jeden Numerus clausus überwunden hätten; ob er deshalb ein guter Arzt geworden wäre, soll freilich dahingestellt bleiben.
Jedenfalls verließ er die Medizin und diese Stadt mit der Sehnsucht nach völliger Entschwäbung, wobei sich letzteres weniger gegen Stuttgart richtete, als gegen den mit den Grundsätzen der inneren Führung nicht vertrauten Herzog Karl Eugen.
In seinen Briefen über die ästhetische Erziehung warnte Schiller vor dem Menschen, der, nur an ein kleines Bruchstück des Ganzen gefesselt, sich selbst nur als Bruchstück ausbilde und der bloß zum Abdruck seines Geschäfts und seiner Wissenschaft werde, eine Warnung, die durchaus mit der Einsicht verbunden war, daß die Gattung durch keine andere Art als durch Spezialisierung Fortschritte machen könne.
Was damals erst in Ansätzen sichtbar wurde, ist längst Wirklichkeit geworden. Ein Jahrhundert später, fast auf den Tag genau vor 70 Jahren, 1906 hier in Stuttgart, hat Generalarzt Dr. v. Burckhardt bei der Eröffnung der 78. Versammlung der deutschen Naturforscher und Ärzte auf die „ungeheure Arbeitsteilung" hingewiesen, zu der die Fortschritte auf medizinischem und naturwissenschaftlichem Gebiet geführt hatten.
Dieser Prozeß schreitet weiter fort, nicht nur in den Naturwissenschaften. Die sich immer breiter ausfächernde Spezialisierung, die fortschreitende Wechselwirkung zwischen den Spezialbereichen, das Bemühen, die Einheit in der Vielfalt zu wahren und eine Theorie fortzuschreiben – die Flexibilität und Ordnung vereint und die gerade deshalb ihre Grenzpfähle immer weiter in unbekanntes Gebiet vorschieben kann –, all dies hat Naturwissenschaften, Medizin und Technik zu Prunkstücken menschlichen Geistes werden lassen, Prunkstücke, die wir Politiker fast mit Neid betrachten, denn bei uns wollen sich die gebotene Flexibilität in der Theorie und die Einheit in der Vielfalt nicht recht einstellen. Unsere Experten leben friedlich miteinander. Sie sind zwar untereinander uneinig!
Aber einig sind sie in ihrem Mißtrauen gegenüber Bemühungen, die Ungereimtheiten und Widersprüche durch eine Politik aus einem Guß aufzulösen und so erscheint die sich als Addition der Spezialistenstandorte mißverstehende Politik als der Versuch, in einem Gefäß, das 1 l faßt, 2 l unterzubringen, ein Versuch, dem die Naturwissenschaft keine Erfolgschance geben dürfte, und am Schluß bleibt nur das dem Sünder aus den Augen fließende Wasser, von dem Abraham a Santa Clara gepredigt hat.
Für Wissenschaften und Politik bleibt die Aufgabe, die Teilbereiche zu einem sinnvollen Ganzen zusammenzufügen. Und wie zu Schiller's Zeit geht es darum, Standorte zu finden, die es ermöglichen, den Menschen als Ganzes zu sehen und die es dem Menschen gestatten, sich selbst als Ganzes zu entwickeln. Dazu bedarf es der richtigen Distanz: Sie darf nicht so groß sein, daß der Mensch nicht mehr zu erkennen ist, sie darf nicht so klein sein, daß der Mensch nur noch im Bilde seiner Teile sichtbar wird.
Denn Karl Kraus hat recht, wenn er schreibt, daß in letzter Konsequenz die Analyse, also die Zerlegung ins einzelne, Staub aus dem Menschen macht.
Was auseinandergedacht wird, muß wieder zusammengedacht werden.
Der von den auf Stuttgarter Markung angesiedelten Bombasten von Hohenheim abstammende Paracelsus, einer der ersten wissenschaftlichen Realisten in Deutschland, hat die Vereinzelung der Wissenschaften ebenso bekämpft, wie die Entfernung der Naturwissenschaften und der Medizin vom Menschen.
Von ihm, der auf seine Weise ein frommer, gottesfürchtiger Mensch gewesen ist, stammt das Wort:
„Alle Ding, so in der Natur, sind von des Menschen wegen".
Der Mensch wird seinen Lebensraum nur wahren, wenn er zu sich selbst zurückfindet.
Ich wünsche Ihnen für die 109. Versammlung der deutschen Naturforscher und Ärzte alles Gute.

Professor Dr. Dr. Reimar Lüst, Präsident der Max-Planck-Gesellschaft, sprach im Namen der Akademien und befreundeten Gesellschaften:

Herr Bundespräsident,
Herr Ministerpräsident,
Herr Bock, Herr Merkle,
meine sehr verehrten Damen und meine Herren!

In einer Zeit, in der Spezialisierung notgedrungen immer stärker hervortritt und es selbst innerhalb der eigenen Fachdisziplin nicht mehr möglich wird, alle Gebiete zu durchdringen, sind besondere Anstrengungen notwendig, die Einheit der Wissenschaft zu wahren. Hierzu bedarf es der persönlichen Bekanntschaft der Forscher und einer verständlichen Sprache untereinander. Denn auch nach 156 Jahren seit Gründung der Gesellschaft Deutscher Naturforscher und Ärzte ist es der einzelne, der sehr wesentlich seine Wissenschaft prägt, der aber ständig darum ringen muß, sich verständlich zu machen.
So fühlen sich die Akademien, die befreundeten wissenschaftlichen Gesellschaften, die Selbstverwaltungsorganisationen der Wissenschaft und die Wissenschaftsstiftungen, deren Präsidenten und Vor-

sitzende heute hier anwesend sind, mit der Gesellschaft Deutscher Naturforscher und Ärzte in besonderer und vielfältiger Weise verbunden – und ich stehe hier als Überbringer herzlicher Grüße.
Die Problematik und die Bedeutung der Einheit der Wissenschaft wird auch an dem Thema der 109. Versammlung „Der Mensch und sein Lebensraum – Eingriff und Wandel" deutlich. Hierbei geht es nicht nur um die Kommunikation der Forscher und Ärzte untereinander, sondern auch darum, wie wir die Öffentlichkeit in diesen Dialog mit einbeziehen können. Es bedarf sicher noch sehr viel größerer und kontinuierlicherer Anstrengungen, um der Öffentlichkeit wissenschaftliche Erkenntnisse, Probleme und vor allem Denkweisen verständlich darzulegen.
Die Diskussion der Umweltproblematik ist vielfach mehr von Emotionen als von Sachkenntnis belastet worden. Hieran sind sicher die Wissenschaftler auch nicht schuldlos, insbesondere auch dadurch, daß manche Wissenschaftler selbst mehr Gefühle als Tatsachen gelten lassen, wie man es bei der Diskussion über die Frage der Atomenergie beobachten konnte. Wie muß man es werten, wenn ein von Nichtfachleuten (unter anderem Soziologen und Theologen) unterzeichneter Brief über physikalische Tatsachen bei Parlamentariern mehr Beachtung findet als ein von Physikern unterzeichnetes Schreiben?
Wie können wir erreichen, daß an Stelle von allgemeiner Wissenschaftsgleichgültigkeit einerseits sowie Wissenschaftsfurcht andererseits mehr Wissenschaftsverständnis in der Öffentlichkeit erwächst? Diese Frage wird auch um so dringender, wenn man die Erwartungen der Öffentlichkeit z.B. bei der Bekämpfung von Krankheiten wie Krebs sieht, aber auch, wenn man an die zukünftigen möglichen Entwicklungen in der biologischen Forschung, z.B. auf dem Gebiet der Neukombinationen von Genen, denkt.
Aber wie soll der Wissenschaftler seine Verantwortung wahrnehmen, die er sehr wohl sieht und sich bewußt ist? So werden z.B. zum ersten Mal Richtlinien entwickelt, die eine sichere Ausführung der Experimente auf dem Gebiet der Neukombination von Genen gewährleisten sollen. Aber reicht das? Werden diese aber in der Öffentlichkeit richtig verstanden? Denn sicher wird man dem nicht dadurch begegnen können, daß man die Wissenschaftler davon abhält, die Grenzen des Erkennbaren auch möglichst zu erreichen. Denn niemand wird in jedem Fall sagen können, ob bestimmte Entdeckungen eindeutig nur gut oder nur schlecht für die Menschheit sein können. Die Ärzte wissen am besten, daß Giftstoffe auch zugleich Heilstoffe sein können.
Dieses vergrößert sicher die Verantwortung des Wissenschaftlers. Er wird sie nur tragen können, wenn er mit den verantwortlichen Politikern einen verständnisvollen Dialog hierüber immer wieder führen kann.
Ich wünsche und hoffe, daß die Vorträge, die Diskussionen und die Begegnungen während der 109. Versammlung der Gesellschaft Deutscher Naturforscher und Ärzte die Kommunikation untereinander sowie auch zur Öffentlichkeit wirksam fördern.

Für die deutschen Hochschulen sprach Prof. Dr.-Ing. Dr. h.c. K.H. Hunken, Rektor der Universität Stuttgart:

Sehr verehrter Herr Bundespräsident,
sehr verehrter Herr Ministerpräsident,
meine Damen und Herren!

Ich habe in diesen Tagen ein wenig in der Veröffentlichung zur 150. Jahrfeier Ihrer Gesellschaft gelesen, um, man mag mir das verzeihen, den schicklichen Eingang, den passenden Anknüpfungspunkt für meine, der deutschen hohen Schulen, Begrüßungsworte zu finden.
Ich hätte es besser nicht tun sollen. Denn in den repräsentativen Eröffnungsreden, die ich las, erschienen als Redner die großen Namen der Naturwissenschaft des letzten und die des frühen 20. Jahrhunderts, aufgereiht wie Heroen an einer Siegesallee. Dies war ein Eindruck von fast bestürzender Gewalt, so daß ich mich fast fragen mußte, was willst du an diese Gesellschaft noch Grußworte richten? Sei froh, daß man dir in diesem geschichtsträchtigen Tempel einen bescheidenen Platz unter den Teilnehmern einräumt.
Aber wir sind nun doch respektloser geworden in den über $1^1/_2$ Jahrhunderten und so kann ich es nicht lassen, neben meinem ebenso bescheidenen wie herzlichen Gruß an Sie, sofort ein wenig kritisch zurück und ein wenig unverschämt – weil Sie fordernd und mahnend – und um Ihre Hilfe bittend – in die Zukunft zu schauen, so gut dies eben in der gebotenen Kürze möglich ist.
Versucht man – wenn ich zu den Eröffnungsreden der Vergangenheit zurückkehren darf – einen gemeinsamen Nenner für die ersten 100 Jahre zu finden, so ist dies gewiß der ungebrochene Glaube an die sittliche Kraft der Wissenschaft, an die Erlösung aus der Vernunft. Man erschrickt fast darüber, welch unangefochten gutes Gewissen doch diese Wissenschaft des letzten Jahrhunderts zeigte, wie sehr sie glaubte, daß es nur noch darum ginge, Kenntnisse zu erweitern und das Tor der Unwissenheit aufzustoßen, um die Menschheit in's Heil zu führen.
Ja, selbst die Zeit nach dem ersten Weltkrieg und die Zeit Hitlers, die sich gegen Anfeindungen von außen teilweise deutlich zur Wehr setzte, glaubte dabei doch immer, Unheil von einer ebenso heilen wie heiligen Wissenschaft abwehren zu müssen.
Wie sehr hat sich die Zeit gewandelt. Wir stehen da wie Adam nach dem Sündenfall und der Engel schickt sich an, die Wissenschaft, insbesondere die Naturwissenschaft und ihre Anwender wieder aus dem Paradies zu vertreiben. Es ist zwar nicht der Engel des Herrn mit dem Schwerte, sondern zumeist nur unser Bruder im Geiste, der uns mit oft spitzer Feder und noch spitzigerer Zunge vertreiben will. Aber trotzdem ist er mächtig genug, zumal wir selbst, statt eines *guten* Gewissens – nur noch und Gott sei Dank – ein Gewissen haben, und unser Selbstbewußtsein nur noch hinhaltenden Widerstand leistet.
Nun, die Geschichte kannte das Auf und Ab schon immer. Für sie sind solche Bewegungen Atemzüge der Ewigkeit, was sollten wir uns lange darüber aufhalten.
Hier wird es schwierig, meine Damen und Herren, und hier beginnt mein Anliegen, das ich, weil ich es für dringlich halte, auch gerne vor Ihnen los werden möchte. Wir wissen nämlich alle, daß diese Vertreibung der Naturwissenschaften und der Technik (die heute wohl nichts anderes als angewandte Naturwissenschaft ist) nicht stattfinden darf. Sie ist nämlich unsere Überlebenschance, die einzige für die auf engem Raum konzentrierte Menschheit. Sie ist insbesondere die Voraussetzung für das Bestehen unseres Volkes, das auf Gedeih und Verderb an seinen Wissensvorsprung, seinen Qualitätsüberschuß gebunden ist.
Meine Damen und Herren, die Demontage der deutschen Wissenschaft, die Behinderung der Forschung an den deutschen Universitäten hat schon begonnen. Ursachen und Entschuldigungen dafür gibt es zu Hauf. Auch beim Abbau ist das gute Gewissen am Werke und ich möchte hier keinen Schuldigen suchen – aber was ich will ist, an jeder Stelle und bei jeder Gelegenheit beizutragen, den ungewollten Selbstmord von uns abzuwenden.
Eine wesentliche Ursache ist der Schwund an Vertrauen in der Öffentlichkeit, man ist nicht mehr stolz auf die Wissenschaft.
An dem Tage, an dem Sie, meine Damen und Herren, Ihre Tagung unter dem Motto „Der Mensch und sein Lebensraum" beginnen, will sich Sie mahnen, deutlicher zu machen, wie sehr Wissenschaft Dienen heißt, daß ihr altes Ethos noch immer lebt und wie sehr wir darauf achten wollen, daß niemand sie im Bestreben, das eigene Handeln auf die Folgen hin zu bedenken, übertreffen soll.
Ihnen, die Sie durch Persönlichkeit und Leistung so unendlich viel Vertrauen unter Ihren Mitmenschen genießen, Ihnen lege ich nahe, um Vertrauen für die Wissenschaft, für die deutschen Hochschulen, für die deutschen wissenschaftlichen Gesellschaften zu

werben. Es ist keine Überheblichkeit, sondern Last und Verpflichtung, wenn man weiß, mit der eigenen Arbeit die Zukunft entscheidend prägen zu müssen.
Bringen Sie diese Aufgabe der deutschen Wissenschaft all denen nahe, die auf Ihre persönliche Vertrauenswürdigkeit bauen.
Was ich sagte, war gewiß kein Grußwort. Aber unter Freunden gilt der Auftrag mehr als die höfliche Floskel, und Sie dürfen meiner Freude und Dankbarkeit, daß Sie in unserer Stadt unter einem so gewichtigen Thema tagen, ohnehin gewiß sein.
Ich danke Ihnen, meine Damen und Herren, daß Sie unserer, aber auch Ihrer eigenen Not, für einige Momente Ihr Gehör schenkten, und wünsche Ihrer Tagung den Erfolg, den Sie mit Ihren Zielen sich selbst gesetzt haben.

Mit Dankworten an die Redner und an alle, die an der Vorbereitung der Versammlung beteiligt waren, leitete der Vorsitzende, Professor Dr. Dr. h.c. H.E. Bock, zu seinem Festvortrag

„Der Arzt und seine Umwelt"

über.

Ein abendlicher Empfang im Neuen Schloß durch die Landesregierung und die Stadt Stuttgart beschloß den eindrucksvollen Eröffnungstag.

Am Montagmorgen begannen die wissenschaftlichen Sitzungen, die an den folgenden drei Tagen fortgesetzt wurden. Sie wurden von Prof. Dr. Dr. P.H. Hofschneider, Martinsried, eingeleitet:

Im Namen der Gesellschaft Deutscher Naturforscher und Ärzte möchte ich heute nochmals unsere Gäste, unsere Mitglieder und alle Studenten herzlich zur Jahresversammlung willkommen heißen. Ein besonderer Gruß gelte den Publizisten, die, wenn sie die Vorträge für inhaltsvoll genug erachten, die schwierige Aufgabe haben, darüber gut und sachlich zu berichten.
Lassen Sie mich nun gleich zum Thema der Versammlung kommen, wobei ich auch aufgreifen möchte, was bereits gestern in den Festansprachen sehr viel tiefgehender erörtert wurde. Es ist die Gepflogenheit der Gesellschaft Ihren Vorsitzenden, derzeit Herr Professor Bock, das Thema der Jahresversammlung bestimmen zu lassen. Sodann werden zwei sogenannte Hauptgruppenvorsitzende gewählt. Diese haben, um es in die Worte des Mythos zu kleiden, als Bote, als Hermes und Merkur, die Aufgabe, die Worte des großen Zeus den Sterblichen durch geeignete Redner, die Heroen, zu vermitteln. Als einer der beiden, zuständig für den naturwissenschaftlichen Teil, möchte ich mich Ihnen hiermit vorstellen. Merkur meinem Kollegen Schipperges für den medizinischen Teil überlassend, möchte ich Hermes für mich in Anspruch nehmen. Von ihm heißt es: „Der Knabe erwies sich als bemerkenswert frühreif." Sicher ist es diese Eigenschaft, die mich schon jetzt in den Vorstand der Gesellschaft beförderte und zugleich möge sie als Entschuldigung für vielleicht überspitzte Formulierungen dienen.
Als ich zum erstenmal, vor mehr als Jahresfrist, mit dem Thema „Der Mensch und sein Lebensraum, Eingriff und Wandel" konfrontiert wurde, habe ich es mit Begeisterung aufgegriffen; aber dann, wenige Wochen vor der Versammlung, in der Diskussion mit Außenstehenden, schlichen sich Zweifel über Mißverständnisse ein. Ich wurde kritisch gefragt, übernehmen sich Naturforscher und Ärzte nicht, wenn sie ein solches Thema selbständig abhandeln? Ist es nicht ein Zeichen unerlaubter Grenzüberschreitung, ja Selbstherrlichkeit, Abhandlungen zu diesem Thema, durch die Zeremonie einer Jahresversammlung quasi ,ex cathedra' abgesegnet, öffentlich abzuhalten?
Erfassen die nüchternen Vokabeln Lebensraum – Eingriff – Wandel wirklich den Kern der brennenden Frage, wo und wie der Mensch morgen noch eine Heimat findet, zwischen Organersatz und Kunststoff, zwischen Rechnen und Automaten, aber auch zwischen den Mühlsteinen sich reibender Gesellschaftssysteme, zwischen wirklich oder scheinbar zerfallender Familien- und Sittenordnungen?
Wir wissen, mit unserem Vorsitzenden, Herrn Professor Bock, daß wir in diesem Fragenkomplex nur einen kleinen bescheidenen Sektor ausleuchten können, aber für diesen fühlen wir uns der Öffentlichkeit voll und ganz verantwortlich.
Es sind drei Anliegen, die uns beschäftigen. Als getreue und genaue Buchhalter unserer jeweiligen Sachgebiete wollen wir darlegen, wo naturwissenschaftliches Wissen und ärztliche Kunst heute stehen, was sie morgen – vielleicht – zu leisten in der Lage sind, wo ihr Nutzen und wo ihre Risiken liegen. Selbst dieses erste Anliegen ist nur punktuell zu erfüllen. Was den naturwissenschaftlichen Teil betrifft, haben wir – Montag und Mittwoch – Boden und Wasser als Rohstoff und Lasten – sprich Abfallträger – gewählt, weiter die Landschaftsgestaltung und die Ernährungsfrage, die Grundlagen der Biologie als Zubringer der Medizin und schließlich das Phänomen „Streß".
Das zweite Anliegen ist nicht nur wissenschaftlicher Natur und ergibt sich aus folgender Überlegung: Ein Eingriff in den Lebensraum, sofern er durch neue wissenschaftliche Erkenntnisse bewirkt wird, ist nach den Prinzipien unserer Mittel als wissenschaftlicher Sachverstand zu erfassen. Anders liegen die Umstände beim verursachten Wandel. Er liegt oft weitab vom wissenschaftlichen Raum, z.B. im politischen oder sozialen Bereich und wird letztendlich von Nicht-Wissenschaftlern bewirkt. Wir halten es trotzdem für unsere Pflicht eine Stellungnahme zu bewirken oder einem zu erwartenden Wandel nicht auszuweichen. Allerdings sprechen wir dann nicht mit dem Gewicht des Experten und verlangen nur so viel Gehör, wie man es einem Bürger dieses Landes mit gesundem Menschenverstand allzumal zubilligen sollte.
Schließlich zum dritten der Anliegen. Das Verhältnis der Öffentlichkeit zur Wissenschaft und Medizin ist zwiespältig geworden, ja, man hat sich entfremdet. Dies ist gefährlich in einer Zeit, in der es mehr denn je gilt, gemeinsame Ziele zu finden. Von den Gründen des Zerwürfnisses möchte ich einen nennen: Die verfehlte Sprachregelung.
Der Öffentlichkeit, so heißt es, ist die Wissenschaft über den Kopf gewachsen. Beide Teile kokettieren mit dem Bild. Und statt Sachinformation auszutauschen, was anstrengend ist, wird im Märchenstil geplaudert und allzugern zugehört. Bald schenkt uns auch die gute Fee, so heißt es etwa, ein Leben über 120 Jahre in voller Gesundheit und ohne eigene Anstrengung und Disziplin. Aber auch die wahren Taten einer Fee werden rasch vergessen und schnell wandelt sie sich zur Hexe, die verdammt werden muß. Es muß unser aller Anliegen sein, durch andauerndes Bemühen hier einen Wandel hin zur nüchternen, ehrlichen und verständlichen Sprache zu finden.
Den Titanen der Neuzeit, den Publizisten, die zwischen den Reihen hin- und hereilen, fällt hierbei eine wichtige und hilfreiche Rolle zu.
Mit Worten des gestrigen Tages möchte ich das mir wichtigste zusammenfassen.
Wir danken dem Herrn Bundespräsidenten und sind mit ihm einer Meinung:
Wissenschaft und Politik müssen ein Bündnis eingehen. Politiker müssen wissenschaftlich zu denken verstehen und für Wissenschaftler gilt umgekehrt das Sinngemäße. Wir wünschen uns, daß unsere Erkenntnisse allen dienen, aber wir werden unsere Erkenntnisse nicht in einem Warenhaus des Wissens jedem wohlfeil anbieten, der ohne weitere Verantwortung darüber verfügen kann. Wir danken dem Herrn Ministerpräsidenten dieses Landes und verstehen seinen Wunsch, daß Wissenschaftler die Frage nach Sein und Sinn

und Gott nicht als unwissenschaftlich gelten lassen sollen. Glaube und Wissenschaft schließen sich in unserem Lebensraum nicht gegenseitig aus. Es ist genug Platz für ein Nebeneinander und besser noch für ein Miteinander. Wir danken auch dem Herrn Oberbürgermeister dieser Stadt sowie Herrn Professor Merkle, die vor uns die Geschichte der Generationen entwickelt haben. Auch Wissenschaft läßt sich nur im Maßstab der Generationen, aber nicht im kurzatmigen Rhythmus von Wahlperioden beurteilen. Wissenschaft braucht einen Freiheitsraum. Wir werden trotzdem hart arbeiten, denn wir wissen, das Netz der sozialen Sicherungen ist keine Hängematte, in der man sich ausruhen kann, wir wollen mithelfen, daran auch für die Zukunft zu knüpfen. Wir bitten die Öffentlichkeit, den Status der „kindlichen Unschuld" gegenüber einer erwachsen gewordenen Wissenschaft abzulegen. Der Kuchen des Konsums wird dafür vielleicht weniger süß schmecken, aber gemeinsam getragene Verantwortung wird uns später besser weiterhelfen. Ich denke schließlich an ein Wort von Frau Annemarie Griesinger, der Ministerin für Gesundheit dieses Landes. Sie sagte, es sind nicht die Tugenden, sondern die kleinen Laster, mit denen die Menschen einander sympathisch werden. Auch Forscher haben ihre Laster. Und daran mögen sie erkennen, daß sie Menschen und nicht so sehr ungewollte Götter einer falschen Ersatzreligion Wissenschaft sind.

Der Dienstag war von der Gesellschaft Deutscher Chemiker vorbereitet worden. Die Vorträge der anderen Tage standen unter der Leitung von Prof. Dr.Dr. P.H. Hofschneider und Prof. Dr.Dr. H. Schipperges. Im zweiten Teil dieses Berichts sind diese Vorträge wiedergegeben, zu deren Diskussion mit den Vortragenden sich jeweils am Spätnachmittag Gelegenheit ergab.

In der Schlußsitzung legte Prof. Dr. O. Westphal die Bedeutung der Immunbiologie für den Menschen unter dem Aspekt des Generalthemas – Eingriff und Wandel – dar (siehe wissenschaftlichen Teil). Prof. Dr.-Ing. H. Blenke schloß sodann die Versammlung mit den folgenden Worten:

Herr Vorsitzender, verehrte Damen und Herren!

Wenn in der nun zu Ende gehenden 109. Versammlung der Gesellschaft Deutscher Naturforscher und Ärzte einem Technologen die Schlußworte obliegen, so hat das für den Betroffenen den Vorteil, daß er nicht Fachkollege im engeren Sinn ist, also auch nicht auf sich beziehen muß:

„Du willst bei Fachkollegen gelten – das ist verlorne Liebesmüh.
Was Dir mißglückt verzeihn sie selten, was Dir gelingt verzeihn sie nie."

Bei näherem Hinsehen entdeckt man sogar einen noch tieferen Sinn darin, und zwar im Hinblick auf das Thema dieser Versammlung. Denn erst durch das sich gegenseitig steigernde Zusammenwirken von Naturwissenschaft und Medizin mit der Technologie gewinnen der Begriff des Menschen in seinen Lebensraum, der dadurch bewirkte Wandel und seine Rückwirkungen globales Ausmaß und für die ganze Menschheit schicksalhafte Bedeutung.

Von Schwarmgeistern hört man bisweilen, die Jahrmillionen der nomadisierenden Jäger und Sammler seien das verlorene Paradies gewesen. In solcher Vorstellung verbindet sich oft die Sehnsucht nach ungebundener Freiheit mit der Illusion, die durch Seßhaftigkeit, Ordnung, Industrialisierung erworbenen Annehmlichkeiten und sozialen Sicherheiten dafür nicht aufgeben zu müssen. Da äußert sich der Altphilologe Wolfgang Schadewaldt, als solcher gewiß nicht technophiler Einstellung verdächtig, doch wesentlich realistischer so:

„Der Mensch, der nicht wie das Tier in seine Umwelt eingepaßt ist, sieht sich, um in seiner Sonderart als Mensch überhaupt bestehen zu können, darauf angewiesen, seine spezifisch menschliche Welt der elementaren Natur abzugewinnen und sie zu gestalten. Das Mittel dieser menschlichen Weltgestaltung ist die Technik ... sie ist ein Urhumanum, so alt wie der Mensch und mit dessen erstem Aufkommen mitgesetzt."

Nur als homo faber und inventor konnte der Mensch sich von Anbeginn in der weit überlegenen lebensfeindlichen Umwelt nähren, wehren und vermehren. Sein Leben war gefahrvoll und kurz, ein animalischer Kampf ums *Über*leben, weit entfernt von humaner Entfaltung. Der Lebensraum empfand dieses absonderliche Geschöpf vielleicht als auffallend listig, aber noch nicht als lästig.

Eines Tages – vor 10000–15000 Jahren – beginnt sich das gründlich zu ändern. Der Mensch wird seßhaft, verwandelt Wälder in Felder, baut Siedlungen und Straßen, erfindet Pflug und Rad, kann damit Arbeitstiere für sich „einspannen' und später mit Wasser- und Windmühlen quasi lebendige natürliche Strömungskräfte nutzen. Mit Bronze und Eisen schafft er technische Werkstoffe. Die Abfallstoffe beginnen in größeren Siedlungen zwar den Menschen selbst zu belästigen, belasten aber noch nicht die Natur. Der Lebensraum erscheint immer noch unbegrenzt und unerschöpflich, gibt allerdings erste Warnzeichen, indem er auf Kahlschlag von Bergwäldern mit Verkarstung reagiert.

Landwirtschaft, handwerkliche Technik und empirische Heilkunst sichern die Lebensbasis, verlängern bis zum Jahr 1650 n.Chr. die mittlere Lebensdauer auf 30 Jahre und lassen die Weltbevölkerung auf 500 Millionen wachsen.

Der größte Teil der Menschheit lebt jedoch trotz schwerer Arbeit kärglich, teils versklavt, teils in Leibeigenschaft, jedenfalls in starker Abhängigkeit von weltlichen und geistlichen Herren. Im ersten Überschwang erhebt sich der menschliche Geist zu kühnem spekulativen Höhenflug weit über die materielle Welt hinaus in 2000 Jahre währende Wirklichkeitsferne.

Mit der epochalen „galileischen Wende" von der spekulativen Naturphilosophie zur exakten Naturwissenschaft beginnt Anfang des 17. Jahrhunderts die Neuzeit. Zum homo faber und inventor kommt der homo investigator. Naturwissenschaft, Medizin und Technik fördern sich gegenseitig durch Anwendung gleicher mathematischer und experimenteller Methoden. Ihre Symbiose bzw. Synthese führt zu Technologie und wissenschaftlicher Medizin und bringt überwältigende Fortschritte menschlicher Weltgestaltung.

– Die *Nahrungsmittelproduktion* wird durch Züchtung, Technisierung, Kunstdüngung, Schädlingsbekämpfung intensiviert und mit Großfelderwirtschaft und Massentierhaltungen industrialisiert.

– Von weltgeschichtlicher Bedeutung ist die Erschließung der latenten chemischen und nuklearen Bindungsenergien. Der *Energieverbrauch* der Welt verdoppelt sich z.Z. alle 13 Jahre und wird zu 92% aus fossilen Brennstoffen gedeckt, die den begrenzten Vorräten unseres Lebensraums unwiederbringlich entnommen werden.

– Die *Rohstoffbasis* wird durch hochlegierte Werkstoffe und synthetisierte Kunststoffe erweitert. Beide basieren auf sich nicht regenerierenden Rohstoffen.

– Aufgrund der Erhaltungsgesetze, deren eines von unserem Tagungspatron Julius Robert Mayer erkannt wurde, bleiben zwar bei all unseren Umwandlungsprozessen Masse und Energie konstant. Aber leider werden sie nach zu geringer Nutzung als *Abfallstoffe* bzw. *-energien* an Erde, Wasser, Luft und Deponien übergeben und zwar in Konzentrationen bzw. mit Temperaturen, die einerseits unser Ökosystem belasten, andererseits eine Rückgewinnung bzw. Weiternutzung erschweren.

– Die Erschließung der latenten chemischen Energie schuf die Voraussetzung für die *Industrialisierung* des Handwerks. Das Zusammenwirken von Technologie und Ökonomie führt zu steilem Anstieg der Produktionsleistung, des Bruttosozialprodukts, der Individualeinkommen und damit des Pro-Kopf-Verbrauchs an Lebensmitteln, Rohstoffen und Energien.

Unbestreitbar haben die großen Erfolge von Naturwissenschaft, Medizin, Technologie und Industrie den Menschen in den Industrieländern ungeahnte Fortschritte gebracht: Schutz vor Hunger und Seuchen; Befreiung von schwerer körperlicher Arbeit; Verdoppelung der mittleren Lebensdauer; Erhöhung der Lebensqualität durch Freiheit, Freizeit und Wohlstand und damit noch längst nicht ausgeschöpfte Möglichkeiten zu persönlicher, menschlicher Entfaltung und Lebensgestaltung.

Es ist eine der ideologischen Paradoxien unserer Zeit, diese Leistungen der Industriegesellschaft abzuwerten, zugleich aber von ihr mehr Hilfe für die Entwicklungsländer zu fordern, um dort den sozialen Rückstand eben durch Industrialisierung zu beheben.

Jeder Mensch hat den natürlichen Wunsch, möglichst lange, gesund und gut zu leben. Das heißt – vorrangig für unterentwickelte Regionen – Lebensdauer und Lebensqualität weiter zu erhöhen. Das bedeutet aber bei Fortführung der bisherigen Entwicklung auch: Dem Lebensraum noch mehr Nahrungsmittel, Rohstoffe und Energien abverlangen und noch mehr stoffliche und energetische Abfälle aufbürden.

Dieser Antagonismus grenzenloser Erwartungen des Menschen und begrenzter Möglichkeiten seines Lebensraums läßt sich nach meiner Überzeugung nur mit Hilfe von Naturwissenschaft, Medizin, Technologie und Industrie in zugleich menschlicher und ökologischer Weise lösen.

– In allererster Linie muß unverzüglich die Ursache aller Schwierigkeiten beseitigt werden, nämlich das superexponentielle Bevölkerungswachstum. Es ist ein ganz einfaches aber auch unumgängliches Gesetz, daß bei dem anzustrebenden Bevölkerungsgleichgewicht Geburtenrate gleich Sterberate ist und daß beide umgekehrt proportional der mittleren Lebensdauer sind.

– Aber selbst wenn durch weltweite Geburtenregelung möglicherweise in 30 oder 40 Jahren eine Weltbevölkerung von 8 Milliarden nicht mehr zunimmt, werden dennoch die Ansprüche – v.a. durch Nachholbedarf unterentwickelter Regionen – wachsen. Um den Lebensraum vor weiterer Ausbeutung und Überlastung zu schützen, müssen neue Technologien entwickelt werden. Man denke beispielsweise an industrielle Produktion von SCP (Single Cell Protein); Nutzung von Kernenergie und Solarenergie (die ja auch Kernenergie aus einem 8 Lichtminuten entfernten Fusionsreaktor ist); direkte Energiekonversion; Energiespeicherung und -transport mit Wasserstoff; Supraleitung; mikrovielle Weiterverarbeitung von Abfallstoffen. Mit der Erschließung neuer Quellen für Stoffe und Energien und deren besserer Nutzung (Wirkungsgrad, Abwärmeverwertung, Recycling) reduzieren sich auch die dann noch übrig bleibenden stofflichen und energetischen Abfälle; giftige und radioaktive Reststoffe könnten notfalls hochkonzentriert in den Weltraum „abgeschoben" werden, woran die NASA arbeitet.

– Schließlich müssen die Menschen gemäßigter und rücksichtsvoller werden – untereinander und zu ihrem Lebensraum, auch dem geistigen. Das psychophysische Gesetz von Weber und Fechner, wonach die Empfindungsstärke sich mit zunehmender Reizstärke vergröbert (Briefwaage – Waggonwaage) stellt hinsichtlich der Wahrung einer menschlichen Welt angesichts anschwellender Reizüberflutung wohl ebenso hohe Ansprüche an Selbstdisziplin wie die 10 Gebote. Und: Politiker müssen weltweit einsehen und Konsequenzen daraus ziehen, daß mit ihren bisherigen Methoden und Zielen die Menschheitsprobleme der Zukunft nicht zu lösen sind.

In den Vorträgen und Diskussionen unserer 109. Versammlung haben kompetente Fachleute bedeutungsvolle Teilprobleme des Mensch-Lebensraum-Komplexes behandelt. Diese sachkundigen Aussagen können und sollen über das Fachspezifische hinaus – auch durch konkrete Ergänzung mathematischer rechnerunterstützter Systemanalysen mit „Weltmodellen" – dazu beitragen, emotionale Ansichten zu ersetzen durch rationale Einsichten und ideologisches Agitieren durch logisches Agieren.

Dafür gebührt allen Vortragenden und Diskussionspartnern hohe Anerkennung und besonderer Dank unserer Gesellschaft und – wie ich meine – auch aller Tagungsteilnehmer.

Wieviel Überlegungen und Besprechungen es erfordert, ein so ausgewogenes Programm zustande zu bringen, kann nur recht ermessen, wer sich um so etwas schon selbst bemüht hat. So spreche ich Ihnen, Herr Hofschneider und Herr Schipperges als den dafür zuständigen Vorsitzenden der wissenschaftlichen Hauptgruppen, große Hochachtung aus.

Daß auch die Gesellschaft Deutscher Chemiker traditionsgemäß mit einer Festsitzung diese Versammlung wieder bereichert hat, weiß die GDNÄ sehr zu schätzen.

Die besten Ideen bleiben aber solche, wenn die Mittel fehlen, sie zu verwirklichen. Eine so gute und schöne Tagung hat eben auch ihren Preis. Die Förderung ist in der Regel proportional dem Ansehen der Gesellschaft, ihres Vorsitzenden und gewiß nicht zuletzt ihres Schatzmeisters. In diesem Sinne Herrn Hansen, der Deutschen Forschungsgemeinschaft, der Industrie und den Exkursionsgestaltern herzlichen Dank!

Wenn man von Industrie und Kapital spricht, ist – zumal jetzt – der Gedanke an Arbeit nicht weit. Und wieviel Mühe und Arbeit, Sorgfalt und Zuverlässigkeit bis ins Kleinste steckt hinter der glänzenden Fassade eines so wohlgelungenen Kongresses.

Dafür gilt dankbare Anerkennung der Gesellschaft und aller Teilnehmer unserem Generalsekretär Prof. Auhagen und seinen Mitarbeitern, insbesondere Herrn Fegers und Frau Friese; von der örtlichen Geschäftsführung Prof. Merkle und Direktor Frank-Planitz bei Bosch sowie von meinem Institut Dr. Kottke, Frau Preiß, Frau Fischer sowie den Assistenten und Studenten, die bei den Exkursionen geholfen haben.

Letztlich werden aber die Versammlungen der GDNÄ mit Thema und Stil entscheidend bestimmt vom jeweiligen Vorsitzenden. Meine fachliche und persönliche Wertschätzung für Herrn Bock war schon zuvor so hoch, daß sie nicht mehr gesteigert werden konnte. Aber sie wurde eindrucksvoll bestätigt!

Sie, lieber verehrter Herr Bock, haben mit den Wesensmerkmalen ihrer Persönlichkeit, mit überzeugender Klarheit, konzentrierter Energie und mitreißender Tatkraft, mit tiefgründigem Humor und menschlichem Engagement die 109. Versammlung geprägt. Sie wird als bedeutendes Ereignis über ihre Zeit hinaus wirken. Das ist wohl für Sie der schönste Dank.

Ich möchte aber noch einen besonderen Dank hinzufügen für Sie, hochverehrte Frau Bock. Sie haben sicher durch beruhigende und bestärkende Teilnahme an den Aktivitäten Ihres Mannes auch einen hohen Anteil am Erfolg.

Damit verbinde ich den Dank an alle Damen, die durch ihre Mitwirkung allzu trockene Sachlichkeit verhütet und der Tagung eine wohltuend freundliche Atmosphäre verliehen haben.

Ein besonderer Dank gebührt den Damen und Herren der Presse, die den Vorträgen unserer Versammlung ein breites Echo sichern und die ganz wesentlich dazu beitragen, daß die Ergebnisse nicht auf den Kreis der hier Anwesenden beschränkt bleiben. Herr Robert Gerwin, der sich um die Verbindung zur Öffentlichkeit bemüht, hat daran großen Anteil.

Schließlich dankt die GDNÄ allen Mitgliedern und Gästen, die durch ihre Anwesenheit die Verbindung zu ihrer wissenschaftlichen Gesellschaft, aber auch durch Interesse für das Tagungsthema ihre Verpflichtung gegenüber der *menschlichen Gesellschaft* bekundet haben. Ihnen allen gute Heimfahrt und ein gesundes Wiedersehen spätestens 1978 in Innsbruck.

Niederschrift

über die Geschäftsversammlung der Gesellschaft Deutscher Naturforscher und Ärzte in Stuttgart am 23. September 1976

Vorsitz: Bock
Protokoll: Auhagen
Teilnehmerzahl: 42
Beginn: 8.00 Uhr – Ende: 8.55 Uhr

1. Bericht des Vorsitzenden

Die Zahl der Mitglieder lag am
31.12.1973 bei 6658
31.12.1974 bei 6752
31.12.1975 bei 6660
23. 9.1976 bei 6744

Der Bericht über die Berliner Versammlung von 1974 ist den Mitgliedern im März 1976 zugestellt worden.

Der Vorsitzende berichtet über die 8. Wissenschaftliche Konferenz, die unter der Leitung von Professor Effert, Aachen, in der Zeit vom 20.–22. Oktober 1975 in Rottach-Egern am Tegernsee über „Grenzflächenprobleme an natürlichen und künstlichen Blutgefäßen" stattgefunden hat.

Er berichtet ferner über eine Kontaktaufnahme mit anderen wissenschaftlichen Gesellschaften, die weitergeführt werden soll.

2. Mitteilung von Ort und Zeit der 110. Versammlung 1978

Die 110. Versammlung wird im neuerbauten Kongreß-Haus in Innsbruck stattfinden und zwar in der Zeit vom 17.–21. September 1978. Ihr Generalthema lautet: „Das naturwissenschaftliche Weltbild heute". Die Versammlung wird unter der Leitung von Professor Sitte, Freiburg, stehen.

3. Bericht über die Wahl der Vorsitzenden der beiden Hauptgruppen

Der Wissenschaftliche Ausschuß hat Herrn Prof. Dr. Otto Haxel, Direktor des II. Physikalischen Universitätsinstituts Heidelberg, zum Vorsitzenden der naturwissenschaftlichen Hauptgruppe und Herrn Prof. Dr. Herbert Braunsteiner, Direktor der Medizinischen Universitätsklinik Innsbruck, zum Vorsitzenden der medizinischen Hauptgruppe gewählt.

4. Wahlen

Auf Vorschlag des Wissenschaftlichen Ausschusses werden einstimmig gewählt:

a) zum 2. stellvertretenden Vorsitzenden und damit zum Vorsitzenden der 111. Versammlung:
Prof. Dr. Gustav Adolf Martini, Direktor der Medizinischen Klinik der Universität Marburg,
b) zu Mitgliedern des erweiterten Vorstandes:
Prof. Dr. Friedrich Hirzebruch, Direktor des Mathematischen Instituts der Universität Bonn,
Prof. Dr. Paul Schölmerich, Direktor der II. Medizinischen Universitätsklinik Mainz,
Prof. Dr. Heinz Staab, Direktor des Instituts für Organische Chemie der Universität Heidelberg,
c) zu Mitgliedern des Wissenschaftlichen Ausschusses:
Prof. Dr. Franz Gross, Direktor des Pharmakologischen Instituts der Universität Heidelberg,
Prof. Dr. Hermann Haken, Direktor des Universitätsinstituts für Theoretische Physik, Stuttgart,
Prof. Dr. Klaus Rajewsky, Direktor am Institut für Genetik der Universität Köln,
Prof. Dr.-Ing. Werner Reichardt, Direktor am Max-Planck-Institut für biologische Kybernetik, Tübingen,
Prof. Dr. Rudolf Rott, Direktor des Instituts für Virologie der Universität Gießen,
Prof. Dr. Hans Georg Zachau, Direktor am Institut für Physiologische Chemie der Universität München,
Prof. Dr. Hubert Ziegler, Direktor des Instituts für Botanik der Technischen Universität München,
d) zu Geschäftsführern der 110. Versammlung:
Dipl.-Ing. Walter Schwarzkopf, Vorsitzender des Vorstandes der Metallwerke Plansee AG, Reutte, Tirol,
Prof. Dr. Wilhelm Sachsenmaier, Direktor des Instituts für Biochemie der Universität Innsbruck.

5. Kassenbericht des Schatzmeisters

Auhagen berichtet in Vertretung des Schatzmeisters Professor Hansen über die Einnahmen (DM 452411,99) und Ausgaben (DM 440211,58) der Gesellschaft in den Jahren 1974 und 1975.

6. Bericht über die Wahl der Rechnungsprüfer

Der Vorsitzende teilt mit, daß der Wissenschaftliche Ausschuß die Herren Prof. Dr. Riecker und Prof. Dr. Straub wiederum zu Rechnungsprüfern für die Jahre 1976 und 1977 gewählt hat.

7. Festsetzung des Beitrages für 1977 und 1978

Auf Vorschlag des Schatzmeisters wird der Beitrag für die nächsten 2 Jahre unverändert auf DM 15,– festgesetzt.

8. Verschiedenes

Dr. Wappler, Berlin, regt an, die Gesellschaft Deutscher Naturforscher und Ärzte möge in Umweltfragen beratend auftreten.

Ferner wird vorgeschlagen, daß wir die Gelegenheit unserer Versammlungen auch zu Vorträgen in Schulen am Ort nutzen sollten, wie das die Max-Planck-Gesellschaft tut.

Tübingen, Freiburg und Wuppertal, den 14.12.1976

Der Vorsitzende	Der künftige Vorsitzende	Protokoll
gez. Bock	gez. Sitte	gez. Auhagen

Zusammensetzung des Vorstandes, des Erweiterten Vorstandes und des Wissenschaftlichen Ausschusses ab 1. Januar 1977

I. Vorstand

Vorsitzender:
Prof. Dr. phil. P. Sitte
Fakultät für Biologie der Universität Freiburg,
Institut für Biologie II, Lehrstuhl für Zellbiologie
Schänzlestr. 1, 7800 Freiburg i. Br.

1. stellvertretender Vorsitzender:
Prof. Dr. med. Dr. med. h.c. H.E. Bock
Mediz. Universitäts-Klinik
Auf dem Schnarrenberg, 7400 Tübingen

2. stellvertretender Vorsitzender:
Prof. Dr. G.A. Martini
Direktor der Medizinischen Klinik der Universität Marburg
Emil-Mannkopff-Str. 1, 3550 Marburg

Schatzmeister:
Prof. Dr. Dr. h.c. K. Hansen
Vorsitzender des Aufsichtsrates der Bayer AG
5090 Leverkusen-Bayerwerk

II. Erweiterter Vorstand

bestehend aus den Mitgliedern des Vorstandes, aus sechs weiteren, für die Dauer von sechs Jahren von der Geschäftsversammlung in den Erweiterten Vorstand gewählten Mitgliedern der Gesellschaft, den Geschäftsführern der 110. Versammlung und den Vorsitzenden der beiden Hauptgruppen der 109. und 110. Versammlung.

Gewählte Vorstandsmitglieder:
Ende 1978 ausscheidend:
Prof. Dr. W. Buckel
Physikalisches Institut der Universität (TH) Karlsruhe
Physikhochhaus, Postfach 6380, 7500 Karlsruhe 1

Prof. Dr. P. Karlson
Physiolog.-Chem. Instiut der Universität Marburg, Lehrstuhl I
Lahnberge, 3550 Marburg

Ende 1980 ausscheidend:
Prof. Dr. E. Seibold
Gschf. Direktor des Geolog.-Paläontolog. Instituts u. Museums der Universität Kiel
Olshausenstr. 40–60, Haus B 1, 2300 Kiel

Ende 1982 ausscheidend:
Prof. Dr. F. Hirzebruch
Direktor des Mathematischen Instituts der Universität Bonn
Wegelerstr. 10, 5300 Bonn

Prof. Dr. med. P. Schölmerich
Direktor der II. Medizinischen Universitätsklinik und Poliklinik Mainz
Langenbeckstr. 1, 6500 Mainz

Prof. Dr. Dr. H.A. Staab
Direktor der Abtlg. Organ. Chemie d. Max-Planck-Inst. f. med. Forschung
Jahnstr. 29, 6900 Heidelberg

Vorsitzender der naturwissenschaftlichen Hauptgruppe:
(109. Versammlung)
Prof. Dr. Dr. P.H. Hofschneider
Direktor am Max-Planck-Institut für Biochemie
Am Klopferspitz, 8033 Martinsried

Vorsitzender der medizinischen Hauptgruppe:
(109. Versammlung)
Prof. Dr. Dr. H. Schipperges
Direktor des Instituts für die Geschichte der Medizin der Universität Heidelberg
Im Neuenheimer Feld 305, 6900 Heidelberg 1

Vorsitzender der naturwissenschaftlichen Hauptgruppe:
(110. Versammlung)
Prof. Dr. Dr. h.c. O. Haxel
Direktor des Instituts für Umweltphysik der Universität Heidelberg
Im Neuenheimer Feld 366, 6900 Heidelberg 1

Vorsitzender der medizinischen Hauptgruppe:
(110. Versammlung)
Prof. Dr. H. Braunsteiner
Direktor der Medizinischen Universitätsklinik Innsbruck
Falkstr. 1, A-6020 Innsbruck/Österreich

Geschäftsführer der 110. Versammlung:
Dipl.-Ing. W.M. Schwarzkopf
Vorsitzender des Vorstandes der Metallwerke Plansee AG
Postfach, A-6600 Reutte/Tirol

Prof. Dr. Mr. W. Sachsenmaier
Vorstand des Instituts für Biochemie u. Exp. Krebsforschung der Universität Innsbruck
Fritz-Pregl-Str. 3/VII, A-6020 Innsbruck/Österreich

III. Wissenschaftlicher Ausschuß:

bestehend aus den Mitgliedern des Erweiterten Vorstandes, aus den früheren Vorsitzenden der Gesellschaft und aus weiteren Mitgliedern der Gesellschaft, die von der Geschäftsversammlung für sechs Jahre in den Wissenschaftlichen Ausschuß gewählt werden.

Frühere Vorsitzende der Gesellschaft:
Prof. Dr. Dr. h.c. mult. A. Butenandt
Ehrenpräsident der MPG zur Förderung d. Wissenschaften e.V.
Emer. Wiss. Mitgl. des Max-Planck-Instituts für Biochemie
Marsopstr. 5, 8000 München 60

Prof. Dr. Dr. h.c. F. Büchner
Holbeinstr. 32, 7800 Freiburg i. Br.

Prof. Dr. Dr. h.c. mult. O. Heckmann
Wohnstift Göttingen, App. B 1403
Charlottenburger Str. 19, 3400 Göttingen-G

Prof. Dr. Dr. h.c. mult. K.H. Bauer
Gustav-Kirchhoffstr. 16, 6900 Heidelberg

Prof. Dr. Dr. h.c. mult. K. Mothes
Altpräsident der Deutschen Akademie der Naturforscher

„Leopoldina"
August-Bebel-Str. 50a, DDR-401 Halle/Saale

Prof. Dr. Dr. h.c. O. Kratky
Vorstand des Instituts für Röntgenfeinstrukturforschung der Österr. Akademie der Wissenschaften und des Forschungszentrums Graz
Steyrergasse 17, A-8010 Graz/Österreich

Prof. Dr. A. Meyer zum Gottesberge
Direktor der Universitätsklinik für HNO-Krankheiten
Moorenstr. 5, 4000 Düsseldorf 1

Prof. Dr. Dr. h.c. mult. H. Maier-Leibnitz
Präsident der Deutschen Forschungsgemeinschaft
Kennedyallee 40, 5300 Bonn-Bad Godesberg 1

Gewählte Mitglieder des Wissenschaftlichen Ausschusses:
Ende 1978 ausscheidend:
Prof. Dr. S. Effert
Lehrstuhl für Innere Medizin I der RWTH-Aachen
Direktor des Helmholtz-Instituts, Dept. für Biomedizinische Technik a. d. TH-Aachen
Goethestr. 27–29, 5100 Aachen

Prof. Dr. H. Flohn
Direktor des Meteorolog. Instituts der Universität Bonn
Auf dem Hügel 20, 5300 Bonn 1

Prof. Dr.-Ing. O. Mahrenholtz
Direktor des Instituts für Mechanik der TU-Hannover
Appelstr. 24, Eingang B, 3000 Hannover

Prof. Dr. D. Schneider
Direktor am Max-Planck-Institut für Verhaltensphysiologie
8131 Seewiesen/ü. Starnberg

Prof. Dr. Dr. G. Thews
Direktor des Physiolog. Instituts der Universität Mainz
Saarstr. 21, 6500 Mainz

Ende 1980 ausscheidend:
Prof. Dr. Dr. P.H. Hofschneider
Direktor am Max-Planck-Institut für Biochemie
Am Klopferspitz, 8033 Martinsried

Prof. Dr. R. Lüst
Präsident der Max-Planck-Gesellschaft zur Förderung der Wissenschaften
Postfach 649, 8000 München 1

Prof. Dr. G. Meyer-Schwickerath
Direktor der Augenklinik der Universität Essen
Hufelandstr. 55, 4300 Essen

Prof. Dr. H. Pietschmann
Vorstand des Instituts für Theoret. Physik der Universität Wien
Boltzmanngasse 5, A-1090 Wien/Österreich

Prof. Dr. H. Ursprung
Präsident der Eidgenössischen Technischen Hochschule Zürich
Rämistr. 101, CH-8000 Zürich/Schweiz

Prof. Dr. H.T. Witt
Lehrstuhlinhaber im Max-Volmer-Institut für Physikalische Chemie und Molekularbiologie der TU-Berlin
Straße des 17. Juni 135, 1000 Berlin 12

Ende 1982 ausscheidend:
Prof. Dr. F. Gross
Direktor des Pharmakologischen Instituts der Universität Heidelberg
Im Neuenheimer Feld 366, 6900 Heidelberg 1

Prof. Dr. H. Haken
Direktor des Instituts für Theoret. Physik der Universität Stuttgart
Pfaffenwaldring 57/IV, 7000 Stuttgart 80

Prof. Dr. K. Rajewski
Direktor am Institut für Genetik der Universität Köln
Weyertal 121, 5000 Köln 41

Prof. Dr.-Ing. W. Reichardt
Direktor des Max-Planck-Instituts für Biologische Kybernetik
Spemannstr. 38, 7400 Tübingen 1

Prof. Dr. R. Rott
Direktor des Instituts für Virologie des FB 18 Veterinärmedizin d. Univ. Gießen
Frankfurter Straße 107, 6300 Lahn 1

Prof. Dr. H.G. Zachau
Direktor am Institut für Physiolog. Chemie der Universität München
Goethestr. 33, 8000 München 2

Prof. Dr. H. Ziegler
Direktor des Instituts für Botanik der TU-München
Ardisstr. 21, 8000 München 2

IV. Generalsekretär:

Prof. Dr. E. Auhagen
Friedrich-Ebert-Str. 217, 5600 Wuppertal 1

Der Arzt und seine Umwelt*

H.E. Bock
Medizinische Universitäts-Klinik Tübingen

The Physician and his Environment

Wenn im Gesamtthema „Der Mensch und sein Lebensraum – Eingriff und Wandel" die Variation „Der Arzt und seine Umwelt" auftaucht, dann möchte der Vorsitzende als Arzt versuchen, dem Auftrag unserer Gesellschaft zu entsprechen. Alfred Kühn hat ihn 1938 auf der Stuttgarter Tagung so umrissen: 1. Rechenschaft abzulegen vom Gang der Wissenschaft, auch dem Laien, 2. zur Überwindung des Spezialistentums beizutragen in einer Zeit notwendiger Spezialisierung, 3. Brücken zu schlagen zu neuer fruchtbarer Zusammenarbeit. Adolf Butenandt hat auf der Essener Tagung 1952 noch einen weiteren wichtigen Punkt genannt: Die uns gesetzten Grenzen im Erreichbaren zu erkennen und daraus die notwendigen Folgerungen zu ziehen. Der Internist empfindet diesen Auftrag als besonders dringlich, da sich auf medizinischem Gebiet besonders viel Wandlungen durch ärztliches Eingreifen – und Begreifen – vollzogen haben, in 40 Jahren mehr als in 4 Jahrtausenden Medizingeschichte, seit dem Einsatz der Ephedra vulgaris des Botanikers Ma Huang mit der heute noch aktuellen Indikationsstellung Kreislaufschwäche, Husten (2760 v.Chr. dem Kaiser Chen Nung zugeschrieben). Eingriff droht zum Übergriff zu werden, wenn wir uns nicht am Entwurf des Menschen orientieren, sondern ihn beliebiger Manipulation und unbedachter Mutationsgefahr überlassen. Am wandelbaren Krankheitsbegriff können wir uns kaum ausrichten.

Ärztliche Bewertung der Lage

Als Arzt bewerte ich unsere gegenwärtige Lage, die unseres „Raumschiffes Erde" – wie man gesagt hat – und ihrer Insassen ernst, denn Belastungs- und Anpassungsgrenzen werden sichtbar im Sächlichen wie im Menschlichen. Kreislaufschäden und Vergiftungserscheinungen nehmen zu. Das aktiv wie passiv Menschenmögliche hat Form und Inhalt verändert. Wir staunen über Extremleistungen bei Katastrophen, aber die Halbwertzeit unserer mitmenschlichen Betroffenheit ist kurz. Wir erleben Versagenszustände, aber der Lerneffekt ist gering. Bei großzügigem Sozialangebot und permissiv weitgefaßtem Krankheitsbegriff wechseln wir von Überlast zu Überlust – ohne die selbstverständliche Kurssteuerung durch das, was die Alten die Tugenden nannten, ohne Einordnung in einen überindividuellen Zusammenhang, auch ohne die Demut vor dem höchsten Gedanken, der lebendig hoch über Raum und Zeit schwebt. Weite Bereiche unseres Planeten sind entwertet durch Raubbau, durch Umweltverschmutzung und Naturverstümmelung. Um uns herum geschehen kleine und große ökologische Zusammenbrüche. Viele Flüsse sind nur noch verschmutzte Wasserstraßen, sauberes natürliches Wasser wird zur Seltenheit. Hinter all dem steht die Not, Nahrung und Beschäftigung sowie ein ausreichendes Energiepotential zu sichern. Giftstoffe erreichen uns über Haut, Lunge, Magendarmkanal in gefahrdrohenden Konzentrationen, die bei Smogsituationen z.B. tödlich werden können. Lärm steigert sich zum Unerträglichen. Schutthalden wachsen weiter, nicht bloß durch nichtsnutzige, sondern auch durch eigentlich wieder verwendbare Abfälle. Endogene und exogene Angst erfüllt die Szene.

Weder Fortschrittszuversicht noch Wissenschaftsidealisierung können über den Ernst der Gefährdung menschlichen Lebens hinwegtäuschen. Spätestens seit der düsteren Prognose des Club of Rome wissen alle vom Ausmaß der Belastungen und Bedrohungen unseres Lebensraumes. Überdeutlich gehen sie aus dem Buch von Zink und Graul „Der 29. Tag" (Medicef 1974) und aus dem Bericht von Hans Schäfer „Folgen der Zivilisation" (Umschau Frankfurt 1974) hervor. Die Thematik unserer Münchner Tagung 1972 „Bewältigung des Fortschritts" war darauf gerichtet. – In Berlin wies 1974 Gibian auf die Verantwortung hin, die den Wissenschaftlern aus den Möglichkeiten

* Festvortrag bei der Eröffnung der 109. Versammlung der Gesellschaft Deutscher Naturforscher und Ärzte, Stuttgart, 19.–23. September 1976

des interspezifischen Gentransfers und des Bioengineering erwächst, wenn „bisher in der Natur nie dagewesene, sich vermehrende Mischkreaturen" künstlich konstruiert werden können. Er ging auf die Analogie zu Wöhlers Harnstoffsynthese 1828 ein, die den Beginn der synthetischen organischen Chemie mit der Herstellung ebenfalls „in der Natur überhaupt nicht vorkommender Verbindungen" bedeutete. Doch heute ist's mehr — und sicher etwas ganz anderes als in Shakespeares Wintermärchen. Als Perdita künstlich gezüchtete (nicht etwa nachgemachte) Blumen ablehnt, versucht Polyxenes zu überzeugen: „Dies ist 'ne Kunst, die die Natur verbessert, ja, verändert — doch diese Kunst ist selbst Natur".

Gewiß sind vom Standpunkt eines modernen Menschen auch die aus dem schöpferischen Geist nach Analyse und Synthese der Wirkstoffe geschaffenen „Heilmittel der dritten Natur" — wie der Harnstoff Wöhlers — noch natürlich; bei der Gen-Manipulation aber ist eine prinzipielle Grenzüberschreitung absehbar, die höchster Wachsamkeit bedarf. Der Beitrag von P.H. Hofschneider befaßt sich damit. In den USA, wo bereits Richtlinien bestehen, wird im September 1976 ein Bericht über die zu erwartenden Auswirkungen der Gen-Chirurgie auf die Umwelt veröffentlicht werden. Die pragmatischen Engländer haben in Williams-Report ein ständiges Beratungsgremium vorgesehen, dem alle Forschungsprojekte gemeldet werden sollen: für jedes Labor ist ein Sicherheitsbeauftragter verantwortlich (Nature 1963, 1 und 4 (1976)).

Erkenntnis statt Emotion

Bei der Behandlung risikoreicher Zukunftsentwicklungen ist die Gefahr emotionaler — oder auch nur nostalgischer — Aufschaukelung ohne Berücksichtigung der Gesamtsituation oder/und ohne genügenden Sachverstand immer groß. Die Unterrichtung über das abschätzbare Ausmaß von Not und Abhilfe obliegt Politikern und Wissenschaftlern, auch unserer Gesellschaft deutscher Naturforscher und Ärzte. Wir werden in diesen Tagen über Wasser, Boden, Pflanzenzüchtung sowie über die Wandlungen im mikrobiellen Lebensraum und natürlich über Ernährung sprechen. Erstmals, glaube ich, referiert in unserer Gesellschaft ein Architekt und Landschaftsplaner, Walter Rossow. Es geht um unsere allgemeinen Lebensgrundlagen. Unsere öffentliche Abendveranstaltung betrifft die Bedrohung und die Sanierungsmöglichkeiten eines Ökosystems; Hans Joachim Elster spricht über den Bodensee. In diesem Zusammenhang erscheint es mir nicht uninteressant, daß der um unsere Gesellschaft so verdiente Rudolf Virchow 1869 in Innsbruck bereits Gesundheitsausschüsse forderte, in denen auch der Architekt und der Chemiker neben den Ärzten und den Ingenieuren sitzen sollten. Nach der chemischen Seite wird unser Programm — traditionell — durch die Gesellschaft Deutscher Chemiker bereichert werden. Für Rudolf Virchow war unser Zeitalter ein sozial-medizinisches und die Medizin „in ihrem innersten Kern und Wesen eine soziale Wissenschaft". — Fritz Hartmann ließ 1972 auf der Münchener Versammlung das Thema anklingen; Hans Schaefer wird heuer darauf eingehen. Der Strom unserer Leidensfürsorge ist über die Ufer getreten, er bedarf der Regulierung durch die vorausschauende Abschätzung des Möglichen, wenn nicht das ganze Sozialprodukt mit ihm zerfließen soll.

Soziologie — Herausforderung der Medizin

Zu Zeiten der großen Bakterienentdeckungen provozierte Louis Pasteur (1822—1895) mit dem Satz: „Die Bakterien sind nichts, der Nährboden ist alles". Heute glauben viele: „Gesellschaft und Umwelt sind alles". Übertreibungen steigern die Anschaulichkeit, dienen aber auch der Besinnung. Einseitigkeit verdeutlicht. Jean Bernard spricht von „der soziologischen Versuchung" in unserer heutigen Medizin. Ohne zu bestreiten, daß Häufigkeit, Ausgestaltung und Dauer einer Krankheit auch Funktion der Milieufaktoren sind, müßte man m.E. mehr nach ihrem Gewicht und nach ihrer Bedeutung fragen. Nach den Arbeiten von René König, Helmuth Schelsky und Christian von Ferber wird niemand an der Bedeutung der Soziologie, auch für die Medizin, zweifeln. Nur: auf die allzu bereitwillige Übernahme soziologischer Schablonen von Mächtigen und Entrechteten, von Rollenzwängen und Barrieren auf das Arzt-Patienten-Verhältnis — und vor allem auf die Verhältnisse innerhalb einer Klinik — sollte man verzichten, denn es kommen schiefe und lückenhafte Bilder zustande, die auf keine gute Klinik zutreffen. — Die Soziologie ist eine Herausforderung für eine unikausal befriedigte Medizin, aber auch für jede plurikausal allein in cm/g/s-Meßgrößen operierende Heilkunde. Der Mediziner braucht mehr Soziologie — und er sollte wissen, daß Soziologie da, wo sie Wissenschaft ist, von ihm gar nicht ernst genug genommen werden kann.

Er sollte auch die Warnung Horst Baiers nicht überhören: die in einer Abwehrhaltung gegenüber den Sozialwissenschaften gerade bei Ärzten verbreitete „Unempfindlichkeit gegenüber gesamtgesellschaftlichen Entwicklungen" drohe, sie erkenntnis- und reaktionsunfähig zu machen. Der Entwicklungsprozeß verlaufe von der Erwerbs- zur Leistungs- und schließlich zur Zuteilungsgesellschaft; er werde einen neuen, den selbstbewußt Gesundheit einfordernden Sozialpatienten schaffen.

Heinrich Schipperges gibt diesem modernen Patienten noch die Attribute informiert, gesundheits-

und risikobewußt – auch mündig und mitbestimmend. Tatsächlich erkennen wir diesen anspruchsvollen Typus in manchen Situationen beim Einfordern von Rezepten, Krankmeldung oder Kur. Aber es gibt doch auch noch die großen vertrauensvollen Stunden zwischen Arzt und Patient, Stunden der Stille oder der Angst, des Anfangs, des Endes oder der Genesung. Diese ärztlichen Ursituationen bleiben sich wohl ewig gleich. Um sie lohnt es sich, Allgemeinarzt, Hausarzt zu sein. Spezialisten, die ihr gehobenes Wissen bloß in Dienststunden und in der Gegenwart ihrer Apparate anbieten, versäumen u.U. Wesentlichstes ihres Berufes, wenn sie nie in die Wohnungen und Familien ihrer Patienten Einblick nehmen. Wir Ärzte müssen uns – wenn überhaupt eine anthropologische Medizin sich entfalten soll – immer erneut um eine persönliche Beziehung zum Kranken und seiner Umwelt bemühen. Wir müssen die sich verbreitende Kontaktarmut und kühle Distanz überwinden helfen. Da die Arztdichte größer geworden ist, müßte das auch möglich sein, vorausgesetzt, daß wir die rechten Ärzte heranbilden (wofür Abiturnoten allein keine ausreichende Gewähr bieten).

Wir werden in diesen Verhandlungen vom Nutzen und Schaden der Arzneimittel hören, auch von der Unvernunft im Gebrauch von und im Einstellungswandel unserer Zeitgenossen zum Medikament. Früher wurden Medikamente nur bei vertretbarer Indikation verordnet, in der Wolfgang Heubnerschen Formulierung: vom Arzte als Wirkstoff, vom Apotheker als Ware, vom Patienten als Wunder betrachtet – heute ist Arznei vielfach zum leistungs- und luststeigernden ‚Lebens'-mittel geworden. Aus Wohltat wurde Plage, gipfelnd im pseudosportlichen Anabolika-Doping für junge Mädchen und Frauen.

Obwohl gegengeschlechtliche Wirkungen an Behaarungsanomalien und am Stimmbruch erkennbar werden, werden diese Mittel der Muskelmast dennoch weitergenommen, um die Kugel einen Meter weiter stoßen zu können. Hier fehlt bei allen Beteiligten die Mündigkeit – und von Gesundheitsgewissen kann keine Rede mehr sein.

Ein anderes Beispiel fehlender Mündigkeit: Allen Warnungen und überzeugenden Statistiken zum Trotz bleibt der Zigaretten- und Alkoholverbrauch in mißbräuchlicher Dimension, und er wächst sogar noch. 1975 wurden in der Bundesrepublik Deutschland 50 Milliarden für Alkohol und Tabak ausgegeben, pro Kopf 550 DM allein für Alkohol!

Trotz aller Drogentragödien, trotz aller Aufklärung über den verhängnisvollen Trend zu immer härteren ‚Stoffen' nimmt die Zahl der jugendlichen Drogenabhängigen und Frührentner zu.

Ein weiteres Beispiel, wie der Zweck und nicht die Informiertheit die Wahl der Mittel unkritisch bestimmt, betrifft die Antikonzeption: Da ein großer Teil der jungen Mädchen anovulatorische Zyklen, d.h. solche ohne Eisprung hat, fordert der um Ovulationshemmer angegangene Arzt, erst einmal festzustellen, ob denn ovulatorische Zyklen vorlägen, was durch Messung der Basaltemperaturen über die Dauer von zwei Zyklen festzustellen ist. Ein Arzt, der das fordert, erlebt, daß zwei von drei so beratenen Mädchen nicht messen und auch nicht wiederkommen, sondern sich die Pille anders verschaffen.

Ich will das vielschichtige Problem, das auch den Schwund ärztlicher Überzeugungskraft miteinschließt, hier nicht weiter vertiefen.

Man mag es einem Arzte nachsehen, daß er den engen Umkreis strenger Naturwissenschaft – weiter als je auf unseren Tagungen – zentrifugal überschreitet. Die Themen Sozialverhalten, Bedrängnis und Bewältigung, Kranksein im Krankenhaus lassen das schon vermuten. Arztsein geht in Denken, Fühlen und Handeln über Nur-naturwissenschaftliches hinaus. Bernhard Naunyn wird gern mit dem Ausspruch zitiert „Medizin wird Naturwissenschaft sein oder sie wird nicht sein". – Seine Unhaltbarkeit hat H.J. Staudinger durch den Vergleich des Arztes mit dem Ingenieur dargelegt, von dem man auch nicht sagen könne: „Die Ingenieurkunst wird Physik sein oder sie wird nicht sein". Naturwissenschaft sei selbstverständlich eine notwendige, aber nicht hinreichende Voraussetzung für die folgende Stufe des Wirkens beider. Dem angeblichen Naunyn-Satz hat Paul Schölmerich die 50 Jahre später erfolgte Äußerung Viktor von Weizsäckers gegenübergestellt: „Die medizinische Zukunft wird eine psychosomatische sein – oder sie wird nicht sein", und – auch hier – auf den „unverkennbar emanzipatorischen Akzent" der für notwendig gehaltenen Befreiung der Medizin – in diesem Falle aus vermeintlich rein naturwissenschaftlichen Bindungen – hingewiesen. Eine Richtigstellung ist nötig. Der tatsächlich auf der Gedenkmünze für Bernhard Naunyn stehende Ausspruch hat eine Ergänzung. Auf unserer 72. Tagung 1900 in Aachen hat Naunyn hinzugefügt: „Eine Naturwissenschaft ist sie (die Heilkunde) nicht geworden und wird sie auch schwerlich jemals werden – dazu sitzt ihr die Humanität zu tief im Blute".

Psychosomatik – Gegebenheit und Versuchung

Viktor von Weizsäckers durchgeistigte Psychosomatik hat Frucht getragen und die Medizin sehr bereichert; sie wird es auch weiterhin tun (Jores, von Uexküll, Freyberger, Bräutigam, Christian u.a.). Dank der mittlerweile an mehreren Universitäten ordentlich integrierten Psychosomatik, ich nenne Hamburg, Heidelberg, Ulm, Frankfurt sowie Hannover, ist nicht nur „mehr Seele in die Medizin" eingekehrt, Psychosomatik wird auch systematisch gelehrt. Paul Martini, der Begründer der klinischen Methodenlehre und der Arzneiprüfung, dürfte dennoch seine 1949 erhobene Forderung, nun müsse eine statistische Sicherung der pathogenetischen Ansätze und therapeutischen Methoden der Psychosomatik erfolgen, für noch nicht erfüllt halten. Aber: selbst wenn die psychosomatische Medizin nur die Vertiefung der biographischen Anamnese für die gesamte Medizin erreicht und die

Grundlagen für eine anthropologische Medizin im Sinne von Fritz Hartmann verbreitert hätte, wäre sie ein Meilenstein.

Die großen therapeutischen Erfolge allerdings verdanken wir Internisten und Allgemeinärzte nicht der Psychosomatik, nicht der sog. naturgemäßen Phytotherapie oder der oligodynamischen Homöopathie. Sie verdanken wir dem naturwissenschaftlichen Ansatz und Vorgehen in der Medizin. Sie sind beliebig wiederholbar und erreichbar, selbst wenn dabei auf die Individualität und die soziale Lage keine Rücksicht genommen würde. Ich greife zwei Beispiele dazu heraus:

Beispiel 1. Tausenden von Menschen (40 000 in der BRD) mit wiederkehrender Herzblockierung, wir nennen das Krankheitsbild nach Adams-Stokes, ermöglicht die rein technische, also ganz unpersönliche Schrittmacherbatterie nicht nur ein jahrelanges Überleben ohne alle Einbußen, sondern sie bewahrt auch viele vor dem Bewußtwerden eines Sterbevorgangs – den früher die Kranken u.U. mehrfach täglich erlebten, wenn die Blockierung erfolgte – bis nach zwei oder mehr Minuten des Herzstillstands mit dem Wiedereinsetzen der Kammerkontraktion endlich das Gehirn wieder durchblutet und belebt wurde. Hilflos stand man früher dabei, bis es einmal zum letzten Anfall kam. – Was bedeutet es diesem Damoklesschwerterlebnis gegenüber, daß auch der Schrittmacher einmal ermüden oder erkranken kann oder nicht gleich einheilt?

Beispiel 2. Das Leid von Hunderttausenden, als man noch an tuberkulöser Meningitis oder galoppierender Schwindsucht meist im Jugendalter starb, ist uns Älteren noch nicht aus dem Gedächtnis geschwunden; die Qual der – meist älteren – Kehlkopf- und Darmtuberkulösen können nur noch die beurteilen, die sie zu pflegen hatten. Diese Krankheiten gibt es nicht mehr – oder braucht es jedenfalls nicht mehr zu geben, denn sie sind behandelbar. Der Erfolg kann in allen Völkern, Rassen und Gesellschaftssystemen mit Tuberkulostatika erreicht werden, sogar ohne persönliche Zuwendung.

Diese Beispiele sollten nicht als Parade stolzer Erfolge der Medizin vorgeführt werden, sondern als gewichtige Beispiele wissenschaftlicher Iatrogenie, d.h. des mit naturwissenschaftlichem Ansatz vom Arzt Bewirkten. Heute wird fast nur negative Iatrogenesis dargestellt, wobei dem Arzt auch das angelastet wird, was längst nicht mehr – oder noch nie – von ihm inauguriert wurde, also gar nicht iatrogen ist, sondern soziogen im weitesten Sinne des Wortes ist, indem es vom gesellschaftlichen Brauch oder Mißbrauch herrührt.

Fragte man jedesmal, welche Bedingungen, welche Mitursachen obligat und welche fakultativ sind – das gilt für das Kommen wie Gehen von Beschwerden, für die Pathogenese wie für die Heilung –, so würde man zu einer besseren Gewichtung kommen und nicht Haupt- und Nebenursachen gewissermaßen umkehren. Das manchmal Nur-ornamentale manchen Wähnens würde deutlicher werden. Ich vermisse an der psychosomatischen Medizin, daß sie weder eine überragende Spezifität der auslösenden Krankheitssituation noch eine Spezifität der Krankenpersönlichkeit hat herausarbeiten können. Manche Konfliktsituationen sind so banal oder so allgemein, andere so weit hergeholt oder so geistvoll hinterfragt, daß man Jean Bernard verstehen kann, wenn er die psychosomatische Medizin als einen Fortschritt bezeichnet, aber davor warnt – geblendet von der Dialektik der Psychologen –, „ihrer gefährlichen Versuchung" zu erliegen.

Die moderne Streßforschung (Selye) hat der psychosomatischen Medizin neuen Auftrieb gegeben (Levi, Hans Schäfer, von Eiff), allerdings im Sinne einer Zielsuche und -findung von möglichst viel Meß- und beweisbaren Werten: Somatropin, Katecholamie, freie Fettsäuren, Glukokortikoide. Stressoren sind nie absolute Größen, sondern relative, die nur in Beziehung zur Leistungsfähigkeit der ihnen Ausgesetzten, d.h. der Gestreßten, zu sehen sind. An deren Konditionierung wirken allerdings nicht nur nach Zentimeter, Gramm, Sekunde meßbare Größen, sondern auch der Zeitgeist, die Wunsch- und Vorstellungswelt, kurz um die psychophysische Bereitschaft mit. Chance, Mode, Begehrlichkeit und Verlockung, Duldung und Widerstandswille spielen eine Rolle. Wer Krieg und Kriegsgefangenschaft, Revolution und Umbrüche, Krankmeldetrends und Genesungstempounterschiede und vor allem ihre zweckbestimmte Wandelbarkeit in ruhigen und unruhigen Zeiten als Arzt erlebt hat, weiß, daß Gesundheitsmoral und Gemeinschaftssinn erstaunlich (– „unanständig" –) schnell veränderlich sind. Hier wurzelt sowohl der psychosomatische als auch der medizinsoziologische Ansatz, der eine echte Herausforderung für eine anthropologische Medizin ist. Doch nicht nur Herausforderung, sondern auch Versuchung. Den Universalanspruch in einer Theorie der Medizin können beide nicht erheben. Die rein psychosomatische oder die allein soziogene Entstehung von Krankheit ist ein vergleichsweise seltener Sonderfall. Als auslösende, ausgestaltende, tempogebende Mitursachen aber müssen zukünftig Psycho- und Soziogenie stärker vom praktizierenden Arzt mitbewertet werden. Die Rolle der Selbstverschuldung bei der Krankheit, dies gilt vor allem für Alkoholismus, Nikotinismus, Drogismus, bedarf stärkerer Beachtung. Hans Schäfer hat Selbstverschuldung bei 12% aller Krankheitsfälle angenommen. Laberke findet im stationären Bereich seines Kreiskrankenhauses bei 30–50% der Männer Organkrankheiten, die durch individuelles Fehlverhalten verursacht oder verschlimmert wurden. Mündigkeit sollte sich in der Einstellung zu den Nutzungs- und Schädigungsmöglichkeiten der Umwelt zeigen.

H. Strotzka meint, daß in jeder Bevölkerung zwischen 10 und 30% Menschen mit psychosozialen und psychosomatischen Störungen zu finden seien. Man schätzt großzügig, daß etwa 30, in manchen Praxen bis 50% aller Patienten keine organische Erkrankung haben, sondern daß ihr Leiden psychogen und soziogen verursacht — oder wenigstens mitbedingt — sei. Mir erscheinen diese Prozentsätze zu hoch, und ich glaube, es werden sehr oft alle die Ratsuchenden mitgezählt, die aus einer Sprechstunde ohne Befund herausgehen. Man kann nicht gleichzeitig den Menschen zum Vorsorgedenken ermahnen, ihn auffordern, sich gründlich „checken" zu lassen, und dann die Nichtbefundträger als psycho- oder soziogen Angekränkelte bezeichnen. Bei den meisten Übrigen geht es oft um ganz alltägliche und allgemein menschliche Konflikte, deren ätiopathogenetische Bedeutung in keiner Weise gesichert ist. Einer fachpsychiatrischen Behandlung bedürfen hiervon nach meiner Schätzung nicht mehr als 2%. — Bei solchen Vorsichtsuntersuchungen werden leider durch Überbewertung von Labordaten oder durch Laborfehler auch Hypochonder und Leidende erzeugt. In der Umwelt des Arztes spielen diese z.T. Primärängstlichen oder Sekundärverängstigten eine große Rolle, weil sie nicht nur in den Wartezimmern, sondern auch an ihren Arbeitsplätzen eine beachtliche „Infektiosität" entwickeln. Die Vielfalt angebotener und ausgeführter psychotherapeutischer, verhaltenstherapeutischer Fremd- und Selbstbehandlungsmethoden, einzeln, im Dual oder in der Gruppe, ist groß. Sie zeugt von einer weitherzigen und nicht immer kritischen, individual- wie sozialmedizinischen Indikationsstellung. Das autogene Training hat den besonderen Vorteil, manchem Menschen erstmals einen Eindruck vom eigenen Leib und seiner psychosomatischen Beeinflußbarkeit zu geben. — Es kommt dem Ziel jeder guten ärztlichen Behandlung entgegen, den Patienten sobald wie möglich in seinen eigenen Freiheits- und Bestimmungsraum zu entlassen, damit er sich selbst entfalte und selbst verwirkliche. Jedoch sollten die Möglichkeiten einer nachgehenden Fürsorge und Gesundheitserziehung besser genutzt werden.

Medikamentöse und technische Verführung

Die Alternative zu den verbalen und übenden Verfahren ist — Glück und Unglück zugleich! — das Medikament. Die meisten Patienten und Ärzte ziehen es vor, weil es einfacher, handlicher, meist billiger und schneller anwendbar ist, oft auch (z.B. in der Behandlung des menschlichen Hochdrucks) effektiver. Die Gefahr, daß ein Medikament nur zudeckt, ohne die ätiologische Tiefe und damit vielleicht eine Besserungsmöglichkeit von Dauer freigelegt zu haben, lauert stets. Moderne Medizin kennt und verlangt eine sehr differenzierte Indikationsstellung. Paradoxerweise verführt aber das große Arzneiangebot oft zu Oberflächlichkeit. Auf Intensivstationen, die etwa 5% der Betten einer Medizinischen Klinik umfassen, wird das besonders deutlich.

Zwei Vorwürfe werden oft gegen die Schulmedizin erhoben: 1. es würden zu viele Medikamente verordnet; 2. die Technik spiele eine zu große Rolle. In der Tat lassen die Ärzte unserer Zeit sich nicht nur vom Technischen faszinieren, sie müssen es. Um sich Technik dienstbar zu machen, muß man sie beherrschen. Leicht kommt die Meinung auf, die Medizin überschätze die Technik, sie verwende ja so viel Zeit darauf. Leider müssen eben viele Methoden diagnostischer und therapeutischer Art sehr zeit- und personalaufwendig in Kliniken erlernt und immer wieder geübt werden, bis sie kunstfertig klappen: man denke an Gastroenteroskopie, Bronchoskopie, Angiographie.

Man kann am Beispiel der Koronarangiographie, bei der es um die Diagnostik des Herzkranzgefäß-Systems mittels Röntgenkontrastmitteldarstellung geht, Aufwand und Anspruch gut begründen. Nur wo 500 Gefäßsondierungen pro Jahr anfallen, also pro Arbeitstag etwa 2, kann man die Komplikationen auf ein verantwortbares Maß herunterdrücken. Die Virtuosität des Einzelnen, der nur gelegentlich einmal sondiert, reicht nicht aus, da eine komplizierte harmonische Teamarbeit nötig ist, bei der alle aufeinander eingestellt sein müssen.

Auf Intensivstationen ist die Überwachung der Geräte und ihrer Signale, man mag das bedauern — in der Tat für Leben und Sterben zu gewissen Zeiten sehr viel entscheidender als das Gespräch mit dem Kranken. Das Leiden scheint hier — um mit Fritz Hartmann zu reden — „versachlicht". So machen Intensivstationen nur zu leicht nach außen hin einen unpersönlichen, vielleicht einen unmenschlichen Eindruck. Bei höchster Dringlichkeitsstufe hat die technische Geborgenheit Vorhand vor individueller Behaglichkeit. Man darf darin keine Herabwürdigung des Menschen zum bloßen Behandlungsobjekt sehen. Freilich wird manchmal vergessen, daß das menschliche Bedürfnis des Kranken und seiner Angehörigen gerade in solchen Situationen besonders groß ist, und daß die Prägekraft des ersten Augenblicks der Aufnahme lange nachwirkt. Vertrauensvolle Zusammenarbeit ist gerade auf Intensivstationen nötig. — Das Team der Hilfeleistenden wird von Jahr zu Jahr größer, eine Gefahr nicht nur für die anamnestische Gesprächsbereitschaft des Kranken, sondern auch für die Eingrenzung und Bewahrung der ärztlichen Schweigepflicht. Die primäre Vielzahl von Funktionsträgern und die Tatsache des dreifachen Schichtwechsels sind gravierend für viele Patienten, die keine Bezugsperson finden und sich wegen ihrer apparativen Versorgung oft gar nicht einmal verständlich machen können.

Einer verdienstvollen Analyse von Heinrich Schipperges muß man entnehmen, daß es im Jahre 2000 mehr als 350 Berufe im Gesundheitswesen geben könnte. Diese Kette ist viel zu lang und zu verzweigt, um ein echtes Vertrauensverhältnis zwischen dem Kranken und seinem Arzt zustandekommen zu lassen. Man muß bemüht sein, diese Zahl herabzusetzen. Auf allen therapeutischen und pflegerischen Ebenen muß personale Medizin kultiviert werden. – Auf dem ärztlichen Sektor bedauert man das Überhandnehmen der an sich unbestreitbar notwendigen Spezialisierung, die zu dem nicht glücklichen 1:1-Verhältnis von Krankenhausärzten zu niedergelassenen Ärzten geführt hat. Am meisten bedaure ich, daß sich das Interesse an der *Allgemeinmedizin* nur sehr langsam steigert, da ich den Lebensraum und die Aufgabe eines Allgemeinarztes zwar für höchst anstrengend, beruflich und gesamtmenschlich aber auch für höchst befriedigend halte. Hier kann noch personale, den ganzen Menschen und seinen gesamten Lebensbereich berücksichtigende, d.h. wahre anthropologische Medizin betrieben werden. Diese Aufgaben sind selbst auf dem Lande gut lösbar, wenn eine Form der Gruppenpraxis mit einigen Interessenschwerpunkten in benachbarten Orten realisiert wird, so daß etwas mehr Freiheit in der Nacht- und Feiertagsdienstplanung und auch für Fortbildung und für Ferien bleibt. Der Allgemeinarzt kann noch mehrere Generationen in einer Familie übersehen und die großen Lebensereignisse freudiger wie ernster Art miterleben.

Ergänzungsbedürftige Gebiete ärztlicher Ausbildung

Leider ist die derzeitige Vorbereitung auf den Beruf des Allgemeinarztes an unseren Universitäten nicht optimal. Ich warne besonders vor jeglicher Reduzierung unserer *medizinischen Universitäts-Polikliniken*. Poliklinik ist ein Lehrfach besonderer Art, in meiner Sicht heute das wichtigste für den Brückenschlag von der wissenschaftlichen Medizin zur Praxis. Der Lehrstuhl für Allgemeinmedizin, den ich sehr befürworte, kann Bestandteil einer Medizinischen Universitäts-Poliklinik sein; identisch mit dem Polikliniker ist sein Inhaber nicht. Auch in der Poliklinik muß wissenschaftliche Forschung betrieben werden, vor allem epidemiologische (z.B. Gastarbeiter-, Touristikmedizin) und viel praktisch-therapeutische. Anhand von Arzneiprüfungen und Therapievergleichen soll der werdende Arzt zu kritischer rationaler Arzneianwendung erzogen werden. In der Poliklinik kann er Studien zur Sozio- und zur Psychogenese unter Anleitung Fachkundiger betreiben, ohne den festen Boden medizinischer und psychiatrischer Fakten zu verlieren.

Medizinisch vorgebildete, vom Arzttum durchdrungene Psychologen können in Poliklinik wie Klinik für Patienten, Ärzte und Pflegepersonal richtungweisende Erkenntnisse gewinnen. Vorurteilslose und urteilsfähige Mitarbeiter aus sozialmedizinischen und medizinsoziologischen Arbeitskreisen werden jedem Klinikchef willkommen sein. Bisher haben Fürsorgerinnen, Sozialpfleger und vor allem Klinikseelsorger im Stillen eine der Öffentlichkeit weniger dramatisch demonstrierte mitmenschliche, heilkräftige und rehabilitationsfördernde Wirkung entfaltet.

Die *klinische Forschung* kann nicht immer von großen Konzepten ausgehen; sie ist an die Gelegenheit gebunden, Experimente der Natur so auszuwerten, wie sie als Krankheiten angeboten werden. Dennoch ist eine langfristige grundlagennahe Forschung auch – und vielleicht nur – in der Klinik möglich und auf den Gebieten *Immunologie* und *klinische Pharmakologie* nach meiner Meinung vordringlich. Es fehlt in Deutschland am Entfaltungsraum für eine große Zahl gut vorgebildeter klinischer Pharmakologen. Abteilungen sollten in den Kliniken und Großkrankenhäusern eingerichtet werden. In keiner anderen Periode der Therapie, sagt Rahn, sind so viele präzise Daten über Art und Häufigkeit von Nebenwirkungen ermittelt worden wie in den letzten 5 Jahren. Die Umwelt des Arztes sollte einsichtig werden, daß jede Therapie eine Abwägung von Risiken erfordert und beinhaltet, und daß jedes wirklich wirksame Medikament neben den erwünschten und erstrebten, auch potentiell unerwünschte Begleit- oder Nebenwirkungen haben kann. Sie hängen manchmal viel mehr von der individuellen Konstellation von der Stoffmenge ab. Jede unerwartete Wirkung sollte eine klinisch-pharmakologische Seminaraufgabe sein, den Geschehensablauf und seine Komponenten zu analysieren.

Karl Matthes, der noch als Klinikchef eine bewunderswerte Forschungstätigkeit auf dem Kreislaufsektor entfaltete, hat in seiner Münchner Präsidentenrede 1962 für die klinische Forschung, die heute leider wieder unterbewertet wird, eine Lanze gebrochen. Mitarbeiter, die in grundlagenwissenschaftlichen Instituten gut vorbereitet sind, können auch als Kliniker auf einem schmalen Sektor wichtige klinische Forschung betreiben. Eine Scheidung von Klinikärzten für die Forschung und solchen für die Krankenversorgung lehne ich ab. Es wäre aber sehr wünschenwert, daß mehr Theoretiker aus Physiologie, Pharmakologie, Biochemie, Mikrobiologie und Immunitätslehre in großen Kliniken integriert würden. Die medizinische Biotechnik und die Strahlenheilkunde benötigen sogar Physiker in der Klinik.

Zwei Gebiete der Medizin, die *Pädiatrie* und die *Geriatrie* bedürfen der besonderen klinischen Verbundforschung von Ärzten, Psychologen und Pädagogen.

Von der Perinatalperiode her sind unsere Kinder aufmerksam beobachtet, später durch Impfprogramme leiblich wohl gerüstet und durch besseres psychologisches Verständnis in Zukunft wohl auch sinnvoller behütet. Die Jugendpsychologie und die Verhaltensforschung geben auch dem Arzt Ziel und Weg in seiner Umwelt an. Die Prägekraft der ersten Kinderjahre ist anerkannt, die der Schulzeit wird unterschätzt. Bliebe zu hoffen, daß auch die schulische Entwicklung in ruhigen, klaren Bahnen verlaufe, und daß – ähnlich wie bei den Medikamenten – auf „Wirksamkeit und Unbedenklichkeit" geachtet werde. – Vor allem scheint mir ein über die gesamte Schulzeit garantiertes Programm der Leibeserziehung nötig, das deren humane Aufgaben und Grenzen besser beachtet als bisher. Es darf keinesfalls in der entscheidenden Phase der Berufsschulausbildung wegfallen. Auswüchse des Sportes müssen bekämpft werden.

Die Greisenperiode ist demgegenüber sehr viel schlechter untersucht, betreut und versorgt. Hier böte sich ein reiches Forschungs- und Betätigungsfeld für alle Humanwissenschaften und für alle Sozialberufe an. Es darf nicht einsam werden um unsere Alten und erst recht nicht um ihre Sterbebetten. – Alternsforschung auf molekularer und zellulärer wie auf immunologischer Ebene (Burnet) wird weiter intensiviert werden müssen.

Der Arzt in der Entscheidung

Die Einstellung zum Tode und zu seiner Annahme wandelt sich zum Rationalen. Der Arzt steht auf der Seite des Lebens, seine Aufgabe ist es, menschliches Leben zu erhalten, aber auch unmenschliches Leiden zu verhindern. Nicht einmal im engen Gesichtsfeld eines die Einzelheiten vergrößernden Zielfernrohrs erscheint quantitatives Älterwerden an sich als Fortschritt. Im Weitwinkelobjektiv, d.h. bei einer Gesamtbewertung vor einem größeren Horizont – und auch in der eigenen Erfahrung –, sieht sich manches anders an. Längst ist die Medizin der Überzeugung, daß der Arzt nicht alles tun darf, was er oder was man kann. Er muß Entscheidungen treffen und darf sich nicht einem technokratischen Zugzwang ausliefern. Willenserklärungen der Patienten sind sehr erwünscht, aber sie geben keinen Marschbefehl für das ärztliche Handeln oder Nichthandeln. Die letzte Entscheidung fällt im Gewissen, im Wissen und in der Erfahrung des Arztes (W. Wachsmuth). Auch der Leib des Kranken nimmt teil an der Würde, Besonderheit und Einmaligkeit der Person (Karl Matthes, 1962). Die Sorgfalt um den Kranken darf bis zur letzten Stunde nicht nachlassen – auch berücksichtige man stets, daß er noch viel mehr aus Gesprächen und Handlungen seiner Umgebung aufnimmt, als manche denken.

Die Umwelt des Arztes zeigt einen dichter besiedelten Lebensraum mit gesteigertem toxischen und mit verwandeltem infektiösen Potential. Neben einem vergrößerten Arsenal naturwissenschaftlich begründeter Hilfsmöglichkeiten gibt es ein expandierendes Angebot an sozialmedizinischen und sozialen Hilfen. Nur Gesundheitspolitik auf lange Sicht auf der Basis der Vernunft und Gerechtigkeit kann den Ausgleich zwischen Begehrlichkeit und Gewährung, zwischen Nachfrage und Angebot, zwischen Zuviel und Zuwenig, zwischen Luxuriosum und Optimum herstellen. Unsere Maßstäbe bedürfen dringend der Justierung. Eine naturwissenschaftlich fundierte Medizin hat therapeutische und präventive Erfolge großen Ausmaßes – sogar bei unpersönlicher und schematischer Anwendung – aufzuweisen. Das Zweischneidige artefizieller Eingriffe in ökonomische Gleichgewichte, insbesondere in das Tempo von Evolution und Adaptation und das Doppelgesicht des Fortschritts darf nicht übersehen werden. Nur eine vernunftgemäße Einstellung auf seiten der Ärzte wie auf seiten der Patienten und Gesunden kann weiteren echten Fortschritt bringen.

Der Arzt bedarf größerer Entschiedenheit und Entscheidungsfreude bei der Bemessung von Krankheit und Gesundheit. Er darf der anspruchsvollen Behauptung so wenig wie der permissiven Ausdeutung und letztlich unsozialen Ausnutzung des Krankheitsbegriffes nachgeben. Die Fassung meines Themas „Der Arzt und seine Umwelt" sollte erkennen lassen, daß nicht das Captative, das den Lebensraum egoistisch Ausschöpfbare, sondern daß das Obligatorische, das der Umwelt fachkundig und mitmenschlich zu Gebende, das der Gesundheitsvorsorge und Lebensbewahrung Dienende, mein Anliegen war. Deshalb muß ich mich auch fragen, wie einer überfüllten und gefährdeten, in vieler Beziehung ihr menschliches Maß überschreitenden Welt zu helfen wäre, wenn sie trotz Erkenntnis ihrer Grenzen immer weiter einem quantitativen Wachstum des Verbrauchs huldigt. Die vernünftige Befolgung der Cramer-Formel „Fortschritt durch Verzicht" könnte Umwelt und Inwelt der Menschen zukunftssicherer gestalten. Da der Erziehung bester Teil Vorbild ist, müßte man vom Arzt, der Erzieher zu gesunder Lebensführung und Lebenshaltung sein soll, noch ein bißchen mehr verlangen als von den anderen – ganz im Sinne Willi Hellpachs, der nicht nur badischer Professor der Psychologie in Heidelberg und Politiker, sondern auch einmal praktizierender Nervenarzt war und schrieb: „Arztsein fordert den ganzen Lebensinhalt" – und ein andermal: „Das einzigartige Maß an Wirklichkeitsgewissen, das die Heilkunde und Heilkunst ihren Jüngern verleiht, rechne ich zu dem kostbarsten Besitz". – Stuttgart erfordert und erlaubt – auch 1976 noch – ein hoffnungsverheißendes Schillerzitat, das ich den traurigen Aspekten vom Anfang meiner Rede gegenüberstellen möchte:

„Ein gewaltig Lebendiges ist die Natur ...
Und alles ist Frucht
Und alles ist Samen"

(Braut von Messina)

Möchte das so bleiben!

Literatur

Alexander, F.: Psychosomatische Medizin. Berlin: De Gruyter 1951

Baier, H.: Die Medizin: eine Natur- oder Sozialwissenschaft? Vhdlg. Dtsch. Ges. Inn. Med., 79. Kongr., Wiesbaden 1973. München: J.F. Bergmann 1973

Bernard, J.: Größe und Versuchung der Medizin. Wien-München-Zürich: Molden-Verlag 1974

Bock, H.E.: Gesundheit und Krankheit. Int. J. prophylakt. Med. u. Sozialhyg. **2**, H. 4, 117–123 (1958)

Bock, H.E.: Der Arzt und die Zeit. Therapiewoche **1969**

Bräutigam, W., Christian, P.: Psychosomatische Medizin. Stuttgart: G. Thieme 1975

Burnet, Mcfarlane: Naturw. Rundschau **29**, 305–311 (1976)

Butenandt, A.: Verhdlg. Ges. Dtsch. Naturforscher u. Ärzte. 97. Versammlung (Essen 1952). Berlin-Göttingen-Heidelberg: Springer

Christian, P.: Das Personverständnis im modernen medizinischen Denken. Schriften der Studiengem. d. Ev. Akademie Nr. 1. Tübingen: Mohr 1952

Cramer, F.: Fortschritt durch Verzicht. München: Nymphenburger Verlagsbuchhdlg. 1975

Eiff, A.W. v.: Seelische und körperliche Störungen durch Stress. Stuttgart: G. Fischer 1976

Ferber, Ch. v.: Arbeits- u. betriebssoziolog. Untersuchungen zum Krankenstand. Fortschr. Med. **88**, Nr. 8 (1970)
Ferber, Ch. v.: Medizinischer Fortschritt und gesellschaftliche Evolution. Anstöße **1/2**, 1 (1972)
Freerksen, E.: Medizin in der Naturwissenschaft. Dtsch. Ärzteblatt – Vorabdruck
Freud, S.: Das Unbehagen in der Kultur. Wien 1930
Freyberger, H.: Klinik der Gegenwart von H.E. Bock, F. Hartmann, W. Gerok. München: Urban & Schwarzenberg 1976
Gadamer, H.G., Vogler, P.: Neue Anthropologie, Bd. 1–7. Stuttgart: Georg Thieme 1975
Gibian, H.: Verhdlg. Ges. Dtsch. Naturforscher u. Ärzte. 108. Versammlung (Berlin 1974). Berlin-Heidelberg-New York: Springer 1976
Gsell, O.: Entwicklung der Weltseuchenlage. Zbl. Bakt., I. Abt. Orig. B 402 (1976)
Hartmann, F.: Der ärztliche Auftrag. Göttingen: Musterschmidt-Verlag 1956
Hartmann, F.: Gedanken zur Thematik: Bewältigung des Fortschritts in der Medizin. Verhdlg. Ges. Dtsch. Naturf. u. Ärzte, München 1972, S. 100–105. Berlin-Heidelberg-New York: Springer 1973
Hartmann, F.: Ärztliche Anthropologie. Bremen: Schünemann 1973
Hartmann, F.: Einleitung in das Studium der Heilkunde. Hannover: Druckerei der Med. Hochschule 1975
Hartmann, F.: Medizin in Bewegung – Arzt im Umgang. Göttingen: Vanderhoeck & Ruprecht 1975
Hellpach, W.: Wirken in Wirren. Lebenserinnerungen I. Hamburg: Christian Wegner 1948
Henschler, D.: Veränderungen der Umwelt – Toxikologische Probleme. Angewandte Chemie 85–317 (1973)
Jaspers, K.: Die Idee des Arztes. Arzt und Patient. In: Philosophie und Welt. München 1958
Jores, A.: Um eine Medizin von Morgen. Bern-Stuttgart: Hans Huber 1969
Jores, A.: Der Mensch und seine Krankheit. Stuttgart 1956
König, R.: A–Z 10. Soziologie. Frankfurt: Fischer-Bücherei 1958
Kühn, A.: Verhdlg. Ges. Dtsch. Naturforscher u. Ärzte (95. Vers. Stuttgart 1938). Berlin: Springer 1938
Laberke, J.A.: Die Zunahme der sozialpsychologischen Problemfälle. Arzt und Krankenhaus **11** (1976)
Levi, L.: Society, stress and disease. London-New York-Toronto 1971
Lüth, P.: Ansichten einer künftigen Medizin. München: Hanser 1971
Ma Huang: Zit n. Haas, Spiegel der Arznei. Berlin-Heidelberg Springer 1956 und nach Gessner, O.: Die Gift- und Heilpflanzen von Mitteleuropa. Heidelberg: Carl Winter 1953
Martini, P.: Methodenlehre der therapeutisch-klinischen Forschung, 4. Aufl. (1. Aufl. 1932). Berlin-Heidelberg-New York: Springer 1968
Matthes, K.: Verhdlg. Ges. Dtsch. Naturforscher u. Ärzte (102. Versamml., München 1962). Berlin-Göttingen-Heidelberg: Springer 1963
Meyer, V., Chesser, E.S.: Verhaltenstherapie in der klinischen Psychiatrie, 2. Aufl. Stuttgart: Georg Thieme 1975
Mitscherlich, A.: Das Leib-Seele-Problem im Wandel der modernen Medizin. Merkur **5** (1951)
Mitscherlich, A.: Krankheit als Konflikt I, II. Frankfurt: Suhrkamp 1966, 1967
Mitscherlich, A.: Der Kranke in der modernen Gesellschaft. Köln u. Berlin 1971
Mohr, H.: Wissenschaft und menschliche Existenz. Freiburg: Rombach-Verlag 1970
Naunyn, B.: Die Entwicklung der inneren Medizin mit Hygiene und Bakteriologie im 19. Jahrhundert. Centennialvortrag 72. Naturforscher-Versammlg. in Aachen, 17.9.1900, 51–79. Jena: Gustav Fischer 1900
Pflanz, M.: Sozialer Wandel und Krankheit. Stuttgart: Ferdinand Enke 1962
Platt, D., Lasch, H.G.: Molekulare und zelluläre Aspekte des Alterns. Stuttgart-New York: F.K. Schattauer 1971
Platt, H.D., Pauli, H.: Age dependant determinations of lysosomal encymes. In: Connection tissue and ageing. Excerpta Medica, Amsterdam, Intern. congress series Nr. 264, 1972
Richter, H.E.: Die Gruppe. Rowohlt 1972
Schaefer, H.: Folgen der Zivilisation. Frankfurt: Umschau 1974
Schaefer, H., Blohmke, Maria: Sozialmedizin. Stuttgart: Thieme 1972
Schelsky, H.: Die Soziologie des Krankenhauses im Rahmen einer Soziologie der Medizin. Stuttgart u. Köln 1958
Schelsky, H.: Auf der Suche nach Wirklichkeit. Gesammelte Aufsätze. Düsseldorf-Köln 1965
Schipperges, H.: Utopien der Medizin. Salzburg: Müller 1968
Schipperges, H.: Wege der Naturforschung 1972
Schipperges, H.: Medizinische Dienste im Wandel. Baden-Baden: Gerhard Witzstrock 1975
Schipperges, H.: Therapeutisches Handeln zwischen Nihilismus und Optimismus. Dtsch. Apoth.-Ztg. **115**, 1053–1058 (1975)
Schölmerich, P.: Eröffnungsansprache 81. Kongr. Wiesbaden. Verhdlg. Dtsch. Ges. f. inn. Medizin, S. 19–29. München: J.F. Bergmann 1975
Schölmerich, P., Schuster, H.P., Schönborn, H., Baum, P.P.: Interne Intensivmedizin. Stuttgart: Thieme 1975
Selye, H.: Nature (Lond.) **138**, 32 (1936)
Selye, H.: The stress of life. New York 1956, 2. Aufl. 1976
Siebeck, R.: Medizin in Bewegung, 2. Aufl. Stuttgart: Thieme 1953
Starlinger, P.: Ist Resistenz gegen Antibiotika oder Schädlingsbekämpfungsmittel vermeidbar? Klin. Wschr. **51**, 586 (1973)
Staudinger, Hj.: Naturwissenschaft und Medizin, Festvortrag. Verhdlg. Dtsch. Ges. inn. Medizin, 81. Kongr., Wiesbaden, 1–10 (1975). München: J.F. Bergmann 1975
Strotzka, H.: Die Soziogenese psychischer Erkrankungen. In: Der psychisch Kranke und die Gesellschaft. Herausgb. H. Lauter, J.E. Mayer. Stuttgart: Thieme 1971
Strotzka, H.: Hemmung und Befreiung des Verhaltens. 107. Verhdlg. Ges. Dtsch. Naturforscher u. Ärzte 1972. Berlin-Heidelberg-New York: Springer 1973
Uexküll, Th. v.: Grundfragen der psychosomatischen Medizin. Rowohlts Dt. Enzyklopädie. rororo 1963
Uexküll, Th. v.: Ein neues Selbstverständnis der Medizin. Ärztl. Prax. **25**, 10 (1973)
Virchow, R.: Vhdlg. Ges. Dtsch. Naturforscher und Ärzte, Innsbruck 1869
Vogel, F.: Der Fortschritt als Gefahr und Chance für die genetische Beschaffenheit des Menschen. Klin. Wschr. **51**, 575 (1975)
Wachsmuth, W.: Chirurgie zwischen Gesetz und Wirklichkeit. Chirurg. Kongreß, Sept. 1976. FAZ 4.9.1976, 10
Weizsäcker, V. v.: Der kranke Mensch. Stuttgart: Koehler 1951
Weizsäcker, V. v.: Pathosophie, 2. Aufl. Göttingen: Vandenhoeck u. Ruprecht 1967
Williams Report: Nature (Lond.) 1 (1963) und 4 (1976)
Zink, B., Graul, H.E.: Der 29. Tag. Das Phänomen der Halbwertzeit. Marburg/Lahn: Medicef 1974
Zuckermann, L.: The doctors dilemma. In: The challenge of life. Basel 1972

Professor Dr. Dr. h.c. H.E. Bock
Medizinische Universitäts-Klinik
D-7400 Tübingen
Bundesrepublik Deutschland

Die Beeinträchtigung aquatischer Ökosysteme durch die Zivilisation

Werner Stumm*
Institut für Gewässerschutz und Wassertechnologie an der Eidgenössischen Technischen Hochschule, Zürich

The surface waters of northwestern Europe belong to the most heavily loaded waters of the world. Within the last decades, pollution by non-biogenic organic substances has often become more important than pollution by domestic sewage. Ecologic concepts aid in understanding the various modes of disturbance of aquatic ecosystems. Stream pollution control consists not only of waste treatment.

Am Boden vieler Gewässer, an der Sediment/Wasser-Grenzfläche, lebt ein kleiner Wurm (*Tubifex*). Er ernährt sich mit dem Vorderende und atmet Sauerstoff mit dem Hinterende. Dadurch befindet sich der Wurm gewissermaßen in einem Konflikt: Wenn er tiefer in die nährstoffhaltige Schlammschicht eindringt, entzieht er sich der sauerstoffhaltigen Schicht und kann nicht mehr atmen; andererseits kann er atmen, aber sich nicht mehr ernähren, wenn er sich weiter hinauf in die sauerstoffreiche Wasserschicht begibt.
Der kürzlich verstorbene Biologe Ernst Hadorn hat dieses anschauliche Beispiel einer Antinomie – hier einer Ausspannung eines Organismus zwischen den Lebensschichten der Ernährung und der Atmung – gebraucht, um eine Grundeigenschaft, ein konstitutives Element aller Lebewesen zu verdeutlichen: Bedingungen der Lebenssicherung stehen in unvermeidlicher Wechselwirkung mit Möglichkeiten der Lebensgefährdung. Dieses konstitutive Element nimmt beim Menschen ein besonderes Ausmaß an, so beim Konflikt zwischen Nutzung der Natur und Umweltssicherung. Schon der Urmensch als heterotrophes Lebewesen konnte nicht umhin, Ordnung in seiner Umwelt zu zerstören, um eigene Ordnung aufzubauen. Der zivilisierte Mensch ist gezwungen, diese Zerstörung zu vervielfachen, um die Struktur der kulturellen Zivilisation aufzubauen und zu erhalten. Dabei hat sich der Mensch in der Ökosphäre vom physiologisch unwichtigen Konsumenten zum geochemischen Manipulator entwickelt, welcher die externen Energie- und Materieflüsse für seine Zivilisation und für die Ausweitung seiner Dominanz ausnutzt.
Hier sollen einige wesentliche ökologische Gesetzmäßigkeiten bei der anthropogenen, vornehmlich chemischen Beeinflussung der Wassersysteme aufgezeigt werden. Am Rhein wird kurz illustriert, daß die Gewässer Nordwesteuropas zu den am stärksten belasteten Gewässern der Welt gehören. An dieser Belastung sind seit wenigen Jahrzehnten neben den häuslichen Abwässern nun auch Industrie und Landwirtschaft maßgeblich beteiligt.

Der Rhein als Beispiel

Das Einzugsgebiet des Rheins, des wichtigsten Stroms Europas, hat, verglichen mit anderen großen Flußläufen der Welt, nicht nur die größte Bevölkerungsdichte, sondern auch die größte Anzahl Einwohner relativ zu seiner Wasserführung (Tabelle 1). Die Vorrangstellung in bezug auf die Belastung wird besonders deutlich, wenn wir für verschiedene Flüsse das Bruttosozialprodukt im Einzugsgebiet (die wirtschaftliche Produktion, d.h. die Werte der Waren und Dienstleistungen für privaten und öffentlichen Konsum) zur Wasserführung in Beziehung setzen. Besonders schwerwiegend ist, daß mehr als ein Fünftel der Chemieproduktion der westlichen Welt im Einzugsgebiet des Rheins liegt [1]. Dieser ist aber mit nur 0,2% an der Wasserführung sämtlicher Flüsse beteiligt. Dementsprechend ist seine Belastung durch industrielle Nebenprodukte besonders groß. Viele dieser Chemikalien gelangen auf indirektem Weg (via Haushaltungen, durch landwirtschaftliche Drainage, durch die Atmosphäre) in die Gewässer. Die einmalige Konzentration indu-

* Nach einem Vortrag, gehalten aus Anlaß der 109. Versammlung der Gesellschaft Deutscher Naturforscher und Ärzte am 20. September 1976 in Stuttgart

strieller Produktion im Einzugsgebiet des Rheins hatte zur Folge, daß trotz gewaltigen Anstrengungen (Kläranlagenbau durch Industrie und Städte) die Qualität des Rheinwassers sich weiterhin verschlechterte (allerdings konnte 1975, teilweise als Folge der wirt-

Tabelle 1. Belastungsparameter für einige Flüsse[a]

	Bevölkerungs-dichte [Einw./km²]	Bevölkerung bez. auf Wasserführung [Einw./m³ sec⁻¹]	Bruttosozial-produkt bez. auf Wasserführung [$/m³]
Rhein	140	15000	3,4
Donau	83	10400	1,1
Ohio	76	5800	1,3
Mississippi	19	3300	0,75
Rhone	63	3700	0,55
Kemijoki	2,5	250	0,03
Alle Flüsse	27	3000	0,15

[a] Im Einzugsgebiet eines Flusses ist die potentielle Belastung Q proportional der Bevölkerungsdichte und dem Materiefluß (eine Funktion der volkswirtschaftlichen Produktion, des Güterkonsums oder der Energiedissipation) sowie umgekehrt proportional dem Abfluß des Flusses (Regenmenge im Einzugsgebiet):

$$Q = \frac{\text{Einw.}\ \dfrac{\text{wirtschaftl. Produktion}}{\text{Zeit Einw.}}}{\text{Einzugsgebiet (km}^2)\ \dfrac{\text{Abfluß (m}^3)}{\text{Einzugsgebiet (km}^2)\ \text{Zeit}}}\,(1-\eta)$$

η ist der Wirkungsgrad von Umweltschutzmaßnahmen (Recycling, Gewässerschutzmaßnahmen, etc.)

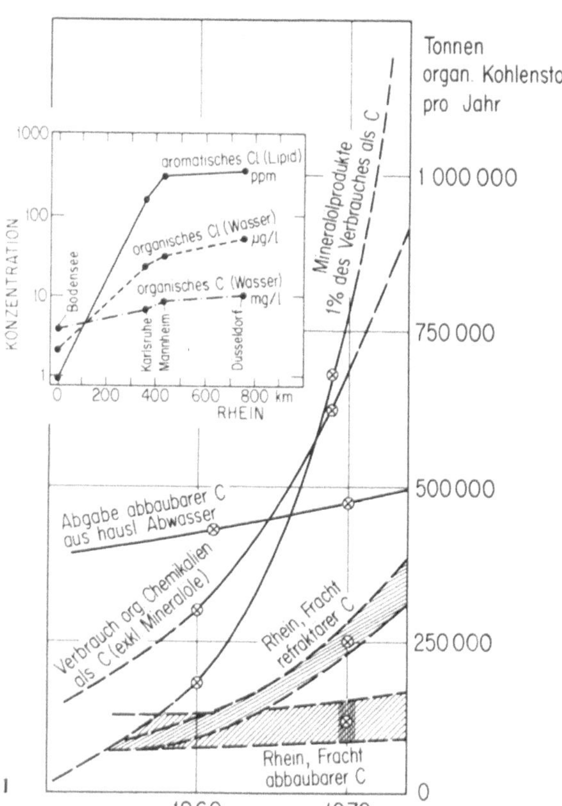

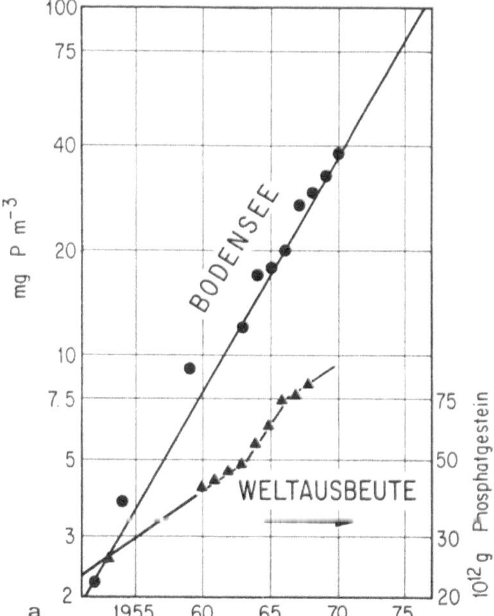

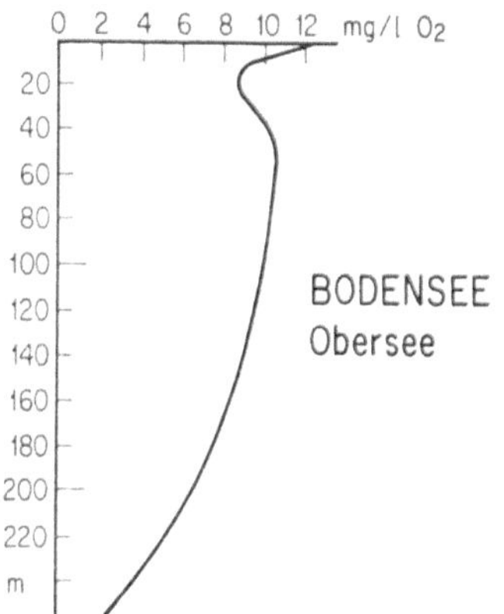

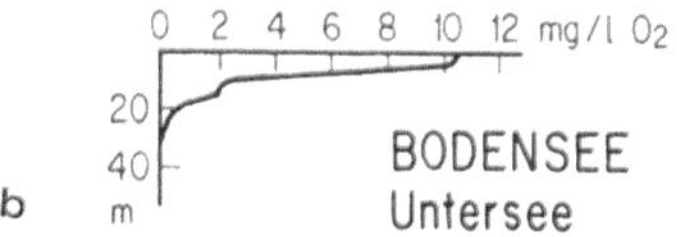

Fig. 2. (a) Phosphatgehalt im Bodensee (Frühjahrszirkulation) und Weltausbeutung von Phosphatgesteinen. (b) Einfluß der Eutrophierung auf die Konzentration an gelöstem Sauerstoff (nach [5–7])

Fig. 1. Veränderung in Art und Menge der Gewässerbelastung des Rheins. Zunahme im Verbrauch organischer Chemikalien im Einzugsgebiet des Rheins im Vergleich zur Bruttobelastung des Rheins mit abbaubarem Kohlenstoff (Exkremente) aus häuslichem Abwasser. Die effektive Belastung des Rheins in Düsseldorf mit refraktärem (schwer abbaubarem) Kohlenstoff spiegelt die Zunahme im Verbrauch von synthetischen Chemikalien wider; andererseits nimmt die Nettofracht an abbaubaren Verbindungen nicht mehr zu [2]. Die Einfügung links oben illustriert, daß schwer abbaubare Chemikalien rheinabwärts zunehmen; während die Zunahme an biogenem organischem Kohlenstoff wegen Kläranlagen und Selbstreinigungsvorgängen relativ gering ist, nehmen die Konzentrationen von Chlor-organischen Verbindungen in Lösung und in den Organismen (oberste Kurve) gewaltig zu [3].

schaftlichen Rezession, eine leichte Verbesserung der Wasserqualität festgestellt werden). Da Selbstreinigungs- und biologische Abwasserreinigungsvorgänge für viele dieser industriellen Nebenprodukte wenig effektiv sind, sammeln sich in unseren Gewässern refraktäre (biologisch schwer abbaubare) Chemikalien an. Refraktäre Substanzen haben die Biozoenose des Rheins stark beeinflußt; streckenweise ist es zu einer Verödung gekommen. Zusätzlich haben diese Chemikalien häufig das Wasser auch bezüglich Farbe, Geruch und Geschmack beeinträchtigt. In Figur 1 wird die Zunahme der Belastung des Rheins mit abbaubaren organischen Verbindungen mit jener der schwerer abbaubaren Verbindungen verglichen. Im Einzugsgebiet des Rheins hat aber nicht nur die Produktion von organischen Verbindungen zugenommen, sondern es hat sich die Salzfracht im Laufe der letzten 50 Jahre etwa verdreifacht und der Phosphatgehalt alle 5 – 7 Jahre verdoppelt (Fig. 2).

Ferner haben ausgedehnte *wasserbauliche Maßnahmen* (Flußlaufkorrekturen, Hochwasserschutz, Meliorationen, Ausbau zu Wasserstraßen und Vollkanalisierung einzelner Stromstrecken) im Laufe der letzten 160 Jahre die Verhältnisse im Rhein grundlegend verändert. Nur noch 28% der Flußufer sind natürlich. Vor allem die Tulla-Korrektion des Oberrheins 1853 – 1863 hat den Wasserhaushalt und das Ökosystem des Rheineinzugsgebietes als Ganzes verändert [8]. Die mechanische Erosionsrate des Oberrheins wurde rund verzwanzigfacht, und stellenweise wurde der Grundwasserspiegel beträchtlich gesenkt [4, 9]. Weitere Schadwirkungen kann die Wärmebelastung auslösen. Das Einzugsgebiet des Rheins entwickelt sich immer mehr zu einem der größten Ballungszentren von thermischen und Kernkraftwerken.

Wasserqualität und ökologische Zielsetzung des Gewässerschutzes

Die Sicherstellung von Trink- und Brauchwasser und die Erhaltung der Gewässer als Lebenserhaltungssysteme sind die wesentlichsten Zielsetzungen beim Gewässerschutz. Der Gewässerzustand wird bestimmt durch das Zusammenwirken von physikalischen, chemischen und biologischen Faktoren, die den aquatischen Lebensraum charakterisieren, wobei die Konzentrationen (oder Aktivitäten) der chemischen Bestandteile und andere Intensitätsfaktoren (chemisches Potential, Sauerstoffspannung, Redoxintensität, pH, Temperatur, Geschwindigkeitsgradient) primär und kausal die Art der Lebensgemeinschaft beeinflussen [10, 11].

Während der letzten Jahrzehnte standen zwei Kriterien zur Beurteilung der Wasserqualität im Vordergrund: (1) Die Sauerstoffkonzentration oder das Sauerstoffdefizit als Verunreinigungsindex und der biochemische Sauerstoffbedarf als Belastungsmaß; (2) Indikatororganismen, d.h. Organismen, die durch ihre Gegenwart auf bestimmte chemische Verunreinigungen und ihre Konsequenzen, häufig Sauerstoffmangel, hinweisen.

Diese beiden Kriterien können heute keineswegs mehr für die Beurteilung und Kodifizierung der Wasserqualität genügen: (a) Die Konzentration an gelöstem Sauerstoff ist selbstverständlich ein ökologisch wichtiger Parameter; aber viele Substanzen, die die Ökologie schädigen können oder die für den Trinkwasserkonsumenten gesundheitsschädlich sind, werden durch den gelösten Sauerstoff nicht indiziert. (b) Seit der gewaltigen Entwicklung der chemischen Analytik ist die biologische Bestandsaufnahme als indirekte Methode zur Beschreibung der chemischen Gewässerzustände wesentlich weniger geeignet als die direkte chemisch-analytische Erfassung der Wasserinhaltsstoffe, um so mehr, als die Reaktion der Umwelt auf die physiologische oder toxische Wirkung der Wasserinhaltsstoffe auf den strukturspezifischen Eigenschaften der einzelnen Verbindungen beruht. Der praktische Gewässerschutz muß Kausalketten kennen und sich dabei auf gut definierte und meßbare Parameter stützen können, welche Ursachen und nicht Wirkungen sind [11].

Anthropogene chemische Beeinflussung der Gewässer

Aquatische Ökosysteme reagieren viel empfindlicher als terrestrische auf chemische Immissionen. Das erklärt sich teilweise durch die Unterschiede in der Organisation ihrer Nahrungsketten. Landsysteme sind in der Regel durch eine große Biomasse mit wenig trophischen Ebenen, aquatische Systeme durch eine eher kleine Biomasse und häufig durch mehrere „verzweigte" trophische Ebenen charakterisiert [12, 13]. Auf dem Land dominiert die pflanzliche Biomasse, während im Wasser Tier- und Pflanzenbiomasse von ähnlicher Größenordnung sind. Beim aquatischen Ökosystem wird die Primärproduktion zu einem viel größeren Teil durch Herbivoren verzehrt als beim terrestrischen System, wo der größte Teil der pflanzlichen Produktion durch Mikroorganismen zersetzt wird. Die Tendenz zur Akkumulation von wesensfremden und giftigen Stoffen in der Futterkette ist somit viel größer beim aquatischen als beim terrestrischen System [14].

Störung des P-R-Stationärzustandes

In einem gesunden aquatischen System besteht eine Balance zwischen Photosynthese P (Geschwindigkeit der Synthese von Algen- und Pflanzenmasse unter Lichteinwirkung) und Respiration R (Geschwindig-

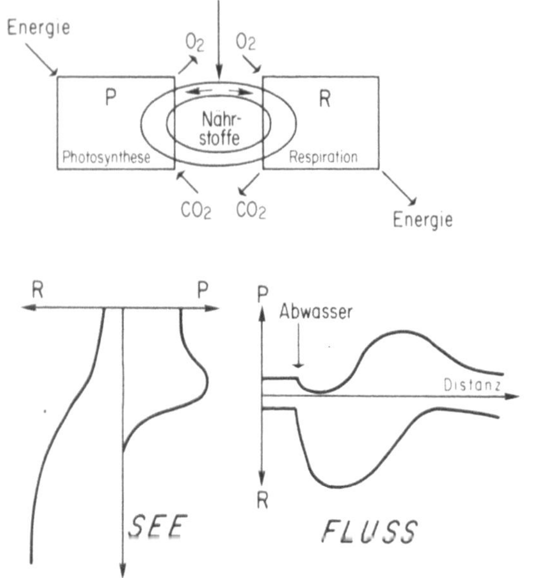

Fig. 3. Die Immission von abbaubaren organischen Substanzen oder von Düngstoffen (Phosphor) stört die ökologische Balance von Photosynthese (P = Geschwindigkeit der Photosynthese) und Respiration (R), was sich beim See (Düngstoffe) anders auswirkt als beim Fluß (organische Substanzen)

keit des Verzehrs und Abbaus des organischen Materials durch Organismen). Die Verunreinigung mit biologisch abbaubaren organischen Stoffen oder mit Düngstoffen (Phosphor) führt, selbst bei äußerst geringen Konzentrationen, zu einer Störung dieser Balance. Diese große Empfindlichkeit ergibt sich daraus, daß die Halbgeschwindigkeitskonzentrationen (d.h. die Konzentration, bei der die Geschwindigkeit des Wachstums oder der Nährstoffaufnahme gleich 1/2 der maximal möglichen Geschwindigkeit ist) häufig nur $10^{-6} - 10^{-9}$ mol/l betragen [15]. Die Zugabe von biologisch abbaubaren organischen Substanzen führt zu einer Veränderung des Verhältnisses der Einträge von Licht- und chemischer Energie in das Gewässer; dementsprechend wird der Stationärzustand zwischen photosynthetischer Produktion und heterotrophen Respirationsvorgängen gestört und chemische und biologische Veränderungen (u.a. im Sauerstoffhaushalt in der phototrophen und heterotrophen Biomasse, in der Artenverteilung der Organismen und in der trophischen Struktur) hervorgerufen (Fig. 3). Diese – lokale oder zeitliche – Störung der ökologischen P-R-Balance empfinden wir als Gewässerverunreinigung. In einem Fließgewässer werden vornehmlich durch mikrobielle Stoffwechselprozesse die gelösten organischen Verbindungen zunehmend eliminiert (Selbstreinigung), und ultimativ wird wieder eine Balance, $P \approx R$, erreicht.

Die Zufuhr von anorganischen Düngstoffen (Phosphor, Stickstoff) führt – vor allem bei stehenden Gewässern – ebenfalls zu einer Störung des P-R-Stationärzustandes, wobei beim stratifizierten See die Balance durch rein physikalische vertikale Trennung von P- und R-Funktionen aus dem Gleichgewicht gebracht werden kann (Fig. 2, 3). Das an der Seeoberfläche synthetisierte organische Material wird in den tiefen Schichten biochemisch (durch Herbivoren und Mikroorganismen) oxydiert, wobei aber, wegen der Stratifizierung, das photosynthetisch produzierte O_2 in den tiefen Wasserschichten nicht zur Verfügung steht. Dem Produktionsübermaß in den oberen Wasserschichten ($P \gg R$) steht der Sauerstoffverbrauch oder die Anaerobie ($R \gg P$) gegenüber (Eutrophierung). Bei dieser Art der Verunreinigung sind die kausalen Zusammenhänge zwischen Belastungsfracht (z.B. g P/m^2 Jahr) und Erhöhung der Produktivität in den oberen Wasserschichten einerseits, und der Geschwindigkeit der heterotrophen Stoffwechselvorgänge (O_2-Verbrauch) in den unteren Schichten andererseits, mindestens in groben Zügen bekannt und quantifizierbar [16, 17].

Refraktäre Substanzen

Zehntausende von organischen Verbindungen mit einer globalen Produktion von 100 – 200 Mio t/Jahr werden heute synthetisiert. Viele dieser Verbindungen sind biologisch schwer abbaubar; sie akkumulieren in den Gewässern, weil die durch Mikroorganismen bewirkten Selbstreinigungsprozesse weitgehend wirkungslos sind (Fig. 1). Die umwelttoxikologische und ökologische Beurteilung vieler dieser Substanzen stößt auf größte Schwierigkeiten, da ihre Schädlichkeit oder Harmlosigkeit heute noch wenig bekannt ist.

Die Schädlichkeit eines Stoffes beruht auf seiner Wechselwirkung mit Organismen (oder Organismengemeinschaften). Die Intensität dieser Wechselwirkung hängt von der chemischen Struktur des Stoffes und von seiner Konzentration (Aktivität), aber auch von anderen Faktoren (Temperatur, Wasserströmung, Anwesenheit anderer Substanzen usw.) ab. Bei der Beurteilung der Toxizität müssen wir unterscheiden zwischen:

(1) Substanzen, die direkt Mensch und Tier gefährden, d.h. deren Gesundheit beeinträchtigen, oder einzelne Wasserorganismen vergiften. Man spricht von akuter Toxizität vor allem dann, wenn die Organismen oder die Gesundheit des Menschen durch kurzzeitige ($\leqq$ Tage) Beeinflussung direkt beeinträchtigt werden.

(2) Substanzen, die primär die Organisation und Struktur des aquatischen Ökosystems beeinflussen. Bei dieser Einwirkung können Verunreinigungssub-

stanzen die Selbstregulationsfunktion des Systems empfindlich stören, selbst wenn keine akut-schädigende Wirkung auf Einzelorganismen nachgewiesen werden kann.

Viele der xenobiotischen Substanzen haben sich bei der Trinkwassergewinnung als hygienisch bedenklich und gesundheitsschädigend erwiesen. In New Orleans und Umgebung wurden statistisch signifikante Korrelationen zwischen Krebsmortalität und Konsum von aufbereitetem Mississippi-Trinkwasser nachgewiesen [18] (was allerdings einen kausalen Zusammenhang noch nicht beweist). Über human-toxische Effekte dieser Substanzen ist kürzlich eine Zusammenfassung erschienen [19].

Der „chemische Krieg" zwischen den Organismen und seine Beeinflussung durch refraktäre Substanzen

Chemikalien, die keine spezifische akute oder chronische Toxizität auf Einzelorganismen aufweisen, können trotzdem die Struktur und die Selbstregulationsfunktion des aquatischen Ökosystems empfindlich schädigen. Alle Organismen produzieren Chemikalien; ein Teil davon wird in die Umwelt abgegeben, z.B. Huminsäuren, Kohlenwasserstoffe, Alkaloide, Terpene, Vitamine, Hormone, Antibiotika und Insektizide. Diese Stoffe haben verschiedene intra- und interspezifische Effekte (Tabelle 2). Die Produktion dieser Substanzen bezweckt in der Regel eine erweiterte Dominanz für die Organismen im Wettbewerb mit anderen Organismen. Insektizide und Antibiotika werden zum Schutz vor anderen Organismen ausgeschieden, andererseits sind viele natürliche, z.B. von Algen oder anderen Organismen ausgeschiedene organische Substanzen chemotaktisch wirksam. Die Orientierung bei Tieren, das Auffinden der Nahrung, von Nischen und Reproduktionspartnern wird durch solche Substanzen beeinflußt [20]. Bei den Organismen hat die Produktion der Chemikalien Anpassungswert (Erhöhung der Informationsübermittlung, bessere Adaptation der Spezies und der Lebensgemeinschaft). Auch der Mensch steht mit anderen Spezies um die Ausnützung der erhältlichen Nahrung im Wettbewerb und weitet mit Hilfe von Chemikalien seine Dominanz aus, indem er z.B. pathogene Organismen und Parasiten vernichtet. In dem Sinne muß die industrielle Produktion von Chemikalien durch den Menschen zu seinen biologischen Aktivitäten gerechnet werden. Ein wesentlicher Unterschied besteht zwischen Organismen und Mensch bezüglich der Toleranz gegenüber interspezifischen Chemikalien. Der Mensch hat in langer Evolution gelernt, Toxine der Organismen zu tolerieren oder zu vermeiden. Organismen und Ökosysteme hingegen hatten wenig Zeit, sich an die synthetischen Chemikalien des Menschen anzupassen. Darum verursachen diese kontaminierenden Substanzen soziologische Veränderungen, indem sie chemotaktische Signale übertünchen und damit vielfältige Wechselbeziehungen zwischen den Organismen beeinträchtigen. Substanzen, die chemotaktische Signale hervorrufen und soziologische Veränderungen herbeiführen können (Pheromone, Telemediatoren, allelochemische Substanzen), sind ebenfalls bei äußerst geringer Konzentration wirksam. So genügen beispielsweise 10^{-10} mol Morpholin/l (10^{-5} mg/l) in Flußwasser, um das Aufsteigen der Salmen zur Laichablagestelle zu steuern [21].

Tabelle 2. Chemische Signale für die Wechselwirkung zwischen aquatischen Organismen

Intraspezifische und interspezifische Effekte

Toxische oder Inhibitionssubstanzen
Pheromone, chemische Reizwirkungen für soziales und reproduktives Verhalten der Organismen
Alarm- und Verteidigungssubstanzen
Markierung des Territoriums

Bedeutung

für die Adaptation der Spezies und die Organisation der Lebensgemeinschaften;
für die ökologische Sukzession der Lebensgemeinschaften.

Die chemische Evolution bewirkt Zunahme von Ausmaß und Geschwindigkeit des Informationsaustausches.

Modell über die Beeinflussung der Struktur des Ökosystems

Figur 4 gibt ein Beispiel, wie eine Lebensgemeinschaft durch Pollution gestört werden kann, ohne daß akute Effekte beobachtet werden [22]. Die Häufigkeitsverteilung von Kieselalgen wird durch die Verunreinigung verschoben. Die Anzahl der Arten, die jede in

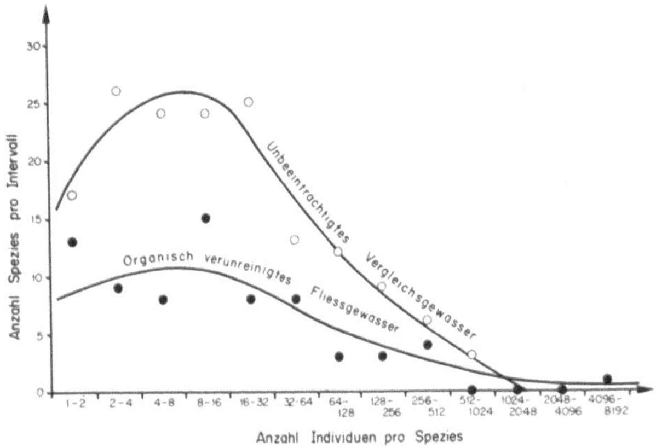

Fig. 4. Verschiebung in der Häufigkeitsverteilung von Kieselalgen durch organische Verunreinigung (aus [22])

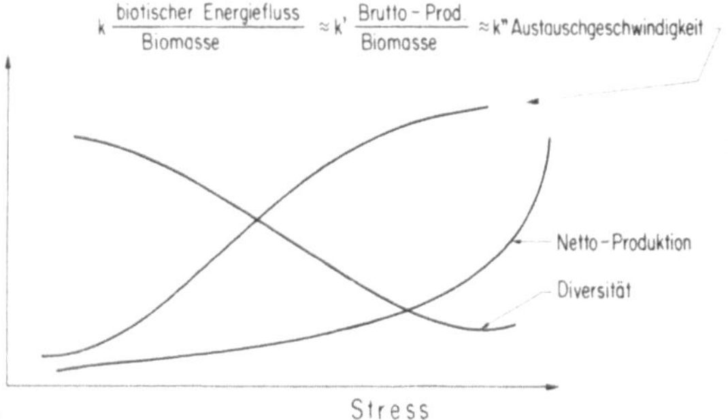

Fig. 5. Auswirkung von Streß (nicht-prädiktive Veränderung der chemischen und physikalischen Bedingungen) auf ein Ökosystem

geringer Häufigkeit (wenig Individuen pro Spezies) vorlagen, wird reduziert, während einige wenige Arten nun mit sehr großer Häufigkeit vertreten sind. In einem „gesunden" Gewässer sind die Lebensbedingungen so, daß viele Mikrohabitats vorliegen und damit zahlreiche Arten überleben können. Die meisten Arten aber sind infolge der kompetitiven Bedingungen mit geringer Populationsdichte vertreten. Die Pollution vernichtet Mikrohabitats, verkleinert die Überlebenschance eines Teils der Spezies und verringert damit den Wettbewerb; die toleranten Arten verbreiten sich und können ihre Populationsdichte vergrößern.

Diese Verschiebung in der Häufigkeitsverteilung der Arten wird allgemein als Folge von Gewässerbeeinträchtigung, also auch bei Protozoen, Fischen usw., beobachtet; sie zeigt, daß durch die Verunreinigung im aquatischen Ökosystem die diversifizierte Lebenserhaltungsfunktion geschmälert wird.

Obwohl das aquatische Ökosystem durch vollständig verschiedene Ursachen (Immissionen von abbaubaren oder nichtabbaubaren Abwasserkomponenten, Einwirkung von Fremd- oder Giftstoffen, Wärmeschocks etc.) beeinträchtigt werden kann, haben diese anthropogenen Einwirkungen einige gemeinsame Konsequenzen: Die Organisation des Ökosystems und die Diversität werden herabgesetzt; die Struktur des Beziehungsgefüges wird vereinfacht, z.B. durch Ausmerzen einzelner Organismen, entweder durch toxische Effekte oder durch wettbewerbsmäßige Verdrängung durch tolerantere Arten, durch Beeinträchtigung von Regelmechanismen (wie etwa durch die Störung chemotaktischer Signale), durch Unterbrechung homöostatischer Mechanismen und durch Beschleunigung der Nährstoffkreisläufe.

Da viele Lebensprozesse für ihren Ablauf konstante oder prädiktive Bedingungen benötigen, hängt die Erhaltung des Ökosystems auch davon ab, daß trotz den Variationen in der externen Umwelt die inneren Bedingungen relativ konstant gehalten werden können. Mit Streß-induzierter Abnahme der Kapazität der Organismengemeinschaft zur Selbstregulierung nimmt ihre Überlebenschance ab. Sanders [23] formuliert dies in seiner Stabilität-Zeit-Hypothese ähnlich: „Wo die physiologischen Stresse historisch gesehen besonders gering waren, haben sich durch Evolution biologisch akkommodierte Lebensgemeinschaften gebildet. Wenn der Gradient physiologischer Stresse als eine Folge physikalischer Fluktuationen oder ungünstiger physikalisch-chemischer Bedingungen zunimmt, verändert sich die Art der Lebensgemeinschaft graduell von einer vornehmlich physiologisch akkommodierten Gemeinschaft zu einer vornehmlich durch die physikalischen oder physikalisch-chemischen Faktoren kontrollierten Gemeinschaft. Die vorhandene Anzahl der Spezies nimmt progressiv mit dem Streßgradienten ab."

In Figur 5 sind die Auswirkungen schädigender Einflüsse, d.h. von nicht voraussehbaren Veränderungen der chemischen und physikalischen Bedingungen, auf das Ökosystem dargestellt. Jeglicher Streß führt, gewissermaßen als Folge der Entropieproduktion durch zusätzlichen Energieeintrag in das System, zu zusätzlicher Randomness und zur Vereinfachung der Organisation des Systems, indem Rückkoppelungen zerstört, die Struktur der Organismengemeinschaft erniedrigt und die Nährstoffkreisläufe beschleunigt werden. Dieses Modell (Fig. 5) ermöglicht – in groben Zügen –, den menschlichen Einfluß auf natürliche Gewässer abzuschätzen.

Einige Wissenschaftler, vornehmlich H.T. Odum [24], E. Odum [25], Margalef [26], Woodwell [27], haben versucht, gemeinsame funktionelle Gesetzmäßigkeiten in den von zahlreichen Naturbeobachtern beschriebenen ökologischen Sukzessionen von Lebensgemeinschaften in Sanddünen, Graslandschaften, Wäldern oder Gewässersystemen zu finden. Teilweise aufbauend auf den Ideen von Lotka [28] wurde die bioenergetische Basis der Sukzession erkannt. Wie jedes andere geschlossene, aber energiedurchflossene Reaktionssystem hat ein Ökosystem die Tendenz, einem makroskopischen Stationärzustand, d.h. einem Fließgleichgewicht, zuzustreben. In der Tat entwikkeln sich unbeinträchtigt natürliche Ökosysteme zu Schlußgesellschaften (Klimax). Eine Klimax kann sich im ständigen Strom der Lichtenergie nur dann konstant halten, wenn Regulationsmechanismen vorhanden sind; diese sind häufig kybernetische Funktionen (Selbstregulierung durch negative Rückkoppelung). In einem Ökosystem wird bei der Entwicklung zum Stationärzustand die vorhandene Energie immer besser für die metabolischen Prozesse ausgenützt, d.h. ein größerer Anteil der Energie kann für die Aufrechterhaltung und Selbstorganisation des Ökosystems verwendet werden. Die in Figur 5 schematisierte Entwicklung ist die Umkehrung dieser ökologischen Sukzession. Alle Einwirkungen, die eine Erhöhung des

Energieeintrages zur Folge haben, hindern somit den Ablauf der Sukzession oder führen sogar zu ihrer Umkehr.

Die in Figur 5 dargestellte Interdependenz zwischen Beschleunigung der Nährstoffkreisläufe (spez. Wachstumsrate) und Vereinfachung der Ökosystemorganisation ist eine Abstraktion von Beobachtungen. Sanders [23] hat zum Beispiel für marine Systeme gezeigt, daß die Anzahl Spezies pro m^2 mit zunehmenden Temperatur- und Salinitätsgradienten abnimmt. [Die von Sanders angewandte Technik (rarefaction method) der Probennahme gibt ein Resultat, das von der Größe der Probennahme unabhängig ist.] Besonders interessant sind seine Messungen über benthische Diversität in Küstengegenden Südwestafrikas, Perus und Chiles in Abhängigkeit vom Sauerstoffgehalt des Tiefenwassers. Die Streßbedingung, welche von niedrigeren Sauerstoffkonzentrationen herrührt, drückt sich in geringen benthischen Diversitäten aus, während die Organismendichte vornehmlich eine Funktion der vorhandenen Nahrung ist.

Ein ähnliches Muster ist häufig bei Verunreinigung von Süßwässern mit organischen oder anorganischen (Metalle) Substanzen beobachtet worden. Bei Verunreinigung mit chemischen oder petrochemischen Substanzen werden die gleichen Diversitätsgradienten gefunden [23]. King und Ball [29] haben gezeigt, daß galvanische Abwässer an einer Stelle des von ihnen untersuchten Flusses und häusliche Abwasser an einer anderen Stelle strotz verschiedener ökologischer Beeinträchtigungsmechanismen das Verhältnis aquatische Insekten/Oligochaeten drastisch reduzierten.

Die Störung der ökologischen P-R-Balance ($P \gtrless R$) sowohl durch Saprobierung wie auch durch Eutrophierung der Gewässer führt zu einer erhöhten spezifischen Wachstumsrate entweder der heterotrophen oder der phototrophen Organismen, d.h. der Quotient biotischer Energiefluß/Biomasse (entsprechend der Stoffwechselgeschwindigkeit pro heterotrophe Zelle oder der Geschwindigkeit der Energiefixierung pro Zelle) nimmt zu. Diese Zunahme ist ebenfalls begleitet von einer Vereinfachung der Organisation des Ökosystems, beispielsweise wird das Futternetz enger, und die Anzahl der trophischen Stufen nimmt ab.

Die Seeneutrophierung ist ein Beispiel für die dramatische Änderung der gesamten Lebensgemeinschaft eines Sees durch Zufuhr eines produktionslimitierenden Nährstoffes. Das Phytoplankton nimmt zu und verändert seine Zusammensetzung; trotz der damit verbundenen Zunahme in der Zooplanktondichte sinkt ein großer Teil des Phytoplanktons in die tieferen Schichten. Die dadurch entstehende Anaerobie verändert die Fauna an der Sediment/Wasser-Grenzfläche. Bei geringer Nährstoffbelastung und solange Sauerstoff an dieser Grenzfläche vorhanden ist, sind die Sedimente eine Senke für Phosphate, die an Eisen(III)-oxide gebunden werden. Sobald die Belastung so groß wird, daß die Redoxintensität an der Sedimentgrenzfläche sinkt, wechselt die Koppelung bezüglich des P-Kreislaufes ihr Vorzeichen und die interne Phosphorbelastung des Sees steigt durch anaerobe Mobilisierung von P aus den Sedimenten stark an. In sämtlichen eutrophierenden Seen sind dramatische Verschiebungen in der Häufigkeitsverteilung der Fischarten (Verschiebung zu Weißfischen und häufig Zunahme der Ausbeute bei Abnahme der Artenzahl) beobachtet worden [30, 31].

Diese Aufzählung der Folgen der Nährstoffanreicherung in stagnierenden Gewässern illustriert, daß eine Zunahme der Primärproduktion beim aquatischen Ökosystem – in einem ganz anderen Ausmaß als beim terrestrischen System – eine drastische Veränderung in der Zusammensetzung der Nahrungskette verursacht [14].

Interdependenz der Land- und Wasserökosysteme

Gewässer werden nicht nur durch direkte Immissionen beeinträchtigt. Der Mensch greift in zunehmendem Maße in Kreisläufe ein, die Land, Wasser und Atmosphäre koppeln, und leitet Prozesse ein, die von ähnlichem, wenn nicht größerem Ausmaß sind als Naturprozesse. Die Kreisläufe des Wassers dürfen somit nicht gesondert betrachtet werden; auch diejenigen Kreisläufe müssen geschützt werden, die indirekt zu einer Gewässerbeeinträchtigung führen. Eine vorwiegend auf dem Prinzip der Abfallbeseitigung und Abwasserreinigung beruhende Konzeption des Gewässerschutzes ist zu einseitig.

Früher hat der Mensch nur lokal in die hydrogeochemischen Kreisläufe eingegriffen. Heute machen sich die Konsequenzen der Energiedissipation über immer größere Räume bemerkbar. Global ist der zivilisatorische Energiefluß nur noch eine Größenordnung kleiner als der biotische. Dementsprechend hat der Mensch Prozesse eingeleitet, die sogar globale Naturkreisläufe beeinflussen können. So sind durch anthropogene Einflüsse die Erosionsraten etwa verdreifacht worden, der CO_2-Gehalt der Atmosphäre hat sich progressiv erhöht; der Mensch fixiert ungefähr gleich viel Stickstoff wie die Natur. Es sind globale geophysikalische und geochemische „Experimente" eingeleitet worden, deren Abfolge wir nicht kennen und die alle in den Haushalt aquatischer Ökosysteme eingreifen [32].

In Figur 6 sind mit Hilfe einiger physikalischer, chemischer und biologischer Parameter die Wechselwirkungen zwischen Land und Wasser dargestellt. Durch Energieeintrag (z.B. mechanische Energie) wird ein

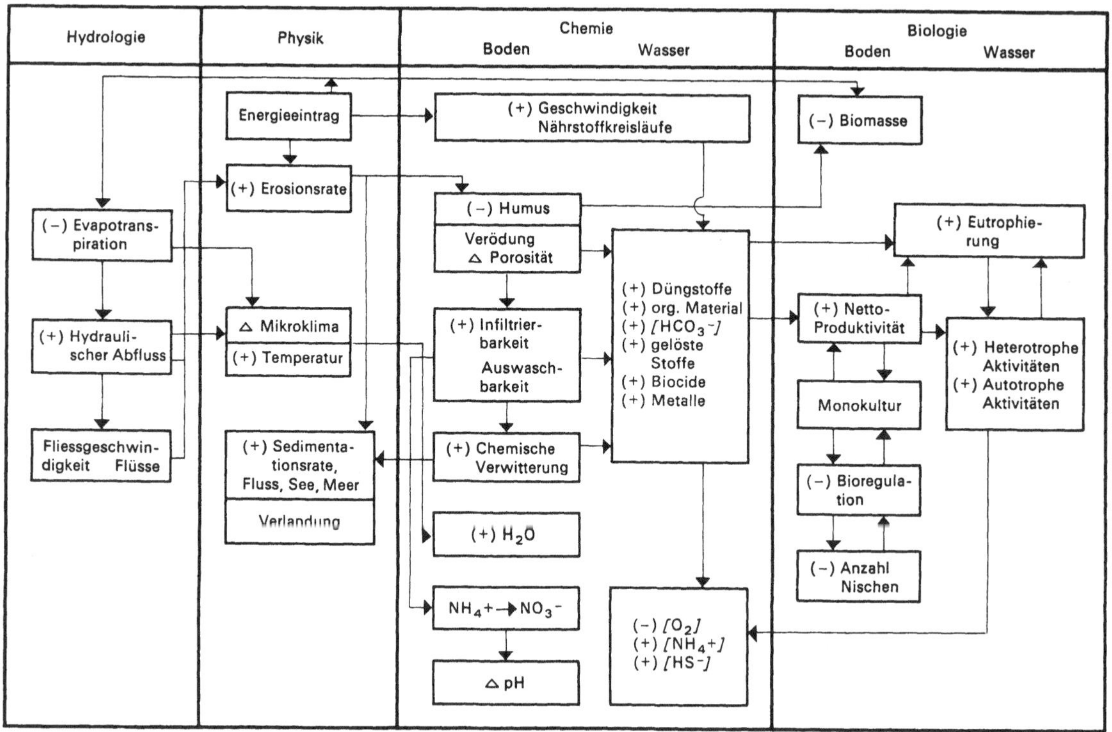

Fig. 6. Wechselwirkungen zwischen Land und Wasser; + bedeutet Zunahme, − bedeutet Abnahme (negative Rückkopplung)

terrestrisches Ökosystem verändert (z.B. Abholzung eines Waldes, Umwandlung einer Wiese in einen Akker oder Melioration) und dadurch der biotische Energiefluß pro Biomasse (Fig. 4) erhöht; wegen der Verkleinerung der Biomasse (z.B. Abnahme der Vegetationsdecke) wird das Mikroklima verändert und die Evapotranspiration herabgesetzt; dadurch wird der Oberflächenabfluß des Regens erhöht, was wiederum größere Erosionsraten, größere Auswaschung von Bodenmaterial in die Gewässer und dort erhöhte Sedimentationsraten verursacht; die beschleunigten Nährstoffkreisläufe führen zu vermehrter Düngung der Gewässer und einer Veränderung der Konzentrationen chemischer Bestandteile. Die möglichen Beziehungen und Rückkoppelungen in diesem Beispiel könnten – auch in sozialer Hinsicht – beliebig erweitert werden.

Die Zivilisationsmaschine

Die Zivilisation oder Kultur (inklusive die moderne Agri-„kultur"), welche den Menschen von der engen Gemeinschaft mit der Natur und deren Gesetzen losgelöst hat, unterliegt Gesetzmäßigkeiten, die sich von denen anderer Organismengemeinschaften wesentlich unterscheiden. Entsprechend den Gesetzen der Thermodynamik ist mit jedem Energie- und Materiefluß eine Entropieproduktion verbunden. Die Ausweitung unseres zivilisatorischen Energieverbrauches beeinflußt die natürlichen Entwicklungsabläufe der Natur (Fig. 5). Auch hier führt, makroskopisch gesehen, die Zunahme des zivilisatorischen Energieflusses zur Erhöhung des Verhältnisses biotischer Energiefluß/Biomasse. Damit verbunden ist eine Umstrukturierung der Natur. Dieser Prozeß ist seit Tausenden von Jahren parallel mit der kulturellen Entwicklung fortgeschritten; der Zähmung der „wilden" Natur folgte die Bewirtschaftung und Manipulation. In der Land- und Forstwirtschaft können wir eine hohe Nettoproduktivität, eine große Ernte nur dann erreichen, wenn wir das Verhältnis biotischer Energiefluß/Biomasse erhöhen, d.h. wenn wir entgegen dem Trend der natürlichen ökologischen Sukzession durch Energieeintrag (pflügen, säen, düngen, Schädlinge bekämpfen) die Stoffkreisläufe beschleunigen und die Regelmechanismen der Natur teilweise zerstören, die Diversität herabsetzen und soweit wie möglich Monokulturen erzeugen. Diese Ausnutzung der Natur muß noch weiter vorangetrieben werden, um die immer noch exponentiell wachsende Bevölkerung ernähren zu können.

Das Verhältnis biotischer Energiefluß/Biomasse kann aber nicht beliebig erhöht werden, weil die extreme Ausbeutung wegen der damit verbundenen Störung der Regelmechanismen zum Zusammenbruch einzelner für den Menschen wichtiger Ökosysteme führen kann.

Schlußbemerkungen

Auch da, wo der Mensch als Landlebewesen primär in die Ordnung der terrestrischen Umwelt eingreift, beeinträchtigt er wegen der Interdependenz der Land- und Wasser-Ökosysteme und wegen der besonderen Empfindlichkeit des letzteren indirekt auch die Lebenserhaltungsfunktionen der Gewässer. So wie man eine Brücke nicht bis zum letzten belastet, wenn man nicht weiß, wieviel sie zu tragen vermag, so müssen, wegen der weitgehenden Unkenntnis der Toleranzgrenzen der wesentlichen Ökosysteme, die ökologischen Risiken äußerst vorsichtig eingeschätzt werden.

Die Technik (Manipulation der Umwelt) bietet auch in Zukunft die Grundlage für die Aufrechterhaltung einer wünschbaren Lebensqualität. Nur aufgrund der technologischen Entwicklung und der damit verbundenen Umweltmanipulation können wir unsere Zivilisation und Kultur erhalten und weiter entwickeln, die zunehmende Weltbevölkerung ernähren und andere Bedürfnisse decken. Wir dürfen aber nicht Sklaven unserer technischen Entwicklung werden; die politische Gesellschaft muß mit Hilfe von systemischen Evaluationsverfahren und unter Berücksichtigung der komplexen Wechselwirkungen entscheiden, welche Entwicklungen wünschbar sind, welche vermieden werden müssen. Eine solche selektive technische Entwicklung muß die ökologischen Randbedingungen – die Aufrechterhaltung der Land- und Wasser-Ökosysteme, vor allem auch der Ozeane, als diversifizierte Lebenserhaltungssysteme und als Quelle und Reservoir für evolutionäre Diversität – akzeptieren.

Die heutigen Schutzmaßnahmen (Abwasser-, Luftreinigung und Abfallbeseitigung) – obschon unerläßlich – bleiben technologisches Stückwerk. Die Ansicht, nur eine ständig wachsende Wirtschaft und der daraus resultierende zusätzliche Profit machten Umweltschutzmaßnahmen möglich, kann keine Basis für eine langfristige Strategie bilden. Um Gewässerschutz wirkungsvoll betreiben zu können, muß regulierend in die Zivilisationsmaschine eingegriffen werden. Wahrscheinlich müssen wir auch den Mut haben, auf lange Sicht soziale und ökonomische Veränderungen herbeizuführen. Diese Forderung darf nicht leichtfertig geäußert werden. Gerade die Wirtschaftsrezession hat gezeigt, welch hohe Anforderungen die Manipulation der ebenfalls komplexen und äußerst empfindlichen ökonomischen Sphäre an den Menschen stellt und in vermehrtem Maß stellen wird.

1. Hofmann, R.: Welt-Chemiewirtschaft, Entwicklungstendenzen. Opladen: Westdeutscher Verlag 1975
2. Stumm, W., Roberts, P.V.: Internat. Arbeitsgemeinsch. d. Wasserwerke im Rheineinzugsgebiet (IAWR) *3*, 69 (1973)
3. Sontheimer, H.: ibid. *3*, 33 (1973)
4. Rat der Sachverständigen für Umweltfragen der BRD: Umweltprobleme des Rheins, 30. März 1976
5. Grim, J.: GWF *108*, 1261 (1967)
6. Stumm, W., in: The Changing Chemistry of the Oceans (D. Dyrssen, D. Jagner, eds.). Stockholm: Almqvist & Wiksell 1972
7. Ambühl, H.: Österreich. Wasserwirtsch. *27*, 253 (1975)
8. Schmidt-Ries, H.: Limnologische Untersuchungen des Rheinstroms, IV. Opladen: Westdeutscher Verlag 1973
9. Felkel, K.: GWF *110*, 801 (1969)
10. Stumm, W., Stumm-Zollinger, E.: Adv. Chem. Ser. *106*, 1 (1971); Schweiz. Z. Hydrol. *37*, 3 (1975)
11. Wuhrmann, K.: Mitt. Internat. Verein. Limnol. *20*, 324 (1974)
12. Smith, F.E.: BioSci. *19*, 317 (1969)
13. Slobodkin, L.B., Smith, F.E., Hairston, N.G.: Amer. Naturalist *101*, 109 (1967)
14. Steele, J.H.: The Structure of Marine Ecosystems. Cambridge, Mass.: Harvard Univ. Press 1974
15. Wuhrmann, K.: Pure Appl. Chem. *45*, 193 (1976)
16. Vollenweider, R.: OECD Techn. Rep. DAS/CSI/6827; Schweiz. Z. Hydrol. *37*, 53 (1975)
17. Imboden, D.: Limnol. Oceanogr. *19*, 297 (1974)
18. Page, T., Harris, R.H., Epstein, S.S.: Science *193*, 55 (1976)
19. World Health Organization: Health Hazards from New Environmental Pollutants. Techn. Rep. Ser. 586, Geneva 1976
20. Sondheimer, E., Simeone, J.B., (eds.): Chemical Ecology. New York: Academic Press 1970
21. Scholz, A.T., et al.: Science *192*, 1247 (1976)
22. Patrick, R., Hohn, M.H., Wallace, J.H.: Natl. Acad. Sci. USA *259*, 1 (1954)
23. Sanders, H.L.: Amer. Naturalist *102*, 243 (1968); Brookhaven Symp. Biol. *22* (1969)
24. Odum, H.T.: Environment, Power and Society. New York: Wiley 1970
25. Odum, E.: Science *164*, 262 (1969)
26. Margalef, R.: Perspectives in Ecological Theory. Univ. of Chicago Press 1968
27. Woodwell, G.M.: Science *168*, 429 (1970)
28. Lotka, A.I.: Elements of Mathematical Biology. New York: Dover Publ. 1956
29. King, D.L., Ball, R.C.: J. Wat. Poll. Contr. Fed. *35*, 1361 (1964)
30. Beeton, A.M., in: Eutrophication. Natl. Acad. Sci. (Wash.) 150 (1969)
31. Brooks, J.L.: ibid. 236 (1969)
32. Garrels, R.M., Mackenzie, F.T., Hunt, C.: Chemical Cycles and the Global Environment; Assessing Human Influences. Los Altos: Kaufmann 1975

Eingegangen am 18. Oktober 1976

Energie-Speicherung und Methoden des Energie-Transports

Frederic de Hoffmann*
The Salk Institute, San Diego, California

Because of the sudden rise in primary-energy costs and the rapid inflation of plants which are used for the conversion of primary to secondary energy, the storage of energy, as well as the avoidance of energy losses, has assumed new importance. This paper deals with the technical and economic aspects of energy storage and discusses some methods of energy transport.

Speicherung von Energie, Lastausgleich

Die Speicherung von Energie hat in den letzten Jahren sehr an Bedeutung gewonnen. Einerseits sind die Kosten der Anlagen, die Primärenergie wie Kohle, Öl, Gas und Kernenergie in Wärme und dann in Elektrizität umwandeln, so gestiegen, daß es immer wichtiger wird, diese Anlagen maximal auszulasten. Da die Nachfrage aber Tages-, Monats- und Jahresschwankungen aufweist, liegt es nahe, alle Methoden der Speicherung gründlich wissenschaftlich und technisch zu bearbeiten.

Als Beispiel denke man an Elektrizitätserzeugung in Kraftnetzen: Ein Großteil der Elektrizität wird in modernen Grundlastkraftwerken erzeugt, die den billigsten Strom erzeugen. Die Spitzenlast in vielen Ländern wird durch offene Gasturbinen-Anlagen bewältigt, während Mittellast durch ältere Kraftwerke gespeist wird. Solange der Brennstoff, d.h. Öl und Erdgas, für Gasturbinen billig war, gab es die Möglichkeit, Spitzenlast relativ billig herzustellen, und es lohnte sich nicht, Wärme oder Elektrizität aus Grundlast zu speichern, um sie später als Spitzenlast zu benutzen. Das hat sich durch die sprunghafte Teuerung von Öl und Gas jedoch vollkommen geändert.

Dazu kommt noch, daß der Brennstoff in Grundlastelektrizitätskraftwerken mit besserem Wirkungsgrad als in Spitzenkraftwerken verwendet werden kann, so daß bei der heutigen Energieknappheit auch dieser Gesichtspunkt die Energiespeicherung in den Vordergrund stellt.

In den letzten Jahren ist Speicherung von Energie auch aus umweltfreundlichen Betrachtungen wichtig geworden. Zwei Beispiele:

1. Offene Gasturbinen-Spitzenkraftwerke erzeugen Lärm, und ohne kostspielige Maßnahmen würden sie zur Verschmutzung der Luft durch Verbrennungsrückstände beitragen.
2. Die Benutzung von so vielen Autos mit Benzin- und Diesel-Motoren führt heute zu großen Problemen sowohl des Rohöl-Verbrauchs wie der Umwelt. Es wäre daher vorteilhaft, wenn wenigstens ein Teil der Lastwagen und Personenautos mit wirtschaftlichem Elektro-Antrieb aus neuartigen Batterien versehen werden könnte.

Grundlastkraftwerke werden mit dem billigsten Brennstoff betrieben, also mit Kernbrennstoff oder Kohle; die Anlagekosten je kW sind hoch. Am anderen Ende der Skala liegen die Spitzenlastkraftwerke, z.B. Gasturbinen, die vielleicht nur 1–2 h pro Tag arbeiten, um den Spitzenbedarf zu decken. Spitzenlastkraftwerke werden auch als Reserve beim Ausfall von Grundlast (oder Mittellast, die durch ältere Kraftwerke geliefert wird) benutzt. Sie haben niedrige Anlagekosten, so daß trotz geringem Gebrauch, niedrigem Wirkungsgrad und hohen Brennstoffkosten (Öl und Gas) diese Elektrizitätserzeugungskosten in den Gesamtkosten des Netzes nicht allzusehr ins Gewicht fallen.

Die erste Notwendigkeit des Lastausgleichs ergibt sich durch die Tag- und Nachtschwankung des Elektrizitätsverbrauchs. Diese Schwankungen sind in Deutschland nicht so groß, da durch niedrige Nachttarife Elektrizität in Wärmespeichern beim Verbraucher gespeichert wird. In Amerika sind solche Wärmespei-

* Nach einem Vortrag, gehalten aus Anlaß der 109. Versammlung der Gesellschaft Deutscher Naturforscher und Ärzte vom 19.–23.9. 1976 in Stuttgart

cher nicht vorhanden, und die Tag/Nacht-Schwankungen sind sehr markant.
Speichersysteme können darüber hinaus auch noch an den zwei Tagen des Wochenendes zusätzliche Energie für die fünf Wochentage speichern. Da durch das Speichersystem ein höherer Anteil der durchschnittlichen Elektrizitätserzeugung aus Grundlast kommt – und zwar nicht durch Ersetzen von Spitzenstrom-Erzeugung, sondern auch durch Verdrängen von Mittellast, die gewöhnlich durch ältere Kraftwerke mit niedrigerem Wirkungsgrad als neue Grundlastkraftwerke erzeugt wird –, kann man teures und knappes Öl und Gas, das man sonst für Spitzenlasterzeugung braucht, einsparen.
Der Ausgleich der jahreszeitlichen Verschiebung des Energiebedarfs, der weitaus größere *und* wirtschaftlichere Speichersysteme für lange Zeit benötigen würde, ist jedoch noch ein ungelöstes Problem.

Lastausgleich in Netzen durch Speichersysteme beim Kraftwerk

Mechanische Systeme

Konventionelles Wasserpumpspeicherwerk: Hier wird mit Elektrizität Wasser bergauf gepumpt, das dann auf dem Rückweg Elektrizität durch Wasserturbinen erzeugt. Es ist das weitaus gebräuchlichste Energiespeicherungs-System. In Amerika bestehen ca. 8100 MW solcher Pumpspeicher – d.h. 2% der gesamten installierten Elektrizitätsleistung.

Unterirdisches Wasserpumpspeicherwerk: Die erste Variante ist ein unterirdisches Pumpspeicherwerk. Zum Beispiel in Bergwerkschächten und Höhlen kann Wasser unterirdisch gelagert werden. Eine der amerikanischen Elektrizitätsgesellschaften hat bereits eine ausgereifte Projektstudie.

Gasturbine mit Luftspeicher: Dieses System erlaubt es, sich vom geodätischen Höhenunterschied eines Wasserspiegels zu befreien, indem komprimierte Luft als Speichersystem benützt wird. Druckluft wird mittels eines Luftverdichters, der seine Energie aus dem elektrischen Netz bezieht, erzeugt und unter hohem Druck (40–60 bar) in den unterirdischen Speicher gepumpt. Oberirdisch angeordnete Speicher sind zu teuer. Am günstigsten ist der Gleitdruckspeicher in der Form von Aussolen von Salzlagern. Jedoch kann man auch in Gegenden ohne natürliche Höhlen einen Festdruckspeicher durch ein Wasserausgleichs-Bekken an der Oberfläche schaffen. Zur Entladung wird die komprimierte Luft erhitzt und über eine Turbine geleitet. Die Turbine treibt den Generator, der auch als Motor dient.

Zur Zeit wird in Deutschland ein wichtiger Schritt getan. Die Nordwestdeutsche Kraftwerke AG baut in der Nähe von Bremen das erste Luftspeicher-Gasturbinenwerk der Welt, das von BBC mit einer Nutzleistung von 290 MW gebaut wird. Zwei Salzstock-Kavernen werden täglich etwa $2{,}5 \times 10^6$ m^3 Druckluft aufnehmen und während zwei Spitzenstunden wieder abgeben. Für nähere Angaben verweisen wir auf einen Bericht von Weber [1].

Dampfturbine mit Dampfspeicher [1]*:* Eine andere Möglichkeit der Speicherung ist bei thermischen Werken der Dampfspeicher. Ein 67-MWh-Dampfspeicher mit 3300 m^3 Kapazität ist in Berlin-Charlottenburg seit 1929 in Betrieb. Er besteht aus 16 Stahlbehältern von 21 m Höhe und 4,5 m Durchmesser.
Heute können in vorgespannten Guß-Druckbehältern (VGD) 8000 m^3 Dampf bei 60 bar in *einem* Gefäß von nur 71 m Höhe und 12 m Durchmesser gespeichert werden. Das Prinzip des VGD-Dampfspeichers inklusive der Dampfschaltung ist besonders von Gilli [2] und Mitarbeitern untersucht worden.
W. Fischer [3] hat die Kosten der Stromerzeugung aus mechanischen Speichersystemen nach einem einheitlichen Schema untersucht und mit Stromerzeugungskosten aus Gasturbinen verglichen (Fig. 1). Dabei werden Gasturbinen-Anlagekosten von 410 DM/kWh und Heizölkosten von 20 DM/Gcal zugrunde gelegt. Weiterhin nimmt Fischer (pers. Mitteilung) an, daß Grundlastelektrizität 0,10 DM/kWh kostet (bei Pumpspeicherwerken durch Entfernung vom Kraftwerk 0,16 DM/kWh), welche beim Kraftwerk in die Speichersysteme geladen wird. Für Batterien nehmen wir Kosten von 100 DM/kWh an. Dazu kommen bei Batterie 1 Gleichrichterkosten von 100 DM/kW und bei Batterie 2 solche von 175 DM/kW.

Schwungräder: G. Vau [4] gibt eine gute Übersicht über den heutigen Stand der Schwungräder. Er kommt zum Schluß, daß erst die Verwendung von Konstruktionen mit Materialien höherer Zugfestigkeit für die Praxis interessante Speicherzeiten ergeben wird.

Chemisch-physikalische Speichersysteme

Speicherung durch fühlbare Wärme: Systeme, die auf fühlbare Wärme einer Flüssigkeit oder eines festen Stoffes beruhen, sind natürlich besonders einfach.

Die Dampfspeicherung ist nicht nur ein Beispiel von Speicherung durch Verdampfungswärme, sondern auch durch fühlbare Wärme.

[1] Wir reihen den Dampfspeicher als „Mechanischen Speicher" ein, da der Dampf im Kraftwerk bereits existierte und dann in Gefäßen gespeichert wird

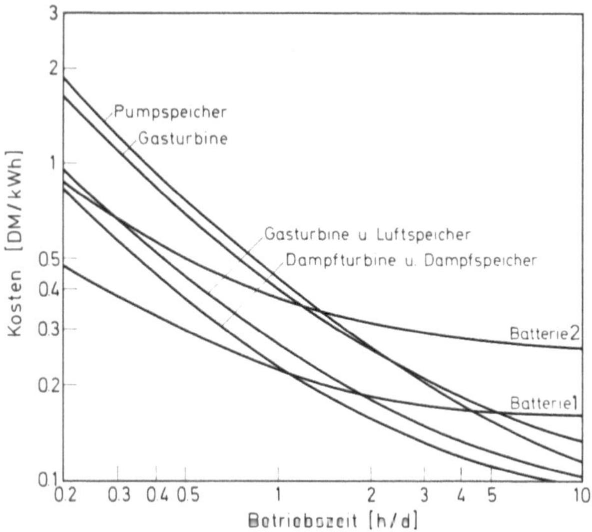

Fig. 1. Stromerzeugungs-Kosten aus verschiedenen Speichersystemen als Funktion der Betriebszeit pro Tag

Alefeld [5] weist darauf hin, daß trotz der großen Verdampfungswärme bis zu $T_c = 374$ °C ($P_c = 225$ bar) die je Volumeneinheit im Dampf gespeicherte Energie kleiner ist als die in der spezifischen Wärmekapazität der Flüssigkeit bei gleicher Temperatur gespeicherte Energie.

Speicherung durch fühlbare Wärme ist für das Heizen und Kühlen von Gebäuden und speziell Privathäusern mit Sonnenenergie von besonderer Bedeutung, da diese Art der Speicherung durch Wasser, Steine oder Beton besonders einfach ist. (Wenn Sonnenenergie zur Elektrizitätserzeugung benutzt wird, kommen natürlich auch andere Speichermethoden – inklusive elektrochemischer Speicherung – in Frage.) Unter anderem ist das Erwärmen von Grundwasser zur Speicherung von Fernwärme vorgeschlagen worden. Ein mit 170 °C beladener Grundwasserspeicher kann nach 90 Tagen noch 70–80% der eingebrachten Wärme bei 150 °C abgeben [6].

Speicherung durch Latenzwärme: Besonders günstig für latente Wärmespeicherung sind eutektische Gemische von Metallfluoriden, und zwar speziell Mischungen von Alkali- und Erdalkalifluoriden [7]. Laing [8] beschreibt eine Methode, niederviskose Schmelzen und Lösungen für Wärmespeicher zu benutzen, ohne daß Beschleunigungskräfte zu einer Entmischung führen.

Speicherung durch Reaktionswärme von Absorptionsprozessen von Gasen: Alefeld [5, 9] beschreibt diese Systeme und besonders ein NH_3-Wasser-System. Obwohl die Technik keine prinzipiellen Schwierigkeiten aufweist, muß das System noch seine Wirtschaftlichkeit beweisen.

Nuklearwärme-Speicherung durch Erzeugung von Wasserstoff: Die Erzeugung von Wasserstoff durch Kernenergie ist eine Speichermethode für Kernkraftwärme. Ihre Anwendung hängt von der Verwirklichung der Erzeugung von Wasserstoff aus Hochtemperatur-Reaktoren ab und besonders der Wirtschaftlichkeit der Verfahren.

Batterien, Brennstoffzellen und Magnetspeicher

Bleibatterien: Bleibatterien mit einer Betriebszeit von 10 Jahren kosten heute ca. 175 DM/kWh. Nach dem Schema von Fischer [3] erhält man für die Energiekosten k aus dem Speichersystem:

$$k_{\text{Blei}}\,[\text{DM/kWh}] = \frac{0{,}124}{t} + 0{,}430.$$

Bei Entlade-Zeiten von 5 bis 10 h dominiert der zweite Ausdruck, der die Herstellungskosten der Bleibatterie ausdrückt. Bei zehn h erhalten wir $k_{\text{Blei}} = 0{,}44$ DM/kWh, was gemäß Figur 1 *weit* über den Kosten aus mechanischen Speichersystemen oder aus einer Gasturbine liegt. Bei Zeiten von 0,2 h ergibt die Bleibatterie 1,05 DM/kWh, was in der Mitte der Kurve der mechanischen Speichersysteme liegt, aber schon bei einer Stunde liegt die Bleibatterie zu hoch.

Neuere Batterien: Interessant wird es erst, wenn man die Herstellungskosten einer Batterie von 175 DM/kWh auf – sagen wir – 50–75 DM/kWh senken könnte. Was für Batterien mit über 2500 Zyklen haben eine Chance, nur 50 DM/kWh zu kosten? Viele der Kandidaten sind Batterien, die potentielle Energiedichten von 100–200 Wh/kg aufweisen können und daher höhere durchschnittliche Materialkosten erlauben. Da viele dieser Batterien in Amerika entwickelt werden, zeigen wir in Tabelle 1 eine Aufstellung der wichtigsten Entwicklungen auf diesem Gebiet in Amerika. Wir verweisen auf [10, 11]. Es ist jedoch anzumerken, daß bis jetzt keine Batterie außer der Bleibatterie wirklich kommerziell einsatzbereit ist.

Speicherung durch Brennstoffzellen: Brennstoffzellen für Verwendung in elektrischen Netzen beruhen grundsätzlich auf der Reaktion

$$H_2 + \tfrac{1}{2}O_2 \rightarrow H_2O,$$

d.h. auf kalter Verbrennung von Wasserstoff. Dieser Wasserstoff kann von einem Grundlast-Kernkraftwerk während Zeiten geringen Verbrauchs erzeugt werden. Allerdings wurden Brennstoffzellen nicht deshalb für den Einsatz im Elektrizitätsnetz entwickelt. Der Grund ist, durch Brennstoffzellen, die nicht nur H_2, sondern auch hochwertigen Kohlenwasserstoff wie Erdgas verwenden können, umweltfreundliche

Tabelle 1. Batterie-Systeme, die für Lastausgleich oder mobile Zwecke in den USA entwickelt werden

1. *Li-Hochtemperatur-Batterien* (Rockwell, ANL, GM, ESB/Sohio)
   Elektrolyt: Geschmolzenes $LiCl-KCl$
   Positive Elektrode: FeS_n oder $TeCl_4$
   Negative Elektrode: LiSi oder LiAl
2. *Na-Hochtemperatur-Batterien* (Dow, ESB, Ford, TRW)
   Fester Elektrolyt: β''-Al_2O_3, β-Al_2O_3, Bor-Glas
   Positive Elektrode: S oder $NaAlCl_4$
   Negative Elektrode: Na
3. *Ni-Batterien*
   H_2/β-NiOOH (Energy Res. Corp.)
   Fe/β-NiOOH (Westinghouse)
   Zn/β-NiOOH (Gould)
4. *Zn-Halogene*
   Zn/Br_2
   Zn-Chlor-Hydrat (Occidental, G & W)
   Elektrolyt: $H_2O+ZnCl_2$
   Positive Elektrode: $Cl_2 \cdot 6\,H_2O$
   Negative Elektrode: Zn
5. *Redox*
   [$C/TiCl_3$, $TiCl_4$/Membran/$FeCl_3$, $FeCl_2/C$]
   (NASA-Lewis)
6. *Andere*
   Metall-O_2 (wie Zn-Luft)
   $ZnMnO_2$, Pb/MnO_2

Elektrizitätserzeugung in die Nähe des Verbrauchers zu bringen.

Am meisten tätig auf diesem Gebiet ist die große Forschungsgruppe der amerikanischen United Technology Corporation, welche seit einigen Jahren das FCG-1 Brennstoffzellen-Kraftwerk von 26 MW entwickelt [12].

Supraleitende induktive Magnetspeicher: Das Prinzip ist einfach. Drehstrom aus dem Netz wird gleichgerichtet und fließt in eine supraleitende Spule. Dies geschieht so lange, bis das gewünschte Magnetfeld erreicht ist. Wiedergewinnung des Stromes geschieht mit 85–90% Wirkungsgrad, was diese Methode attraktiv macht. In den letzten Jahren hat sich die Idee durchgesetzt, anstatt in Stahlgefäßen die großen Radialkräfte der Magnetfelder in einem oder mehreren unterirdischen Stollen durch Anpassung an Gesteine zu bewältigen [13]. Der Bereich der Wirtschaftlichkeit für Magnetspeicher liegt wie bei Pumpspeicherwerken ziemlich hoch, nämlich bei 1000 bis 10000 MW.

Lastausgleich in Netzen durch Speichersysteme beim Verbraucher

Heißwasser- und Raumheizungs-Speicher

RWE ist führend auf diesem Gebiet. Heute stellen Nachtspeicher für Raumheizung 25% des Bedarfs an das Netz, so daß im Winter ein guter Lastausgleich zwischen Tag und Nacht geschaffen wurde [14]. Auf diese Weise erzielte RWE mit Pumpspeichern 90% minimale Last. Entscheidend für den Erfolg sind speziell entwickelte Kontrollsysteme [15].

Speicherung von Kälte

Leider ist es schwieriger, Kälte statt Hitze zu speichern, da Wärme-Speicher größere spezifische Energiedichten aufweisen. Dudley und Freedman [16] beschreiben experimentelle Kältespeicherungsanlagen.

Die Möglichkeit, nicht nur Tag- und Nacht-, sondern Saisonschwankungen im Kältebedarf auszugleichen, wurde von Fischer [17] für Gegenden mit kalten Wintermonaten und heißen Sommermonaten untersucht.

Elektrochemische Speicher bei dem Verbraucher

Die wichtigste Anwendung eines elektrochemischen Speichers wäre der Antrieb von Autos durch Akkumulatoren, die in der Nacht geladen werden.

Energie-Speicherung für mobile Zwecke

Verbrennung von Öl und Gas

Das gesamte moderne Transportwesen ist auf die Verwendung von Öl und Gas aufgebaut. Dabei ist der Verbrauch von Benzin für Automobile am wichtigsten. Die Kohlenwasserstoffverbindungen haben nicht nur die größte Energiedichte je cm^3 von allen Flüssigkeiten und Gasen, die als Energiespeicherungsmaterial für das Auto in Frage kommen, sondern können auch ohne Schwierigkeiten in einem leichten Tank gespeichert werden.

Verbrennung von synthetischen Flüssigkeiten und Gasen aus Ölschiefer und Kohle

Die amerikanische Exxon-Gesellschaft hat eine sehr eingehende Studie für die U.S. Environmental Protection Agency durchgeführt [18], welche die Einführung von künstlichem Brennstoff unter allen wichtigen Aspekten untersucht. Vor allem müssen wir uns immer vor Augen halten, daß Benzin und der Otto-Motor auf der ganzen Welt so verbreitet sind, daß künstliche Treibstoffe, die dem Benzin nahekommen und auch mit Benzin gemischt werden können, wahrscheinlich leichter und eher angewendet werden können als andere künstliche Treibstoffe.

Trotz seiner geringen Energiedichte könnte Methanol als Treibstoff von Interesse sein. Methanol könnte

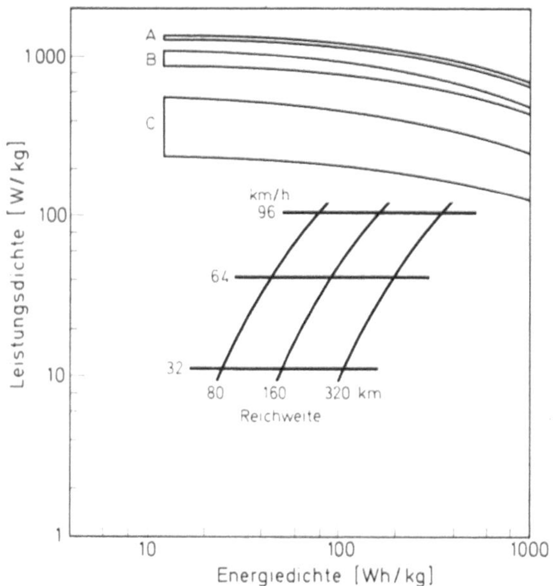

Fig. 2. Nötige Energie- und Leistungsdichte für ein Automobil von 900 kg bei gegebener Geschwindigkeit und Reichweite. *A* Gasturbine, *B* Kolbenmotor, *C* Dauerbrand-Motor (nach [20])

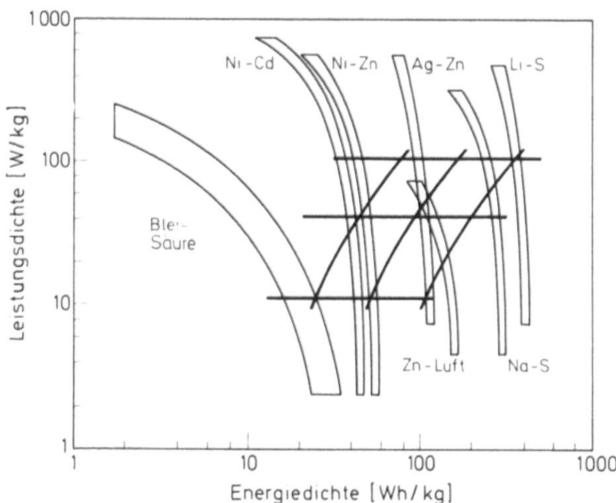

Fig. 3. Kenndaten von Akkumulator-Zellen (nach [20])

allein oder als Mischung mit Benzin verwendet werden. Wenn dieser Alkohol allein verwendet wird, könnte der Wirkungsgrad des Motors erhöht werden, er wäre dann jedoch nicht mehr für Benzin zu verwenden. Bei Methanol-Benzin-Mischung bewirken schon ganz kleine Mengen Wasser Trennung der beiden Phasen. Dies würde wahrscheinlich erfordern, daß Methanol und Benzin separat an die Tankstelle geliefert werden, um erst dort gemischt zu werden.

Verbrennung von Wasserstoff

Die Verbrennung von Wasserstoff in Kraftfahrzeugen ist durchaus möglich, doch müßte der Motor den technischen Gegebenheiten des Wasserstoff-Brennstoffes angepaßt werden. Wasserstoff hat eine viel niedrigere volumetrische Energiedichte als Benzin (flüssiger Wasserstoff hat zirka $^1/_4$ der volumetrischen Energiedichte von Benzin). Dagegen hat er eine dreimal höhere gravimetrische Energiedichte (d.h. kcal/kg) als Benzin. Auch ist die Flammengeschwindigkeit viel höher, so daß man Wasserstoff nicht einfach in einen Otto-Motor einführen kann. Man kann jedoch Motoren für Wasserstoffbenutzung auslegen, und dies führt an und für sich zu keinen Schwierigkeiten.
Die Methoden der Wasserstoffspeicherung sind nicht „einfach".
Außer dem Exxon-Bericht [18] ist ein „Technical Survey Report" der ERDA über die Verbrennung von Wasserstoff von Interesse [19].

Batterien

Dieses Gebiet ist außerordentlich kompliziert. Ragone [20] hat einen sehr interessanten Bericht für die Tagung des UNESCO „Environmental Program" 1976 zusammengefaßt, der hier als Richtlinie dient. Batteriesysteme sollten um 100 kWh/kg und 100 kW/kg erzielen, um wirklich nicht nur für Autobusse und Lieferwagen, sondern auch für PKW interessant zu sein.
In Figur 2 sind die nötige Energiedichte (Wh/kg) und die nötige Leistungsdichte (W/kg) als Funktion der Geschwindigkeit und der Reichweite eines 900 kg schweren PKWs dargestellt[2], in Figur 3 die Kenndaten einiger wichtiger Akkumulatoren. G. Lander von der Firma Varta (persönliche Mitteilung) hat eine sehr übersichtliche Zusammenstellung ausgearbeitet (Tabelle 2).
In Deutschland sind dank dem Interesse der Industrie, der Elektrizitätsversorgungsgesellschaften des Landes Nordrhein-Westfalen und des Bundes eine ganze Reihe von Bleibatterie-Projekten in Fahrzeugen im Prototyp oder Erprobungsstadium. Systeme, die in Deutschland im Erprobungsstadium stehen, beruhen alle auf Batterieaustausch, so daß die Reichweite bei

[2] Ragone [20] macht für Figur 2 folgende Ansätze: Der Motor (inkl. Treibstoff oder das Batteriesystem) beansprucht 25% des Gesamtgewichts; der Energieverlust zwischen der Batterie und den Rädern ist vernachlässigt; das Auto fährt mit stetiger Geschwindigkeit und nicht bergauf. In der Praxis sind die Anforderungen höher, so daß Ragone Mindestanforderungen an die Batterie erhält

Tabelle 2. Neue Hochenergiesysteme für Elektro-Fahrzeuge und Spitzenstromspeicherung (im Vergleich mit Pb/PbO_2 und Fe/NiOOH)

System	Ruhe-spg. [V]	Arbeitstemp. [°C]	Energiedichte [Wh/kg]		Lade-/Entlade-Zyklen	Kosten [DM/kWh]	Probleme	Bearbeiter
			theo.	prakt.				
Pb/PbO_2	2,0	− 20 bis +60	161	40	~1200	400[b]	Masseausnutzung, Lebensdauer	Varta u.a.
Fe/NiOOH	1,2	− 20 bis +45	260	55	~2000	900[c]	poröse NiOOH-Elektrode, Zellenform	Varta
Na/S	1,8	300	660	120 (Batt.: 67)	~1000	75	Al_2O_3-Elektrolyt	CSP, BR, AERE, Ford, CGE, YUA, BBC, Battelle
$Li(Al)/FeS_2$	1,8	400	650	120	150−~1000	75	Separator(BN)	Argonne Atomics Int.
$Na/SbCl_3$	3,0	200	780	?	?	?	?	ESB/ASEA
Ca/CuF_2	3,4	450	1290	?	?	?	Dünnschichten von Elyt(CaF_2) u. Elektroden	Varta
H_2/O_2	1,2	80−120 (1000)	3670	140−200 (10 kg/kW) (100 W/kg)	−	500−1000		United Techn. P+W, Alsthom/Exxon, Siemens, AEG, YUASA, Varta

[a] Werte gültig für Zellen
[b] Energie-Durchsatz 0,33 DM/kWh
[c] Energie-Durchsatz 0,45 DM/kWh

festgelegten Routen nicht von einschneidender Bedeutung ist. Aus wirtschaftlichen Gründen muß die Lebensdauer der Batterie, d.h. die Anzahl der Lade-Entlade-Zyklen, so hoch wie möglich sein. Die Bleibatterie hatte bis vor kurzem nur 31 Wh/kg, heute fast 40 Wh/kg, und das kann wahrscheinlich bis auf 50 Wh/kg gesteigert werden.

Eisen-Nickel-Batterien haben den großen Vorteil einer längeren Lebensdauer (2−3000 Zyklen), die theoretische Energiedichte der Zellen ist ziemlich hoch, nämlich 260 Wh/kg. Bis jetzt war es aber nicht möglich, mehr als ca. 20 Wh/kg zu erreichen. Im September 1976 jedoch zeigte Varta eine neuentwickelte Batterie dieser Art − die Fenox-Batterie −, die über zweimal so hohe Energiedichte verfügt.

Die jetzt vorgestellten ersten Prototypen der Varta-Fenox-Batterie liefern 144 V Spannung bei einer Kapazität von 50 Ah (5stündige Entladung). Die Energiedichte der Zellen liegt schon heute bei 48 Wh/kg, was einer Steigerung um ca. 20% gegenüber den Bestwerten des Bleiakkumulators (1976) entspricht. Im Betrieb wird zumindest gleiche Lebensdauer erwartet. Ziel dieser Entwicklung ist eine Energiedichte von 65 bis 70 Wh/kg. Die Fenox-Batterie besteht aus 12 Modulen a 12 V und ist bereits in einem Versuchsfahrzeug eingebaut.

Chemische Brennstoffzellen

Der Antrieb von Kraftfahrzeugen kann auch durch Brennstoffzellen erfolgen. Sowohl für Wasserstoff- wie Kohlenwasserstoff-Brennstoffzellen ist es schwierig, hohe Leistungsdichten zu erreichen, da sich an den Elektroden (gewöhnliche Gas-Elektroden) die Reaktionen nicht schnell genug abspielen; dies kann zwar durch Katalysatoren verbessert werden, aber zum Schaden der Wirtschaftlichkeit dieser Zellen. Daher existieren bis heute keine wirtschaftlichen Brennstoffzellen für Autos.

Neuere Methoden des Energie-Transports

Elektrizitäts-Transport

In den Industriestaaten wird ca. ein Viertel der Primärenergie als Elektrizität verbraucht (in Amerika sind es 26%), so daß neuere Methoden des Transports von Elektrizität von großer Bedeutung sind.

Da bei Drehstrom der Verlust per km von der Spannung abhängt, sind die Spannungen für Fernleitungen durch den Fortschritt der Technik immer höher geworden. In Deutschland ist heute das Fernnetz überwiegend ein 380-kV-Netz. In Amerika waren über 8000 Meilen oder 22% des Netzes Leitungen mit 500 kV, und 1970 wurde eine 1000-Meilen-Leitung mit 765 kV gebaut. Die nächste Stufe bei Drehstrom wird wahrscheinlich zwischen 1100 und 1500 kV liegen. Gleichstromübertragung kommt aus wirtschaftlichen Gründen (Umwandlung an den Kopfstationen) erst bei Leitungen über 1000 km in Frage.

Man möchte sehr lange Freileitungen gerne unterirdisch verlegen, aber die Kostenrelation liegt bei den heutigen Verfahren bei 10:1 bis sogar 20:1, je nach Standort. In Großstädten wie Berlin braucht man unterirdische Leitungen von 1000 MVA [21]. Als Lösung bieten sich Öl-Papier-Kabel und Kabel mit Wasser- oder SF_6-Kühlung an. Es gibt schon spezielle Anwendungen für SF_6-Kabel, besonders dort, wo die Nichtbrennbarkeit des SF_6 wichtig ist, z.B. im Pumpspeicherwerk Wehr in Freiburg im Breisgau, wo Siemens seit 1975 die längste SF_6-Leitung (700 m, 420 kV, 1000 MW) in Betrieb hat.

Forciert gekühlte Ölkabel können bis zu 2500 MVA und forciert SF_6-gekühlte Rohrkabel bis ca. 4000 MVA verwendet werden, tiefgekühlte Normalleiter nur bis zu ca. 5000 MVA. Supraleitende Kabel können jedoch bis zu 10000 MVA (d.h. 2–10 GW) eingesetzt werden und würden bei Einführung von großen Kraftwerksblöcken sicherlich Aufgaben in Ballungsgebieten finden [22]. Es wird sowohl in Amerika wie auch in Europa intensiv an supraleitenden Kabeln geforscht, so daß die Technik wohl bereit sein wird, wenn in den nächsten 10–20 Jahren Übertragungsaufgaben durch supraleitende Kabel zu lösen sind. Ein guter Überblick über die Arbeiten in Europa findet sich in [23].

Eine neue deutsche Studie (persönliche Mitteilung) kommt u.a. zu folgenden Ergebnissen:

Für das Supraleiterkabel sind Betriebsspannungen von mindestens 380 kV anzustreben. Dazu muß die aus Kunststoffbändern bestehende heliumgetränkte Feststoffisolation verbessert werden. Ein entscheidender Fortschritt ist von unterkühltem Wasserstoff (14K) zur Kabelkühlung zu erwarten, da hierbei gleichzeitig eine höhere dielektrische Festigkeit resultiert. Voraussetzung ist jedoch ein Supraleiter mit hoher Sprungtemperatur.

Für die Hochleistungsübertragung wird das Supraleiterkabel erst langfristig wirtschaftlich eingesetzt werden.

Dampf oder Heißwasser für Fernwärme

Wärme für Heizung und Heißwasser kann zentral erzeugt und durch Rohre in Ballungszentren verteilt werden. Heißwassersysteme funktionieren bei ca. 200 °C und 5 bar. Es wäre natürlich aus Gründen der Energieersparnis ideal, wenn die Abwärme, die 60–70% des Primärenergie-Verbrauchs eines Elektrizitätskraftwerks ausmacht, als Fernwärmequelle verwendet werden könnte. Wenn ein Kraftwerk Elektrizität durch eine Dampfturbine herstellt, ist jedoch die Austrittstemperatur nur ca. 50 °C, also viel zu niedrig für Fernheizung. Dies ändert sich jedoch, wenn das Elektrizitäts-Kraftwerk ein Hochtemperatur-Reaktor mit Heliumkreislauf und geschlossener Gasturbine ist. Hier wird die Abwärme kontinuierlich

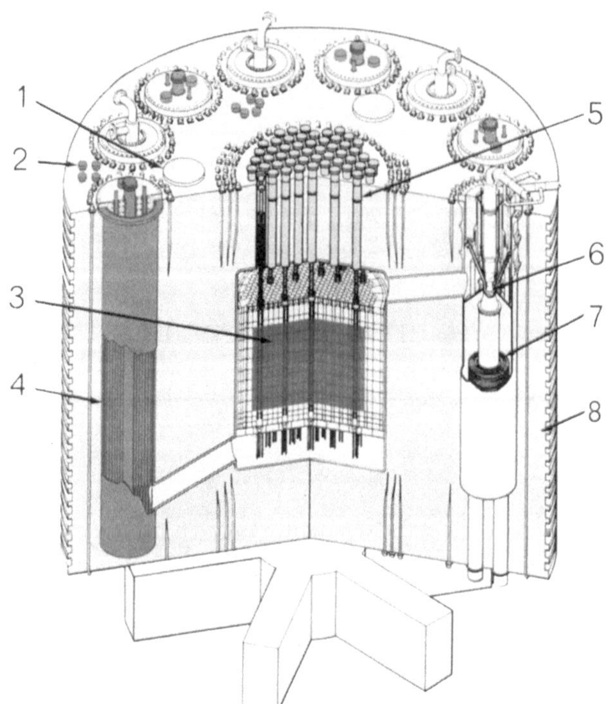

Fig. 4. HTGR-Prozeßwärme-Reaktor. *1* Kern-Hilfskühlung, *2* Heliumreinigungsanlage, *3* Kern, *4* Reformer, *5* Regelmechanismus und Brennstoff-Zufuhr, *6* Umwälzpumpe, *7* Dampferzeuger, *8* vorgespanntes Betongefäß

über einen Temperaturbereich von 200 bis 100 °C abgegeben und eignet sich daher ausgezeichnet als Wärmequelle für die Fernwärme [24].

Transport von Primärenergie als Wasserstoff

Figur 4 zeigt die Verfahren für die Herstellung von Wasserstoff. Die Energie für Methode 2 kann aus der Verbrennung von CH_4 oder aus Nuklearwärme stammen. Quade und MacMain [25] haben für Erdgaspreise (d.h. CH_4) von 15 DM/Gcal[3] bei Verbrennung des CH_4 Wasserstoffpreise von 44 DM/Gcal errechnet. Methode 2 durch HTGR-Wärmezufuhr könnte nach [25] auf der Kostenbasis von 1974 zu niedrigeren Kosten führen. Seit 1974 sind jedoch die Reaktor-Anlagekosten so gestiegen, daß man heute mit Kosten von 65 DM/Gcal oder mehr rechnen muß.

Für die Erzeugung von Wasserstoff aus Wasser entwickelt die General Electric Company in den USA fortgeschrittene Elektrolytzellen mit polymeren perfluorierten Sulfonsäuren als Elektrolyt [26]. Man schätzt die Kosten, k, für den Wasserstoff auf:

$$k\,[\mathrm{DM/Gcal}] = 3{,}1\,S + 2{,}27, \qquad (1)$$

[3] Dies entspricht heutigen Erdgaspreisen in Amerika, während sie in Europa bei 25 DM/Gcal liegen

Tabelle 3. Zyklen zur Wasserstofferzeugung

			GA-Schema, Einzelheiten:	
Grund-Reaktion	$H_2SO_4 \xrightarrow{<850\,^\circ C} H_2O + SO_2 + O_2$	$\Delta G = 48$ kcal	$2H_2O + SO_2 + 4J_2 \rightarrow H_2SO_4 + 2HJ_4$	aq.
Schließung des Zyklus			$H_2SO_4 \longrightarrow H_2O + SO_2 + \frac{1}{2}O_2$	$\sim 800\,^\circ C$
Elektrolyse	$SO_2 + 2H_2O \xrightarrow{+0.17\,V} H_2SO_4 + H_2$	$\Delta G = 9$ kcal	$2HJ_4 \longrightarrow 4J_2 + H_2$	$\sim 300\,^\circ C$
Seltene Erde	$SO_2 + 2H_2O + Me \longrightarrow H_2SO_4 + MeH$ $MeH \longrightarrow Me + H_2$	$\Delta G > 9$ kcal		
Jod (GA-Schema)	$SO_2 + 2H_2O + J_2 \xrightarrow{100\,^\circ C} H_2SO_4 + 2HJ$ $2HJ \xrightarrow{300\,^\circ C} H_2 + J_2$			

wobei S die Stromkosten in mills/kWh sind (ein mill = 0,001 Dollar). Bei 30 mills erhält man daher ca. 100 DM/kWh. Wir sehen, wie teuer elektrolytisch produzierter Wasserstoff pro Energieeinheit ist.
Besonders verlockend ist es natürlich, sich ganz von Kohle zur Wasserstoff-Erzeugung zu trennen und die sog. nukleare „Thermospaltung" von Wasser anzuwenden. Die direkte thermische Spaltung von Wasserstoff erfordert viel zu hohe Temperaturen. Deswegen hat C. Marchetti Ende der sechziger Jahre (damals ISPRA-Zentrum, heute IIASA) vorgeschlagen, die Spaltung in einer Mehrstufenreaktion durchzuführen, wobei die einzelnen Reaktionen bei Temperaturen unter 1000 °C ablaufen; diese Wärme kann durch Hochtemperatur-Kernreaktoren, z.B. den prismatischen HTGR oder den Kugelhaufen-THTR, zugeführt werden [27].
In den letzten Jahren haben einige Gruppen in Europa und Amerika nach dem besten praktischen Zyklus gesucht. Die drei wichtigsten sind der Elektrolyt-Zyklus von Westinghouse, der Seltene-Erden-Zyklus von Pechiney und der Jod-Zyklus von General Atomic (Tabelle 3). Experimentelle Arbeiten sind bei General Atomic im Gange [28]. Die Wirtschaftlichkeit der Wasserstofferzeugung durch Thermospaltung kann noch nicht abgeschätzt werden.

Wärmeleitung in geschlossenen chemischen Systemen

Die Idee ist, bei Punkt 1 einer chemischen Reaktion Energie aus einem Hochtemperatur-Reaktor durch einen Wärmeaustauscher zuzuführen, die Reaktionsprodukte (Gase oder Flüssigkeiten bevorzugt – Feststoff evtl. angemaischt) in einem weiteren Wärmeaustauscher abzukühlen und durch Fernleitungen nach Punkt 2, wo Wärme benötigt wird, zu senden. Dort werden die Reaktionsprodukte wieder unter Wärmeentwicklung zusammengebracht. Auch hier werden die Produkte (die beiden originalen chemischen Verbindungen) abgekühlt, die Wärme wird den einströmenden Reagenten bei Punkt 2 zur Verfügung gestellt, und dann zu Punkt 1 zurückgesandt.
Hanemann [29] bespricht eine ganze Reihe von chemischen Reaktionen, die für so ein geschlossenes System verwendet werden könnten. Das bekannteste ist das EVA und ADAM System, das auf der Reaktion

$$3H_2 + CO \rightleftarrows CH_4 + H_2O$$

beruht.

1. Weber, O.: BBC Nachr. H. *7*, 401 (1975)
2. Gilli, P., Beckmann, G.: VDI Ber. *236*, 125 (1975)
3. Fischer, W.: Elektrotechn. Z. A. *97*, 357 (1976)
4. Vau, G.: VDI Ber. *223*, 87 (1974)
5. Alefeld, G.: Wärme *81*, 89 (1975)
6. Meyer, C.F., Todd, D.K.: 8th IECEC, S. 428 (1973); Weissenbach, B.: VDI Ber. *223*, 39 (1974)
7. Schroeder, J.: VDI-Tagung Energie Technik, Stuttgart 1974
8. Laing, N.: VDI-Tagung Energie Technik, Stuttgart 1974
9. Alefeld, G.: Waerme *81*, 89 (1975); Energie *27*, 180 (1975)
10. Yao, N.P., Birk, I.R.: 10th Intersoc. Energy Conversion Engineering Conf. (10th IECEC), Univ. of Delaware 1975
11. Fischer, W.: Technica *24*, 1337 (1975)
12. King, J.M., Jr.: 10th IECEC 1975, S. 237
13. Boom, R.W., et al.: IEEE Trans. Magnetics *11*, 475 (1975)
14. Biasin, K., Lange-Huesken, M.: Elektrowaerme Int. *32* (A.6), 273 (1974)
15. Van Cleave, D.: Electr. Light Power *52*, 27 (1974)
16. Dudley, J.C., Freedman, S.I.: Trans. ASME, J. Eng. Power (1973), Paper No. 73-WA-Ener. 1.
17. Fischer, H.C.: 10th IECEC Rec. S. 250 (1975)
18. Kant, F.H., et al.: USA Environmental Protection Agency Bericht EPA 460/3-740009 (1974)
19. Escher, W.J.D.: ERDA Rep. TEC 75/005, Washington, D. C. (1975)
20. Ragone, D.V.: Vortrag Tagung Environmental Program der UNESCO, Paris 1976
21. Elsner, G., et al.: Elektrizitätswirtsch. *74*, 383 (1975)
22. Pencynski, P.: VDI Bildungswerk *BW 2771* (1974)
23. Bogner, G.: Cryogenics *1975*, 79
24. Meyer, L., Holland, J.: General Atomic Bericht GA-A 14048 (1976)
25. Quade, R.N., McMain, A.T.: Vortrag bei Hydrogen Economy Conf. of Miami 1974; General Atomic Bericht GA-A 12876; Williams, I.I., et al.: ASME Joint Power Generation Conference, Portland, Oregon 1975
26. Nuttall, L.I., Fickett, A.P., Titterington, W.A.: Hydrogen Generation by Solid Polymer Electrolyte Water Electrolysis. General Electric Co., Lynn, Mass., U.S.A.
27. Marchetti, C.: Hydrogen and Energy, S. 7. Chemical Economy Research Institute of Japan 1973
28. Russel, I.L., Porter, J.T.: Proc. Hydrogen Economy Energy Conf. Univ. of Miami 1974; General Atomic Bericht GA-A 12908
29. Hanneman, R.E., et al.: 9th IECEC (1974)

Eingegangen am 18. Oktober 1976

Boden als ausschöpfbarer Naturvorrat

Brunk Meyer

Institut für Bodenkunde der Universität Göttingen

Der Bodenmantel unserer Erde, die Pedosphäre, ist nicht nur als Wuchsort von Nahrungs-Kulturen in seiner Qualität veränder- und erschöpfbar, sondern auch in seiner Eigenschaft als regulierendes Element im Stoff- und Energiehaushalt der Landschaft. Als Bestandteil der Ökosysteme spielen die Böden mit ihren unterschiedlichen Passagefunktionen eine entscheidende Rolle in der Stoffvermittlung zwischen Atmosphäre und Hydrosphäre. Der zunehmenden Bedeutung des Bodens in dieser Funktion als natürliche Leistungsbasis einer Wachstumsgesellschaft steht eine wachsende Zahl von Faktoren gegenüber, die eine ökologische Degradation der Böden auslösen. Aufgaben und Möglichkeiten einer zukünftigen Ressourcenplanung wurden aufgezeigt.

(Ein Manuskript des Vortrags lag bei der Drucklegung nicht vor. Die Redaktion)

Verhandlungen der Gesellschaft Deutscher Naturforscher und Ärzte 1976

Die natürlichen Lebensgrundlagen als neuer Faktor in der Orts- und Landesplanung

Walter Rossow *
Berlin-Dahlem, Breisacher Straße 19

With few exceptions, planning on the various local and regional levels has been based exclusively on economic and/or social factors. Effective inclusion of natural conditions – water, terrain, soil, flora, fauna, climate – in the process of planning is a new challenge in the realm of local, city, and regional projection and planning.

Die Nutzung der Flächen unseres Landes beruht auf ökonomischen oder sozialen Anlässen, Antrieben und Vorgängen. Land- und Forstwirtschaft nehmen den größten Teil der Fläche in Anspruch, sie sind damit zugleich der Flächenlieferant, wenn für Wohnungs-, Gewerbe-, Industrie- oder Verkehrsbauten Gelände benötigt wird. Bis in die unmittelbare Gegenwart hat das Denken in vorwiegend ökonomischen Kategorien auf allen Ebenen der Planung dazu geführt, daß andere Faktoren vernachlässigt wurden. Wenn in der Land- und Forstwirtschaft die Flächen noch gemäß ihren natürlichen Eigenschaften differenziert genutzt werden, so verlieren diese Eigenschaften ihren Wert, sobald der Übergang in die neue Qualität „Baugelände" sich vollzieht.

Der Umfang solcher Veränderungen der Flächennutzung durch den großen Bedarf an Baugelände ist in den letzten 25 Jahren derart gestiegen, daß daraus zerstörerische Wirkungen an vielen Stellen des Landes entstanden sind. Die Eingriffe in den Wirkungsverbund unserer natürlichen Lebensgrundlagen Boden, Wasser, Klima, Vegetation und Tierwelt geschehen zunehmend an Stellen, welche für die bereits bestehende Bebauung oder für andere Nutzung in Bezug auf Boden, Wasser oder Klima eine wichtige Bedeutung haben. Untersuchungen und Analysen dieser Bedeutung sind bisher auf wenige Ausnahmen beschränkt, und die Verschonung bestimmter Flächen durch Natur- und Landschaftsschutz folgt anderen Beweggründen.

Inzwischen sind bei Bund und Ländern angesichts der landzerstörenden Entwicklung Gesetze zur Umwelt und zum Naturschutz in der Diskussion oder beschlossen [1]. Abgesehen davon, daß viele verschiedene Landesgesetze keine ideale konstruktive Grundlage für den komplexen Bereich des Naturraumes sind, erfüllt kaum eines dieser Gesetze die Forderungen, die der Beirat für Raumordnung in einer Empfehlung an den Bundesminister Ravens zur „Sicherung der natürlichen Lebensgrundlagen" aufgestellt hat [2]. Darin heißt es u.a.:

> „In der räumlichen Entwicklungsplanung des Bundes, der Länder und der Gemeinden ist der nicht folgenlos veränderbare Naturraum als tragendes Element noch nicht im notwendigen Maße berücksichtigt. Es ist eine politische Aufgabe von großer Bedeutung, dies in absehbarer Zeit zu tun."

Weiteres Zitat daraus:

> „Die Ursachen für die bisher nicht genügend wirksam werdende Einbeziehung der natürlichen Faktoren in die Raumordnung mit gleicher Wichtung wie die gesellschaftlichen und wirtschaftlichen Faktoren sind vielfältig, sie sind politischer, wirtschaftlicher und psychologischer Art. Es sind Fehleinschätzungen und unzureichende Kenntnisse der Belastungsgrenzen der natürlichen Faktoren, ihrer gegenseitigen Abhängigkeiten, ihrer möglichen Erschöpfung. Es sind insgesamt fehlende, mangelhafte und für die Planung kaum anwendbare Informationen und Planungsgrundlagen auf jeder Ebene."

Mit dieser Feststellung des Beirats für Raumordnung ist die Situation beschrieben, zugleich sind erstmals die natürlichen Faktoren gleichgewichtig neben die wirtschaftlichen und gesellschaftlichen gestellt. Zu ihrer Sicherung wird eine entsprechende Ergänzung des Raumordnungsgesetzes vorgeschlagen, ihre schonende Nutzung soll durch Sicherungs- und Vorranggebiete im Rahmen der Raumordnung gewährleistet werden. Diese Empfehlungen sind auch in den Ausarbeitungen zu den Zielen der Raumordnung, die vorwiegend ökonomisch und sozial bestimmt sind, enthalten. So sollen die natürlichen Lebensgrundlagen

* Nach einem Vortrag, gehalten aus Anlaß der 109. Versammlung der Gesellschaft Deutscher Naturforscher und Ärzte vom 19. bis 23.9.1976 in Stuttgart

als produktive Faktoren bei der Disposition der Raumordnung berücksichtigt werden. Zwar gilt dies vorerst nur theoretisch, doch wird angesichts der Lage und des wachsenden Verständnisses des – auch materiellen – Wertes von Wasser, Luft, Klima, gesunder Vegetation und Tierwelt die Realisierung nicht mehr Jahrzehnte auf sich warten lassen. Dramatische aktuelle Beispiele von Standortwahlen für große Industrieanlagen und Kraftwerke, klimatische Beeinträchtigungen in Ballungsgebieten, gebietsweiser Wassermangel, schlechte Wasserqualität drängen auf übergeordnete Lösungen. Allerdings sind noch erhebliche Anstrengungen zu unternehmen, um die Voraussetzungen für eine schonende Flächennutzung großen Umfanges zu schaffen. Wenn die natürlichen Faktoren in der Abwägung der Dispositionen eine gleichgewichtige Rolle spielen sollen, dann müssen sie auch über Zahlen und Daten erkennbar gemacht werden. Bestandsaufnahmen und Auswertungen sind zu erstellen, aussagekräftige Indikatoren zu bestimmen, Ziel- und Belastungshöchstwerte festzulegen und daraus dann Vorschläge für vorrangige Nutzung abzuleiten. Die Forschung ist auf eine solche Zielrichtung bisher nicht genügend eingestellt; das abgeschlossene Nebeneinander der Fakultäten ist auch ein Grund dafür.
Die natürlichen Lebensgrundlagen sind Bestandteil der verschiedenartigen Landschaften. Die Landschaften wiederum sind geprägt von den natürlichen Gegebenheiten und den darauf gelagerten Nutzungen unterschiedlicher Art. Eine Landschaftsuntersuchung erfaßt also nicht nur die natürlichen Faktoren, sondern auch die Nutzungen mit ihren Auswirkungen.
Man könnte der Auffassung sein, daß die Entwicklung der Bevölkerungszahlen, verursacht durch den Rückgang der Geburtenziffern, auf lange Sicht auch einen Rückgang des Flächenbedarfs für bauliche Nutzung zur Folge haben wird und daß damit das Problem leichter zu handhaben sein wird. Vermutlich wird es nicht so sein; technische, ökonomische, soziale Gründe und dann auch Rücksichtnahmen auf die natürlichen Lebensgrundlagen werden weiteren Flächenbedarf für industrielle Produktion hervorrufen. Neue Technologien werden unwirtschaftlich gewordene Anlagen ablösen. Veränderungen des Verkehrsnetzes (Bahn) werden Veränderungen der Standortgunst bewirken. Energiegewinnungsanlagen werden zusätzlich nötig, sie werden außerdem den Verlagerungen ihrer Abnehmer folgen. Im ganzen wird es weitere Anlagerungen an schon bestehende Ballungsgebiete, die Bildung neuer Verdichtungen sowie weitere Entleerung der ländlichen Räume geben. So sehen es jedenfalls die Experten der Volkswirtschaft. Eine solche Entwicklung erfordert eher mehr als geringere Aufmerksamkeit zur Sicherung der natürlichen Faktoren, denn sie treibt in extreme Positionen der Dichte und der Leere. Weitere Verdichtungen im bisherigen Stil, bei dem jeder nimmt, wie er es braucht, ist nicht mehr zu verantworten. Es muß eine Ordnung der Nutzung der Flächen auch im großen Maßstab gefunden werden, und diese Ordnung muß auf der schonenden Nutzung und der Sicherung der natürlichen Lebensgrundlagen beruhen.
Es könnte die Befürchtung auftauchen, daß die vorgeschlagenen Methoden der Sicherung in die totale Planung einmünden und am Ende eine anonyme Bürokratie nach Belieben verfährt, alles unter dem Vorzeichen gemeinnütziger Beweggründe. Diese Gefahr besteht tatsächlich in Staaten, die die Planwirtschaft zum einzigen Prinzip erhoben haben. Aber dort ist es so mit oder ohne Rücksicht auf natürliche Gegebenheiten.
Es gibt, gesetzlichen Vorschriften folgend, für jede Gemeinde zur Flächenplanung einen Flächennutzungsplan. Er ist die Voraussetzung für die Aufstellung von Bebauungsplänen und kommt zustande durch die Abwägung verkehrsmäßiger, technischer und wirtschaftlicher Überlegungen, manchmal spielen auch stadträumliche Fragen eine Rolle. Die darin ausgewiesenen Bauflächen mit ihrem besonders hohen Wert entstehen nicht aus einem Konzept, das auf einer Landschaftsuntersuchung beruht, sondern nach anderen, sachlichen, politischen und persönlichen Gewichtungen.
Der Vorschlag, Landschaftsuntersuchungen und ihre Auswertung vorzuschalten und die Ergebnisse dann für die Flächennutzung auszuwerten, ist kein zusätzlicher Beitrag zur Planifikation. Er ist vielmehr, neben dem Hauptzweck der Schonung und Sicherung der natürlichen Faktoren, auch die Möglichkeit der Objektivierung der verschiedenartigen Flächennutzung. Es entsteht damit keine Beschränkung wirtschaftlicher Entwicklung allgemein, sondern eine Verlagerung auf Flächen, in denen sie so wenig Beeinträchtigungen wie möglich hervorruft. Die Freiheit ist in diesem Rahmen so gewahrt wie bei der bisherigen Methode der Flächenbestimmung, die positiven Auswirkungen für die Allgemeinheit sind jedoch größer. Dazu kommt die nicht zu unterschätzende Möglichkeit, durch Bewahrung wichtiger Bestandteile der Struktur der Landschaft die Identität eines Ortes auch im bebauten Zustand weitgehend zu wahren.
Planung ist bei dieser Methode der Versuch, die Nutzungsansprüche an das natürliche Potential anzupassen. Es erübrigt sich wohl zu begründen, weshalb dies künftig nötig ist. Der Entschluß, die Flächennutzung eines einzelnen Ortes auf die Auswertung einer Landschaftsuntersuchung aufzubauen, ist noch ein Schritt in Neuland, es gibt dafür noch keine aufbereiteten Daten oder Planunterlagen. Alles notwendige Material muß einzeln bei den verschiedensten Quellen

beschafft werden. Fehlendes muß die Ortsbegehung, der Augenschein ergänzen. Es ist noch eine sehr pragmatische Arbeitsmethode, wissenschaftliche Vertiefung steht aus. Man kann damit rechnen, daß diesem Thema künftig mehr Aufmerksamkeit geschenkt wird, Ansätze sind sichtbar.

Das Beispiel, an dem hier Methode und Ergebnis einer Landschaftsuntersuchung gezeigt werden soll, ist die Stadt Kempten (Allgäu). Die Arbeit wurde 1976 abgeschlossen. Die Landschaftsuntersuchung ist Bestandteil eines städtebaulichen Entwicklungsplanes, der sich auch auf das Stadtbild erstreckt. Die Planergruppe Spengelin, das Institut für Landschaftsplanung der Universität Stuttgart (Bearbeiter Dipl. Ing. E. Andresen und Dipl. Ing. M. Daldrop) und der Verkehrsplaner Prof. Schächterle haben gemeinsam in mehrjähriger Arbeit mit der Stadt Kempten eine Rahmenplanung für das Stadtgebiet erarbeitet.
Um ein Bild von den Eigenschaften und Qualitäten der zu untersuchenden Fläche – in diesem Fall des Markungsgebietes Kempten – zu erhalten, müssen alle erreichbaren Informationen über die natürlichen Faktoren Boden, Wasser, Klima, Vegetation, Bodenrelief beschafft und jeweils einzeln im Maßstab 1:10000 dargestellt werden. Dazu kommen noch Darstellungen der Nutzungen und anderer wichtiger Faktoren. Man zeichnet auf durchsichtigen Folien und benutzt Farben, um deutlich differenzieren zu können. Auf diese Weise kann man jeden Faktor mit einem oder mehreren anderen übereinander gelagert betrachten, Beziehungen erkennen und auswerten. Die Auswertung hat zum Ziel, die für künftige Bebauung benötigten Flächen dort auszuweisen, wo für die natürlichen Faktoren die geringste Beeinträchtigung zu erwarten ist. Weiterhin sollte das Stadtbild so wenig wie möglich negativ beeinflußt werden, eine Aufgabe, die in Kempten durch die enge Verflechtung der Hügellandschaft mit dem Stadtbereich von besonderer Bedeutung ist. Diese ästhetische Frage ist dort zugleich auch mit kleinklimatischen Problemen verknüpft. Das Ergebnis der Arbeit ist ein Vorschlag zur Flächennutzung für die künftige Bebauung mit zeitlich differenzierten Abschnitten.
Die Bestandsaufnahme enthält in Einzelplänen folgende Informationen:

Angaben zu den geologischen Verhältnissen als allgemeine Information;
Darstellung der Hangneigungen, aus denen Schlußfolgerungen für die Flächennutzung zu ziehen sind;
Kennzeichnung der Bodenarten;
Kennzeichnung der Bodengüten in Meßzahlen zur Beurteilung der Flächennutzung;
Darstellung aller Bereiche, in denen Wasser sichtbar oder im Untergrund festzustellen ist;
Angaben zur vorhandenen Vegetation mit Kennzeichnung wichtiger Bereiche, die das Landschaftsbild bestimmen;
Aufzeichnung der zum Klima vorhandenen und mit ihm kombinierbaren Informationen;
Eintragung aller vorhandenen Flächennutzungen;
Zusammenstellung von Störfaktoren, die sich aus der Flächennutzung ergeben, geplante Einrichtungen werden einbezogen;
Einschränkung für die landwirtschaftliche Nutzung, die sich aus natürlichen Gründen oder aus dem Vorrang anderer Nutzungen ergeben.

Die Auswertung dieser Faktoren in ihrem gegenseitigen Verbund geschieht nicht in einem Blatt, sondern in einem Entwicklungsprozeß, der sich in mehreren Blättern darstellt und der zugleich die Entscheidung über bebaubare und nicht zu bebauende Flächen leichter verständlich macht. Dazu gehören u.a. folgende Pläne:

Auswertung der Landschaftsfunktionen, Darstellung des natürlichen Zusammenhanges der einzelnen Faktoren;
Darstellung der morphologischen Einheiten in vereinfachter Form;
Flächen mit besonderer Eignung für landwirtschaftliche Nutzung, aus topografischen Gründen auch wichtig für das Stadtbild.

Der Plan, aus dem die künftig bebaubaren Flächen erkennbar sind, ist für den Flächennutzungsplan von besonderer Bedeutung. Die entsprechenden Flächen sind drei verschiedenen Zeitabschnitten folgend dargestellt. Die Bereiche des ersten Zeitabschnittes reichen als Vorrat nach der zur Zeit übersehbaren Entwicklung mindestens 15–20 Jahre. Bei der Feststellung der Reihenfolge spielen städtebauliche Anschlußfunktionen (Verkehr, Erschließung, Versorgungseinrichtungen) und der landwirtschaftliche Nutzungswert eine Rolle.
Zur Sicherung der beabsichtigten Entwicklung ist noch ein weiterer Plan zur langfristigen Landschaftssicherung entstanden. Er enthält Hinweise auf viele wichtige Einzelheiten oder auf Zusammenhänge, die für die künftige Entwicklung des Stadtbildes und des Landschaftsbildes von Bedeutung sind, also auf Gewässer- und Uferschutz, Erosionsschutz, den Wald, auf öffentliche und private Grünflächen, kleinklimatische Details sowie auf die Forst- und Landwirtschaft im Umland und im Stadtgebiet. Auch die vorhandene natürliche Vegetation ist darin eingeschlossen. Dieser Plan ist so etwas wie ein Spiegel der nicht immer offen sichtbaren natürlichen Qualitäten des Gebietes. Durch den bestehenden Natur- und Landschaftsschutz sind so vielfältige Details zur Sicherung eines Ganzen noch nicht abgedeckt, es wird da noch weitere Entwicklungen geben müssen. Wenn dies erreicht ist, können die natürlichen Lebensgrundlagen in der städtebaulichen und wirtschaftlichen Entwicklung eine tragende Rolle spielen. Die Erhaltung landschaftlicher Eigenart ist damit auch gewährleistet.

Die Anwendung einer solchen Arbeitsmethode für die Markung einer Stadt mit ihren keineswegs landschaftsbezogenen Abgrenzungen ist immer auf sich selbst, also ortsbezogen. Richtiger wäre es, wenn ein Programm zur Nutzung der Flächen nach ihrer natürlichen Leistungsfähigkeit sich aus der Raumordnung des Bundes, der Landesplanung der Länder und der Disposition der Regionalplanungen von oben nach unten, statt umgekehrt, entwickelte. Dann könnten übergeordnete Anforderungen auch an jedem einzelnen Ort erfüllt und Schwerpunkte gebildet werden, die im allgemeinen Interesse liegen. Dazu gehören z.B. Wasservorratsgebiete, Erholungsbereiche, Industriekonzentrationen u.a.
Es wird länger dauern, bis diese Reihenfolge des Vorgehens möglich sein wird. Einige Gründe wurden schon genannt, Kompetenzstreit zwischen Bund und Ländern ist eine weitere Ursache. Unabhängig davon sollten die theoretischen Vorarbeiten zu einer Kartierung der natürlichen Faktoren im großen Maßstab in Angriff genommen werden, damit die sachliche Arbeit beginnen kann, wenn im politischen Bereich Einigung erzielt ist.

1. Bayerisches Naturschutzgesetz 1973; Landschaftsschutzgesetz Nordrhein-Westfalen 1974
2. Beirat für Raumordnung: Empfehlung zur „Sicherung der natürlichen Lebensgrundlagen" vom 16. Juni 1976, Bundesministerium für Raumordnung, Bauwesen und Städtebau, Bonn

Eingegangen am 13. Oktober 1976

Die landwirtschaftliche Revolution und ihre Folgen

Gerhard Röbbelen*
Institut für Pflanzenbau und Pflanzenzüchtung der Universität Göttingen

Neither the "Green Revolution" in the developing countries nor "yield explosion" in the agricultural production of the industrialized nations have reached the genetic and physiologic limits of crop growth. Breeding of better varieties is still the most promising defense against hunger. The ambiguity of modern agroindustry throughout the world resides in its high dependence on the existence of functional technological, economical, and political systems.

Nach Berechnung der Demographen wurde im Jahre 1975 auf unserem Planeten der 4milliardste Mensch geboren. Wahrscheinlich kam er in einem Entwicklungsland zur Welt. Bei gleichbleibendem Bevölkerungswachstum soll die Erde noch vor Ende des Jahrhunderts mehr als 6 Milliarden Menschen zu tragen haben. Wird sie die Nahrung für diese Massen hervorbringen können? Wird es gelingen, den Bedarf nicht nur statistisch zu decken, nicht nur mit dem Überfluß der einen den Hunger der anderen ungesehen zu machen? Der folgende Beitrag soll versuchen, vor dem Hintergrund der gegenwärtigen Möglichkeiten agrarischer Produktion die Aussichten für die Zukunft abzuschätzen.

Der Anfang landwirtschaftlicher Technologien mag etwa 10000 Jahre zurückliegen. Damals begann irgendwo, vermutlich im Nahen Osten, der Mensch, in der Nähe seiner Behausung zu säen und zu ernten oder auch Tiere zur leichteren Milch- und Fleischgewinnung zu domestizieren. Diese erste „landwirtschaftliche Revolution" brachte vielen Völkern im Vergleich zur Vorzeit immensen Überfluß. Sie förderte zugleich die Entwicklung sozialer Klassen. Nicht mehr mußte jeder selbst Landbewirtschaftung treiben. Es entstand Freiheit zu intellektueller, geistlicher, künstlerischer, kriegerischer, kommerzieller und sogar administrativer Tätigkeit. Landwirtschaft ermöglichte das Aufkommen von Zivilisation und Kulturen.

Erst gegen Ende des 18. Jahrhunderts begann die zweite Epoche menschlicher Technologien. Sie beruhte auf der rationalen, wissenschaftlichen Fundierung aller Erzeugungsprozesse. Als „industrielle Revolution" setzte sie zunächst nur im außerlandwirtschaftlichen Bereich an. Aber zum gleichen Zeitpunkt, in dem mit Elektronik und Automation die zweite Phase der Industrialisierung anfing, erfaßte die technische Revolution in den Industrieländern auch die Landwirtschaft. Zunächst war es die Agrartechnik im engeren Sinne, waren es Maschinen, Schlepper und Geräte, die die Handarbeit erleichterten, sie später ersetzten und insgesamt drastische Veränderungen der landwirtschaftlichen Produktionsverfahren nach sich zogen. Zum physikalischen Fortschritt kamen chemische Faktoren (Dünge- und Pflanzenschutzmittel, Wuchsstoffe, Herbizide u.a.) hinzu, die die Leistungen von Pflanzen und Tieren unterstützten und steigerten. Und schließlich entstanden in jüngster Zeit umwälzende Neuerungen vor allem aus biologischem Wissen. Hierher gehören die sensationellen Erfolge der Pflanzenzüchtung. Aber auch die enormen Veränderungen in der Tierhaltung und -züchtung der letzten Jahrzehnte (z.B. künstliche Besamung, Polyovulation und Hormonfütterung) beruhen auf biologischen Entdeckungen. Und wenn nicht alles täuscht, werden in Zukunft weitere, völlig neuartige Technologien, wie sie bisher nur die Mikrobiologie kennt, in Land- und Ernährungswirtschaft Akzente setzen (z.B. [15]).

Erfolg und Problematik der „Grünen Revolution"

In dieser historischen Gesamtentwicklung war die „Grüne Revolution", die mit den grundlegenden Arbeiten von Norman Borlaug in Mexiko ihren Ausgang nahm, nicht mehr als ein Schritt. Die Techno-

* Nach einem Vortrag, gehalten aus Anlaß der 109. Versammlung der Gesellschaft Deutscher Naturforscher und Ärzte vom 19. bis 23.9.1976 in Stuttgart

logien, die sie bestimmten, sind in den letzten Jahren ausgiebig erörtert worden [9, 11, 23]. So mögen hier Stichworte genügen:

1944 kam Borlaug nach Mexiko mit der Aufgabe, beim Weizen Resistenzzüchtung zu betreiben. Schwarzrost-Epidemien führten in jenen Jahren immer wieder zu katastrophalen Mißernten; mehr als die Hälfte des Weizenbedarfs mußte eingeführt werden. Aber innerhalb von fünf Jahren hatten Borlaug und seine mexikanischen Kollegen mehrere neue Brotweizensorten entwickelt, die eine höhere Rostresistenz besaßen, als man sie in Mexiko je zuvor gekannt hatte. Nach 12 Jahren (1956) war Mexiko Selbstversorger für Weizen [7].

Dieser Erfolg war keineswegs das Ergebnis neuer Züchtungsmethoden oder besserer Ausgangspopulationen. Neu war nur die Intensität, in der Bekanntes ausgeführt wurde, waren vor allem (a) Häufigkeit, (b) Umfang und (c) Intensität der züchterischen Auslese:

(a) Borlaug baute in jedem Jahre zwei Generationen seines Zuchtmaterials an: die eine im subtropischen Nordwesten von Mexiko in Meereshöhe im Winter, die andere in 2600 m Höhe im mexikanischen Zentralmassiv während des Sommers. Das beschleunigte nicht nur die Arbeit; dieser Wechsel förderte auch die Auslese von Linien, die an die verschiedenen Tageslängen- und Witterungsverhältnisse der beiden Standorte gleichermaßen angepaßt waren; er führte zu Sorten mit einer breiten ökologischen Adaptationsfähigkeit.

(b) Borlaug zog in seinen Zuchtgärten wiederholt die ihm verfügbare Weltkollektion von über 25000 Weizenherkünften heran. Er prüfte auf der Suche nach Krankheitsresistenz Millionen von Pflanzen auch in anderen Leistungskriterien, machte Zehntausende von Kreuzungen, um wertbestimmende Gene zusammenzutragen.

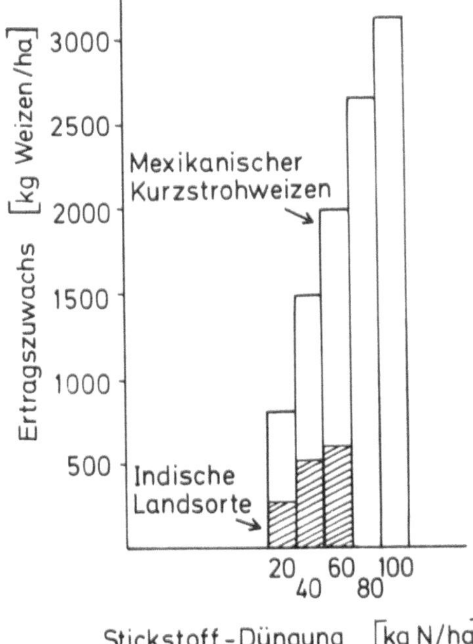

Fig. 1. Ertragszuwachs beim Weizen (Indien) durch steigende Stickstoffdüngung [11]

Kein anderes Pflanzenzüchtungsprogramm hatte bis dahin so intensiven Gebrauch von vorhandener genetischer Variabilität einer Kulturpflanze gemacht.

(c) Die Prüfung des Zuchtmaterials schließlich erfolgte unter der lokalen Gunst des hohen Krankheitsdrucks, teils auch unterstützt durch artifizielle Infektion, aber weitgehend ohne besonderen technischen oder gar wissenschaftlichen Aufwand. Zwar wurden in den ersten Generationen die Zuchtgartenparzellen bewässert, um das Überleben der Versuchspflanzen zu garantieren und ihre Leistungsfähigkeit unter möglichst optimalen Bedingungen beobachten zu können. Danach aber wurden die ausgelesenen Weizenstämme auch unter den üblichen Anbaubedingungen bäuerlicher Äcker an weltweit getrennten Versuchsorten eingehend auf ihre Leistungsfähigkeit geprüft.

An der raschen Einführung der kurzstrohigen Intensivweizen in die landwirtschaftliche Praxis vieler Entwicklungsländer Lateinamerikas, des Nahen und Mittleren Ostens oder Afrikas ist viel Kritik geübt worden [9, 11, 23]. Aber man darf die Vorteile nicht unterschätzen, die die „high-yielding varieties" (HYV) jenen Ländern brachten [19]: Steigerung der Kornerträge in wenigen Jahren auf das Doppelte und mehr; Steigerung – und das war wohl noch wichtiger – auch der Wertschätzung und des Vertrauens der Öffentlichkeit in die Möglichkeiten der eigenen landwirtschaftlichen Erzeugung. Aber die Umwälzungen, die mit dem Saatgut in die Landwirtschaft hineingetragen wurden, waren trotz aller Vorbereitung und Beratungskampagnen in diesen Ländern nicht befriedigend zu bewältigen, ja nicht einmal voll vorhersehbar: die plötzliche Nachfrage nach großen Düngermengen (Fig. 1), nach funktionierender Bewässerung, die für die volle Leistung dieser Kurzstrohweizen notwendig wurden; das Auftreten epidemischer Krankheitsgefährdung durch Pathogene, die bisher im Gleichgewicht heterogener Populationen ihre Vermehrungsgrenzen gefunden hatten; die Zurückdrängung einheimischer Landsorten mit ihrer genetischen Vielgestaltigkeit als Basis weiteren Züchtungsfortschritts; die Vernachlässigung nationaler Züchtungsprogramme mit bodenständigem Material [16] zugunsten einer Wallfahrt einheimischen Züchternachwuchses nach Obregón und Toluca in Mexiko. – Die Umschichtungen auch der landwirtschaftlichen Produktion insgesamt: die Vermehrung des Getreideanbaues zu Lasten der für die Nahrung der Armen unentbehrlichen, eiweißreichen Körnerleguminosen; die zunehmende Abhängigkeit von modernen Transportmöglichkeiten, um die Erntemengen sachgerecht vermarkten zu können. – Die Umschichtungen schließlich bis in die soziale Ebene hinein: die Kündigung von Pachtverträgen mit kleinen, bis dahin selbständigen Landnehmern durch Grundbesitzer, für die die steigenden Gewinnchancen eine eigene Landbewirtschaftung wieder attraktiv machten. – Wen wundert dieser Ablauf eines Geschehens, das man mit „Revolution" bezeichnete?

Tabelle 1. Jährliche Leistungen der Getreideerzeugung in den 16 wichtigsten Entwicklungsländern [10]

Getreide	Fläche			Ertrag			Erzeugung		
	1961–65 [Mio ha]	1972–74 [Mio ha]	Diff. [%]	1961–65 [kg/ha]	1972–74 [kg/ha]	Diff. [%]	1961–65 [Mio t]	1972–74 [Mio t]	Diff. [%]
Reis	85	92	8	1626	1866	15	138	172	25
Weizen	50	62	24	973	1198	23	49	74	49
Mais	45	54	20	1136	1264	11	51	69	35
Sorghum	33	35	6	643	759	18	21	26	24
Gerste	17	16	6	937	1057	13	16	17	6
Insgesamt	230	259	13	–	–	–	275	358	30

Die Grenzen des Züchtungserfolges kannte der Züchter Borlaug selbst am besten [3]. Das zeigen seine intensiven Bemühungen zur genetischen Verbreiterung der ersten Intensivsorten, z.B. durch Einbeziehung adaptierter Lokalsorten, zum Einbau der notwendigen Krankheitsresistenzen oder zur Qualitätsverbesserung. Sie führten schon wenige Jahre später zu z.T. ganz neuen Ansätzen. Aber der erste Anstoß war der entscheidende gewesen; er hatte die Möglichkeiten und Folgen einer konsequenten „Industrialisierung" der Landwirtschaft unmißverständlich erkennen lassen.

Allerdings muß hinzugefügt werden, daß Borlaug und die Tätigkeit seiner mexikanisch-amerikanischen Institution, der CIMMYT, die „Grüne Revolution" nicht allein auf den Weg brachten. 1959 gründeten die Rockefeller- und die Ford-Stiftung in Los Baños auf den Philippinen ein Internationales Reis-Forschungsinstitut, dessen Zuchtprodukte, insbesondere die berühmte Intensivsorte IR-8, ähnliches Aufsehen wie Borlaugs Kurzstrohweizen erregten [9]. Weitere Zentren folgten; heute gibt es 9 große Entwicklungsinstitute in aller Welt und für die verschiedensten Kulturarten [14, 28]. Der finanzielle Aufwand (1975 rd. 45 Mio $), aber auch der sachliche Fortschritt in der landwirtschaftlichen Forschung für die Länder der Dritten Welt ist erheblich. Ist damit nun gegen eine weltweite Ernährungskatastrophe genügend vorgesorgt?

Weizen, Mais und Gerste bestreiten 60% der Getreideerzeugung der Welt; zugleich decken diese drei Kulturarten die Hälfte des Kalorien- und Proteinbedarfs in den armen Ländern Asiens, Afrikas und Lateinamerikas. In den letzten 10 Jahren stieg die Getreideproduktion in den 16 wichtigsten Entwicklungsländern nach den Berichten der FAO von 275 auf 358 Mio t, d.h. um rd. 30% (Tabelle 1). Das entspricht ziemlich genau dem Bevölkerungszuwachs dieser Länder. Jedoch resultierte die Hälfte des Anstiegs (rd. 13%) aus einer vermehrten Benutzung von Land für Getreideanbau, das anderen Fruchtarten wie den Leguminosen, aber auch dem Weideland oder dem Wald entzogen wurde. Die Ertragssteigerungen selbst blieben weit hinter dem Populationswachstum zurück: Keine der Hauptgetreidearten erreichte 30% Zuwachs, Weizen lag mit 23% noch an der Spitze. Mehr als die Hälfte der Entwicklungsländer benötigte um 1975 höhere Nettoimporte an Getreide als eine Dekade zuvor. Es bedarf keiner besonderen Prophetie, um den Trend für die kommenden 10 Jahre vorauszusagen. Zusätzliches Getreideland kann in den wenigsten Ländern erschlossen werden. Überdies fanden die neuen Intensivsorten zuerst Eingang in Gebiete mit besseren Böden, angemessener Wasserversorgung, entwickelter Verkehrslage und wohl auch geschulteren Landwirten. Man wird also für 30% mehr Menschen in den nächsten 10 Jahren die notwendige 30%ige Produktionssteigerung vornehmlich durch anbautechnische Verbesserungen unter schlechteren Voraussetzungen erreichen müssen.

Landwirtschaftliche Ertragsexplosion in den Industrieländern

Wenn man die Agrarproduktion der Industrieländer nach Ertragsniveau und -anstieg in den letzten Jahrzehnten den Verhältnissen in den Entwicklungsländern gegenüberstellt, zeigt sich, daß man hier mit weit besserem Grund von einer „Grünen Revolution" sprechen könnte (vgl. z.B. Fig. 2). Den Anteil, den die Pflanzenzüchtung zu den enormen Ertragssteigerungen beitrug, kann man aus einem Leistungsvergleich alter und neuer Sorten unter gleichen Anbaubedingungen abschätzen: Er liegt bei etwa 25% [24]. Den Rest bringen bessere Bodenbearbeitung, technisch vollkommenere Aussaat, angemessenere Düngungsverfahren, effektivere Krankheits- und Unkrautbekämpfung oder schlagkräftigere Erntetechniken, um nur einige entscheidende Faktoren moderner Landbewirtschaftung zu nennen.

Seit Mitscherlich ist das Gesetz vom abnehmenden Ertragszuwachs bekannt. Wann wird durch die Kunst

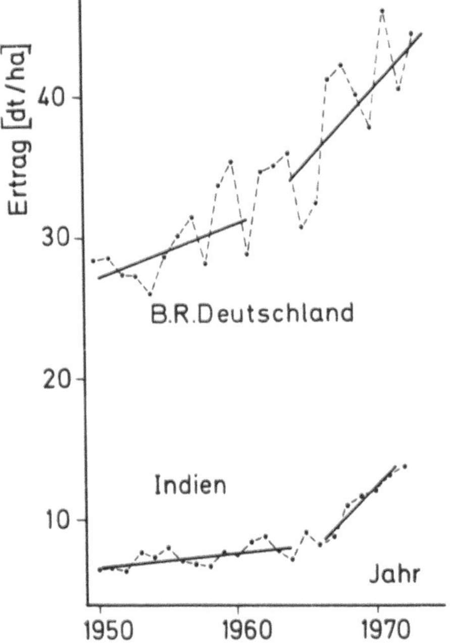

Fig. 2. Entwicklung der Weizenerträge in den letzten 25 Jahren [2, 11]

von Züchtung und Pflanzenbau das genetische Reservoir bzw. die physiologische Potenz der Kulturpflanzen ausgeschöpft sein? Alle bisherigen Schätzungen, beispielsweise die Voraussagen der FAO über die Entwicklung der Agrarerzeugung in den Industrieländern, haben sich immer wieder als falsch, d.h. als zu niedrig erwiesen [5]. Allein in der Pflanzenzüchtung scheint das Arsenal der Möglichkeiten noch unübersehbar groß zu sein.

Pflanzenzüchtung ist heute bereits eine recht ausgefeilte Technik. Das erfordert schon das Produkt, die neue Sorte, die ein Komplex aus oft gegenläufigen Merkmalen ist, keineswegs nur bestimmt durch die Ertragshöhe, d.h. Anzahl oder Gewicht der genutzten Teile: der Samen, Wurzeln, Blätter oder Stengel, sondern vor allem durch Eigenschaften, die die Sicherheit des hohen Ertrages Jahr für Jahr gewährleisten: Stand- und Auswuchsfestigkeit, Winter- und Dürretoleranz, Nährstoffaneignungsvermögen oder Resistenz gegen Pilzkrankheiten und tierische Schädlinge. Auch soll das Erntegut die erwünschte Qualität haben: Vollkörnigkeit, Unversehrtheit, Schmackhaftigkeit, Verarbeitungseignung u.a.; es soll nicht zuletzt Nährstoff-, Vitamin- oder Mineralstoffreichtum sowie Schadstoffreiheit aufweisen. Oft wünscht man, daß die Ware auch noch ansprechend aussieht. Und das alles muß nicht nur erfaßt und geprüft, auf dem Felde, in der Isolierkabine, im chemischen Laboratorium gemessen und verfolgt werden. Es muß in einer Sorte genetisch zusammengetragen werden, weil ein einziger Mangel den ganzen Nutzen in Frage stellen könnte. Was nützte eine virusresistente, ertragreiche Kartoffelsorte, deren Knollen nicht schmecken, was der beste Brotweizen, der jeden zweiten Winter ausfriert, was ein Raps, dessen Öl die Margarineindustrie ablehnt, weil es Erucasäure enthält? Nur am Rande sei vermerkt, daß der Züchter die Wünsche der Anbauer, des Marktes und der Konsumenten schon 15 Jahre im voraus wissen soll, weil es meistens so lange dauert, bis ein Zuchtgang abgeschlossen und eine fertige Sorte angebaut werden kann.

Pflanzenzüchtung als experimentelle Evolution

In diesem Zusammenhang ist es von besonderer Bedeutung, daß die komplexe, langfristige Pflanzenzüchtung im Grundsatz seit 100 Jahren mit den gleichen Verfahren arbeitet: der Herstellung eines genetischen Ausgangsmaterials und der dem Zuchtziel entsprechenden Auslese. Erfolgreiche Auslese setzt die Vielfalt, das Vorhandensein der erwünschten Genotypen voraus. Aber gerade die genetische Mannigfaltigkeit wird durch die fortwährende Auslese des Züchters eingeschränkt. Gleichzeitig droht heute durch Zerstörung natürlicher Ökosysteme manchen Ländern eine erschreckende biologische Verarmung [12]. Um die unentbehrlichen genetischen Ressourcen für den weiteren Züchtungsfortschritt zu sammeln und zu erhalten, wurde daher in den letzten Jahren ein internationales Netzwerk von Genbanken aufgebaut, dessen Tätigkeit die Pflanzenzüchtung schon heute erheblich unterstützen kann [14].

Züchtung ist in ihrem Wesen aber nicht konservierend. Sie ist progressive, gezielte Evolution. Diese machte aus Wildpflanzen zunächst Kulturformen. Sie zieht nach wie vor von den gleichen Faktoren Nutzen, die auch die natürliche Evolution treiben, nämlich Isolation und Selektion, Mutation und Rekombination. Isolation vermag genetische Populationen zu differenzieren, Selektion aus ihnen Kränkliches auszumerzen oder Überlegenes zu fördern. Nur durch Mutationen aber entsteht wirklich Neues; und erst Rekombination ermöglicht, in komplexem Umfange ganze Gruppen von Genen zur besseren Kooperation zu vereinen. Die evolutionistische Wirksamkeit der 4 Evolutionsfaktoren nimmt also in der genannten Reihenfolge zu. Demgegenüber werden die Möglichkeiten ihrer züchterischen Beeinflußbarkeit in der gleichen Richtung geringer: Zur genetischen Isolation braucht man nur eine Papiertüte, zur Selektion heute schon einen Computer; die Auslösung von Mutationen geschieht bislang weitestgehend empirisch; und die Rekombination entzieht sich noch immer vollkommen der systematischen Beeinflussung. Somit steht die züchterische Manipulierbarkeit der 4 entscheidenden Vorgänge im umgekehrten Verhältnis zu ihrer genetischen Wirksamkeit. Was kann für den Züchter näher liegen als der Wunsch, das zu ändern, als das fortwährende Bemühen, die Fortschritte naturwissenschaftlicher Forschung daraufhin durchzusehen, ob und inwieweit sie Ansatzpunkte für neue Wege wirksamerer Einflußnahme auf Zuchtpopulationen liefern.

Selektion

Die Effektivität der Selektion ist im besonderen Maße durch den Umfang der Ausgangspopulation und die Vielzahl unverzichtbarer Zuchtziele begrenzt. Zwar wurden die üblichen Selektionsverfahren im letzten Jahrzehnt beispielsweise durch neue Saat- und Erntemaschinen für Parzellenversuche oder durch elektronische Auswertungsverfahren für die zahlreichen Einzelbeobachtungen am Zuchtmaterial schneller und wirksamer gemacht. Aber die Größenordnungen züchterischer Arbeit blieben im wesentlichen unverändert. Im Vergleich zu den Zahlen, die ein Bakteriengenetiker in einer Petrischale handhabt, ist der unleugbare Fortschritt der modernen Zuchtgartentechnik gering. Denn statt 1000 oder 100000 Individuen stehen in Mikrobenversuchen Milliarden zur Disposition. Seit wenigen Jahren aber eröffnen die rapiden Fortschritte der in-vitro-Kultur somatischer oder gametischer Pflanzenzellen auch für den Bereich höherer Pflanzen ähnliche Größenordnungen [15]. Über diese faszinierenden Entwicklungen wird an anderer Stelle ausführlich berichtet werden [18]. Daher sollen im folgenden nur die beiden anderen, Variabilität schaffenden Evolutionsfaktoren Mutation und Rekombination eingehender veranschaulicht werden.

Mutation

Mutationsforschung zielt auf eine gerichtete Mutagenese, auf Mutagene mit einer selektiven Einwirkung auf einzelne Loci. Zwar lassen gebräuchliche Mutagene bereits Unterschiede hinsichtlich des relativen Anteils der induzierten Mutationstypen, z.B. Basenaustausch, Rastermutationen oder Chromosomenaberrationen, erkennen. Aber eine gezielte Änderung bestimmter Gene ist bisher unbekannt. Zwei Möglichkeiten dazu zeichnen sich jedoch ab (Fig. 3):

Im ersten Falle versucht man, für die Mutagenese den Vorgang und Zeitpunkt der DNS-Replikation auszunutzen. Bestimmte Mutagene, z.B. das Basenanalogon 2-Aminopurin, müssen, um wirksam zu werden, in die DNS eingebaut werden. Repliziert sich der so neu gebildete DNS-Strang, so kann es aus sterischen Gründen an der Stelle, wo das Analogon sitzt, zu einem Basenaustausch kommen. Tatsächlich führte eine Kurzzeitbehandlung mit 2-Aminopurin bei Synchronkulturen von *E. coli* zur selektiven Mutationsauslösung in denjenigen Genen, die sich während der Mutagenbehandlung gerade verdoppelten [22]. Ähnliche Möglichkeiten ergeben sich mit chemischen Mutagenen wie Nitrosoguanidin, die vorzugsweise mit einsträngiger DNS reagieren und dementsprechend während der DNS-Replikation oder Transskription lokalisiert wirksam werden können [4, 13].

Das zweite Prinzip präferentieller Mutagenese beruht auf der Bindung des Mutagens an ein Trägermolekül, das mit dem Mutagen zusammen an einen bestimmten Genort angelagert werden kann. Brauchbare Trägermoleküle sind DNS-Kopien oder auch die spezifisch

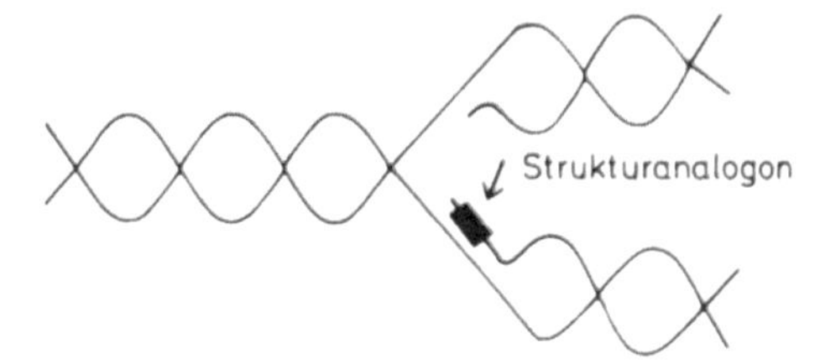

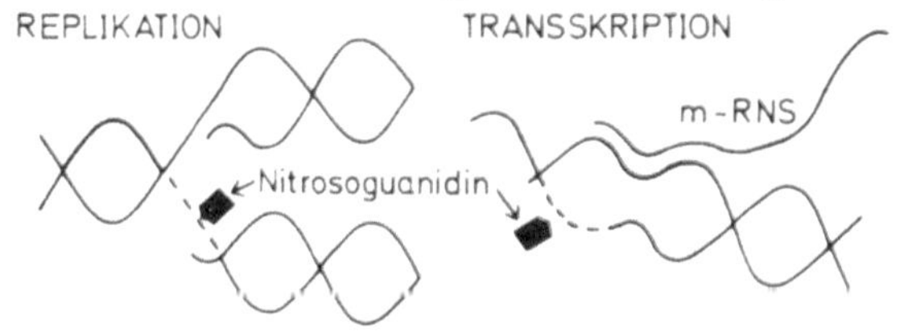

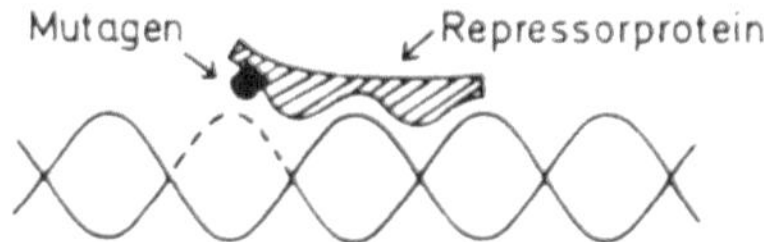

Fig. 3. Wege zu einer gerichteten Mutagenese

an DNS-Sequenzen bindenden Repressorproteine. Erste erfolgreiche Versuche liegen mit dem *Lac*-Repressor von *E. coli* vor [4]. Auch bei höheren Pflanzen ist die Verwendung solcher Mutagen-„carrier“ prinzipiell besonders aussichtsreich, zumal die Kenntnisse über Organisation, Replikation und Funktionsweise des Eukaryonten-Chromosoms beinahe täglich zunehmen.

Natürlich liegt es nahe, noch einen Schritt weiterzugehen und die Möglichkeiten einer direkten Einführung von erwünschten Genen in pflanzliche Zellen ins Auge zu fassen. Solche Formen der Informationsübertragung sind als Transformation und Transduktion bei Bakterien seit Jahrzehnten bekannt. Doch auch bei höheren Organismen mit Chromosomen und echtem Zellkern sind Transduktionsversuche in der letzten Zeit überraschend und für den Humangenetiker besorgniserregend erfolgreich gewesen. Bei Kulturpflanzen könnten sie immensen Nutzen bringen. Dazu ein Beispiel [6]:

In der Regel wird das Pflanzenwachstum durch den Stickstoffvorrat im Boden begrenzt. Nur Leguminosen können mit Hilfe verschiedener *Rhizobium*-Arten auch Luftstickstoff in organischen Verbindungen fixieren. In Australien wurde jedoch kürzlich ein *Rhizobium* entdeckt, das in den Wurzeln eines nicht zu den Leguminosen gehörenden Baumes lebt [27]. Das weckte die Hoffnung, daß man neue *Rhizobium*-Arten züchten könnte, die auch in Getreidewurzeln funktionieren und diese mit dem nötigen Stickstoff versorgen. In England versuchte man, durch Fusion von Weizen- mit Soja-Protoplasten in Zellkulturen neue Getreideformen zu entwickeln, in deren Wurzeln die Knöllchenbakterien der Leguminosen leben können [8]. Andere Forscher wollen das Gen, das den Knöllchenbakterien die Bindung von Luftstickstoff ermöglicht, direkt als DNS in das Weizen-Genom transduzieren [20]. Sicher ist zur Zeit allerdings nur, daß ein Erfolg solcher Arbeiten die Landwirtschaft der ganzen Welt erneut revolutionieren würde.

Rekombination

Der Züchter verwendet zur Genübertragung bis heute fast ausschließlich die Kreuzung und Auslese von Rekombinationsprodukten. Diese Neukombination elterlicher Eigenschaften in Nachkommen setzt eine reguläre Gametenbildung, d.h. Reduktionsteilung und hier insbesondere Chromosomenpaarung und Chiasmenbildung voraus. Oft ist zur Erreichung bestimmter Zuchtziele aber auch eine erfolgreiche Rekombination zwischen verschiedenen botanischen Spezies, z.B. zwischen Weizen und Roggen, erwünscht, um die Krankheitsresistenz des Roggens mit dem Ertragspotential oder Qualitätskriterien des Weizens zu verbinden. Bastarde zwischen Weizen und Roggen gelingen leicht; aber Paarung zwischen den Weizen- und Roggenchromosomen erfolgt in ihnen nicht. Somit kommt es auch nicht zur Rekombination, die allein es ermöglichen würde, aus beiden Elternformen nur die guten Eigenschaften in eine Sorte zu übernehmen. Beispielsweise gelang es (Fig. 4), die Gelbrost-Resistenz des Wildgrases *Aegilops comosa* durch Kreuzung in Weizen zu übertragen [21]. Der resistente Bastard enthielt außer dem vollständigen Satz von 42 Weizen-Chromosomen zusätzlich das resistenztragende *comosa*-Chromosom. Dies brachte aber außer der Resistenz auch noch Wildgraseigenschaften mit; überdies ging es in folgenden Kernteilungen häufig verloren. Daher mußte man versuchen, das resistenztragende Segment aus dem *Aegilops*-Chromosom auszuschneiden und an ein Weizenchromosom anzuhängen. Eine solche Aufgabe wurde früher wiederholt durch Röntgenbestrahlung und Auslese von Translokationen gelöst. Wirksamer wäre es, wenn man dazu das natürliche Crossing-over-Geschehen heranziehen könnte. Nun weiß man lange, daß der Saatweizen evolutionistisch ein hexaploider Bastard ist, der aus 3 verschiedenen Elternarten von jedem Chromosom 6 gleichartige Kopien enthält. Die daraus zu erwartende Mehrfachpaarung zwischen den 6 homoeologen Chromosomen wird im Weizen durch ein Gensystem unterdrückt, das auf dem Chromosom 5B lokalisiert ist. Man kann diese Paarungssuppression aber durch Ausschaltung des Chromosoms 5B, z.B. durch Verwendung von 5B-Nullisomen oder durch Blockade seiner Wirkung in Bastarden mit *Aegilops speltoides*, aufheben. Das führte beim Weizen-*Aegilops*-Bastard dazu, daß nun auch das resistenztragende *comosa*-Chromosom mit Weizenchromosomen paarte. Mit dieser experimentellen Erhöhung der Rekombinationsrate gelang es, die Gelbrostresistenz wie erwünscht in ein Weizenchromosom einzubauen. Es entstand ein normaler Weizen, der als resistente, leistungsfähige Sorte unter dem Namen „Compair" in die Landwirtschaft Eingang fand.

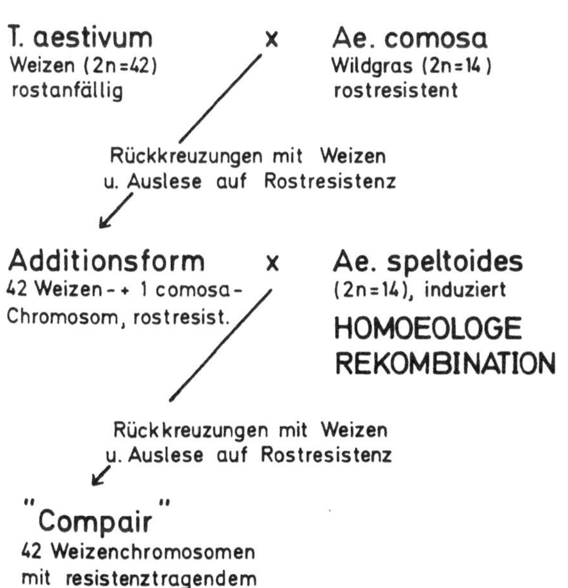

Fig. 4. Übertragung der Gelbrost-Resistenz von *Aegilops comosa* auf Weizen [21]

Auch bei intraspezifischen Bastarden würde eine derartige experimentelle Kontrolle des Rekombinationsgeschehens außerordentliche Vorteile bringen. Bislang beschränkten sich die meisten derartigen Versuche aus technischen Gründen auf den Weizen. Hier kennt man inzwischen die verschiedensten rekombinationshemmenden oder -fördernden Gensysteme. Einige sind deutlich temperaturabhängig und z.B. bei 12 °C nicht wirksam. Andere scheinen nur die Rekombination und nicht die Paarung zu beeinflussen. Ob solche Entwicklungen genetischer Grundlagenforschung die hergebrachten Methoden der Pflanzenzüchtung revolutionieren und Wesentliches aus dem Zuchtgarten ins Labor verlegen werden, bleibt abzuwarten. Aber der Fortschritt in der Angewandten Genetik für die Pflanzenzüchtung ist noch keineswegs zu Ende.

Physiologische Grenzen des Wachstums

Bisher war nur von Genetik, d.h. von der Regulation physiologischer Vorgänge die Rede. Aber muß nicht bei Getreideernten von 100 dt/ha oder bei einer Erzeugung von über 80 dt Zucker vom Hektar Zuckerrüben die Stoffproduktion selbst bald an physiologische Grenzen stoßen? Man kann dieses Maximum durch Fortschreibung der bekannten Einflußgrößen errechnen. Beim Weizen kam man auf solche Weise noch vor 15 Jahren bei wenig mehr als den genannten 100 dt/ha an. Dieser Ertrag wird heute bereits erreicht, ja in Versuchen sogar überschritten. Jetzt rechnen die Experten mit 150 oder auch 200 dt Kornmasse vom Hektar. Das erstaunt um so mehr, als man inzwischen weiß, daß für diese ungeheuere Syntheseleistung, die in knapp 14 Tagen während der Haupt-Kornfüllungsphase geleistet wird, überwiegend nur das oberste, das Fahnenblatt der Weizenpflanze und die grünen Teile der Ähre verantwortlich sind [25]. Wir kennen sortenabhängige Unterschiede in der Kapazität der Stoffeinlagerung in das Speichergewebe des Samens sowohl quantitativ als auch qualitativ. Aber nirgends scheint die Syntheseleistung, z.B. die primäre Photosynthese oder auch die Aminosäuresynthese als Vorstufe der Proteineinlagerung in das Endosperm, schon am Ende zu sein. Erst vor wenigen Jahren hat man überdies vor allem bei tropischen Gräsern ganz neue, zusätzliche Mechanismen der CO_2-Fixierung entdecken können (sogen. C_4-Pflanzen; vgl. [1]); deren Übernahme könnte grundsätzlich auch die Substanzproduktion anderer Pflanzenarten wesentlich erhöhen. Somit sind die physiologischen Leistungen unserer wichtigsten Kulturpflanzen noch in erheblichem Maße steigerungsfähig. Offenbar ist zum Ertragsfortschritt in erster Linie nur Züchtung nötig, die die genetische Regulation aller Einzelschritte zunehmend besser aufeinander abstimmt.

Die Grüne Zukunft

Neue Sorten waren für die Entwicklungsländer der Anstoß zur „Grünen Revolution". Aber man hatte den Anteil unterschätzt, den die Gesamtheit der agrarischen Technologien zur Realisation züchterischer Fortschritte beiträgt. In den Industrieländern Europas haben sich diese pflanzenbaulichen und betriebswirtschaftlichen Bedingungen mit den Sorten gleichzeitig und fortlaufend mitentwickelt. Hier steht heute die Landwirtschaft anderen Wirtschaftsbereichen an Produktivität, Kapitalintensität und Mechanisierung nicht mehr nach. Einst der traditionsgebundenste Zweig, gehört die Landwirtschaft heute zu den am meisten „industrialisierten" Sektoren der Volkswirtschaft [26].

Das genetische Potential und die physiologischen Reserven der landwirtschaftlichen Produktion sind somit entgegen den Prognosen des „Club of Rome" [17] auf längere Sicht prinzipiell nicht begrenzend. Im Gegenteil sieht G. Thiede [26] die „Grüne Zukunft" Europas gerade wegen der „Ertragsexplosion" überschattet von volkswirtschaftlich kostspieligen Überschüssen, von der Notwendigkeit zur Einschränkung der Ackerflächen und vom Zwang zur Regionalisierung der Agrarproduktion. Die organisatorische Bewältigung des landwirtschaftlichen Fortschritts ist in Europa keineswegs weniger problematisch als in den Entwicklungsländern. In beiden Fällen gilt, daß höhere Kaufkraft satt macht. Deshalb wird in den Entwicklungsländern weiter gehungert werden! Deshalb wird man in USA und Europa die pflanzlichen Grundnahrungsmittel zunehmend durch tierische Veredelungswirtschaft einschmelzen müssen; denn die Verbrauchsreserven für pflanzliche Nahrungsmittel sind hier erschöpft. Die „Grüne Zukunft" ist kein landwirtschaftliches Problem. Niemals zuvor in der Geschichte war die Menschheit mit solchen Aussichten einer Überfülle an Nahrung gesegnet. Niemals zuvor aber war auch die Chance, sie zu nutzen, so verwundbar durch launische Reaktionen menschlichen Verhaltens und politischer Institutionen.

1. Black, C.C.: Ann. Rev. Plant Physiol. *24*, 253 (1973)
2. BML-Statist. Jahrb., Berlin 1975
3. Borlaug, N.E.: Mankind and Civilization at Another Crossroad. McDougall Mem. Lect., FAO-Rome 1971
4. Brock, R.D.: Mut. Res. *11*, 181 (1971)
5. Bunnies, H.: Getreideproduktion 1980. Agrarmarktstudien 15. Hamburg 1973
6. Cannon, F.C., Dixon, R.A., Postgate, J.R.: J. gen. Microbiol. *93*, 111 (1976)
7. Cimmyt-Review 1976. El Batan, Mex.
8. Cocking, E.C.: Nature *244*, 59 (1973)
9. FAO: Introduction and Effects of High-Yielding Varieties of Rice in the Philippines. Rome 1971
10. FAO-Production Yearbook, Rome 1974
11. FAO: Introduction and Effects of High-Yielding Varieties of Cereals in India. Rome 1975
12. Frankel, O.H., Hawkes, J.G. (Eds.): Crop Genetic Resources for Today and Tomorrow. Int. Biol. Progr. 2. Cambridge 1975
13. Guerola, N., Ingraham, J.L., Cerda-Olmedo, E.: Nature New Biol. *30*, 122 (1971)
14. Hondelmann, W.H.J.: Umschau *74*, 605 (1974)
15. Kasha, K.J. (Ed.): Haploids in Higher Plants. Proc. Int. Symp. Guelph 1974
16. Kuckuck, H.: Naturwiss. Rdsch. *27*, 267 (1974)
17. Meadows, D.: Die Grenzen des Wachstums. Stuttgart 1972
18. Melchers, G.: Naturwissenschaften *64*, 184 (1977)
19. Plarre, W.: Fortschr. Pflanzenzücht. 2, Berlin 1971
20. Postgate, J.: Nature *256*, 363 (1975)
21. Riley, R., Chapman, V., Johnson, R.: Genet. Res. *12*, 199 (1968)
22. Ryan, F., Cetrullo, S.: Biochem. Biophys. Res. Commun. *12*, 445 (1963)
23. Schütte, R.: Diss. Landw. Fak. Univ. Göttingen 1972
24. Scheibe, A.: Landw.-Angew. Wiss. (AID) *111* (1961)
25. Stoy, V.: Angew. Bot. *47*, 17 (1973)
26. Thiede, G.: Europas Grüne Zukunft. Düsseldorf 1975
27. Trinick, M.J.: Nature *244*, 459 (1973)
28. Wade, N.: Science *188*, 585 (1975)

Eingegangen am 18. Oktober 1976

Kombination somatischer und konventioneller Genetik für die Pflanzenzüchtung

Georg Melchers*

Max-Planck-Institut für Biologie, Tübingen

Advances in somatic genetics for some years with higher plants as well have made it possible to complement conventional plant breeding by the acceleration of breeding through recombination of growing plants directly out of the products of meiosis (e.g. "anther culture"); the application of haploid cells for mutation and selection; somatic hybridization by fusion of protoplasts, transfer of organelles or isolated genetic material.

Auch wenn Pflanzenzüchtung wie jede menschliche Technik nicht nur positive Folgen hat, kann man nicht auf sie verzichten. Man kann auch nicht auf die Chemotherapie und insbesondere nicht auf die Antibiotica verzichten, obwohl deren Erfolg eine der Hauptursachen der Bevölkerungsexplosion ist. Das schnelle Wachstum der Bevölkerung der Erde ist offenbar die größte Umweltgefährdung, die der Mensch bisher überhaupt hervorgerufen hat, und Ursache für viele andere. Pflanzenzüchtung ist eine der schon jetzt bewährten Waffen im Kampf gegen den Hunger der zu schnell wachsenden Weltbevölkerung. Sie ist eine auf bestimmte Ziele, „Zuchtziele", unter denen die Ertragssteigerung an erster Stelle steht, gerichtete, seit der Steinzeit betriebene Technik. Bei weitem das meiste leistete sie in den Tausenden von Jahren ihrer Existenz auf reine Empirie gestellt. Die Wissenschaften und vor allem die Genetik helfen der Pflanzenzüchtung erst seit noch nicht einem vollen Jahrhundert. Es gibt prinzipiell keine schwerwiegenden Gründe dagegen, den hohen Ertrag bei optimaler Düngung und Bewässerung mit anderen wünschenswerten Merkmalen, etwa Anpassung an spezielle Klimabedingungen, Krankheitsresistenz, Verarbeitungs- und Geschmacksqualitäten, zu verbinden und so der Kritik an der „grünen Revolution" mit den Methoden der Züchtung selbst zu begegnen.

Es gibt *prinzipiell* keine schwerwiegenden Gründe gegen die erfolgreiche Anpassung der Pflanzenzüchtung an differenzierte Aufgaben. Praktisch gibt es allerdings solche Gründe. Einer der wichtigsten ist die zu geringe Wertschätzung, die allen Agrarwissenschaften in unserem Wissenschaftssystem entgegengebracht wird. Auf Physik, Chemie, Humanphysiologie aufgebaute Techniken genießen größeres Ansehen, werden finanziell mehr gefördert und ziehen vor allem mehr hochbegabte Studenten an. Bewußtes Eingreifen, wissenschaftspolitisches Handeln haben die Rokkefeller- und Ford-Foundation durch ihre große finanzielle Stützung von Pflanzenzuchtprogrammen für alle Zeiten berühmt gemacht [10]. Der gute Wille und die Normaletats von Instituten für Planzenzüchtung an den Universitäten allein und nicht einmal das Gewinnstreben unserer Kapitalgesellschaften, die wir als Motoren unseres Fortschritts in der Technik so hoch einschätzen, schafften die Voraussetzungen für einen Fortschritt von der Größenordnung der „grünen Revolution". Daß für die Mineraldüngerkonzerne die Kurzstrohgetreide mit ihrer Festigkeit gegen Überdüngung und -bewässerung ein erstrebenswertes Zuchtziel waren, ist verständlich. Aber dennoch kamen aus ihren Versuchsgütern die großen Fortschritte nicht. Die Investitionen an Kapital und Intelligenz, und diese sind nicht völlig unabhängig voneinander, waren zu klein. Die hier viele Jahre aufgewendeten Mittel waren, weil zu klein, verschwendet. Diese Art der Verschwendung wird nicht nur bei auf Gewinn arbeitenden Privatunternehmen, sondern auch in öffentlichen Haushalten für Forschungsförderung getrieben, von Rechnungsprüfern aller Art aber nur selten gerügt.

Konventionelle Methoden der Pflanzenzüchtung sind die reine Auslese aus heterogenem Material, die Kombination von Merkmalen verschiedener Ausgangssip-

* Nach einem Vortrag, gehalten aus Anlaß der 109. Versammlung der Gesellschaft Deutscher Naturforscher und Ärzte von 19. bis 23.9.1976 in Stuttgart

pen, die Ausnutzung der Heterosis von Hybriden, die Verwendung von Mutationen im weitesten Sinne, und schließlich denkt man für die Zukunft auch an die Hybridisierung entfernter verwandter Pflanzen. Inkonventionelle, noch wenig oder gar nicht angewandte Methoden stehen 1. für die Kombinationszüchtung, 2. für die Mutationszüchtung und 3. vielleicht durch die somatische Hybridisierung für entferntere Kreuzungen zur Verfügung. Pflanzenzüchtung mit konventionellen Methoden ist nicht nur nicht am Ende, sondern hat vor allem bei großzügiger Investition, mit intelligenten Organisatoren, bei enger Zusammenarbeit mit Biochemikern und Pflanzenpathologen, vor allem aber durch das Herausstellen und die wirtschaftliche Belohnung von bisher vernachlässigten Zuchtzielen auch über den Massenertrag hinaus noch eine große Zukunft vor sich. Hier sollen die biologischen Grundlagen der drei inkonventionellen Wege aufgezeigt und untersucht werden, welche Hoffnungen wir uns bei ihrer Anwendung machen können.

Abkürzung der Zeit für Kombinationszüchtung

Die genetische Grundlage für die Kombinationszüchtung ist prinzipiell einfach. Wenn man aber ihre inkonventionelle Ergänzung und deren Reichweite verstehen will, muß man sich zunächst der konventionellen erinnern. Alle Gene, die auf verschiedenen Chromosomen der Kreuzungseltern liegen, können in der Enkel(F_2)-Generation nach Mendel neu kombiniert gefunden werden, durch Chromosomen- und damit durch Koppelungsbruch aber auch auf demselben Chromosom gelegene. Die von R. v. Sengbusch [54] entdeckten, alkaloidfreien (dd) „Süßlupinen" hatten leicht platzende, die Samen verlierende Hülsen (JJ). Er stellte einen Hybriden mit der bitteren, alkaloidhaltigen (DD) Sorte mit platzfesten (ii) Hülsen her. Diese F_1-Hybriden (DdJi), die Kinder der Kreuzungseltern, sind bitter und haben platzende Hülsen.

Wie das Schema (Fig. 1) zeigt, finden sich in der Enkelgeneration (F_2) die erwünschten Süßen mit nicht platzenden Hülsen im Verhältnis 1:15. Selbst wenn die Kombination von sehr viel mehr rezessiven Genen zur Erreichung des Zuchtziels notwendig ist (sind es 3, so findet man schon nurmehr 1 in 64 Pflanzen usw.), so ist die Aufgabe prinzipiell einfach, und vor allem ist sicher, daß die Neukombination in weiteren Generationen mit der zunächst aufgefundenen Pflanze in den Merkmalen des Zuchtziels identisch bleibt, „samenecht" ist. Selbst wenn man für jede Generation ein Jahr braucht, hat man seine Neuzüchtung am Ende des dritten. Anders sieht die Sache aus, wenn das Zuchtziel nur oder teilweise durch

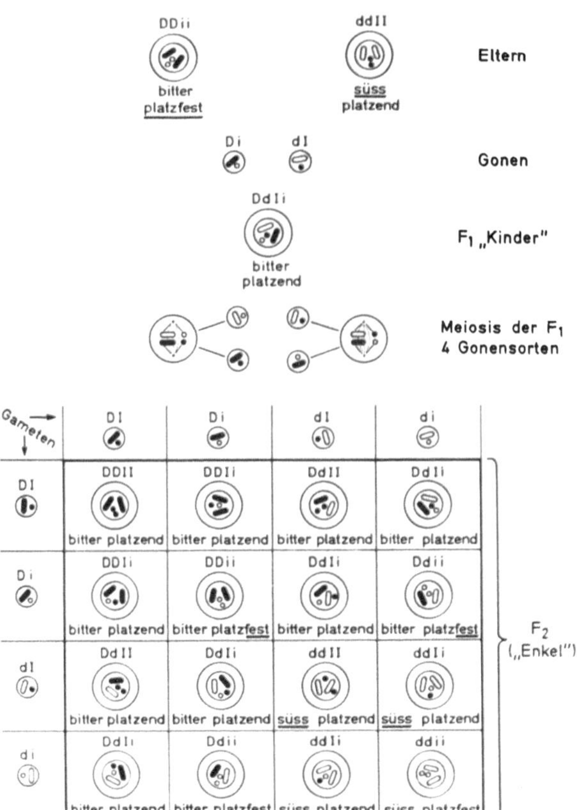

Fig. 1. Schema einer einfachen Kombinationszüchtung, in dem das Zuchtziel, alkaloidfreie „süße" Lupinen mit platzfesten Hülsen, aus bitter platzfest × süß platzend geschaffen wurde, einfach, sicher und vor allem endgültig erreichbar, weil die Kombination doppelt rezessive Erbanlagen erfordert. Würde das Gegenteil, alkaloidhaltig mit platzenden Hülsen, angestrebt, ist die *Merkmals*-Kombination zwar schon in der F_1 erreicht. In F_2 ist aber nur 1 von den 9 phänotypisch gleichen homozygot („samenecht"). Haploide, aus den Gonen stammende Pflanzen, die alkaloidhaltig sind und platzende Hülsen haben, gibt es einmal in den nur 4 Möglichkeiten. Daraus z.B. mit Colchicin diploid gemachte Pflanzen sind homozygot doppelt dominant samenecht (nach [54])

Kombination von dominanten Allelen verschiedener Gene zu erreichen ist. Die Kinder (F_1) der Kreuzungseltern repräsentieren dann möglicherweise in ihren Merkmalen („phänotypisch") schon das Zuchtziel, wie das in unserem Beispiel der Fall ist, wenn wir alkaloidhaltige Pflanzen mit platzenden Hülsen züchten wollten. – Die Methode der „Hybridzüchtung" beruht sogar darauf: Man stellt solche heterozygote F_1 immer wieder zum Verkauf und Anbau her. – In der Enkelgeneration sind nur wenige samenechte („homozygote") Neukombinationen vorhanden (Fig. 1). Phänotypisch unterscheiden sich diese nicht oder, wenn es sich um quantitativ abgestufte Merkmalsunterschiede handeln würde, etwa um „Ertrag", nicht deutlich genug von den vielen nicht samenechten Kombinationen.

Nach dem Schema, das die genetischen Konstitutionen der „haploiden“[1] „Gametophyten“ und „Gameten“ und der diploiden F_2-Individuen angibt, wäre eine Kombinationszüchtung, auch wenn die Kombination dominanter Gene das Ziel ist, einfacher, wenn die Merkmale der Gametophyten und Gameten interessierten, z.B. die Farbe der Pollenkörner. Aber Süße, Platzfestigkeit, Ertrag sind Merkmale nicht des haploiden Gametophyten, sondern des diploiden „Sporophyten“. Wenn direkt aus dem männlichen Gametophyten durch „Andro“- oder dem weiblichen durch „Parthenogenese“ ohne Befruchtung Pflanzen erzeugt werden könnten, wäre Kombinationszüchtung erheblich vereinfacht.

Dieser Weg ist durch die Entdeckung von S. Guha und S.C. Mahewari seit 1964/66 [19, 20] prinzipiell eröffnet und für einige Pflanzenarten seitdem gangbar. Sie kultivierten aseptisch aus den Pflanzen entnommene isolierte Organe auf einem Nährmedium, das Zucker, die üblichen Salze und einige Vitamine und Hormone enthielt. In den Staubbeuteln („Antheren“) entwickelten sich nach der Meiosis gebildete „Gonen“[2] aber nicht, wie an der Pflanze üblich, zu den Pollenkörnern (den Gametophyten homolog), sondern zu Embryonen, den jungen Sporophyten („Antherenkultur“). Diese Embryonen und die daraus entstehenden Pflanzen haben den einfachen Chromosomensatz, sind haploid und müssen, wenn sie nicht für andere Zwecke als Haploide, z.B. in Mutationsversuchen, verwendet werden sollen, künstlich diploid gemacht werden. Vielfach erfolgt die Diploidisierung spontan, was für den Pflanzenzüchter von Vorteil ist.

Pflanzen, bei denen durch die Antherenkultur in kurzer Zeit beliebig viele Individuen direkt aus den Gonen erzeugt werden können, sind leider nicht häufig. Einige Nachtschattengewächse (Solanaceen), auch der Tabak, gehören dazu. Tabakzüchtung heute noch konventionell zu machen, wenn es sich um komplizierte Zuchtziele handelt, ist Zeit- und daher Geldverschwendung. Dennoch wurde nur je eine japanische und chinesische Tabaksorte mit der seit 10 Jahren bekannten Methode gezüchtet [14, 45]. Die Kombination bestimmter Eigenschaften der Blätter (Qualitätsmerkmale) wurde mit der Resistenz gegen eine Bakterienkrankheit in 2 Jahren erreicht. Konventionell hätte man nach Ansicht der japanischen Kollegen 6 Jahre gebraucht.

Bei vielen Pflanzen haben die für Stechapfel, Tabak und einige andere Pflanzen erfolgreichen Methoden der Antherenkultur bisher keine oder quantitativ nicht ausreichende Erfolge erzielt. Die Anzahl der für eine komplizierte Kombinationszüchtung notwendigen Individuen ist bei Verwendung von Produkten der Meiosis zwar erheblich vermindert, wie man in Erweiterung des Schemas Fig. 1 auf komplizierte Fälle leicht einsieht, es werden aber doch viele Embryonen und „Pflanzen aus Gonen“ für komplizierte Kombinationen benötigt. Der Quotient Erfolg/Aufwand wird ungünstig, wenn man nur hier und da eine Pflanze aus Tausenden mühselig aseptisch gewonnener und steril in komplizierte Nährmedien gelegter Antheren erhält. Es ist daher eine der z.Z. wichtigsten Aufgaben für eine gezielte Projektforschung, für die großen Kulturpflanzen Bedingungen zu finden, unter denen die bisher spärlichen Ergebnisse erheblich verbessert werden können. Das ist nur in einem wohlorganisierten, diesem Projekt gewidmeten Forschungsbetrieb möglich. Es sind nicht nur der Zahl nach prinzipiell unbegrenzte Variationen der Nährmedien zu testen, sondern man hat, wie die bisherigen Erfahrungen zeigen, besonders die Anzuchtbedingungen der Pflanzen, Beleuchtungsqualität, -intensität und -dauer, Bewässerung, Temperatur und die Auswahl der Organe der Pflanzen zu berücksichtigen. Es ist daher verständlich, daß man in China gute Erfolge hat. Dort sind Institute am Werk, in denen je etwa 100 Wissenschaftler und Techniker an diesen Fragen arbeiten. Es soll etwa 200 Gruppen verschiedener Größe im ganzen Lande geben. Wenn man mir in China auch nicht beweisen konnte, daß beim Reis ein wichtiges Zuchtziel, die Standfestigkeit des berühmten „JR8“ der Philippinen mit der frühen Reifezeit einer chinesischen Sorte zu kombinieren, nicht auch mit konventionellen Methoden hätte erreicht werden können, wenn ich auch keinen eindeutigen Beweis dafür gesehen habe, daß die aus Antherenkultur gewonnene neue Reissorte die schnellste und ertragreichste überhaupt ist, kurzes Stroh und frühe Reife waren eindeutig im Vergleich mit anderen Parzellen auf dem Versuchsfeld der Volkskommune „Roter Stern“ an der neuen Sorte zu erkennen.

Im Max-Planck-Institut für Pflanzengenetik in Ladenburg wurden drei Projektgruppen für 5 Jahre unter den Leitern Dr. Hoffmann, Dr. Thomas und Dr. Wenzel eingerichtet, die beim Roggen, der als Fremdbefruchter besondere Schwierigkeiten für die Züchtung bietet, versuchen festzustellen, ob mit vertretbarem Aufwand die Haploidzüchtung anwendbar ist. Trotz erheblicher Fortschritte dieser Arbeiten in der letzten Zeit unter Verwendung der chinesischen, am Reis erprobten Nährmedien kann man im Augenblick noch nicht sagen, ob der notwendige Aufwand für einen privaten Pflanzenzüchter vertretbar ist. Bei Züchtung von Tabak und Bilsenkraut, Stechapfel oder Tollkirsche für die Gewinnung von Alkaloiddrogen ist die

[1] ἁπλοῦς = einfach und nicht etwa „halb“

[2] Seit Renner [49] bezeichnet man so die 4 direkt aus der Reifeteilung (Meiosis) entstehenden Zellen unabhängig davon, ob sie zu männlichen Mikro- oder weiblichen Makrosporen werden

Haploidzüchtung schon jetzt konventionellen Methoden überlegen, wenn die Zeit zur Erreichung eines Zuchtziels als wichtiger Faktor angesehen wird.

Von besonderer Bedeutung ist der Zeitfaktor in der Resistenzzüchtung gegen Pflanzenkrankheiten. Virulenzmutanten der Erreger machen oft schon erreichte Resistenz gegen bisher vorhandene Rassen des Erregers zunichte. Im niemals endenden Kampf des Züchters gegen die Virulenzmutanten ist jeder Zeitgewinn von Wichtigkeit.

Daß Haploide nicht nur durch eine Androgenese aus Antherenkultur, sondern auch bei Befruchtung der Eizelle ohne Entwicklung des Eikerns [34] oder des Eikerns ohne Beteiligung des Spermakerns (Parthenogenese) z.B. nach Bestäubung mit fremdem oder geschädigtem Pollen und „spontan“ zustandekommen, ist schon länger bekannt [9, 16, 24, 25, 31]. Es gibt ähnlich wie bei Maus-Menschen-Hybridzellen auch bei Pflanzen Fälle, in denen zunächst ein Hybridkern entsteht, der sich auch teilt, dann aber im Verlauf weiterer Teilungen das eine Genom eliminiert wird und so schließlich ein haploider Embryo entsteht [27]. Obwohl die auf diese Weise gewonnenen Haploiden klein an Zahl sind im Vergleich zu solchen aus Antherenkultur beim Tabak und anderen Solanaceen, haben sie doch heute schon Bedeutung in der Pflanzenzüchtung. Das gilt ganz besonders für die aus Kultur-Kartoffeln erzeugten haploiden (besser „dihaploiden“, weil die Kulturkartoffelsorten schon tetraploid sind) Stämme, welche möglicherweise dazu führen, daß Kartoffeln in Zukunft nicht mehr vegetativ durch Knollen, sondern durch Samen vermehrt werden. Das würde den durch Viren bedingten „Abbau“ zum Verschwinden bringen und viel besser gezielte Kombinationszüchtung ermöglichen.

Einige der die Welternten mitbestimmenden Maishybridsorten der amerikanischen Firma DeKalb enthalten als diploid homozygote Partner Stämme, die auf haploide Linien zurückgehen, die S.S. Chase ausgewählt hatte. Ob in diesen noch verhältnismäßig seltenen Fällen die Benutzung von im Mittel mit etwa 1‰ auftretenden Haploiden auch zeitlich einen eindeutigen Vorteil gegenüber durch vielfache Rückkreuzung geschaffenen Inzuchtlinien bringt, ist nicht leicht abzuschätzen. Kritiker sind der Meinung, es komme weniger auf das Produzieren neuer Linien für die Hybridzüchtung an als darauf, die vorhandenen auszutesten. Chase sagt abschließend: "When the problem of developing large numbers of haploids and derivative homozygous diploid sporophytes, dependably, at low cost from species of economic interest is solved through the controlled culture of sporophytes from microspore and gametophyte initials, the tremendous leverage of the haploid method of breeding diploids and autopolyploids and amphipolyploids will overcome the reluctance of plant breeders to utilize this powerful tool. It is, however, my opinion that the method will be most successful in practice if those who are masters of the haploid technique are also masters of plant breeding" [9].

Mutation und Selektion in mikrobiologischem Maßstab

Hier brauchen wir die Haploiden nur in geringer Zahl, wenn sie nur vegetativ vermehrt werden können, also z.B. durch Stecklinge. Es ist schwer zu verstehen, warum sich die Pflanzenzüchtung und vornehmlich die Mutationszüchtung, die z.B. Krankheitsresistenz als Ziel hat, solcher Haploiden nicht schon längst bedient. Einrichtungen von Strahlenquellen für Mutationsauslösung existieren an vielen Stellen, z.B. um die Atomforschungsinstitute herum. Sie werden bis heute nur selten sinnvoll in der Pflanzenzüchtung angewendet. Einige Haploide, die vegetativ vermehrbar sind, existieren von fast allen großen Kulturpflanzen. Durch den ganzen Pflanzenkörper verbreitete („systemische“), nicht tödliche Krankheiten sind massenhaft bekannt. Ein mutagenisiertes Versuchsfeld mit haploiden Pflanzen, das mit einer solchen Krankheit infiziert ist, braucht nur von Zeit zu Zeit auf gesunde, resistente Pflanzenteile durchmustert zu werden. Es ist richtig, man erhöht so auch die Mutationsrate der Virulenzgene des Krankheitserregers. Um so wertvoller sind dann etwaige voll-resistente Pflanzenteile.

Wenn wir aber sogar imstande sind, massenhaft Zellen aus solchen Haploiden zu machen, wenn wir diese kultivieren können wie Mikroorganismen als Suspensionen in Nährlösungen oder in Agarplatten, wenn wir diese Kulturen wieder zu Pflanzen machen können, dann haben wir in den Lebenslauf einer Pflanze eine Phase eingeschaltet, in der wir mit den erprobten Methoden der Mikrobengenetik Mutation und Selektion in Größenordnungen von Einheiten (Zellen, kleinen Zellgruppen, etwas größere Zellhaufen mit Sprossen und Blättchen) ausführen können, die dem Pflanzengenetiker sonst kaum erreichbar sind [57] (s. Fig. 2). Die Haploidie bringt den Vorteil, daß alle Mutationen sogleich effektiv sind, auch dann, was meistens der Fall ist, wenn sie gegenüber dem nicht mutierten Allel rezessiv sind. Wenn es nicht vorhanden ist, kann das dominante Allel das rezessive nicht an seiner Ausprägung hindern. Konventionell werden Mutationszüchtungsversuche so gemacht, daß z.B. Samen, aber auch Pollenkörner, dem Mutagen ausgesetzt werden. Die nach der Behandlung heranwachsende Pflanze kann nur etwaige dominante Mutationen zeigen, im Falle der Samenbehandlung ist vielleicht nur ein Sektor der Pflanze mutiert. Erst in den Nachkommen der behandelten Pflanze treten mit ca.

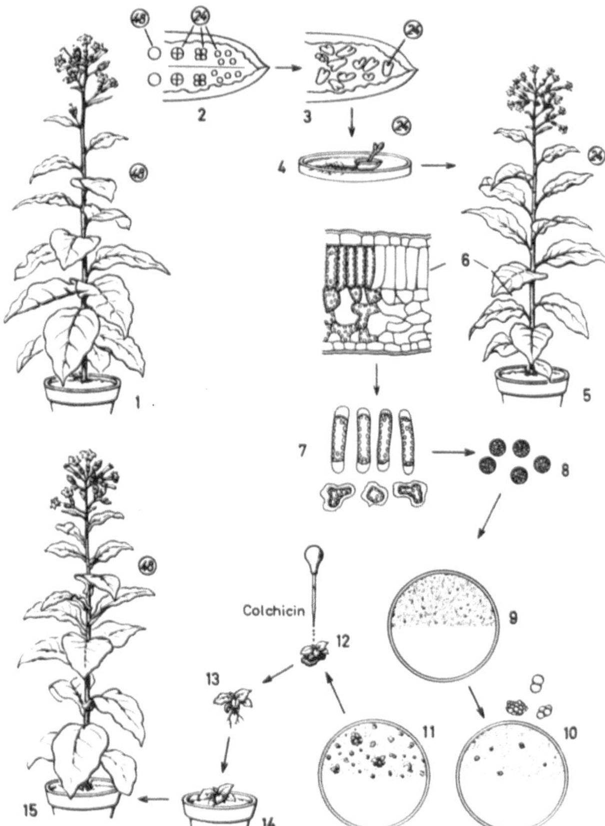

Fig. 2. Schematische Darstellung der Einfügung einer mikrobiologischen Arbeitsphase in die Pflanzenzüchtung. Verbindung konventionell sexueller mit somatischer Genetik. *1* Tabak, 48 Chromosomen; *2* Inneres der Anthere: Reifeteilung (Meiosis), die zu „haploiden " Gonen, 24 Chromosomen, führt; *3* Embryoide in der Anthere; *4* aus der Anthere auswachsendes haploides Pflänzchen; *5* haploide Pflanze; *6* Blattquerschnitt mit oberer und unterer Epidermis und dem aus Palisaden- (oben) und Schwamm-Parenchym bestehenden Mesophyll; *7* Isolierung von Mesophyllzellen mit Pectinasen; *8* Entfernung der Zellwand durch Cellulasen: nackte Zellen („Protoplasten"); *9* „Plattieren" der Protoplasten nach Mutagenese chemisch (eventuell schon im Blatt durch Strahlung) in ein Medium mit einem Toxin oder unter anderen selektiven Bedingungen; *10* nur die resistenten Zellen oder kleinen Kolonien (Kalli) teilen sich und *11* regenerieren Pläņzchen; *12* diese werden mit Colchicin wieder diploid gemacht; *13*, *14*, *15* die wieder diploide Pflanze, die veränderte Merkmale hat, deren genetische Begründung (z.B. im Kern oder im Plastom) durch Kreuzungsanalyse getestet werden kann (nach [67])

25% die Rezessiven auf, d.h. man sollte *mindestens* 20 Nachkommen von jeder aus dem behandelten Samen stammenden Pflanze anbauen, wenn man die Rezessiven mit guter Chance finden will. Beschränkt man sich auf Keimlinge (z.B. der Gerste), dann kann man etwa 1000 Pflanzen/m^2 anbauen, d.h. also von 50 Pflanzen aus behandeltem Samen prüfen, ob sie eine rezessive Mutation enthielten oder nicht.

Wenn man weiß, daß bestimmte, nicht irgendwelche Mutationen mit Raten zwischen 10^{-6} und 10^{-9} auftreten, dann sieht man sofort, wie wenig effizient die Mutationszüchtung an höheren Pflanzen mit konventionellen Methoden sein muß. Um nur 10^6 Samen auf eine rezessive Mutation zu testen, braucht man 20000 m^2 in Beetchen mit je 20 Pflanzen aufgeteilt, für 10^9 20000000 m^2. Pflanzenzellen in Petrischalen lassen sich leicht zu $10^7/m^2$ kultivieren. Wenn man mit haploiden Zellen arbeitet, sie mit einem Mutagen behandelt und das Nährmedium z.B. mit dem Toxin eines Pilzes oder Bakteriums oder mit hohem Kochsalzgehalt oder mit einem Unkrautvertilgungsmittel versetzt oder sie in tiefen oder hohen Temperaturen hält, so ist die Aussicht, die resistente Mutante auf gleicher Fläche mit gleichem Zeit- und geringerem Arbeitsaufwand zu finden, hunderttausend bis eine Million mal erhöht. Man begegnet manchmal dem Einwand, daß viele Resistenzen der Pflanzen, z.B. gegen Pilze oder Bakterien, gar nicht Resistenz gegen ein vom Erreger produziertes Toxin ist, sondern etwa darin besteht, daß das Eindringen behindert ist, oder in einer Überempfindlichkeitsreaktion, welche die systemische Ausbreitung im Pflanzenkörper verhindert. Niemand behauptet, daß man mit Selektionsmethoden auf der zellphysiologischen Ebene alle Arten von Resistenzen erfassen kann. Bei der Lösung vieler Züchtungsprobleme wird diese Methode aber brauchbar sein.

Aus der Pilz- und Bakteriengenetik können Methoden in die Mutationszüchtung übernommen werden, an die man bei Anwendung konventioneller Mutationszüchtung kaum denken konnte. Da ist z.B. die Resistenz gegen Aminosäuren-Analoge, die mit einer Vermehrung der normalen Aminosäure im Zellstoffwechsel verbunden zu sein pflegt. Ob die Erhöhung des Gehalts an einer Aminosäure auch zu einer Anreicherung dieser Aminosäure im Protein des Speicherorgans einer Pflanze führt oder ob andere Stoffwechselwege stärker beschritten werden, wenn der Vorrat einer bestimmten Aminosäure heraufgesetzt ist, kann nicht vorausgesagt, aber studiert werden. Es wird von Fall zu Fall verschieden sein, welche Folgen die erhöhte oder gesenkte Produktion eines Biosynthese-Zwischenprodukts hat. Für die Züchtung ist von besonderem Interesse, Mutanten mit verschiedenen Abänderungen der Biosynthesewege miteinander zu kombinieren. Für die Ernährung des Menschen essentielle Aminosäuren können auf diese Weise wahrscheinlich gezielt erhöht werden. Carlson, Dearing und Floyd [7] behandelten dihaploide Tabakzellen mit einem Chemomutagen und selektierten gegen das Methionin-Analoge Methioninsulfoximin. Die so gewonnenen Pflanzen hatten einen erhöhten Methioningehalt im Blatt.

Somatische Hybridisierung

Zellen von Tieren und Menschen fusionieren nicht nur „spontan“ und vor allem unter dem Einfluß von Viren in Geschwüren und Tumoren im Körper, sie können auch schon seit Beginn der 60er Jahre in Kulturen planvoll fusioniert werden [21]. Die somatische Hybridisierung von Tier- und Menschenzellen hat für Genphysiologie, Tumorforschung, Humangenetik, Immunologie, um nur einige Gebiete zu nennen, wichtige Einsichten vermittelt. Basale Funktionen, z.B. Chromosomenteilung, werden selbst bei Hybridzellen von Mensch und Pflanze für möglich gehalten. Aufzucht („Regeneration“) von Tieren oder Menschen oder gar von Monstern zwischen Tier und Mensch, Pflanze und Mensch [15] aus somatisch hybridisierten Zellen ist nicht beschrieben.

Immerhin ist das Einfügen von Zellen aus Kulturen, auch von solchen aus Ascites-Tumorgewebe, in die normale Entwicklung eines Säugetiers möglich [26, 44]. Es ist damit prinzipiell auch möglich, somatisch hybridisierte Zellen an der Entwicklung eines Säugetiers teilnehmen zu lassen. Bei niederen Pflanzen, z.B. den Myxomyceten, gehört somatische Fusion zu häufigen Vorkommnissen.

Bei höheren Pflanzen ist somatische Hybridisierung lange Zeit angestrebt worden. H. Winkler widmete seinen Versuchen, Tomate (*Solanum lycopersicum*) und schwarzen Nachtschatten (*S. nigrum*) somatisch zu hybridisieren, „Burdonen“ (=Maulesel) zu erzeugen, 30 Jahre intensiver experimenteller Arbeit [61–64]. Er fand die Periklinalchimären *Solanum tubingense, S. koelreuterianum* usw., bei denen Gewebe von verschiedenen Arten in einem Pflanzenkörper zusammengefügt, aber keine Zellen fusioniert waren. Die letzte Hoffnung, wenigstens eine Burdonenzellschicht gefunden zu haben, wurde durch eine gründliche karyologische Untersuchung dieser Zellen durch seinen Schüler Brabec [5] zerstört.

Durch Jahre ging der Streit um die sog. vegetative Hybridisierung, die vor allem immer wieder von sich selbst „fortschrittlich“ titulierenden Biologen ausging ([18], aber [4]). Während Winkler als mögliche Ursache der somatischen Hybridisierung Zell- und Kernverschmelzung an der Pfropfstelle annahm, suchten die „fortschrittlichen Biologen“ die Ursache für eine vegetative Hybridisierung, auf Chromosomen- und Mendel-Genetik verzichtend, mit der Ideologie des dialektischen Materialismus zu begründen. Neuerdings liegen wieder Berichte über Ergebnisse von Pfropfversuchen vor, die auch genetische Effekte nach Pfropfung beschreiben [46, 47] und sicherlich keine Zell- und Kernfusion zum Ausgangspunkt haben. Es bleibt abzuwarten, wie man die Befunde, falls sie reproduzierbar sind, verstehen kann. Physiologische, die genetische Information unberührt lassende Einflüsse zwischen Pfropfpartnern sind seit genau 40 Jahren wohlbekannt [6, 32, 35], wenn auch nicht in allen Einzelheiten verstanden, vor allem nicht, wenn die Beeinflussung des einen durch den anderen Partner eine Nachwirkung zeigt [33, 40].

Die somatische Hybridisierung von Pflanzenzellen ist erst seit wenigen Jahren bekannt. Voraussetzung dafür ist die Herstellung lebensfähiger nackter, wandloser Zellen („Protoplasten“). Sie ist seit Beginn der 60er Jahre möglich [11, 12, 56, 58]. Im Gegensatz zu Tierzellen sind die Pflanzenzellen, trotz Vorhandenseins fester Wände zwischen ihnen, meistens über die Plasmodesmen im normalen Gewebe „fusioniert“. Bei der vorsichtigen enzymatischen Auflösung der Zellwände bleiben die Plasmodesmen manchmal erhalten, und dann fusionieren die noch miteinander verbundenen Protoplasten vollständig. Diese sog. spontane Fusion, eigentlich das Erhalten schon bestehender Fusion, ist für eine angestrebte somatische Hybridisierung ohne Interesse.

Frisch präparierte Protoplasten haben eine negative Oberflächenladung. Sie können schon aus diesem Grunde nicht fusionieren. Durch Mono- und Polykationen kann diese Ladung neutralisiert werden (Nagata, unpubl.). Plasmareiche embryonale Zellen scheinen auch unter dem Einfluß von Monokationen, z.B. $NaNO_3$, zu fusionieren [48]. Bei ausdifferenzierten, stark vakuolisierten Mesophyllzellen, z.B. des Tabaks, wurden Fusionen weder mit $NaNO_3$ noch mit $MgCl_2$ beobachtet. Dagegen fusionierten bei 37 °C Protoplasten von diesen Zellen, die den Vorteil recht großer genotypischer und phänotypischer Homogenität haben, mit ausreichender Häufigkeit in einer Lösung mit 0,05 *M* Ca^{2+}, pH 10,5, deren osmotischer Druck auf 0,4 *M* Mannit herabgesetzt war (Fig. 3) [30]. Starke Aggregation von Protoplasten entsteht auch in einer viskosen Lösung von Polyäthylenglykol (PEG) [28, 59]. PEG, das z.Z. in Fusionsversuchen, nun auch bei Tier- und Menschenzellen, am meisten angewendet wird, scheint die karyologischen Verhältnisse der Zellen zu beeinflussen. Smith, Kao, Combatti [55] erhielten keine Hybriden zwischen *N. glauca* und *N. langsdorffii* mit normaler Chromosomenzahl. Auch bei Anwendung von Ca^{2+} in alkalischer Reaktion finden sich unter den Hybriden, die aus Fusionen entstanden, Pflanzen mit triploiden und tetraploiden Chromosomenzahlen. Die Mehrheit der Pflanzen ist aber karyologisch normal [43]. Neuerdings glauben wir, in synthetischen Phospholipiden verträgliche Fusionsmittel gefunden zu haben (Nagata, Eibl, Melchers, unpubl.). Die Arbeit mit Pflanzenzellen befindet sich also jetzt in derselben Lage wie die mit Tierzellen, seit man mit abgetötetem Sendaivirus Fusionen erzeugen kann [21]. Wir hoffen

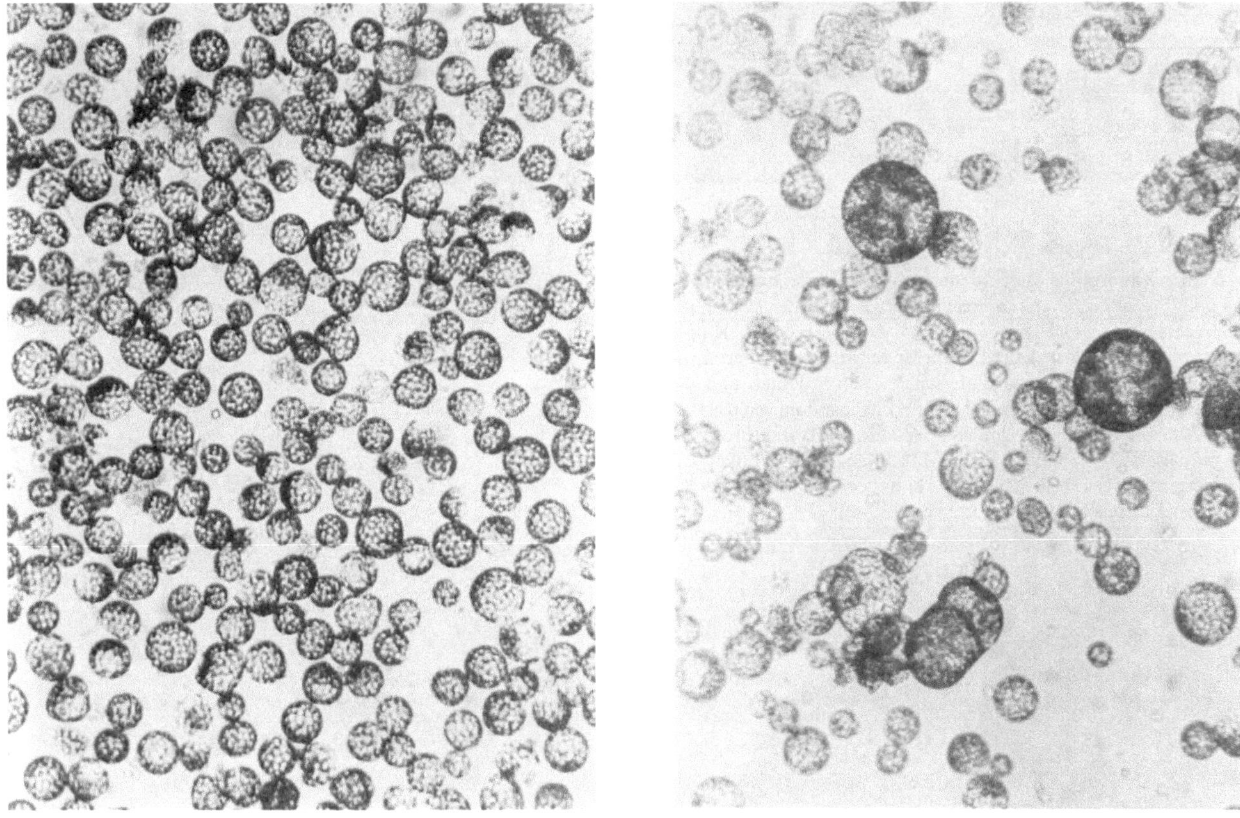

Fig. 3. Fusion von Protoplasten der Mesophyllzellen des Tabaks. (a) Protoplasten nach der enzymatischen Beseitigung der Zellwand. (b) Protoplasten nach Behandlung mit einer Lösung von 0,05 *M* $CaCl_2$. Reduktion des osmotischen Werts von 0,7 *M* auf 0,4 *M* Mannit in pH = 10,5 bei 37 °C (aus [30])

darüber hinaus, die negative Oberflächenladung der Protoplasten mit Phospholipiden nicht nur neutralisieren, sondern in eine positive umwandeln und so eine „sekundäre künstliche Sexualität" herstellen zu können, die gezielte Fusion zwischen zwei Partnern erleichtern würde.

Seit Takebe, Labib und Melchers [57], auf die Methode der mikrobiologischen Kultur von Pflanzenzellen [1–3] zurückgreifend, aus isolierten Protoplasten wieder ganze Pflanzen aufziehen konnten, ist nun etwas auch bei höheren Pflanzen möglich geworden, was die Genetik an Pilzen schon seit eh und je ausgezeichnet hat und was mit Tierzellen allenfalls dadurch möglich ist, daß man sie in eine normale Entwicklung einschleust (s.o.), nämlich somatische mit konventionell sexueller Genetik am gleichen Objekt zu verbinden.

Ich habe unsere eigenen [41] und die von Carlson [8] veröffentlichten Versuche mehrfach kritisch diskutiert [37–39]. Vernünftig war bei diesen ersten Versuchen 1. Objekte zu wählen, die auch sexuell kreuzbar sind und 2. einen Selektions- oder mindestens Erkennungsfaktor für die Hybriden schon im Kallusstadium zu besitzen. Bis heute ist ungeklärt, ob bei Winklers Versuchen mit *S. lycopersicum* und *S. nigrum* nicht etwa Zellfusionen zustandekamen, die Genome für eine weitere Entwicklung aber möglicherweise nicht kompatibel sind. Die Frage, in welchem Stadium der Entwicklung sich eine Inkompatibilität zwischen zwei fremden Genomen auswirkt, ist entscheidend für die Beurteilung der Reichweite der Bedeutung somatischer Hybridisierung für die Pflanzenzüchtung. Sicherlich ist nicht zutreffend, daß Inkompatibilität ausschließlich oder auch nur vorwiegend den eigentlichen Befruchtungsvorgang verhindert. Diese Meinung scheint weit verbreitet zu sein und verleitet Kollegen, die Zellhybriden zwischen entfernt verwandten Pflanzen hergestellt haben, zu optimistischen Prognosen [29]. Es sind aber jetzt schon Fälle bekannt, in denen eine Fusion der Gameten, eventuell sogar ein Anfang der Entwicklung zum Embryo beginnt, ein keimfähiger Same aber nicht ausgebildet wird [36, 66]. Die Hybridpflanzen können auch später sterben [22, 23]. Aus der Tatsache, daß ähnlich wie bei Tieren Zellhybriden von sehr weit entfernt verwandten Pflanzen möglich sind, kann nicht geschlos-

Fig. 4. Zwei Chlorophyll-defekte, lichtsensitive Varietäten des Tabaks und ihre zu „normal“ komplementierten Hybriden. Von links nach rechts *ss*, $(s \times v)$ F_1, $(v \times s)$ F_1, *vv* nach 6 Wochen Kultur unter normalen Gewächshaus-Lichtbedingungen im Winter. Zwischen $(s \times v)$ und $(v \times s)$ kein Unterschied, was bedeutet, daß die Chlorophylldefekte durch Kerngene, nicht im Plastidom vererbt werden. – Um aus *ss*- und dihaploiden *s*-, *vv*- und *v*-Pflanzen Protoplasten präparieren zu können, werden die Pflanzen in geringer Beleuchtungsstärke (ca. 800 – 1000 lux) bei hoher Temperatur (28 °C) und hoher Luftfeuchtigkeit angezogen (aus [42])

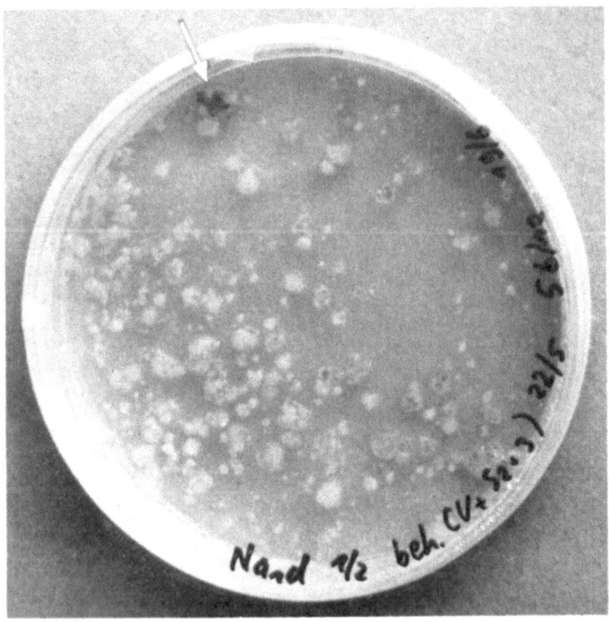

Fig. 5. Petrischale mit Kalluskulturen, die nach einem Fusionsversuch mit *s*- und *v*-Mesophyllprotoplasten herangezogen waren. Sie sind nun selektiven Bedingungen ausgesetzt (hohe Lichtintensität, reduzierte organische Komponenten im Nährmedium, Kultur in einer der Oberfläche nahen Schicht), und deswegen bleichen die *v*-, $v+v$-, *s*-, $s+s$- usw.-Kalli hellgrün gelblich, während der einzige Hybridkallus $(v+s)$ dunkelgrün wurde und mit der Morphogenese beginnt (aus [42])

sen werden, daß auch Pflanzen aus solchen Zellen regeneriert werden können. Bisher existieren somatisch durch Fusion von Protoplasten zustandegekommene Hybridpflanzen von zwei Lebermoosrassen [53], *Nicotiana-tabacum*-Varietäten [17, 42, 43], *Nicotiana*-Arten (*N. glauca* + *N. langsdorffii* [55], *N. tabacum* + *N. silvestris* [68]) und *Petunia*-Arten [13]. Wenn man davon absieht, daß die von uns z.T. verwendeten

Fig. 6. Identität des sexuellen Hybriden $(v \times s)$ F_1, links, mit dem somatischen $(v+s)$ F_1, rechts. Das gilt natürlich nur für die Hybriden mit 48 Chromosomen. Die mit abweichenden Chromosomenzahlen unterscheiden sich morphologisch von dem idealen, mit dem sexuellen Hybriden identischen und sind nur teilfertil bis vollkommen steril (aus [42])

dihaploid gemachten Tabakrassen steril und daher direkt nicht kreuzbar sind, sind alle bisher aus Fusion von Protoplasten entstandenen somatischen Hybriden auch sexuell herstellbar. Wenn man nicht von einer sehr hohen Fusionsrate (A + B) gegenüber nicht fusionierten Zellen A und B und Fusionen A + A, B + B und komplizierteren Fusionsprodukten ausgehen kann, muß für die (A + B)-Fusionen gegenüber den anderen ein hoher Selektionsdruck in der Zell- oder Kalluskultur geschaffen werden. Wir verwenden mit gutem Erfolg rezessive Gene in den Kreuzungseltern, die Wachstum und/oder Entwicklung hemmen, im Hybriden aber zu normalem Verhalten komplementieren. In Figur 4 sind die beiden Chlorophyll-defekten, lichtsensitiven Tabakrassen *vv* und *ss* dargestellt, die im F_1-Hybriden $v \times s$ und $s \times v$ zu normaler Chlorophyllentwicklung und Lichtresistenz komplementiert sind. Figur 5 zeigt eine Petrischale mit Kalluskulturen, die aus Protoplasten nach einem Fusionsversuch mit dihaploiden *s*- und *v*-Protoplasten (je 24 Chromosomen) entstanden. Alle *v*-, $v+v$-, *s*-, $s+s$-Kalli sind

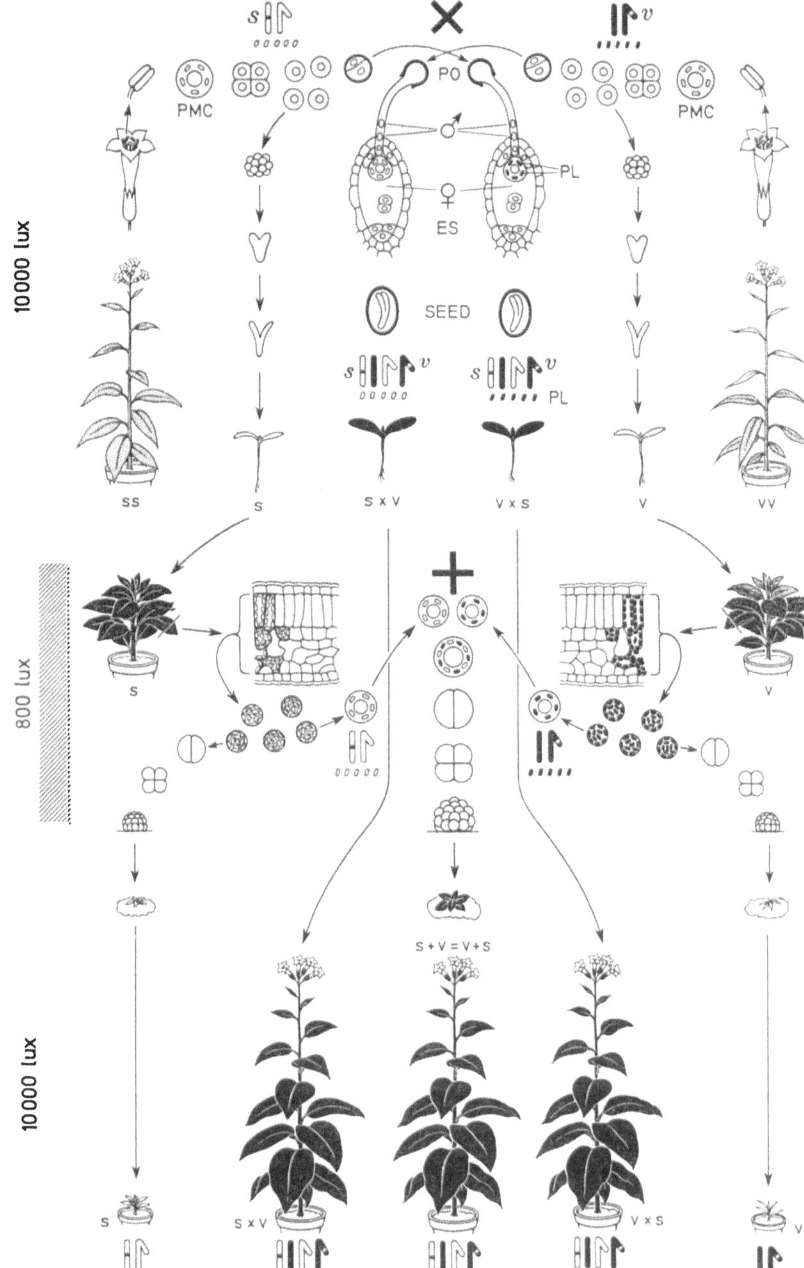

Fig. 7. Zusammenfassendes Schema der Experimente mit Chlorophyll-defizienten, lichtsensitiven Tabakvarietäten *ss* und *vv* = „diploid", *s* und *v*= „haploid". Die konventionell sexuelle Hybridisierung (×) wird mit der somatischen (+) verglichen. Die genetische Situation im Kern ist durch zwei Chromosomenpaare symbolisiert, das eine davon enthält das rezessive *s* und das andere das rezessive *v*. Die Situation in der Plastidengenetik (in diesem Falle ohne Einfluß, da *o* und *o* nicht verschieden sind) ist ebenfalls symbolisiert. Wir können – besonders bei Hybriden entfernt verwandter Pflanzen – interessante Unterschiede zwischen wahrscheinlich „reziprok verschiedenen" sexuellen und „gemischten" somatischen Hybriden erwarten. In diesem Schema sind wiedergegeben: 1. die Produktion von „Haploiden" nach [19, 20] (s. auch Fig. 2); 2. Kultivierung von Pflanzen der „haploiden Embryonen" in schwachem Licht (800 lux) zu mehr oder weniger grünen Pflanzen in der Klimakammer; 3. die Präparation von Protoplasten aus diesen Pflanzen; 4. die Fusion von Protoplasten von *s* und *v* und die Selektion in hoher Lichtintensität oder das langsame Wachstum und die blasse Farbe von Pflanzen aus den nicht hybridisierten Protoplasten bei 10000 lux. *PMC* Pollenmutterzelle, *PO* Pollen und Pollenschlauch (Mikrogametophyt), *ES* Embryosack, *PL* Plastiden oder Proplastiden (aus [42])

in hoher Beleuchtungsstärke (ca. 10000 lux) blaßgrün bis gelb. Eine Kultur ist dunkelgrün und zeigt beginnende Morphogenese. Sie erwies sich wie viele andere als ein somatischer Hybride $v+s$ mit 48 Chromosomen. Daß es sich nicht um eine Rückmutation von *v* oder *s* handelte, geht schon aus der Gestalt der Pflanze, die vollkommen mit dem sexuellen Hybriden $(v \times s)$ F_1 identisch ist (Fig. 6), hervor. Der Vergleich einer F_2 von $v \times s$ und $v+s$, bei der in beiden Fällen *v*- und *s*-Phänotypen gefunden werden, beweist die Hybridnatur unwiderleglich (Tabelle 1). Figur 7 faßt diese Versuche noch einmal übersichtlich zusammen. Auch die Artkreuzung *N. silvestris*+*N. tabacum* gelang leicht, weil wir auch von *N. silvestris* eine Chlorophyll-defekte, lichtsensitive Mutante für die Fusion mit *N. tabacum* „*s*" verwenden konnten. Bei Versu-

Tabelle 1. Nachkommenschaft des ersten somatischen Hybriden $(v+s)$ im Vergleich mit der eines sexuellen Hybriden $(v \times s)$. Die Existenz der Klassen „ähnlich *v*" und „ähnlich *s*" auch in der Nachkommenschaft von $(v+s)$ beweist definitiv, daß die normalgrüne, lichtresistente Pflanze nicht eine Rückmutante von *v* oder *s* sein kann

F_2	grün	hellgrün	ähnlich *v*	ähnlich *s*	tot
$(v+s)$	209	174	101	32	4
$(v \times s)$	108	77	64	20	5

chen, die sexuell nicht kreuzbaren Pflanzen *N. tabacum* und *Petunia hybrida* nach Fusion der Protoplasten zu Hybridpflanzen aufzuziehen, hatten wir dagegen bis heute keinen Erfolg. Hunderte von geprüften Kalli erwiesen sich nach Regeneration von Pflanzen immer entweder als Tabak oder Petunia. Einige Kalli, aus denen noch keine Pflanzen regeneriert werden konnten, haben von Tabak und Petunia abweichende Chromosomenzahlen. Die morphologischen Unterschiede der Chromosomen von Tabak und Petunia sind zu gering, als daß man – wie bei Soja und *N. glauca* [29] – daran Hybridkalli erkennen könnte.
Im Augenblick müssen wir feststellen, daß mit somatischer Hybridisierung durch Fusion von Protoplasten noch keine Pflanze entstand, die nicht auch durch konventionell sexuelle Kreuzung geschaffen werden konnte. Außerdem sollten wir uns daran erinnern, daß die sexuell hergestellten Weizen-Roggen-Bastarde („Triticale"), die seit Jahrzehnten existieren, allenfalls beginnen, für die Ernährung eine Rolle zu spielen. Es soll nicht behauptet werden, daß nicht hier und da die sexuelle Kreuzungsbarriere zwischen Arten durch somatische Hybridisierung überwunden werden kann. In diesem Augenblick den Erwartungshorizont der Züchter und derer, die sie finanzieren, zu weit zu spannen, ist aber nicht zu verantworten. Viel experimentelle Arbeit ist nötig, um die Reichweite dieser neuen Methode der Hybridisierung kennenzulernen.

Schlußfolgerungen und Ausblick

Alle drei hier vorgestellten inkonventionellen Methoden der Pflanzenzüchtung können erheblich verbessert werden. Sie sind im Begriff, auch ohne praktische Anwendung Einfluß auf die Grundlagenforschung zu gewinnen. 1. Die Kombinationszüchtung kann heute schon erheblich beschleunigt werden bei allen Pflanzen, bei denen mit nicht zu großem Aufwand aus den Produkten der Meiosis, den Gonen, direkt Pflanzen entwickelt werden können. Bei den für die Ernährung der Menschheit besonders wichtigen großen Kulturpflanzen ist durch planmäßige Projektforschung der Aufwand festzustellen und möglichst zu reduzieren. 2. Anwendung von Mutation und Selektion in haploiden Zellkulturen eröffnet der Pflanzenzüchtung neue, bisher unzugängliche Wege zur Resistenz- und Qualitätszüchtung. Daß sich auch der Pflanzenphysiologie und -biochemie dadurch neue Möglichkeiten bieten, wird immer mehr erkannt [60, 65]. 3. Es gibt nach nur 3jähriger Erfahrung noch zu wenige aus Fusion von Protoplasten entstandene somatische Hybridpflanzen, um heute schon über die Reichweite dieser Methode für die Pflanzenzüchtung viel sagen zu können. Die recht guten Fusionsmethoden lassen sich noch verbessern und sollten molekular besser verstanden werden. Wichtiger sind aber gute, mikrobiologisch automatisch wirkende Selektionsmethoden für die Hybridzellen und -gewebe. Rezessive Mutanten, die das Wachstum und/oder die Entwicklung hemmen, die aber im Hybriden zu normalem Verhalten komplementieren, sind die besten Hilfen für eine Selektion.
Daß nicht nur Fusion von ganzen Zellen, sondern auch Inkorporation von Zellorganellen zur Übertragung genetischer Information benutzt werden kann, soll nicht unerwähnt bleiben. Die mit viel Aufmerksamkeit von den „Medien" bedachten sog. Manipulationen der genetischen Information durch Übertragung von reiner DNA, die bisher publiziert wurden, können wohl weitgehend vergessen werden. Sie sind nicht reproduzierbar. Erst jetzt kommen Möglichkeiten herauf, durch gezielte Isolierung von bestimmten Genen entsprechenden DNA-Stücken, ihre Vermehrung („Klonierung") in Bakterien und anschließende Einführung in das Genom der Pflanzenzelle gezielte Änderung vorzunehmen („Genetic engineering"). Pflanzliche Protoplasten nehmen auch fremde genetische Information, z.B. in Gestalt von Virusnukleinsäure, auf [52]. Es gibt nur wenige phytopathogene DNA-Viren [51]. Möglicherweise lassen sie sich als Transportmittel in den Zellkern für ihnen angehängte Erbfaktoren benutzen.
Die Genetik mit höheren Pflanzen, die einmal die experimentelle Genetik überhaupt mit den Erbsen Mendels eröffnete, ist aus guten Gründen durch die Taufliege *Drosophila*, durch den Brotschimmel *Neurospora*, durch Bakterien und Viren für die Erarbeitung der Grundlagenkenntnisse zurückgedrängt worden. Für die Pflanzenzüchtung, deren Bedeutung für die Agrarproduktion der Welt unbestritten ist, sind noch nicht einmal die konventionellen genetischen Methoden voll genutzt. Die neuen Möglichkeiten, die erst seit wenigen Jahren durch einige auch deutsche Pionierarbeiten eröffnet wurden, nicht auf ihre Reichweite zu prüfen, ist schwer zu verantworten. Das erfordert selbstverständlich organisatorische Voraussetzungen und einige finanzielle Mittel. Die sind aber mit dem, was man etwa für Hochenergie-Physik, Astronomie mit Weltraumforschung ganz zu recht benötigt, nicht vergleichbar. Videant consules!

1. Bergmann, L.: Naturwissenschaften *46*, 20 (1959)
2. Bergmann, L.: Nature *184*, 648 (1959)
3. Bergmann, L.: J. Gen. Physiol. *43*, 841 (1960)
4. Böhme, H.: Z. Pflanzenzücht. *33*, 367 (1954)
5. Brabec, F.: Planta (Berl.) *44*, 562 (1954)
6. Cailahjan, M.K.: C.R. (Doklady) Acad. Sci. URSS N.S. *13*, 79 (1936)

7. Carlson, P.S., Dearing, R.D., Floyd, B.M., in: Genes, Enzymes and Populations (ed. A.M. Srb). New York: Plenum Press 1973
8. Carlson, P.S., Smith, H.H., Dearing, R.: Proc. Nat. Acad. Sci. (Wash.) *69*, 2292 (1972)
9. Chase, S.S.: Proc. 1. Int. Symp. Univ. of Guelph, p. 211 (1974)
10. Cimmyt-Review 1974
11. Cocking, E.C.: Nature *187*, 962 (1960)
12. Cocking, E.C.: Ann. Rev. Plant Physiol. *23*, 29 (1972)
13. Cocking, E.C.: 10. Miles Int. Symp. Cambridge Mass., June 1976. Raven Press (in press)
14. Cooperative Group of Haploid Breeding of Tobacco of Shangtung Institute of Tobacco and Peking Institute of Botany, Academia Sinica: Acta Bot. Sinica *16*, 300 (1974)
15. Dudits, D., et al.: Hereditas *82*, 121 (1976)
16. Ehrensberger, R.: Biol. Zbl. *67*, 537 (1948)
17. Gleba, Y.Y., Butenko, R.G., Sytnik, K.M.: Abstr. XII. Int. Bot. Congr. Leningrad, p. 290 (1975)
18. Gluschtschenko, I.J.: Die vegetative Hybridisation von Pflanzen. Berlin: Verlag Kultur und Fortschritt 1950
19. Guha, S., Maheswari, S.C.: Nature *204*, 497 (1964)
20. Guha, S., Maheswari, S.C.: ibid. *212*, 97 (1966)
21. Harris, H.: Cell fusion. Oxford: Clarendon Press 1970
22. Hollingshead, L.: Genetics *15*, 114 (1930)
23. Hollingshead, L.: Univ. California Publ. Agr. Sci. *6*, 55 (1930)
24. Illies, Z.M.: Silvae Genet. *23*, 167 (1974)
25. Illies, Z.M.: Fertility in Higher Plants, p. 335 (ed. H. Linskens). Amsterdam: North-Holland 1974
26. Illmensee, K., Mintz, B.: Proc. Nat. Acad. Sci. USA *73*, 549 (1976)
27. Kao, K.N., Kasha, K.J., in: Barley Genetics II, p. 82 (ed. R.A. Nilan). Wash. State Univ. Press 1969
28. Kao, K.N., Michayluk, M.R.: Planta (Berl.) *115*, 355 (1974)
29. Kao, K.N., Wetter, L.R.: Proc. I. Int. Congr. Cell Biol., Boston 1976. The Rockefeller Univ. Press (in press)
30. Keller, W.A., Melchers, G.: Z. Naturforsch. *28c*, 737 (1973)
31. Knapp, E.: Ber. Dt. Bot. Ges. *57*, 371 (1939)
32. Kujper, J., Wiersum, L.K.: Proc. Kon. Ak. Wetensch. *39*, 1 (1936)
33. Lang, A.: Encycl. Plant Physiol. XV/1, 409, 1380 (1965)
34. Maly, R.: Z. Vererbungslehre *89*, 692 (1958)
35. Melchers, G.: Biol. Zbl. *56*, 567 (1936)
36. Melchers, G.: Z. Vererbungslehre *76*, 229 (1939)
37. Melchers, G.: 10. Miles Int. Symp. Cambridge Mass., June 1976. Raven Press (in press)
38. Melchers, G.: Int. Symp. Genetic Control of Diversity in Plants, Sess. VIII Lahore Pakistan, März 1976 (in press)
39. Melchers, G.: Int. Botan. Congr. Leningrad 1975 (in press), in "Physiol. and Biochem. of Cultural Plants", Moskau
40. Melchers, G., Lang, A.: Biol. Zbl. *67*, 105 (1948)
41. Melchers, G., Labib, G.: Coll. Int. CNRS Nr. *212*, 367 (1973)
42. Melchers, G., Labib, G.: Molec. Gen. Genet. *135*, 277 (1974)
43. Melchers, G., Sacristán, M.D., in: Recueil de travaux dédiés à la mémoire de G. Morel (ed. G.J. Gautheret). Paris: Masson (in press)
44. Mintz, B., Illmensee, K.: Proc. Nat. Acad. Sci. USA *72*, 3585 (1975)
45. Nakamura, A., et al.: Proc. Int. Symp. Univ. Guelph, June 1974, p. 277
46. Ohta, Y., Van Chuong, P.: Euphytica *24*, 355 (1975)
47. Ohta, Y., Van Chuong, P.: ibid. *24*, 605 (1975)
48. Power, J.B., Cocking, E.C.: Sci. Progr. Oxford *59*, 181 (1971)
49. Renner, O.: Biol. Zbl. *36*, 337 (1961)
50. Sacristán, M.D., Melchers, G.: Molec. Gen. Genet. (in press)
51. Sarkar, S.: Methods Virol. (in press)
52. Sarkar, S., Upadhya, M.D., Melchers, G.: Molec. Gen. Genet. *135*, 1 (1974)
53. Schieder, O.: Z. Pflanzenphysiol. *74*, 357 (1974)
54. Sengbusch, R. v.: Süßlupinen und Öllupinen. Landw. Jahrbücher 1942
55. Smith, H.H., Kao, K.N., Combatti, N.C.: J. Heredity *67*, 123 (1976)
56. Takebe, I., Otsuki, Y., Aoki, S.: Plant Cell Physiol. *9*, 115 (1968)
57. Takebe, I., Labib, G., Melchers, G.: Naturwissenschaften *58*, 318 (1971)
58. Usui, H., Takebe, I.: Develop. Growth Differentiat. *11*, 143 (1969)
59. Wallin, A., Glimelius, K., Eriksson, T.: Proc. 3. Int. Congr. Plant Tissue and Cell Culture, Leicester, July 1974
60. Widholm, J.M.: Biochim. Biophys. Acta *261*, 52 (1972)
61. Winkler, H.: Ber. Dtsch. Bot. Ges. *25*, 568 (1907)
62. Winkler, H.: ibid. *26a*, 595 (1908)
63. Winkler, H.: ibid. *28*, 116 (1910)
64. Winkler, H.: Planta (Berl.) *27*, 680 (1938)
65. Zenk, M.H.: Proc. Int. Symp. Univ. Guelph, June 1974, p. 339
66. Zenkteler, M., Melchers, G.: in preparation
67. Melchers, G.: Int. Atom. Energy Agency, Vienna, PL 503/30, 221 (1974)
68. Melchers, G.: I. Int. Congr. Cell Biol., Boston 1976. The Rokkefeller Univ. Press (in press)

Eingegangen am 18. Oktober 1976

Herbizide im Spannungsfeld zwischen Ökologie und Ökonomie

H.-H. Cramer*
Bayer AG, Leverkusen

Effective weed control has always been one of the central problems in agriculture. With the increase in the size of farm units and the drop in the number of workers, herbicides have rendered a substantial contribution to the rationalization of agriculture. Cereal production and sugar-beet farming are given as examples to demonstrate the interactions which occur between agricultural-economic methods and ecological effects. Negative implications for the lasting productivity of the soils are not to be expected yet economic problems may arise in countries where a high percentage of the population is still occupied in agriculture.

Unkrautbekämpfung als Grundproblem der Agrarwirtschaft

Der Beginn des Ackerbaus leitete nicht nur eine neue Zivilisationsstufe der Menschheit ein, er schuf auch Probleme wie jeder Übergang von einer Stufe der Kultur in die andere. Hier aber handelte es sich im engeren Sinne um Kultur, denn dieses Wort kommt von colere: das Land bebauen. Und das Land zu bebauen, bedeutet ökologischen Eingriff, bedeutet die einseitige Begünstigung von Nutzpflanzenarten gegenüber anderen Gliedern des jeweiligen Ökosystems. Folgerichtig entstand – zunächst nicht dem Worte, wohl aber der Sache nach – die anthropozentrische, ökonomisch definierte Kategorie des Unkrautes. Wie alt die Auseinandersetzung des Bauern mit dem Problem Unkraut ist, zeigt das 3. Kapitel der Genesis „Verflucht sei der Acker um deinetwillen, mit Kummer sollst du dich darauf nähren dein Leben lang, Dornen und Disteln soll er dir tragen, und sollst das Kraut auf dem Felde essen". Ackerbau ist also von Anbeginn ein Kampf des Landwirtes gegen konkurrierenden Pflanzenwuchs gewesen. Uns ist häufig nicht hinlänglich klar, daß für die Agrarwirtschaft, neben Fragen der Nährstoffversorgung und Bodenstruktur, primär die Zurückdrängung von Unkräutern notwendig ist.

Noch vor wenigen Jahrzehnten waren ökotechnische Bewirtschaftungsformen – wie Fruchtfolgen – und mechanische Maßnahmen der Bodenbearbeitung – wie das Eggen – die einzigen Möglichkeiten der Agrarwirtschaft, mit dem Unkrautproblem fertig zu werden. Wenn heute der Acker durch Herbizide unkrautfrei gehalten wird, so gelingt das, was der Landwirt durch ackerbauliche Maßnahmen seit Jahrtausenden mehr oder weniger erfolgreich angestrebt hat. Der unkrautfreie Acker ist kein neues ökologisches Phänomen. Neu ist, daß dieses Ergebnis mit einem Minimum an Arbeitsstunden und Arbeitsgängen perfekter als zuvor erzielt wird.

Herbizide – Begriff und Bedeutung

Um des ökologischen und ökonomischen Verständnisses willen seien einige Begriffe und Bedeutungen präzisiert. Unkräuter bilden keine botanisch-systematische Einheit, sie sind auch kein ökologisch fest umreißbarer Begriff, sondern eine ökonomische Kategorie. Sieht man von „Totalherbiziden" ab, die z.B. auf Fabrikgeländen, Verkehrswegen oder -anlagen jeglichen Pflanzenwuchs vernichten, so liegt für den Ackerbau das Problem darin, Substanzen mit physiologischer oder ökologischer Selektivität zu finden. Es gilt Wirkstoffe zu finden, die die jeweilige Kulturpflanze schonen oder gar förden, die konkurrierende Unkrautflora aber vernichten. Heute gelingt es bereits weitgehend, den Flughafer, *Avena fatua*, im Kulturhafer, *Avena sativa*, selektiv zu bekämpfen.

Als Beispiele für zwei typische Wirkungsprinzipien von Herbiziden, die zugleich von wirtschaftlich vor-

* Nach einem Vortrag, gehalten aus Anlaß der 109. Versammlung der Gesellschaft Deutscher Naturforscher und Ärzte vom 19. bis 23.9.1976 in Stuttgart

rangiger Bedeutung sind, seien hier nur die Wuchsstoffherbizide, die sich alle von der β-Indolylessigsäure ableiten, sowie die Photosynthesehemmer, z.B. Harnstoffderivate und Triazine, genannt.
Nachdem das sog. Heteroauxin isoliert und als β-Indolylessigsäure identifiziert worden war, lernte man – auf einigen Umwegen –, daß ähnlich wirkende synthetische Wuchsstoffe in höheren Konzentrationen auch als Mittel zur Vernichtung von Pflanzen verwendet werden können, da sie das Sproßwachstum überproportional anregen und damit ein Ungleichgewicht zwischen Nährstoffzufuhr und Nährstoffverbrauch induzieren. Hierbei beruht die spezifische Wirkung z.B. des 2,4-D (2,4-Dichlorphenoxyessigsäure) auf dikotyle Unkräuter wahrscheinlich darauf, daß die meisten Gramineen eines der beiden Chloratome hydroxylieren können und zudem eine geringere resorbierende Blattoberfläche besitzen. Im Gegensatz dazu blockieren andere Herbizide pflanzenspezifische Vorgänge, namentlich die Photosynthese. Diese Blokkade betrifft die sog. Hill-Reaktion, bei der Wasser unter Bildung von Sauerstoff gespalten wird. Letztlich wird also die Kohlenhydratbildung als Ergebnis der Photosynthese gestört.
Agrarwirtschaft ist unter anderem Steuerung ökologischer Verhältnisse auf ökonomische Ziele hin. Es sind bei uns heute noch knapp 5% der erwerbsfähigen Bevölkerung in der Landwirtschaft tätig, in hochindustrialisierten Gebieten wie Nordrhein-Westfalen sogar nur etwa 2%. Vor einhundert Jahren betrug dieser Anteil noch etwa 50% und vor dreißig Jahren waren es immerhin noch knapp 15%. Gleichzeitig sind die landwirtschaftlichen Erträge permanent gestiegen. Die Entwicklung wird durch einige Daten charakterisiert:

	Weizenertrag/ha [dt]	Beschäftigte in der Landwirtschaft [%]	Durchschnittliche Betriebsgröße [ha]
1949	26,2	14,1	8,1
1974	47,6	4,7	13,7

Immer weniger Landwirte haben bei zunehmender Betriebsgröße also immer höhere Erträge erwirtschaftet. Das wäre nicht möglich gewesen, wenn nicht Pflanzenzüchtung, Mechanisierung und Chemie als Mittel der Problemlösung zur Verfügung gestanden hätten. Wir beschränken uns hier auf den Beitrag der Chemie zu dieser Leistung und innerhalb dieses Gesamtkomplexes wiederum auf die Herbizide. Vielleicht lassen sich die Verhältnisse am besten am Getreide- und am Zuckerrübenbau darstellen. Der Getreidebau macht heute über 70% der Ackerbaufläche aus, der Zuckerrübenbau rund 5%, in beiden Kulturen werden heute auf mehr als 90% ihrer Fläche ein- oder mehrmals im Jahre Herbizide ausgebracht, d.h. auf mehr als zwei Dritteln des Ackerlandes. Ökologisch-ökonomische Wechselwirkungen sind also sicherlich in diesem Bereich von besonderem Interesse.

Beispiel Getreidebau

Ein Getreidebaubetrieb von 100 bis 150 ha Größe kann heute bei entsprechender Nutzung der agrartechnischen und agrarchemischen Möglichkeiten von einem einzelnen Mann bewirtschaftet werden. Die wesentlichsten Voraussetzungen hierfür sind durch Maschinen, namentlich durch den Mähdrescher, und durch Herbizide geschaffen worden. Die Wechselwirkung zwischen ökonomischen und ökologischen Faktoren wird an diesem Beispiel besonders deutlich:
Die ersten, in großem Stile im Getreidebau angewendeten selektiven Herbizide waren die Wuchsstoffherbizide vom Typ 2,4-D und andere Phenoxyverbindungen. Da diese Herbizide nahezu vollständig selektiv auf zweikeimblättrige (dikotyle) Unkräuter wirken, wurden Arten wie Ackerdistel, Ackerhohlzahn, Hederich, Knöteriche, Kornblume, Mohn und Senf erheblich zurückgedrängt. Andere Arten, wie Vogelmiere und Kamille, die auf einige Wuchsstoffherbizide weniger gut ansprechen, nahmen relativ zu. Vor allem aber wurde durch die Ausschaltung der dikotylen Pflanzen eine ökologische Nische geschaffen, die zu einer erheblichen Zunahme der Ungräser wie Ackerfuchsschwanzgras, Flughafer, Windhalm und Quecke führte. Man kann sagen, daß die Ausschaltung der dikotylen Unkrautarten die Ungräser geradezu herausselektioniert hat. Aber auch hier liegt eine Wechselwirkung vor. Ein wesentlicher Faktor ist der Einsatz des Mähdreschers, der sich aus Gründen der Arbeitskräfteersparnis durchgesetzt hat. Einerseits verlangt der Mähdrescher weitgehend unkrautfreie Bestände, da das Getreide beim Erntevorgang druschtrocken sein muß und ein starker Unkrautbesatz die Feuchtigkeit in den Schlägen hält. Darüber hinaus behindert ein dichter Bodenbewuchs die Beerntung: Die Unkräuter, z.B. die Hundskamille und das Klettenlabkraut, verfilzen sich im Mähbalken, der dadurch blockiert wird. Andererseits wirkt aber der Mähdrescher für manche Ungräser geradezu als Aussaatmaschine: Die Notwendigkeit, die Getreidekörner bis zur Trockenreife gelangen zu lassen, führt zu einer Verzögerung des Erntetermins, was bedeutet, daß auch die Ungräser voll ausreifen können und dadurch an Keimfähigkeit zunehmen. Wurden früher aber deren Samen mit dem Getreide zu einem großen

Teil vom Feld abgefahren, werden sie heute vom Mähdrescher wieder fast vollständig auf das Feld geschüttet, was – zumal bei verengter Fruchtfolge – zu entsprechender Ungrasverseuchung der Felder führen muß.

Die durch Herbizide geschaffene Möglichkeit, die gesamte Unkrautflora auszuschalten, hatte den weiteren Effekt, daß die mineralische Düngung, namentlich die Stickstoffgabe, sich voll im Getreideertrag auswirken konnte und nicht dem Boden vom Unkraut entzogen wurde. Da aber eine der Grenzen der Stickstoffgabe in der Standfestigkeit der Halme liegt, führten die erhöhten Erträge verstärkt zum „Lagern" des Getreides. Dieser Erscheinung konnte durch die Entdeckung, daß Spritzungen mit Chlorcholinchlorid (CCC) zu einer Verkürzung und Verdickung der Getreidehalme führen und damit die Standfestigkeit erhöhen, begegnet werden, wodurch sich die Möglichkeiten der Ertragssteigerung durch Zufuhr von Nährstoffen weiter erhöhen.

Aber die Erhöhung des Flächenertrages ist nicht die einzige Konsequenz; Heyland [12] hat hier interessante Perspektiven aufgezeigt. Er führt aus, daß die mechanische Bodenbearbeitung durch die intensive Belüftung zu einem Humusabbau geführt hat und die durch Herbizide bewirkte Extensivierung der Bodenbearbeitung umgekehrt eine deutliche Humusanreicherung in der Bodenkrume zur Folge hat. Dies dürfte, zusammen mit dem Wegfallen des Stickstoffentzuges durch die Unkräuter, dazu führen, daß die Stickstoffgaben auf die Dauer gesenkt bzw. ausschließlich dem Bedarf der Kulturpflanzen angepaßt werden können. Ferner wird die Humusanreicherung eine generelle Intensivierung der Bodenmeso- und -mikrofauna und -flora zur Folge haben, die ihrerseits wiederum Rückwirkungen auf den Abbau von Herbizidresten im Boden haben muß. Zu den vielfältigen, im voraus oftmals kaum kalkulierbaren ökologischen Konsequenzen der Herbizidanwendung gehört auch die wesentlich geminderte Beunruhigung der Felder. „Früher, als das Unkraut noch von Hand oder maschinell entfernt werden mußte, waren viele Arbeitsgänge notwendig, um dieses Ziel zu erreichen. Heute fährt der Landwirt ein einziges Mal mit dem Spritzgerät über den Acker, um denselben Effekt zu erzielen. Während früher in der Vegetationsperiode, insbesondere in den Frühjahrsmonaten, ein Heer von Menschen auf den Äckern hackte und jätete, ist die Ackerlandschaft heute in dieser Jahreszeit fast menschenleer. Die Störungen sind also außerordentlich gering, und Vogelarten, die früher nie oder so gut wie nicht im Getreide, in Rüben oder Kartoffeln brüteten, kommen jetzt dort vor. So sind z.B. Kiebitz und Austernfischer an der Küste zu häufigen Brutvögeln auf dem Ackerland geworden, wo sie früher fast fehlten. Selbst Greifvögel, wie die Rohrweihe und die Wiesenweihe, brüten in unserem Raum jetzt gelegentlich in großen Getreideflächen und ziehen hier erfolgreich ihre Jungen auf" [3].

Umgekehrt besteht wegen der weitgehenden Vernichtung der Unkrautflora die Gefahr, daß Nahrungsketten unterbrochen werden. Da die Unkräuter als Wirtspflanzen für eine Reihe von Insekten ausfallen, fehlen diese Insekten wiederum als Nahrungsquelle für höhere Arten, z.B. Vögel. Der zeit- und gebietsweise Rückgang von Rebhuhnbeständen wird z.T. mit diesen Argumenten ökologisch – nicht toxikologisch – erklärt. Dem steht entgegen, daß die Populationskurven der Rebhühner zwar generell Bestandsschwankungen in Form von Massenwechselzyklen zeigen, die in negativer Korrelation zu denen der Fasanen stehen, daß sie aber keinen permanent fallenden Trend aufweisen. Dieser Zusammenhang kann auch nur für vor dem Auflaufen bekämpfte Unkräuter zutreffen, und außerdem ist eine deutliche Zunahme von Blattschädlingen, namentlich Blattläusen, am Getreide selbst festzustellen, die bisher nur in Ausnahmefällen bekämpft werden und einen ökologischen Ausgleich bieten könnten.

Beispiel Zuckerrübenbau

Beim Zuckerrübenbau ist der Übergang vom manufaktoriellen zum industrialisierten Anbau am weitesten fortgeschritten. In der Bundesrepublik werden heute je Hektar 36% mehr als vor 25 Jahren geerntet, dafür sind aber statt 130 Arbeitsstunden/ha im Jahre 1950 nur noch etwa 30 Arbeitsstunden nötig. Das heißt, je geleistete Arbeitsstunde wurden 1950 0,25 t Zuckerrüben, 1973 1,36 t erzeugt, die Arbeitsproduktivität hat sich also mehr als verfünffacht.

Wie sehr sich hier in nur etwas mehr als 20 Jahren die Verhältnisse geändert haben, zeigt die Tatsache, daß noch 1954 [7] eingehende arbeitsphysiologische Untersuchungen darüber erscheinen konnten, ob die Rüben besser in knieender, tief gebückter oder leicht gebückter Körperhaltung gehackt und vereinzelt werden sollten. Für derartige Pflegemaßnahmen Arbeitskräfte zu bekommen, erwies sich mit dem allgemeinen wirtschaftlichen Aufschwung als immer schwieriger, darüber hinaus wäre die Lohnkostenbelastung untragbar geworden, zumal eine Abwälzung auf den Preis bei der Zuckerrübe, die weltwirtschaftlich in Konkurrenz zum Zuckerrohr steht, nicht möglich ist. Aus diesen Gründen geriet der Zuckerrübenbau in Westeuropa in den fünfziger Jahren in eine ernste Krise. Es drohte eine drastische Reduktion der Anbauflächen.

Eine Lösung des Problems ergab sich aus einer

Folge von Innovationen, von denen jede einzelne die vorhergehende zur Voraussetzung hatte und ökologische Veränderungen verursachte, die neue Probleme schufen, welche wiederum technische Lösungen erforderten. Das Ergebnis ist ein technisch weitgehend durchrationalisierter, fast handarbeitsfreier, hoch ertragreicher und rentabler Rübenbau auf Anbauflächen, deren ökologischer Zustand vom Anbauer genau gesteuert werden kann. Hanf [8 – 10] hat diese Entwicklung aus agrartechnischer und wirtschaftlicher Sicht mehrfach beschrieben.

Nachdem selektive Rübenherbizide entwickelt worden waren, die die Mehrzahl der im Rübenbau wichtigen Unkräuter beseitigen, ohne die Kulturpflanzen zu schädigen, stellte sich heraus, daß die ökologische Bedeutung des Hackens vielfach überschätzt worden war. Hacken bewirkt – wie auch bei anderen Kulturpflanzenarten – nicht mehr als die Beseitigung der Unkrautkonkurrenz [12]. Für den Humushaushalt ergeben sich durch das Unterbleiben der Hackarbeiten die gleichen positiven Konsequenzen wie im Getreidebau.

Das Wegfallen der Unkrautbekämpfung mit der Hand brachte zwar eine Arbeitseinsparung von 30 – 40%, doch das Vereinzeln der Rüben erforderte nach wie vor einen hohen Aufwand von Handarbeit. Ökologisch begann sich die Tatsache abzuzeichnen, daß polyphage Schädlinge, die sich früher auf Unkrautbestand und Kulturpflanzen verteilt, nun aber als einzige Wirtspflanzen auf dem Acker die Rüben zur Verfügung hatten, sich auf diese konzentrierten. Das gilt namentlich für Bodenschädlinge wie Drahtwürmer und Erdraupen, aber auch Blatt- und Sproßschädlinge, wie den Moosknopfkäfer, mehrere Rüsselkäferarten, Dipteren und Aphiden. Hier spielt zweifellos auch die dispersionshemmende Wirkung einer dichten Vegetation eine Rolle. Wirtschaftlich konnte es nicht mehr befriedigen, daß die Hackarbeiten für das Verziehen der Rüben erforderlich blieben, die von ursprünglich etwa einer Million Keimlingen auf einen Endbestand von 70000 – 80000 Rüben je Hektar reduziert werden mußten. Es wurde daher genetisch monogermes Saatgut gezüchtet, bei dem sich aus dem Einzelkorn jeweils nur ein Rübenkeimling entwickelt. Dadurch war die Aussaat der Rüben auf Endabstand möglich, die Notwendigkeit maschineller oder manueller Hackarbeit entfiel. Auf dem Rübenacker stehen also während der ganzen Vegetationszeit – bei perfekter Bewirtschaftung – nur die Rübenpflanzen, die geerntet werden sollen.

Damit verschärfen sich aber aus wirtschaftlicher und aus ökologischer Sicht einige Schädlingsprobleme: Werden die Rüben auf Endabstand gesät, so bedeutet der Ausfall jeder Pflanze einen wirtschaftlichen Verlust. Die Schadensschwelle ist also erheblich herabgesetzt. Ökologisch gesehen sind aber die Rübenpflanzen auf der ganzen Fläche die einzigen Wirtspflanzen für phytophage Insekten. Aus diesem Grunde haben sich einzelne Arten, die früher kaum wirtschaftliche Bedeutung hatten, zu ernsthaften Schädlingen entwikkelt, so der Moosknopfkäfer und in jüngerer Zeit die Collembolen. Auch die zunehmende Bedeutung der Nematoden im Rübenbau hängt – außer mit der Fruchtfolge – damit zusammen.

Als Konsequenz ergibt sich die Notwendigkeit zu gezielten Bekämpfungsmaßnahmen bzw. zum prophylaktischen Schutz der Rübenpflanzen. Hier könnte Insektizid-umhülltes Saatgut weitere Rationalisierung bringen, das der jungen Rübenpflanze ausreichenden Schutz gegen Moosknopfkäfer, Collembolen, Blattläuse und Rübenfliege verleiht und den ökologischen Vorteil einer Punktbehandlung mit dem wirtschaftlichen Vorteil der Einsparung der Spritzung in der Frühsaison verbindet.

Generelle Probleme

Es wurde versucht, die wirtschaftliche Zwangsläufigkeit der Herbizidanwendung und die Auswirkung auf den Ertrag darzustellen. Die nächstliegende Frage für den Ökologen ist nun die nach der Auswirkung auf den Bodenkomplex. Verkraftet der Boden die wiederholte Behandlung mit chemisch-synthetischen Substanzen oder wird er einseitig so belastet, daß seine Ertragsfähigkeit leidet? Was die Bildung von organischer Substanz im Boden anlangt, so ist die Frage von Heyland wohl befriedigend beantwortet. Hinsichtlich der Meso- und Mikrofauna und -flora des Bodens wurden in den letzten Jahren Ergebnisse erarbeitet, die über den ökologischen Bereich hinaus von evolutionistischem Interesse sein dürften: Die Mikroorganismen des Bodens stellen sich stark selektionistisch auf die Metabolisierung des jeweils verwendeten Herbizidtyps ein. Dies ist für die Theorie des Pflanzenschutzes ein interessantes Phänomen. Der gleiche Selektionsmechanismus, der bei kontinuierlicher Anwendung von Insektiziden und Akariziden Resistenzen bewirkt, erhöht auf der anderen Seite das Pufferungsvermögen der Ackerböden gegen vermehrte Herbizidanwendung.

Toxikologisch gesehen haben die meisten Herbizide den Vorteil, als Wachstumshormone oder Photosynthesehemmer in physiologische Systeme einzugreifen, die pflanzenspezifisch sind, also bei außerordentlich niedriger Warmblütertoxizität herbizid zu wirken.

Wichtig ist auch, ob Herbizide in tiefere Bodenschichten und damit in das Grundwasser gewaschen werden. Diese Frage bildet in den Laboratorien der Pflanzenschutzindustrie einen Forschungsschwerpunkt der letzten Jahre. Alle bisherigen Ergebnisse weisen darauf hin, daß die untersuchten Herbizide in den oberen, an organischer Substanz reichen Bodenschichten festgehalten werden, in denen sich der mikrobielle Abbau vollziehen kann.

Schlußbemerkung

Die Anwendung von Herbiziden in der hochentwickelten Landwirtschaft ist nicht nur wirtschaftlich zwingend notwendig, sondern auch in ihren ökologischen Auswirkungen zwar als weitreichend, nicht aber als prinzipiell negativ zu beurteilen. Skepsis bezieht sich auf den ökonomischen Bereich, Herbizide sparen landwirtschaftliche Arbeitskräfte ein, und 52% der Weltbevölkerung gegenüber 5% bei uns sind in der Landwirtschaft tätig. Die Problemkombination der Entwicklungsländer besteht in der Verbindung von Nahrungsmangel und Arbeitslosigkeit. Der Nahrungsmangel könnte durch mineralische Düngung der Kulturpflanzen entscheidend gemindert werden. Will man aber nur die Kulturpflanzen und nicht die Unkräuter düngen, so braucht man Herbizide. Herbizide setzen aber landwirtschaftliche Arbeitskräfte frei, was wiederum, den circulus vitiosus schließend, die Arbeitslosigkeit erhöhen muß.

Das ökologisch-ökonomische Spannungsfeld hat also beträchtliche Dimensionen. Es wird der steuernden Klugheit, der naturwissenschaftlichen wie der wirtschaftlichen Vernunft bedürfen, dieses Problem zu lösen.

1. Alkämper, J.: Pflanzenschutz-Nachr. Bayer *29*, 191 (1976)
2. Bittermann, E.: Die landwirtschaftliche Produktion in Deutschland 1800–1950. Halle/Saale: Kühn-Archiv 1956
3. Blaszyk, P.: Gesunde Pflanzen *27*, 1 (1975)
4. Bundesministerium für Ernährung, Landwirtschaft und Forsten: Statist. Jhb. über Ernährung, Landwirtschaft und Forsten der Bundesrepublik Deutschland. Hamburg und Berlin (1965 und 1974)
5. Cramer, H.H.: Pflanzenschutz-Nachr. Bayer *28*, 217 (1975)
6. Cramer, H.H., in: Wegler, R. (Hrsg.): Chemie der Pflanzenschutz- und Schädlingsbekämpfungsmittel, Bd. 3, S. 39. Berlin-Heidelberg-New York: Springer 1976
7. Glasow, W.: Schriftenr. Inst. f. landw. Arbeitswiss. und Landtechnik der MPG, Bad Kreuznach, H. 16 (1954)
8. Hanf, M.: Mitt. Biol. Bundesanst. Land-Forstwirtsch., H. 146, 9 (1972)
9. Hanf, M.: BASF, Mitt. f. d. Landbau, März, 1 (1972)
10. Hanf, M.: ibid., H. 3, 1 (1975)
11. Haug, G., in: Wegler, R. (Hrsg.): Chemie der Pflanzenschutz- und Schädlingsbekämpfungsmittel, Bd. 3, S. 57. Berlin-Heidelberg-New York: Springer 1976
12. Heyland, K.U.: Z. Pflanzenkh. Pflanzensch., Sonderh. VII, 21 (1975)
13. Kolbe, W.: Pflanzenschutz-Nachr. Bayer *22*, 177 (1969)
14. Menck, B.-H., Behrendt, S.: BASF, Mitt. f. d. Landbau, H. 5, 1 (1974)

Eingegangen am 11. November 1976

Biologische Probleme der Befischung mariner Ökosysteme

Gotthilf Hempel *
Institut für Meereskunde an der Universität Kiel

New political, economical, and technical developments have changed the character of world fisheries. The exploitation of relatively small marine organisms, mainly pelagic fish, as a source of protein and the large distant-water fishing fleets of some countries operating worldwide make it possible to change marine ecosystems and particularly the upper parts of the food chain rapidly and drastically. The paper discusses recent changes in North Sea fish stocks and the ecological effects of antarctic whaling.

Im Gegensatz zu weiten Teilen des Festlandes ist das Meer noch weitgehend Naturlandschaft. Ausnahmen machen nur die vom Menschen stark beeinflußten Küstenzonen. Auch die Fischerei hat bis nach dem 2. Weltkrieg zwar einzelne Fischbestände reduziert, nicht aber tief in Ökosysteme eingegriffen. Der Weltfischereiertrag hat sich aber in den letzten 30 Jahren verdreifacht (Fig. 1). Neue Entwicklungen in der Fang- und Ortungstechnik und die hohe Nachfrage nach Fischmehl führten zum Aufbau von sogenannten Industriefischereien, die meist kleine Schwarmfische (Sardinellen, Sprott, Hering, Lodde) in großen Mengen fangen. Andererseits bauten einige Industriestaaten große Flotten von Fang- und Fabrikschiffen, die weltweit operieren und von allen Schelfgebieten der Erde – soweit es die Küstenstaaten zulassen – Speisefisch und Fischmehlrohware gewinnen.

Die gezielte drastische Entnahme bestimmter Tierarten (z.B. Kabeljau, Makrele, Finnwal), die meist Endglieder der Nahrungskette sind, führt zu Verschiebungen im Gleichgewicht mit anderen Konsumenten und damit zu Veränderungen im Ökosystem. Diese Probleme sollen am Beispiel der Nordsee und der Antarktis diskutiert werden. Vorangeschickt sei aber die Einschränkung: Der Nachweis von Reaktionen des Ökosystems auf Eingriffe der Fischerei ist schwierig und unsicher, da die Wassermassen des Weltmeeres langfristigen Klimaschwankungen unterworfen sind, die den Einfluß des Menschen maskieren. Ferner sind die Populationen der Nutzfische und ihrer Nährtiere oft sehr großen jährlichen Fluktuationen in ihrer Nachwuchsziffer unterworfen.

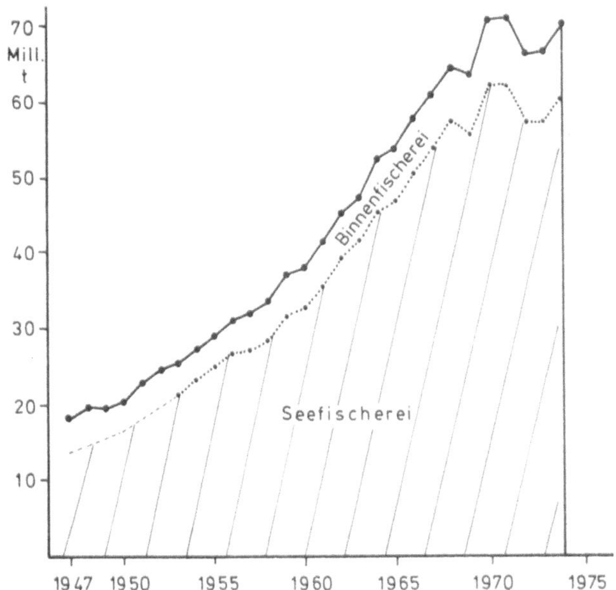

Fig. 1. Erträge der Weltfischerei (nach FAO-Yearbook of Fishery Statistics)

Die Befischung der Nordsee

Die Befischung der Nordsee war in den letzten hundert Jahren einem häufigen Wandel unterworfen. Die Motorisierung erschloß die küstenferneren und tieferen Fanggebiete der zentralen und nördlichen Nord-

* Nach einem Vortrag, gehalten aus Anlaß der 109. Versammlung der Gesellschaft Deutscher Naturforscher und Ärzte vom 19.–23.9.1976 in Stuttgart

see. Vor und besonders nach dem 2. Weltkrieg wurde die Schleppnetzfischerei großer Fahrzeuge intensiviert. Seit den fünfziger Jahren spielt auch in der Nordsee die Industriefischerei eine wachsende Rolle. Trotz Verstärkung der Fischereiflotten blieben die Gesamt-Fangerträge während der ersten 60 Jahre unseres Jahrhunderts annähernd konstant. Mit Ausnahme der Kriegs- und ersten Nachkriegsjahre schwankten sie zwischen 1,0 und 1,5 Mio t. Nach 1960 begann dann ein steiler Anstieg der Anlandungen, der bis Anfang der siebziger Jahre anhielt und die Erträge auf 3 – 4 Mill. t erhöhte (Fig. 2). Im wesentlichen sind hierfür zwei Ursachen verantwortlich: gesteigerte

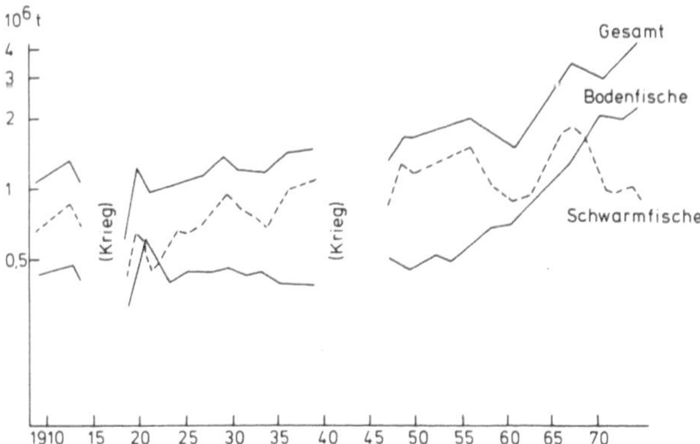

Fig. 2. Gesamterträge der Nordseefischerei (nach ICES, Bulletin Statistique, Werte geglättet)

Produktivität mehrerer wichtiger Fischbestände der Nordsee (Fig. 3) und die rapide Entwicklung der Industriefischerei.

Die Nutzfischbestände der Nordsee (mit Ausnahme der Heringe der südlichen und mittleren Nordsee) hatten Anfang der sechziger Jahre einige ungewöhnlich starke Brutjahrgänge, die Amplitude der Jahrgangsschwankungen nahm zu (Fig. 4). Gleichzeitig wuchsen die Fische schneller als bisher (Fig. 5) und wurden früher geschlechtsreif.

Ungünstig ist dagegen das Bild, das die Heringsbestände liefern (Fig. 6) (Burd in [10]). Die gute Nachwuchserzeugung und das schnelle Wachstum der Heringe der nördlichen Nordsee wurden von der Fischerei nicht rationell genutzt. In der Expansionsphase der Industriefischerei waren Jungheringe in der südlichen Nordsee für Fischmehl und -öl gefangen worden. Ab 1963 fischten zum gleichen Zweck die Norweger in der nördlichen Nordsee in großen Mengen erwachsene Heringe und anschließend Makrelen. Binnen weniger Jahre waren die Bestände auf ein Zehntel ihrer ursprünglichen Größe reduziert. Strenge Schonmaßnahmen wurden eingeleitet, die sich auf den Makrelenbestand bereits günstig auswirken. Für den Hering gibt es noch keine Zeichen der Erholung. Zwar läßt sich die ungünstige Bestandsentwicklung beim Hering nicht ausschließlich durch scharfe Befischung erklären, es bleibt aber die biologisch interessante Feststel-

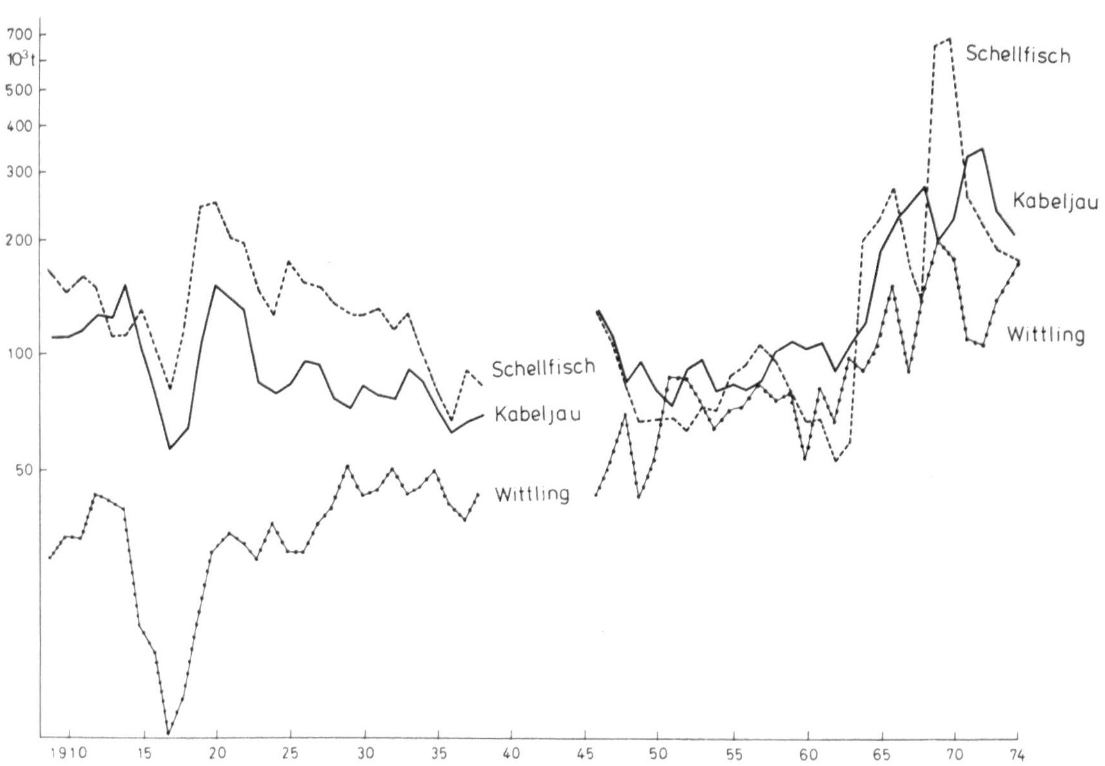

Fig. 3. Gesamterträge der Fischereien auf Kabeljau, Schellfisch und Wittling in der Nordsee

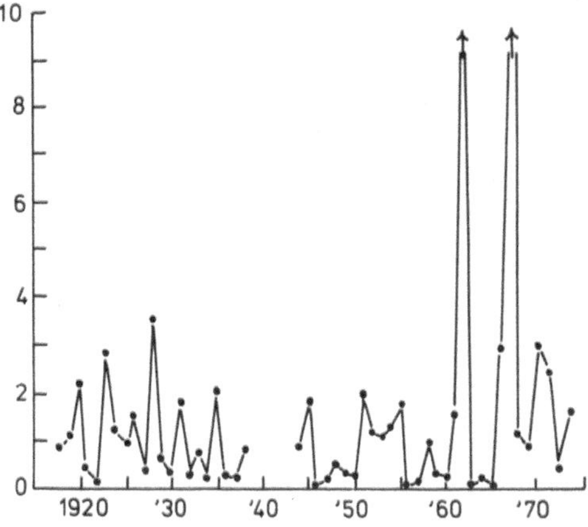

Fig. 4. Fluktuationen in der Jahrgangsstärke beim Nordseeschellfisch, gemessen als Anzahl der Fische (in Tausend) bei 10 Stunden Fischerei schottischer Forschungsschiffe (nach Jones und Hislop in [10])

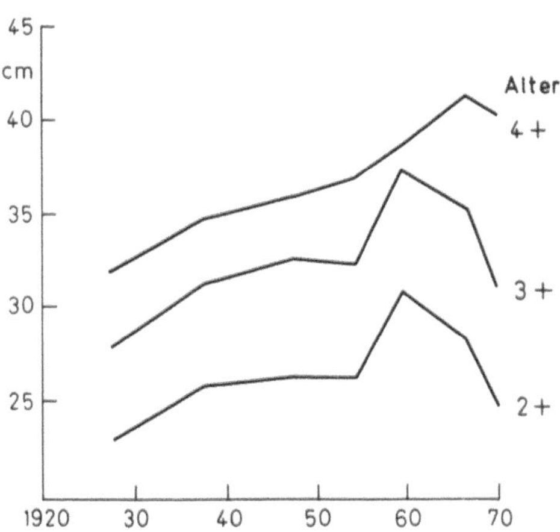

Fig. 5. Verbessertes Wachstum des Nordseeschellfischs, dargestellt als Veränderung der mittleren Größe in einzelnen Altersgruppen (nach Jones und Hislop in [10])

Fig. 6. Gesamterträge der Heringsfischereien in der Nordsee. In den einzelnen Teilgebieten verlief die Entwicklung phasenverschoben: Der Ertragsrückgang begann im Süden, setzte sich in der mittleren Nordsee fort, während in der nördlichen Nordsee bis 1966 reiche Erträge erzielt wurden. Anlandungen in Mill. t

lung, daß pelagische Schwarmfische gegen moderne Befischungsmethoden empfindlicher sind als Bodenfischbestände.
Nach dem Aufblühen und dem Kollaps der Herings- und Makrelenfischerei schaltete die Industriefischerei – nun vor allem von dänischen Fischern getragen – auf kleine, bisher ungenutzte Fische um. Stintdorsch, Sandaal und Sprott dominieren jetzt in den Fängen, in denen allerdings auch mancher junge Schellfisch, Kabeljau und Hering auftritt.

Hydrographische Veränderungen

Bei der Deutung der Veränderungen in den Fangerträgen bieten sich den Fischereibiologen mehrere Möglichkeiten. Dabei spielt die Korrelation von Ertragsveränderungen mit Klimaschwankungen eine sehr große Rolle. Neben den aus der kommerziellen Fischerei gewonnenen Angaben verfügen wir über unabhängige Datensätze aus fünfzigjährigen schottischen Routinefischereien mit Forschungsschiffen (Richards et al. in [10]) sowie aus Fischbrutuntersuchungen, die die gleichen Trends aufzeigen. Mehrere kommerziell nicht oder nur wenig genutzte Fischarten zeigten die gleiche Veränderung wie die stark befischten Arten: Abnahme vor dem Kriege, Anstieg nach dem Kriege, beim Stintdorsch in den sechziger Jahren auf das Fünffache. Durch Fischbrutuntersuchungen und kommerzielle Fänge wurde außerdem nachgewiesen, daß die Menge der aus dem Englischen Kanal und den westbritischen Gewässern in die Nordsee einwandernden wärmeliebenden Fische zeitweilig ungewöhnlich hoch lag (Postuma, Michaelis in [10]). Zeitlich ist die vermehrte Einwanderung in die Nordsee mit Veränderungen in der Fauna des westlichen Englischen Kanals gekoppelt. Langfristige Schwankungen im hydrographischen Regime dürften für diese Veränderungen im Plankton (und auch im Benthos) vor Plymouth verantwortlich sein. Hier sind die biologischen Auswirkungen besonders drastisch, da dieses Seegebiet von der wechselnden Stärke des Einflusses atlantischen Wassers geprägt ist [6]. Aber auch in anderen Gebieten des Nordatlantiks läßt sich eine enge Korrelation in langfristigen klimatischen, hydrographischen und planktologischen Datenreihen feststellen [5].

Ursachen der Nachwuchssteigerung in der Nordsee

Die großen Bestandsverbesserungen bei den verschiedenen Bodenfischen der Nordsee erfolgten in groben Zügen gleichsinnig und simultan. Offenbar haben sich im Mittel die Überlebenschancen der Brut und die

Nahrungsverhältnisse für die Jungtiere so verändert, daß mehr *und* schnellerwüchsiger Nachwuchs in den befischten Bestand eintritt. Das Hauptaugenmerk richtet sich damit auf die Jugendstadien.

Die meisten Nutzfische der Nordsee gehören im Laufe ihres Lebens drei verschiedenen Lebensgemeinschaften an: Als Eier und Larven sind sie Teil des Planktons, als frühe Jungfische leben sie in der bodennahen Zone des Flachwassers, als späte Juvenile und als Adulte finden wir sie im freien Wasser oder am Boden der offenen See.

Die nächstliegende Erklärung für verbesserte Nachwuchsproduktion und gesteigertes Wachstum, besonders in der Jugend, läge in einer zunehmenden Eutrophierung der Nordsee. Die jährliche Phosphatfracht des Rheins hat sich von 1930 bis 1970 zwar verzehnfacht, der Effekt auf die offene See blieb aber gering und auf die südliche Nordsee beschränkt. In der mittleren und nördlichen Nordsee dominiert der Einfluß des offenen Atlantiks; die recht spärlichen Daten aus dem Bereich nördlich der Doggerbank lassen keine Steigerung des Nährstoffangebots erkennen. Ursin und Andersen [10] fanden in ihrem Mehrartenmodell (s.u.), daß eine weitere Eutrophierung der Nordsee nur einen unwesentlichen Einfluß auf die Fischereierträge haben würde.

Wichtiger als die mittlere Jahresprimärproduktion ist für die Fischbrut die Größenzusammensetzung des Planktons. In den sechziger Jahren nahmen große Copepoden, besonders *Calanus*, ab und kleine Copepoden nahmen zu. Durch diese Änderung wurden diejenigen Planktonfresser unter den Fischen bevorteilt, die sich von kleinen Copepoden und deren Copepoditen und Nauplien ernähren. So fanden auch Fischlarven günstigere Bedingungen.

Im Gegensatz zum Nordseehering laichen alle wichtigen Gadiden (Dorschartige) und Pleuronectiden (Plattfische) im Frühjahr. Ihre kritische Ei- und Larvenphase beträgt ca. 2 Monate. Als entscheidend für das Überleben der Fischbrut betrachtet Cushing [4] das zeitliche Zusammentreffen des Schlüpftermins der Fischbrut mit dem Auftreten geeigneten larvalen Zooplanktons, das wiederum vom Zeitpunkt der Frühjahrsmassenentfaltung des Phytoplanktons abhängt. Der Laichtermin der meisten Nordsee-Fischarten ist recht strikt fixiert, die Frühjahrsblüte aber stark wetterabhängig. Die Koinzidenz des Auftretens starker Jahrgänge bei mehreren Fischarten, z.B. Schellfisch und Wittling, spricht für eine gleichsinnige Steuerung der Nachwuchsziffer durch solche Umweltfaktoren. Cushing betont, daß sich der Beginn der Frühjahrsblüte in einigen Jahren des letzten Jahrzehnts besonders verzögert hat. Damit wurden diejenigen Fischarten bevorzugt, deren Laichzeit spät liegt oder sich über einen langen Zeitraum erstreckt.

Indirekte Auswirkungen der Fischerei

Die bisher diskutierten Hypothesen betrachten die einzelnen Fischbestände und ihre Jugendstadien nur passiv als Opfer ihrer Umwelt, ohne zu berücksichtigen, daß die Fische selbst einen großen ökologischen Einfluß aufeinander und auf ihre Umwelt, besonders die Nährtiere, haben. In der Nordsee müssen wir annehmen, daß ein sehr großer Teil des Zooplanktons und des Benthos von Fischen gefressen wird. Trotzdem scheint das Futter meist nicht der limitierende Faktor für das Wachstum der Fische zu sein, außer in sehr hohen Konzentrationen von Jungfischen.

Die „Industriefische" Sandaal, Stintdorsch und Sprott sind sämtlich kurzlebig und relativ schnellwüchsig, sie nähren sich von verschiedenen Arten von Kleintieren, besonders des Planktons, sie haben also nahrungsökologisch eine ähnliche Position wie Hering und Makrele und haben als „Opportunisten" möglicherweise diese stark überfischten Arten ersetzt. Durch die Befischung der „Opportunisten" ist wahrscheinlich die Zooplanktonproduktion der Nordsee vom Menschen besser zu nutzen als über Hering und Makrele. Auch die Computer-Simulation der Wechselwirkungen von 11 Fischarten untereinander und mit ihren Nährtieren lieferte keine Hinweise auf eine hohe Nahrungskonkurrenz zwischen den Bodenfischen, wohl aber enge Räuber-Beutebeziehungen (Ursin und Andersen in [10]).

Heringe und besonders die Makrelen wirken auf zwei Wegen auf die Dynamik der Fischbrut ein: Sie sind Eier- und Larvenräuber, und sie fressen auch carnivores Zooplankton (z.B. räuberische Copepoden), das seinerseits das übrige Plankton einschließlich der Fischbrut dezimiert. Als Folge der Schrumpfung der Makrelen- und Heringsbestände der nördlichen Nordsee würde man primär eine Vermehrung des Planktons erwarten. Die Beziehungen sind aber komplexer, da gleichzeitig herbivores *und* carnivores Zooplankton geschont wurde, so daß sich jetzt Regulationen innerhalb des Planktons abspielen, für die vordem Hering und Makrele „zuständig" waren. Fischereilich und wohl auch ökologisch am bedeutendsten ist aber die verringerte Zehrung an Fischbrut und Jungfischen, die sonst vor allem von Makrelen gefressen wurden.

Besser als über die Räuber-Beute-Beziehungen zwischen Fischen und Plankton sind wir über die Rolle des Kabeljaus als wichtigster Jungfischräuber der Nordsee unterrichtet. Eine starke Reduzierung der Kabeljaubestände würde demnach die Fischproduktion der Nordsee erheblich erhöhen und den positiven Effekt der Herings- und Makrelenfischerei noch verstärken.

Insgesamt führt das Konzept einer wechselseitigen Beeinflussung der verschiedenen Fischbestände der

Nordsee zu folgenden, grundsätzlich anderen Empfehlungen, als sie bei der isolierten Betrachtung der einzelnen Bestände üblich waren: Wenn die Raubfische und Bruträuber stark reduziert sind, kann man auch die Friedfische so scharf befischen, daß nur noch eine kleine Anzahl von ihnen zur Fortpflanzung kommt. Die geringe Menge der Fortpflanzungsprodukte reicht bei geringer Raubmortalität aus, einen guten Nachwuchs und damit hohe Fischereierträge sicherzustellen. Die herkömmliche monospezifische Befischungstheorie fordert dagegen eine weitgehende Schonung der Bestände.

In der Geschichte der Fischereiforschung gab es stets zwei Denkrichtungen: Die eine betrachtet die Fischerei als Hauptursache der Veränderung in den Fischbeständen, die andere schätzt den Einfluß von Umweltveränderungen höher ein. Auch die neuen, komplexeren Hypothesen lassen sich in dieses Schema einordnen: Die Überlebensrate der Brut der Bodenfische hat sich verbessert. Geschah dies durch die scharfe Befischung von Hering und Makrele oder durch eine Verschiebung in Auftreten und Menge des geeigneten Futterplanktons? Eine Entscheidung ist mangels ausreichender Kenntnis von Struktur und Funktion des Ökosystems Nordsee noch nicht möglich.

Die Befischung der Antarktis

Die fischereiliche Nutzung der antarktischen Meere kann sich auf verschiedene Tiergruppen richten: Robben, Wale, Fische und Krill. See-Elefanten und Pelzrobben wurde im 18. und 19. Jahrhundert in der Subantarktis so intensiv verfolgt, daß die kleinen Restbestände unter strengen Schutz gestellt werden mußten. Inzwischen haben sich die meisten Bestände sehr gut erholt, eine streng kontrollierte Nutzung wäre jetzt wieder möglich. Die Robben des antarktischen Festlandes und Packeises, insbesondere der Krabbenfresser *Lobodon carcinophagus,* der mit einem geschätzten Bestand von 15 Millionen Tieren bei weitem die häufigste Robbe der Erde ist, werden wohl auch in absehbarer Zukunft nicht ausgebeutet werden. Das gleiche gilt für die großen Pinguin-Populationen. Unter dem internationalen Antarktisvertrag bestehen sehr strenge Schonbestimmungen für diese Tiergruppen.

Von 1930 bis 1960 lagen die Erträge des antarktischen Walfanges meist zwischen 1,5 und 2 Mio t. Nachdem bereits früher der Buckelwal in seinen subtropischen Sommerquartieren sehr stark dezimiert worden war, richtete sich nun der Fang nacheinander auf Blau-, Finn-, Sei- und Zwergwale. Wären alle Arten von Anfang an gleichmäßig nach populationsdynamischen Gesichtspunkten genutzt worden, so hätten sich Jahreserträge von 1 bis 2 Mio t wohl auf Dauer

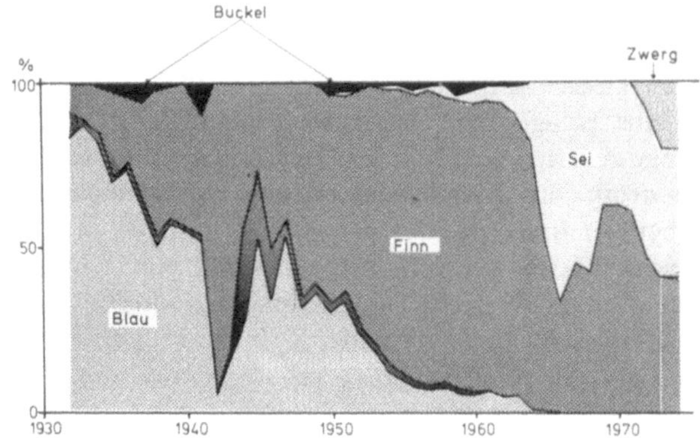

Fig. 7. Prozentuale Zusammensetzung der antarktischen Furchenwal-Fänge. Die Statistiken der Landstationen erlauben keine Trennung in Finn- und Blauwale (nach [3])

halten lassen. Statt dessen kam es aber zu der bekannten Überfischung, die die Blau- und Finnwale am härtesten traf (Fig. 7). Erst in jüngster Zeit entspricht die Regulierung der Befischung, zusammen mit den Fangverboten für Blau- und Buckelwal, etwa den Erfordernissen für eine Bestandserholung. Ob ein neuer Walfang nach einem mehrere Jahrzehnte langen Moratorium zur Erholung der großen Furchenwale tatsächlich den für die früheren Bestände errechneten höchstmöglichen Dauerertrag erzielen könnte, hängt davon ab, ob sich das alte biologische Gleichgewicht wieder einstellt oder ob andere Krillkonsumenten, einschließlich der Fischerei, die von Walen „freigegebene“ Nische blockieren werden.

Nach unseren gegenwärtigen, recht lückenhaften Kenntnissen ist die Hoffnung auf einen lukrativen Fischfang in der Antarktis recht gering. Zwar haben russische Fischereiflotten in den letzten sechs Jahren rings um die subantarktischen Inseln Jahreserträge bis zu 400000 t erzielt; die von ihnen befischten Bestände an Notothenriiden und anderen großwüchsigen Arten scheinen aber bereits so stark geschrumpft zu sein, daß ihre Erträge auf die Dauer unter diesen Anfangsergebnissen liegen werden. Kleinere, pelagische Fische, insbesondere Leuchtsardinen und Tintenfische, gibt es wahrscheinlich in größeren Mengen. Immerhin haben die Furchen- und Pottwale früher einige Millionen Tonnen Fische und Tintenfische pro Jahr gefressen. Die pelagischen Reserven sind aber sicher kleiner als im Nordatlantik, und sie sind mit den heutigen technischen Möglichkeiten nicht rationell zu nutzen.

Als größte potentielle Fischereireserve der Antarktis bietet sich der Krill an. Die deutsche Antarktisexpedition 1975/76 hat gezeigt, daß Krill relativ einfach mit pelagischen Schleppnetzen in sehr großen Mengen gefangen werden kann. Limitierend für die Nutzung sind Probleme der Verarbeitung und Vermarktung.

Die Tiere sind eine eiweißreiche, hochwertige Nahrung, sie sind aber leicht verderblich und schwer von ihrem Panzer zu trennen. Der Krill, *Euphasia superba*, ist eine pelagische Leuchtgarnele, die mit ca. 6 cm Länge ein Alter von 2–3 Jahren erreicht. Sie ist damit der größte und langlebigste Krebs, der sein ganzes Leben im freien Wasser zubringt. Der Krill nimmt in weiten Teilen der antarktischen Meere eine zentrale Stellung ein als wichtigster Sekundärproduzent und als Ernährungsbasis der Wale, Robben, Pinguine, Fische und Tintenfische. Eine scharfe Befischung des Krill bedeutet damit einen tieferen Eingriff in das marine Ökosystem als die bisherigen Formen der Fischerei, die sich meist auf die Endglieder der Nahrungskette richteten.

Gegenüber anderen Meeren weist das Ökosystem der Antarktis eine Reihe von Besonderheiten auf: Südlich der antarktischen Konvergenz liegen die Wassertemperaturen an der Oberfläche nahe 0°C und damit im Sommer um ca. 10°C unter denen des Nordostatlantiks entsprechender Breite (45°–60° N). Am Ende des Winters ist mehr als die Hälfte des Seegebietes von Eis bedeckt. Die oberflächennahen Wasserschichten sind auch im Sommer gut mit Nährstoffen versorgt. Die geringe vertikale Stabilität der Wassermassen ist andererseits wahrscheinlich eine der Ursachen dafür, daß die Primärproduktion durch das Phytoplankton in der Antarktis nicht so hoch ist, wie ursprünglich aufgrund relativ weniger Messungen an besonders begünstigten Plätzen angenommen wurde [7, 9]. Antarktisches Phytoplankton besteht zu einem beträchtlichen Teil aus großen Kieselalgen und liefert Nahrung für große und langlebige Herbivoren des Zooplanktons: Salpen, Euphausiaceen und Copepoden. Es ist ein Unikum der Antarktis, daß hier die wichtigsten Zooplanktonfresser große Warmblüter sind: Wale, Robben und Pinguine, während sonst überall im Weltmeer die Masse der planktophagen Tiere weniger als ca. 40 cm lang ist. Der Krill macht dank seiner beträchtlichen Körpergröße, Schwarmbildung und kontinuierlichen Verfügbarkeit während der ganzen Sommersaison das Planktonfressen auch für ein großes Tier rentabel, das die Fähigkeit zur Ortung von Krillschwärmen besitzt. Über den Krillkonsum der Wale gibt Figur 8 eine Übersicht, die auf groben Schätzwerten der Bestandsgröße und des jährlichen individuellen Nahrungsbedarfs während der Sommermonate beruht. Man kann davon ausgehen, daß die Hauptweidegebiete der Robben und Vögel vor allem am Eisrand und um die subantarktischen Inseln liegen. Die Wale fressen vor allem in den ozeanischen Gebieten hoher Krillkonzentration in der Westwinddrift, die Fische und Tintenfische im subantarktischen Bereich, z.B. im Gebiet des Inselbogens der Scotia-See.

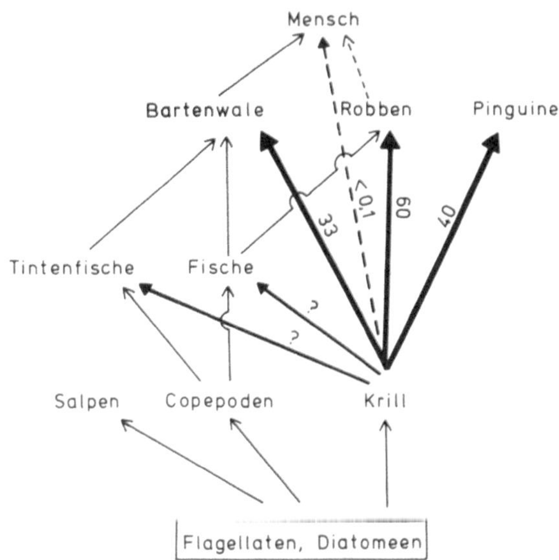

Fig. 8. Die zentrale Stellung des Krills im antarktischen Nahrungssystem. Zahlen = heutiger Krillkonsum in Mill. t pro Jahr, nach [2].

Der antarktische Walfang hat zu einer drastischen Änderung im Räuberspektrum des Krills geführt. Während einst die Wale dominierten, spielen jetzt die Robben die wichtigste Rolle. Der Bartenwal-Bestand ist von ca. 43 Mill. t auf 7 Mill. t gesunken, damit ergibt sich rechnerisch eine Differenz von 150 Mill. t Jahreskonsum an Krill; dabei wird aber vorausgesetzt, daß die Wale einstmals ebensoviel Krill pro Tonne Körpergewicht fraßen wie heute. Tatsächlich scheint aber mit Herabsetzung der Nahrungskonkurrenz der relative Konsum gestiegen zu sein, was zu einer Erhöhung der Raten von Wachstum, Geschlechtsreife und Fortpflanzung bei Blau-, Finn- und Seiwalen geführt hat [3, 8]. Es gibt einige Hinweise, daß auch andere Krillkonsumenten vom Rückgang der Walbestände profitierten: Krabbenfresser-Robben werden jetzt stellenweise mit 2,5 statt mit 4 Jahren geschlechtsreif, und die Pinguinkolonien scheinen zugenommen zu haben, obwohl bei ihnen primär das Angebot an „Nist"-Plätzen und Winterfutter limitierend sein soll.

Für eine Abschätzung des vom Menschen zu nutzenden Produktionspotentials des Krill reichen die Angaben über den früheren Krillkonsum der Wale nicht aus. Es fehlen uns wichtige biologische Kenntnisse der Populationsdynamik der Krillbestände. Wachstum und Lebensdauer scheinen in den einzelnen Seegebieten verschieden zu sein. Über Laichplätze und frühe Lebensgeschichte, über Bildung und Kontinuität der Schwärme wird noch spekuliert, und man weiß nicht, ob sich die große circumarktische Krillpopulation in einzelne lokale Bestände gliedert. Diese wären einzeln zu „bewirtschaften", um lokale Überfischungen zu vermeiden, die besonders in der Nähe von Inseln und am Eisrand die Nahrungsgrundlage der Robben und Pinguine gefährden würde. Sicher wird es dem Menschen nicht gelingen, den Krill der Antarktis ebenso intensiv und biologisch ausgewogen zu nutzen wie vormals die Wale. Trotzdem scheinen Fangerträge von 50 Millionen Tonnen und mehr möglich, womit die Gewinnung von tierischem Eiweiß aus dem Meer verdoppelt würde. Eine solche Nutzung der antarktischen Krillbestände braucht nicht notwendigerweise die Erholung der Walbestände oder die übrigen Krillkonsumenten tiefgreifend zu gefährden, sie würde aber den potentiellen Ertrag der Walbestände etwas senken. Voraussetzung für eine ausgewogene Nutzung der antarktischen Krillreserven wäre aber, daß die Krillfischerei nur kontrolliert wächst. Fang- und Forschungsschiffe müssen in internationaler Zusammenarbeit die notwendigen biologischen und populationsdynamischen Daten liefern, die zur Erstellung von Ertragsmodellen für den Krill erforderlich sind. Zugleich müssen Ökosystem-Modelle für wichtige Teile der Antarktis entwickelt werden, die es erlauben, die ökologischen Konsequenzen von Krillfischereien verschiedener Intensität zu simulieren. Praktisches Ziel dieser Bemühungen wäre es, die Stellung des Krills im antarktischen Ökosystem zu erfassen, um durch geeignete Schon- und Kontrollmaßnahmen den Lebensraum der antarktischen und subantarktischen Gewässer so behutsam wie möglich zu behandeln und gleichzeitig die reichste marine Eiweißquelle nach populationsdynamischen Regeln zu nutzen.

Schlußbemerkung

In der Nordsee und in der Antarktis gibt es Ansätze zur biologischen Bewirtschaftung von Ökosystemen analog den großräumigen Einwirkungen der Land- und Forstwirtschaften in die Naturlandschaften. Bisher waren die fischereilichen Eingriffe auf einzelne Bestände gerichtet: Kabeljau, Scholle, Hering, Makrele oder Bartenwale, wobei die genutzten Arten überwiegend Endglieder mariner Nahrungsketten waren. Modellüberlegungen und Beobachtungen zeigen nun, daß die Reduzierung dieser „Räuber“ eine erhebliche Steigerung u.a. bei nutzbaren Kleinfischen und Planktonkrebsen (z.B. Krill) nach sich ziehen kann. Damit entsteht der Anreiz, auf diesem Wege weiterzugehen durch bewußte scharfe Reduzierung der Endglieder und Befischung der Zwischenglieder, die weitaus höhere Eiweißerträge liefern. Solche Eingriffe, die auf drastische Veränderungen in Zusammensetzung und Produktivität der Nahrungskette abzielen, sollten aber nur aufgrund sehr eingehender Studien durchgeführt werden. Der Ruf nach solchen Eingriffen wird aber mit zunehmender Verknappung von eiweißhaltigen Nahrungsmitteln zunehmen.

1. Report of Working Group for the International Study of the Pollution of the North Sea and its effects on Living Resources and their Exploitation. I.C.E.S. Coop. Res. Rep. *39* (1974)
2. SCAR Group of Specialists on the Living Resources of the Southern Ocean (SCOR Working Group 54). SCOR Proc. *12* (1976)
3. Report of ACMRR Working Party on Marine Mammals. FAO, Rom (in Vorbereitung)
4. Cushing, D.H.: Marine Ecology and Fisheries. Cambridge Univ. Press 1975
5. Cushing, D.H., Dickson, R.R.: Adv. Mar. Biol. *14*, 2 (1976)
6. Russell, F.S.: J. Mar. Biol. Ass. U.K. *53*, 347 (1973)
7. El-Sayed, S.Z.: Oceanus *18* (4), 30 (1975)
8. Gambell, R.: Mammal Rev. *6*, 41 (1976)
9. Hempel, G.: J. Fish. Res. Bd. Canada *30*, 2184 (1973)
10. Hempel, G. (ed.): North Sea Fish Stocks—recent changes and their causes. Rapp. P.-V. Réun. CIEM *172* (im Druck)

Eingegangen am 18. Oktober 1976

Der Bodensee – Bedrohung und Sanierungsmöglichkeiten eines Ökosystems

Hans-Joachim Elster*
Limnologisches Institut der Universität Freiburg, Konstanz-Egg

Lake Constance has become eutrophic due to increased sewage and, particularly, phosphate input. Primary production has increased, the oxygen content of the hypolimnion decreased. The consequences for the whole ecosystem are discussed. Implementation of both technical (sewage-treatment plants with phosphate precipitation) and political (local planning for the whole draining area of the lake) measures is necessary to insure recovery of the lake; these were initiated some years ago.

Zersplitterung und Spezialisierung ließen die Menschen übersehen, daß die Natur nicht aus isolierten Kausalketten und Spezialgebieten besteht, sondern daß in der Natur eine allgemeine Wechselwirkung herrscht und daß auch wir Menschen Glieder und Funktionsträger in diesem System von Wechselwirkungen sind.

Wir wollen einige dieser Wechselwirkungen und Folgen menschlicher Eingriffe etwas konkreter betrachten, und zwar am Beispiel des Bodensees, der jährlich fast 1 Million Kurgäste mit 4,7 Millionen Übernachtungen (ohne den Naherholungsverkehr) in seinen Bann zieht, der weit über 100 Städte mit ca. 3 Millionen Einwohnern mit Trinkwasser versorgt, der jährlich 1,5 Millionen kg Fische liefert und der in den letzten Jahren den Massenmedien häufig Schlagzeilen geliefert hat. Was hat ihn verändert und was müßte geschehen, um ihn zu sanieren?

Der Bodensee als Ökosystem

Zunächst müssen wir berücksichtigen, daß ein See nicht nur eine mit Wasser gefüllte Wanne ist, sondern ein sehr kompliziertes Gefüge von Wechselwirkungen zwischen Lebensraum (Biotop) und den in ihm lebenden Organismen (Biozönose), die durch diese Wechselwirkungen zu einer funktionalen Einheit zusammenwachsen, dem „Ökosystem".

Betrachten wir den Bau eines Ökosystems am Beispiel des Bodensees (Fig. 1): Wasser, Sauerstoff und Nährstoffe erhält er durch die Zuflüsse und aus der Atmosphäre. Die grünen Pflanzen bauen als „Primärproduzenten" mit Hilfe der Sonnenenergie aus den anorganischen Nährstoffen und Wasser die organische Substanz auf. Am Ufer wird diese wichtige Funktion der Primärproduktion von den Wasserpflanzen und von den mikroskopisch kleinen Aufwuchsalgen oder den oft lästigen Fadenalgen erfüllt, im freien Wasser, dem „Schweb" bzw. „Pelagial", wirken in den durchlichteten oberen Schichten Tausende von Planktonalgen in jedem Kubikzentimeter Wasser als Primärproduzenten. Das Produkt der Primärproduktion, die organische Substanz, ist gewissermaßen gespeicherte Sonnenenergie und bildet den Energieträger für alles Leben im See. Die Weitergabe dieser organischen Substanz und ihrer Energie über Pflanzenfresser (=„Primärkonsumenten"), Räuber (=„Sekundär-, Tertiär- ... usw. Konsumenten") bis hin zum Menschen bezeichnen wir als „Nahrungsketten".

Die Primärproduktion ist auf die oberen Schichten, etwa bis 10 oder 12 m Tiefe, beschränkt, da nur hier genügend Licht vorhanden ist. Im Bodensee finden etwa 75–80% der gesamten organischen Urproduktion in den obersten 5 Metern statt. Was tiefer als 10–15 Meter lebt, ist vom „Abfall" der oberen Produktionszone abhängig. Exkremete, abgestorbene Organismen und auch eingeschwemmte organische Stoffe bilden den „Detritus", d.h. noch energiehaltige und daher als Nahrung geeignete organische Substanz. Dieser Detritus sinkt in die Tiefe, d.h. aus der „produzierenden" (trophogenen) in die „zehrende"

* Nach einem Vortrag, gehalten aus Anlaß der 109. Versammlung der Gesellschaft Deutscher Naturforscher und Ärzte vom 19.–23.9.1976 in Stuttgart

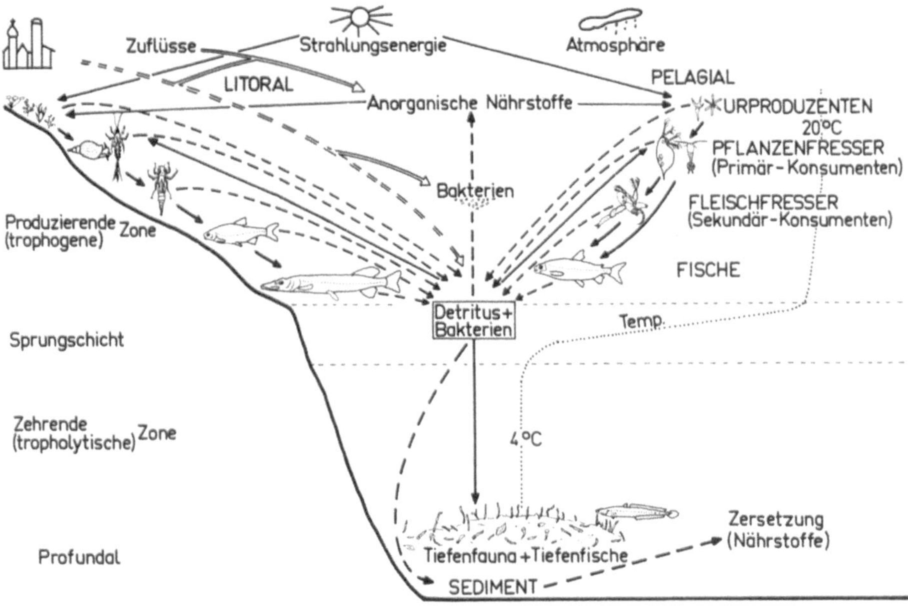

Fig. 1. Schema des Stoffhaushaltes in einem See

(tropholytische) Zone, wo er teils von den Bakterien und Pilzen, den „Destruenten", zersetzt und wieder mineralisiert oder von den Tieren der tieferen Regionen gefressen wird.

Beim Aufbau der organischen Substanz in der durchlichteten Produktionszone wird Sauerstoff freigesetzt, bei der Zersetzung in der Tiefe wird Sauerstoff verbraucht. Da aber die oberen Schichten von Frühjahr bis Herbst oder Winterbeginn durch die Einstrahlung wärmer und daher leichter sind als die Tiefenschichten, riegeln sie im Stadium der „Sommerstagnation" von Frühjahr bis Spätherbst die Tiefenschichten, deren Temperatur beim Dichtemaximum des Wassers, d.h. jahraus, jahrein bei 4 °C liegt, vom Austausch mit der Oberfläche und der Atmosphäre ab. Der Sauerstoffvorrat in der Tiefe kann erst dann wieder aufgefüllt werden, wenn im Winter gleiche Temperatur in allen Seetiefen herrscht und Winterstürme den See in allen Tiefen umpflügen. Dieses Stadium der „Wintervollzirkulation" ist auch für den Ausgleich der Nährstoffe und die Belastbarkeit des Sees entscheidend wichtig: In der produzierenden Zone werden ständig Nährstoffe verbraucht, sinken als Detritus in die Tiefe und werden dort mineralisiert und angereichert, da es an Licht fehlt, um sie wieder zu inkarnieren. Die lichtunabhängige „Chemosynthese" bestimmter Mikroorganismen ist in der Gesamtbilanz im Bodensee-Obersee unbedeutend.

Nicht alles, was in den See hineingelangt oder in ihm produziert wird, wird wieder abgebaut. Allein der Rhein und die Bregenzer Ach bringen jährlich über 3 Millionen m^3 Schwebstoffe in den See, die im See abgelagert werden und ihn allmählich auffüllen, auch wenn der in den Deltas abgelagerte grobe Schotter zum Teil wieder entnommen wird. Auch von den biogenen Bildungen werden nicht alle wieder zersetzt und aufgelöst: Ein bestimmter Anteil lagert sich am Seeboden ab, teils als schwer abbaubare organische Substanz, als „Wasserhumus", teils als biogene Produkte, wie Silicatschalen von Kieselalgen. Der Seerhein als natürlicher Oberflächenabfluß saugt die trophogene Zone ab, zu Hochwasserzeiten im Sommer bis zu 50% pro Monat. Im gestauten See sowie mit Trinkwasser- und sonstigen Stollen wird dagegen Tiefenwasser abgesaugt, so daß die organismenreichen Oberflächenschichten in der Sommerstagnation mehr oder weniger unversehrt bleiben.

Obersee und Untersee als verschiedene Seetypen

Zu beachten ist ferner, daß Obersee und Untersee des Bodensees verschiedene Seetypen bzw. Ökosysteme repräsentieren: Der Obersee hat eine maximale Tiefe von 253 m und eine mittlere Tiefe von 100 m, das Volumen und damit der Sauerstoffvorrat seines Tiefenwassers ist sehr groß, und während des Absinkens werden die kleinen organischen Partikel schon weitgehend zersetzt, so daß sich am Seeboden nur wenig sauerstoffzehrende organische Substanz ansammeln konnte. Der Sauerstoffgehalt der Tiefenschichten lag bei Untersuchungen vor dem 2. Weltkrieg selbst in Hochsommer und Herbst niemals unter 75 bis 80% der Sättigung, die Vollzirkulation im Winter

konnte keine großen Nährstoffmengen an die Oberfläche bringen, brachte aber einen großen Teil der Planktonalgen zum Absterben und blockierte die Primärproduktion zeitweise völlig, da die Algen in den Zirkulationszeiten zu wenig Licht erhielten [1, 2]. Der Untersee hat dagegen nur eine Maximaltiefe von 46 m und ist im Mittel nur 20 m tief, wenn wir von den ganz flachen Teilen absehen. Daher erreichen die meisten organischen Partikel den Seeboden noch weitgehend unzersetzt, es sammelt sich fäulnisfähige organische Substanz am Boden an, die schon um 1935 in den weniger stark duchflossenen Buchten den Sauerstoff im Tiefenwasser während des Sommers völlig aufzehrte [3]. In Zirkulationszeiten wurde das Oberflächenwasser mit beträchtlichen Nährstoffmengen versorgt, und infolge der geringen Tiefe und daher besseren Durchlichtung zeigte der Untersee auch in Winter und Frühling eine viel stärkere Planktonproduktion als der Obersee.
So ist der Bodensee-Obersee als klassisches Beispiel des oligotrophen, d.h. oben nährstoff- und produktionsarmen, aber in der Tiefe sauerstoffreichen Seetyps in die internationale Fachliteratur eingegangen, während der Untersee von Natur aus „eutropher", d.h. an der Oberfläche produktiver und in der Tiefe sauerstoffärmer ist.

Der Obersee als oligotropher See vor dem 2. Weltkrieg

Im folgenden beschränke ich mich auf das Pelagial des Obersees und ziehe den Untersee nur gelegentlich zum Vergleich heran. Betrachten wir zunächst den oligotrophen Zustand vor dem 2. Weltkrieg: Bei der Suche nach dem die Primärproduktion begrenzenden Minimumstoff fanden wir in den 30iger Jahren nirgends, weder an der Oberfläche noch in der Tiefe des Obersees, freies Phosphat, obwohl wir damals $1-2\,\mathrm{mg}\ \mathrm{P/m^3}$ gut hätten nachweisen können [2]. Zusatzexperimente bestätigten dann, daß damals Phosphormangel wirklich die Produktionsbremse war. Mit der Winterzirkulation wurde das Phytoplankton in alle Tiefen verteilt, stellte die Primärproduktion fast ganz ein und starb zum großen Teil ab. Wenn sich im Frühjahr durch Sonneneinstrahlung die wärmere produzierende Schicht erneut bildete, entwickelte sich zwar ein Frühjahrsmaximum von Algen, besonders von Kieselalgen, aber die im Winter aus der Tiefe emporgebrachten Nährstoffmengen waren gering, sie wurden vom Phytoplankton bald aufgezehrt und das Maximum brach zusammen. Eine geringere Besiedlung durch andere Arten mit anderen Temperaturansprüchen und noch geringerem Phosphorbedarf folgte, bis durch die herbstliche Abkühlung die Durchmischung tiefer greifen konnte und dadurch wieder geringe Nährstoffmengen nach oben kamen. Dies nützten u.a. einige Blaualgen (*Anabaena*) aus, die durch Gasvakuolen an der Oberfläche schwimmen können. Sie waren schon damals die ersten Anzeichen einer beginnenden Veränderung des Bodensee-Chemismus, traten jedoch nur in so geringen Mengen auf, daß sie nur dem Fachmann auffielen.
Auch das Zooplankton als nächstes Glied der Nahrungskette war in seiner Vermehrung die meiste Zeit des Jahres durch das geringe Nahrungsangebot gehemmt: Die Jugendstadien vieler Formen erlitten hohe Verluste, bis über 95% [4, 5], weil während der Winterzirkulation, aber auch im Hochsommer zu wenig Nahrung (Algen, Detritus, Bakterien) vorhanden war und das Abfiltrieren der winzigen Nahrungsteilchen mehr Energie erforderte als einbrachte.
In der ganzen Konsumentenkette gilt, daß bei mangelhaftem Nahrungsangebot der Betriebsstoffwechsel, d.h. die Atmung, stets den Vorrang vor dem Aufbaustoffwechsel hat. Infolgedessen sind auch individuelles Wachstum und Höhe der Eiproduktion vom Nahrungsangebot abhängig. So konnten zwar die Hauptnahrungstiere der Blaufelchen, die Daphnien („Wasserflöhe"), während des Frühjahrsmaximus des Phytoplanktons recht schnell eine in den einzelnen Jahren wechselnd zahlreiche Population aufbauen, nahmen aber im Juli schnell an Zahl ab. Dann gab es bis zum Spätherbst nur viel geringere Daphnienzahlen im Obersee [6]. Die Hauptnutzfische des Sees, die Blaufelchen, hatten so nur wenige Monate, ja Wochen, reichliche Nahrung, und ihr Wachstum konzentrierte sich auf diese kurze Zeit des Jahres.
Auch die Vermehrung der Blaufelchen war damals begrenzt [7]: Diese Fische laichen zu Beginn des Winters, ihre Eier sinken auf den tiefen Seeboden und liegen dort mehrere Wochen, die Jungen schlüpfen Ende Februar oder im März. In dieser Zeit fraßen Laichräuber, vor allem die Trüsche (Quappe), 85–90% der Felcheneier, und vom geschlüpften Rest starben wiederum meist über 90%, weil ihr Futter, das Zooplankton, durch die Winterzirkulation zu sehr zerstreut und zahlenmäßig zu gering war, so daß der Energieaufwand der Jungfische beim Beutefang größer war als der Gewinn. Nur die kräftigsten Jungfische überlebten. Für den Zeitraum 1924–1940 haben wir aus den Eizahlen pro Weibchen bzw. pro Gewicht und aus der Zahl der später gefangenen Fische des betreffenden Jahrganges die Mindest-Sterberaten der einzelnen Jahrgänge vom Ei bis zum fangreifen Fisch errechnet: Sie schwankte zwischen 1200 zu 1 bis 21000 zu 1! Kein Wunder, daß der Felchenertrag des Obersees sehr gering war und für den freien Obersee im Durchschnitt wesentlich unter 10 kg/ha lag, während die fruchtbarere Uferbank immerhin ca. 22 kg/ha an Gesamtfischertrag brachte.
Die Nahrungskette im freien Obersee wurde also vorwiegend von unten gesteuert: Das Plankton reichte damals für mindestens 1000 Magenfüllungen aller Blaufelchen im Obersee aus, und es gibt keinen Hinweis, daß die Nahrungstiere von den Felchen in nennenswerter Weise dezimiert worden wären. Ebensowenig reichte damals die Zahl der Zooplankter aus, das Phytoplankton durch Fraß entscheidend zu begrenzen. Maßgebend für den gesamten biogenen Stoff- und Energiefluß durch das Ökosystem Obersee war in jener Zeit außer dem Licht die Begrenzung der Primärproduktion durch die unter der Nachweisbarkeitsgrenze, d.h. unter $1-2\,\mathrm{mg}\ \mathrm{P/m^3}$ liegende Phosphatmenge. Es war also nur logisch, wenn kein Geringerer als der Gründer des Langenargener Institutes, Geheimrat Demoll, 1925 den Vorschlag machte, die Abwässer der größeren Städte in Spezialschiffe zu pumpen und dann auf dem freien See zur Düngung zu verteilen [8].

Die Eutrophierung des Bodensees und die Rolle des Phosphats

Der Demoll-Plan ist zwar nicht verwirklicht worden, doch stiegen nach dem 2. Weltkrieg durch die Intensivierung der Landwirtschaft, durch Bevölkerungszuwachs und moderne Waschmittel, durch Fremdenverkehr und Industrialisierung die Phosphat-Zufuhren zum See so stark, daß nach 1948 erstmals freies Phosphat im Obersee gefunden wurde, dessen Menge, jeweils am Ende der Winterzirkulation gemessen, fast

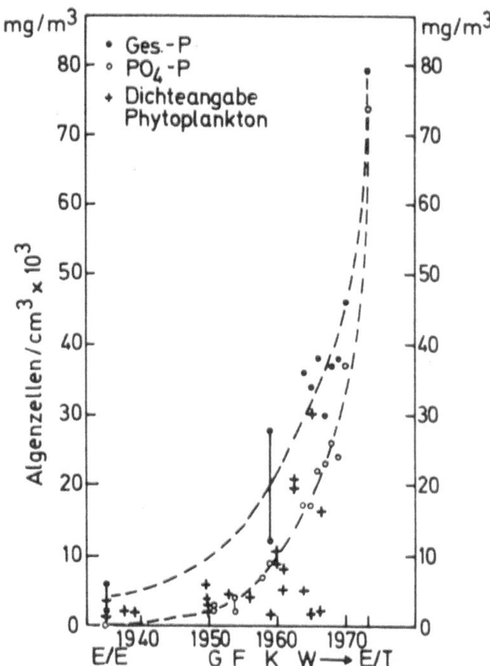

Fig. 2. Phosphat, Gesamtphosphor und Phytoplanktondichte im Obersee (E/E:[2], G:[12, 25], F:[44], K:[45], W:[17], E/T:[21])

exponentiell zunahm (Fig. 2) und 1975/76 Werte von 80–90 mg Gesamt-P/m^3 erreichte. Diese erhöhte Abwasser- und vor allem Phosphor-Zufuhr ist die eigentliche Ursache der vieldiskutierten „Eutrophierung" des Bodensees.

Wie erwartet, haben die erhöhten Phosphatmengen zu einer stark erhöhten und auch veränderten Pflanzenproduktion im See geführt. Im Uferbezirk sind die Artenbestände sowohl der höheren Unterwasserpflanzen als auch der Aufwuchsalgen stark verändert. Ihre Menge hat insgesamt stark zugenommen, soweit nicht, vor allem in abwasserbelasteten Buchten, Fadenalgen alle anderen Pflanzen überwuchert und erstickt haben. Die dichten Pflanzengürtel haben außerdem den Wasseraustausch zwischen der Uferregion und dem freien See stark gehemmt, wodurch gerade in mit Abwässern belasteten Uferstrecken erhöhte hygienische Gefahren eintreten, die an einigen Stellen zu Badeverboten geführt haben.

Im freien See läßt, sobald sich im Frühjahr durch Erwärmung eine einigermaßen stabile produzierende Zone gebildet hat, der P-Nachschub aus der Tiefe in diese Produktionszone nach, es kommt zu einer kräftigen Phytoplankton-Entwicklung, und die freien Phosphate werden in dieser Schicht schnell, oft in Wochenfrist, bis zur Nachweisbarkeitsgrenze verbraucht [9]. Der P-Gehalt des Sees am Ende der Zirkulationsperiode ist also nicht allein ausschlaggebend für die Produktion in der folgenden Stagnationsperiode.

Die Primärproduktion

Wirkung und Schicksal des Phosphats in den oberen Schichten können sehr verschieden sein: In ruhigen Perioden dominieren (bis zu über 70000/ml) meist rötlich gefärbte winzige Geißelalgen, welche die Sichttiefe im Wasser auf unter 1 m herabsetzen und den See braunoliv bis rötlich färben können. Diese Algen sinken nach ihrem Tode sehr langsam ab oder zerplatzen sofort, und ihr P-Gehalt wird schon innerhalb weniger Stunden zum großen Teil frei [10] und kann dann erneut im „intrabiozönotischen" Stoffwechsel inkarniert werden. Der Phosphor spielt also hier eine katalytische Rolle. Rigler [11] hat in Kanada festgestellt, daß freigesetzte Phosphatmoleküle nach wenigen Minuten wieder von anderen Organismen inkarniert werden. Wieviel organische Substanz auf diese Weise von einer bestimmten P-Menge gebildet werden kann, hängt von der Dauer einer solchen „Wasserblüten"-Periode, die durch jeden Sturm und Kälterückschlag zerstört werden kann, sowie von den Algenverlusten durch den Fraß des Zooplanktons ab. Hier spielt also der Zusammenhang von Hydrographie und Biologie eine entscheidende Rolle.

In stürmischen Perioden mit bewegterem Wasser entwickeln sich vorwiegend etwas größere und robustere Kieselalgen, welche Phosphor, solange er nicht Minimumstoff ist, als Polyphosphat in ihren Zellen speichern können, und zwar bis zum über 80fachen ihres normalen P-Gehaltes [12, 13]. Grim [12] hat gezeigt, daß im Frühjahr die Kieselalgen im Bodensee einen erhöhten Phosphatgehalt aufweisen und daß täglich bis zu 25% ihres Bestandes aus der produzierenden in die zehrende Zone absinken können. Ein großer Teil dieser abgesunkenen Algen lebt noch und stirbt erst in größeren Tiefen ab [14]. Dieser ständige Planktonregen wirkt also wie eine interne chemische Reinigungsstufe und fällt einen beträchtlichen Teil des Phosphats der produzierenden Zone biogen aus. Die weitere Algenproduktion im Pelagial ist dann entweder auf die gespeicherten Reserven, die für mehrere Algengenerationen ausreichen, oder auf den ständigen Nachschub durch die Zuflüsse, vom Ufer oder aus der Tiefe angewiesen.

Wenn wir vor dem Krieg kein freies Phosphat im Obersee gefunden haben, so ist dies sicher zum Teil auf diese „Hamsterei" und die biogene Ausfällung des P durch das Phytoplankton zurückzuführen. Auch heute noch kann durch diese Prozesse der Phosphor zeitweise als limitierender Faktor wirken, obwohl auch Silicium, ja selbst Nitrat und – vor allem bei alkalischen pH-Werten – auch Eisen und andere Spurenstoffe wachstumsbegrenzend sein können.

Ferner wirken die großen Mengen an Schwebstoffen, die von den Zuflüssen in den See transportiert werden, als Nährstoffregulatoren [15, 16]: Sie adsorbieren um so mehr Phosphat an ihrer Oberfläche, je höher die Konzentration im umgebenden Wasser ist. Da der Rhein und die Bregener Ach bei Hochwasser weitaus die meisten Schwebstoffe bei relativ geringer Phosphor-Konzentration in den See bringen, können sie zwar in den obersten Schichten, deren Phosphor durch die Algen bereits weitgehend aufgezehrt ist, evtl. noch etwas Phosphor freisetzen, doch schichtet sich im Sommer die Hauptmasse des Rheinwassers unterhalb der trophogenen Zone ein, und die Gletschertrübe kann im Absinken aus den tieferen phosphatreicheren Schichten Phosphat adsorbieren und in das Sediment transportieren.

Durch diese und andere Prozesse werden im Bodensee-Sediment und seinem Interstitialwasser beträchtliche Phosphatmengen gespeichert.

G. Wagner [17] schätzt für 1974 den gesamten P-Import in den Obersee auf 1929 t, die jährliche Sedimentationsrate auf 938 t und den Export durch Abfluß und Fischerei auf 601 t P/Jahr, während sich annähernd 400 t P/Jahr im Oberseewasser anreicherten.

Wechselwirkung Sediment-Wasser

Aus dem Sediment wird ständig Phosphat durch Diffusion an das Tiefenwasser wieder abgegeben. Dieser Austausch erfolgt sehr langsam, solange das Tiefenwasser noch genügend Sauerstoff hat, weil dann ein großer Teil des Phosphats an unlösliches oxydiertes Eisen an der Sedimentoberfläche gebunden ist. Die Freigabe des Phosphats aus dem Sediment steigt aber sprunghaft, wenn der Sauerstoffgehalt im Kontaktwasser, bzw. das Redox-Potential an der Sedimentoberfläche, unter eine kritische Grenze sinkt [18–20]. Im Bodensee-Obersee wurden in den letzten Jahren in 250 m Tiefe bereits 150 mg P/m^3 gefunden, und von März 1972 bis Sommer 1973 stiegen die Linien gleicher Phosphat-Konzentrationen aus den tieferen Schichten bis dicht unter die produzierende Zone [21]. Unabhängig von den wechselnden und durch die Pflanzen schnell verbrauchten Phosphatkonzentrationen an der Oberfläche sind also die Phosphatmengen in den Tiefenschichten des Sees in den letzten Jahren ständig gestiegen, wobei allerdings zu berücksichtigen ist, daß in den kritischen Winterzeiten 1972 und 1973 stärkere Stürme ausgeblieben sind und daher die Winterzirkulation im Obersee zu schwach oder zu unvollständig war, um einen vollen Wasser- und Stoffausgleich zwischen allen Schichten des Sees herbeizuführen. Die damals erreichten Werte im Tiefenwasser sind bisher nicht überschritten worden.
Der Zusammenhang zwischen der Phosphat-Freisetzung aus dem Boden und der Sauerstoff-Konzentration zeigte sich im eutrophen Untersee schon früher [3]: Dort haben wir schon 1935 dicht über dem Grund bis 170 mg P/m^3 gefunden, weil schon damals Sauerstoffmangel in der Tiefe zur erhöhten Freisetzung von Phosphat führte. Inzwischen ist das Hypolimnion des Untersees zeitweise und regional völlig Sauerstoff-frei und enthält bis über 1000 mg P/m^3 [43]. Wegen der in Sediment und Tiefenwasser gespeicherten Phosphatmengen können selbst radikale Sanierungsmaßnahmen, d.h. eine plötzliche Unterbindung der Phosphatzufuhr, nicht schlagartig einen Rückgang der Produktion im See herbeiführen, die Normalisierung des Phosphathaushaltes wird nur sehr allmählich eintreten.

Phosphatnachschub aus tieferen Schichten

Die steigenden Phosphatmengen unterhalb der produzierenden Zone erhöhen die Bedeutung des Nachschubs aus den tieferen Schichten für die Primärproduktion. Zunächst können Kälterückschläge mit stärkeren Stürmen die Wasserschichten so gegeneinander verschieben, in Strömung und Turbulenz versetzen und auch im Inneren des Sees Schwingungen der verschieden temperierten Wasserkörper auslösen [22], daß auch ein beträchtlicher vertikaler Austausch, d.h. eine Verfrachtung von Phosphat aus tieferen Schichten in die produzierende Zone stattfindet.
Ferner verfrachten ablandige Winde das Oberflächenwasser seewärts und saugen daher Wasser aus tieferen Schichten an die Oberfläche [23, 24]. Figur 3 (nach [24]) gibt ein drastisches Beispiel mit Temperaturdifferenzen von 5 °C bei Meersburg bis 16 °C bei Bregenz. Der Gesamteinfluß von vertikalem Austausch und Auftriebswasser auf Phosphathaushalt und Planktonproduktion der obersten Schichten des Bodensees wird z.Z. im Rahmen eines Forschungsprojektes der Deutschen Forschungsgemeinschaft und als Gemeinschaftsarbeit aller Bodensee-Institute untersucht.

Biomasse und Jahreszyklus der Primärproduzenten

Die vermehrte und jahreszeitlich veränderte Nährstoffzufuhr hat auch den Jahreszyklus der Primärproduzenten gegenüber früher z.T. völlig verschoben, und die Produktionszeiten sind in vielen Fällen viel länger geworden. Es ist schwer festzustellen, um wie-

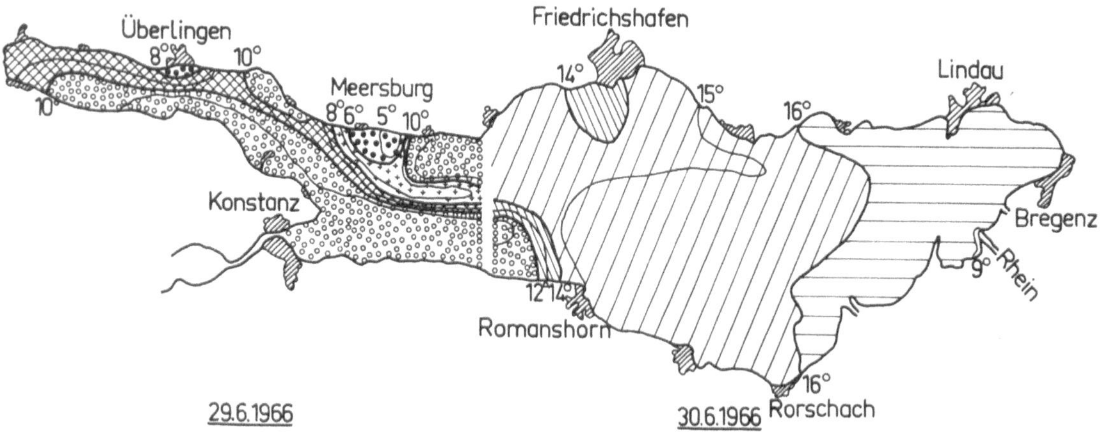

Fig. 3. Oberflächentemperaturen des Obersees am 29. und 30.6.1966 (nach [24])

viel die Primärproduktion im Bodensee seit 1920–24 wirklich gestiegen ist, zumal früher andere Methoden benutzt wurden als heute. Man schätzt [25, 26], daß heute im Bodensee etwa 25–100mal mehr Phytoplankton produziert wird als vor 50 Jahren, wobei noch zu berücksichtigen ist, daß die Biomassen heute stärker durch Fraß in Schranken gehalten werden. Man kann nicht erwarten, daß die Biomasse der Algen proportional der Phosphatmenge zu- oder abnimmt. Daher sind auch Voraussagen für die Zukunft sehr unsicher: Die Phosphatansprüche der einzelnen Phytoplanktonarten sind sehr verschieden und unterscheiden sich um mehrere Zehner-Potenzen. Wenn eine kritische Grenze überschritten wird, können plötzlich neue Arten mit neuen Eigenschaften in großen Massen auftreten. So traten plötzlich und unerwartet 1972 zunächst im Untersee, vor allem im Gnadensee, enorme Mengen der Blaualgengattung *Aphanizomenon* auf, die in ruhigen Perioden die Seeoberfläche in eine dicke „Spinatsuppe" verwandelten, während am Obersee in Spätsommer und Herbst quadratkilometergroße Teppiche anderer Blaualgen an der Seeoberfläche trieben. Ein Ausbleiben solcher Erscheinungen bedeutet noch keine Besserung des Sees, sondern hängt mit anderen hydrographischen Bedingungen zusammen.

Der Sauerstoffhaushalt des Bodensees

Nach den Untersuchungen der Internationalen Gewässerschutzkommission für den Bodensee [27] war zu Beginn der 60iger Jahre die Abwasserzufuhr zum Bodensee so hoch, daß der Sauerstoffbedarf beim Abbau insgesamt etwa 45000 t betrug; eigene Untersuchungen ergaben [14] um dieselbe Zeit eine gesamte Primärproduktion im Obersee von etwa 2 Millionen Tonnen pro Jahr, deren Abbau etwa 130000 t Sauerstoff pro Jahr erfordert. Diese Zahlen sind inzwischen sicherlich überholt und z.T. erheblich höher.

Auch der Sauerstoffhaushalt des Bodensees ist also entscheidend verändert. Die verstärkte Primärproduktion in den oberen Schichten hat dort eine stärkere Sauerstoffübersättigung zur Folge. Schon vor über 50 Jahren wurden zeitweise geringe Übersättigungen gefunden [1], die in den letzten Jahren 200% Übersättigung wesentlich überschritten haben [21].

Dicht unterhalb der produzierenden Zone finden wir ein Minimum des Sauerstoffgehaltes bzw. ein Maximum der Zehrung, meist in 15–25 m Tiefe. Denn die absinkenden organischen Partikel werden zunächst sehr schnell, dann aber immer langsamer zersetzt. Dicht unterhalb der produzierenden Zone sind sie noch im Stadium der schnellen Zersetzung, ohne daß der dabei verbrauchte Sauerstoff von der Oberfläche her ersetzt werden könnte. Allerdings kommt hier nicht der gesamte Betrag der Zehrung zur Auswirkung, da durch die Zuflüsse, besonders den Rhein, ständig Sauerstoff gerade in diese Schicht transportiert wird.

Die mittleren Tiefen um 100 Meter zeigen ein Minimum der Sauerstoffzehrung, und die schraffierten

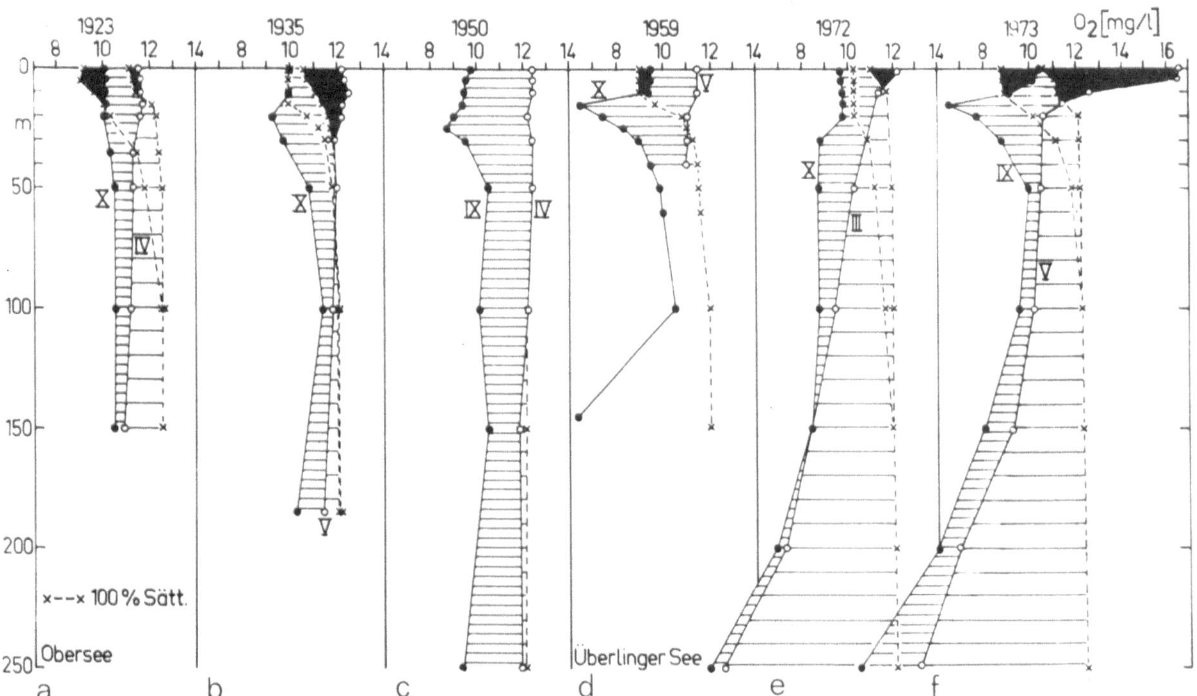

Fig. 4. Sauerstoffkurven des Obersees (Römische Ziffern: Monat der Messung, gestrichelt: Sättigungskurve, schwarz: Übersättigung: a:[1], b:[2], c:[12], d:[12], e:[21], f:[21])

„Zehrungsfiguren" (Fig. 4), welche die Differenz zwischen Frühjahrs- und Herbstkonzentration darstellen, erhalten in dieser Tiefe eine Taille. Am Boden sammeln sich die schwer zersetzbaren organischen Stoffe und zehren daher von unten den Sauerstoff, wobei auch die größere Kontaktfläche in den flachgeneigten Tiefenbereichen eine Rolle spielt. Die Zehrung steigt daher über dem Boden an, der aktuelle Sauerstoffgehalt ist niedriger.

Als gestrichelte Linie sind die von der Wassertemperatur abhängigen Sättigungswerte eingetragen. Dabei zeigt sich, daß schon Anfang der 20iger Jahre die Vollzirkulation nicht immer zur vollen Sättigung des Bodenseewassers in allen Tiefen ausgereicht hat. Dies bestätigt erneut, daß eine wirkliche Vollzirkulation in so tiefen Seen wie dem Obersee nur durch intensive Stürme in der kritischen Homothermie-Periode ausgelöst wird.
Im übrigen nehmen die schraffierten Flächen der Zehrungskurven zur Gegenwart hin ständig zu. In den Wintern 1972 und 1973 ist eine Vollzirkulation ausgeblieben, so daß die Frühjahre schon mit einem hohen Sauerstoffdefizit begannen. Zeitweise waren an der tiefsten Stelle nicht einmal mehr 20% der Sättigung vorhanden. Daß die Sauerstoffzehrung in diesen kritischen Jahren nicht noch weiter fortgeschritten ist, dürfte darauf zurückzuführen sein, daß zeitweise auch die Zuflüsse sich in die größten Tiefen einschichten und Sauerstoff dorthin transportieren können. Sauerstoffkurven sind also nicht der Ausdruck einer ständig fortschreitenden Zehrung, sondern Bilanzwerte aus Zehrung und Zufuhr. Dies ändert natürlich nichts an der steigenden Tendenz der Zehrungsvorgänge und damit der Gefahr weiter sinkender Sauerstoffwerte in der Tiefe. Die maximalen Sauerstoffdefizite der tropholytischen (zehrenden) Tiefenschichten des Obersees betrugen 1920–24 20–50000 t, 1935 49000 t, 1964/65 133000 t, 1972/73 147000 t O_2 [27].
Niemand kann voraussagen, wie die Verhältnisse in den nächsten Jahren sein werden, da alles von der Intensität der Winterzirkulation abhängt. Sicher aber ist die Tendenz zur Verschlechterung, auch wenn durch stürmische Winter eine vorübergehende Besserung der Sauerstoffverhältnisse in der Tiefe des Obersees in den letzten beiden Jahren eingetreten ist. Die Gefahr, daß die Sauerstoffwerte über Grund bis an die kritische Grenze sinken, bei der an der Sedimentoberfläche Reduktionsvorgänge überhandnehmen, welche Eisen, Mangan und Phosphor freisetzen und schließlich zur Bildung von Schwefelwasserstoff, Amoniak sowie Methan und anderen reduzierten Kohlenstoffverbindungen führen, ist nicht beseitigt, solange die Phosphatwerte im Obersee so hoch sind wie in den letzten Jahren.

Die Primärkonsumenten und die Fischerei

Durch das erhöhte und zeitlich ausgedehnte Nahrungsangebot sind die Eizahlen und damit die Massenentfaltung der meisten Primärkonsumenten, im Pelagial also des die Algen abfiltrierenden Zooplanktons, gestiegen. Über die Entwicklung der Verlustziffern liegen noch keine neuen Untersuchungen vor. Einige alteingesessene Formen der Planktonkrebse verschwanden, andere rückten schubweise vom Uferbezirk oder aus kleineren Gewässern des Einzugsgebietes in den See und in die Freiwasserregion vor und erreichten hier z.T. hohe Individuenzahlen. Darunter waren auch räuberische Formen, welche das biologische Gleichgewicht im Pelagial des Bodensees völlig veränderten und einige Formen ausrotteten, die Populationsdynamik anderer Formen wesentlich beeinträchtigten [28–32].
Die Daphnien (Wasserflöhe), die sich durch Jungfernzeugung und schnelle Generationsfolge den wechselnden Ernährungs- und Entwicklungsbedingungen im See besonders schnell anpassen können, erreichten nicht nur im Jahresmaximum eine um Zehnerpotenzen höhere Individuenzahl im Vergleich zu früher, sondern haben auch einen anderen Jahreszyklus bekommen [6]. Die Frühjahrsmaxima sind höher und z.T. auch früher, der sommerliche Abfall ist bei weitem nicht mehr so steil, wenn er auch der wechselnden Phytoplankton-Periodizität folgt, und nach den Untersuchungen des Max-Auerbach-Institutes gibt es sogar im Herbst häufig noch ein zweites Maximum mit sehr hohen Individuenzahlen. Neueste Untersuchungen (Lampert) zeigen, daß bei genügend langen Phytoplankton-Massenentfaltungen die Daphnien so stark überhand nehmen, daß sie ihrerseits das Bodenseewasser „klarfiltrieren" können. Die Nahrungskette wird also „von oben", d.h. durch die Konsumenten reguliert, ein schönes Beispiel für Regulationsvorgänge im Ökosystem.
Auch die Blaufelchen haben jetzt nicht nur mehr, sondern auch länger zu fressen. Sie wachsen daher schneller und sie brachten höhere Erträge, aber die Felchenfischerei geriet trotzdem in eine Krise [33]. Denn schnell wachsende Fische werden zwar in jüngerem Lebensalter, aber im allgemeinen erst bei größerer Länge im Vergleich zu schlecht ernährten Fischen geschlechtsreif. Es wurden so viele noch nicht laichreife Fische gefangen, daß die natürliche Nachzucht im See gefährdet war. Dem konnte zwar durch eine Änderung der Fischereigesetze, besonders durch größere Maschenweiten, begegnet werden, aber den Felchen droht noch eine andere Gefahr: Zwar hindern die schlechten Sauerstoffverhältnisse am Seeboden den größten Laichräuber, die Trüsche (Quappe), daran, den Seeboden nach Blaufelcheneiern abzusuchen, aber die Felcheneier selbst drohen aus Sauerstoffmangel zu ersticken oder einen größeren Prozentsatz verkrüppelter Nachkommen zu liefern. Eine weitere Verschlechterung des Sauerstoffhaushaltes in der Tiefe des Bodensees hätte ernste Folgen für die natürliche Vermehrung der Felchen. Außerdem haben durch das erhöhte Nahrungsangebot in der Tiefe bestimmte Strudelwürmer erheblich zugenommen, die jetzt die Blaufelcheneier in der Tiefe anfressen [34].

Die veränderten Lebensbedingungen und vor allem die Verkrautung und Verschlammung von Laichplätzen hat außerdem dazu geführt, daß die Edelfische zugunsten weniger begehrter Fischarten stark zurückgedrängt wurden [35]. Beim Barsch (Kretzer), dessen Fänge insgesamt zugenommen haben, und bei anderen am Ufer

lebenden Fischen ist das Gleichgewicht zwischen dem Fischbestand und seinen Parasiten gestört. So haben sich die als Zwischenwirte dienenden Schnecken in den größeren Pflanzenbeständen stärker vermehrt; dadurch sind die Überlebenschancen der Parasiten und damit schließlich die Verluste der Endwirte gestiegen. Das gesamte Spektrum der Fischkrankheiten hat sich nach Untersuchungen von Deufel wesentlich verändert und verschlechtert [36]. Hier haben wir wieder den Beginn von Regulationsvorgängen im Ökosystem. Insgesamt ist der Fischertrag im Bodensee von 8 auf 30 kg/ha bzw. auf 1,5 Millionen kg aus dem Gesamtsee gestiegen [37].
In der Bodenfauna haben sich vor allem bestimmte Borstenwürmer (Oligochaeten) als gute Indikatoren der Abwasserbelastung erwiesen: Während um 1930 im Obersee im allgemeinen höchstens 100 und nur einmal über 2000 Borstenwürmer pro Quadratmeter im Sediment gefunden wurden [38], fand Zahner [39] im Sedimentationsraum abwasserbelasteter Zuflüsse bis zu 200000 Tiere pro Quadratmeter. Eine allgemeine Untersuchung der Bodenfauna, welche vergleichbare Ergebnisse liefern könnte, steht jedoch noch aus. Wo Ufersammler und Kläranlagen errichtet sind, haben sich die Verhältnisse im Uferbereich inzwischen schnell gebessert.

Welche Therapie ist möglich und notwendig?

Eine Abwasserringleitung, wie sie sich an kleineren Seen bereits vielfach bewährt hat, genügt für den Bodensee nicht: Nur 20% der Phosphate kommen von den Ufergemeinden, 80% dagegen aus dem Einzugsgebiet, das 11000 qkm groß ist. Figur 5 zeigt die Herkunft der Phosphate nach neuesten Schätzungen und Berechnungen [17] und die Veränderungen der Phosphatfrachten von 1930–1974. Demnach entfallen heute auf die Waschmittel 59%, auf die Fäkalien 20%, die Atmosphäre (Niederschläge) 12% und die natürliche Grundfracht und Landwirtschaft 9%.
Der Anteil der Landwirtschaft ist wahrscheinlich etwas höher, da außer der Erosion von gedüngten Äkkern und Wiesen auch der Anteil der modernen Tierhaltung und Silowirtschaft zu berücksichtigen ist. Dies und der relativ hohe Anteil der Niederschläge weisen erneut auf die Verflechtung der einzelnen Ökosysteme in der Biosphäre hin.

Die aus der Landwirtschaft stammenden Anteile, deren Menge noch umstritten und regional sehr unterschiedlich ist, können nur im Rahmen einer allgemeinen landschaftsökologischen Planung verringert werden, ohne daß allzu einschneidende Maßnahmen erforderlich wären. Die in Gemeinden, Gewerbebetrieben und Industrie anfallenden Abwässer müssen zunächst im gesamten Einzugsgebiet des Bodensees in dreistufige Kläranlagen mit mechanischer, biologischer und chemischer Stufe geleitet werden, wo bis zu 90% der Phosphate chemisch ausgefällt werden können.
Der Bau dieser Kläranlagen ist von der Internationalen Gewässerschutzkommission empfohlen und fast überall auch beschlossen. Bis 1980 sollen von allen Uferstaaten insgesamt über 3 Milliarden DM für die Sanierung des Bodensees investiert sein [40]. Es ist nur zu hoffen, daß der Bau dieser dreistufigen Kläranlagen durch keinerlei Restriktionsmaßnahmen verzögert wird. Vor allem muß der Bau von Kläranlagen und Kanalisationen zeitlich besser koordiniert werden. Kläranlagen ohne Kanalisation nützen wenig, eine Kanalisation ohne Kläranlage aber belastet die Gewässer noch mehr, da dann die Abwässer vollständiger und schneller in den „Vorfluter“, d.h. das Gewässer gelangen.
Wenn alle diese Kläranlagen erst einmal einwandfrei funktionieren, dann wird eine Besserung der Verhältnisse im Bodensee eintreten, wenn auch nicht auf einen Schlag. Ähnliche Verbesserungen werden bereits jetzt vom Zürichsee gemeldet, der in seiner Eutrophierungsgeschichte dem Bodensee um etwa 50 Jahre voraus war und in dessen Einzugsgebiet jetzt die dreistufigen Kläranlagen gebaut sind. Sicher werden wir nicht wieder zum oligotrophen Bodensee der Jahre 1920–24 und früher zurückkehren. Vielleicht ist dies aber auch nicht wünschenswert, denn dann würden die Fischer wieder über geringe Erträge wegen der zu hohen Oligotrophie des Sees klagen.

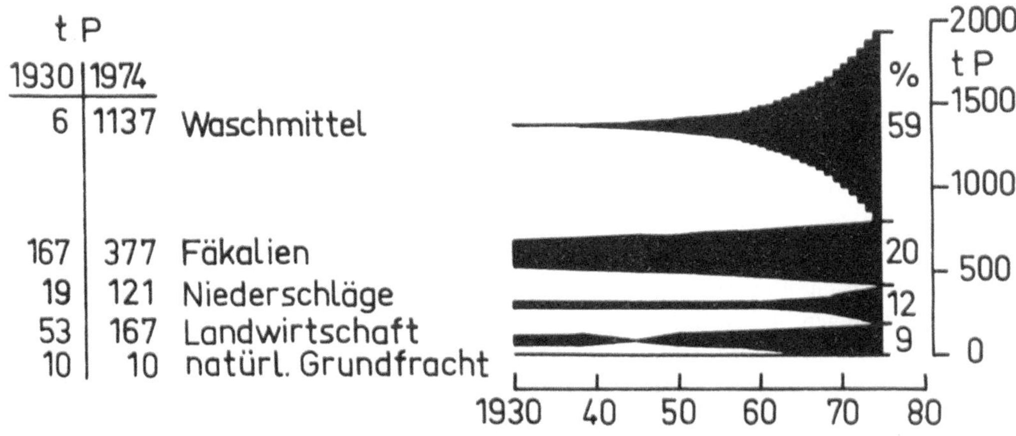

Fig. 5. Herkunft des Phosphor-Importes in den Obersee 1930–1974 (nach [17])

Andere Schadwirkungen

Die Eutrophierung des Bodensees ist jedoch nicht das einzige oder auch nur das Hauptproblem. Die gesamte Biosphäre ist durch andere Abfallprodukte der Zivilisation oder durch aktive Eingriffe des Menschen mehr gefährdet als durch das relativ ungefährliche und nur durch seine Folgewirkungen unangenehme Phosphat. Erinnert sei an die steigende Belastung unserer Umwelt durch Schwermetalle, Insektizide, Herbizide und sonstige Biozide sowie an die unübersehbare und immer größer werdende Zahl von organischen Verbindungen, die vor allem die Gewässer in den industrialisierten Gebieten belasten. Wir kennen nicht einmal alle diese Substanzen, geschweige denn ihre biologischen Wirkungen und die ihrer Abbauprodukte. Soweit Untersuchungen, teils im Rahmen der Deutschen Forschungsgemeinschaft, teils im Auftrage der Wasserwerke, bereits vorliegen, sind die Verhältnisse im Bodensee z.Z. nocht relativ günstig, wenigstens im Vergleich zum Rhein und anderen hochbelasteten Gewässern [41]. Die Schadstoffkonzentrationen liegen noch weit unter den für Trinkwasser zulässigen Höchstwerten. Aber auch hier wird die Tendenz steigend bleiben, wenn wir nicht rechtzeitig Vorsorge treffen. Das gleiche gilt für die hygienischen Gefahren, die allein durch Kläranlagen nicht aus der Welt geschafft werden können. Zwar können durch immer mehr verfeinerte, aber auch kostspielige Methoden viele der sich abzeichnenden Gefahren bei der Trinkwasseraufbereitung zumindest eine Zeitlang umgangen werden. Aber auch der Trinkwasseraufbereitung sind Grenzen gesetzt, und das Risiko steigt mit sinkender Qualität des Rohwassers. Noch ist, trotz mancher Unkenrufe, der Bodensee ein relativ gutes Trinkwasserreservoir, das wir uns in jedem Falle erhalten sollten.

Landesplanerische Maßnahmen für das gesamte Einzugsgebiet

Um den Bodensee als Trinkwasserspeicher zu erhalten, als Erholungslandschaft zu nutzen und dennoch der Bevölkerung an seinen Ufern und in seinem Einzugsgebiet eine angemessene Entwicklung zu ermöglichen, bedarf es einer gründlichen gemeinsamen Planung aller Uferstaaten, wobei der See und sein gesamtes Einzugsgebiet als wasserwirtschaftliche Einheit zu betrachten ist.

Vor allem darf der Bodensee nicht noch mehr zum Ballungsgebiet werden als in den letzten Jahrzehnten ohnehin schon. Bedenken wir, daß pro Einwohner täglich etwa 3–4 g P ins Abwasser gelangen, davon mehr als die Hälfte aus den modernen Waschmitteln. Aus 3 g P können – ohne die katalytische Wirkung – etwa 10 kg Plankton entstehen, die bei ihrer Zersetzung etwa 1 kg Sauerstoff verbrauchen. Auch die besten Kläranlagen können nur einen Teil der Schadstoffe entfernen. Schweizer und deutsche Experten haben berechnet [42], daß in wenigen Jahrzehnten die Verhältnisse in unseren Binnengewässern trotz des Baues aller Kläranlagen schlechter als heute sein werden, wenn der Bevölkerungsanstieg und der steigende Abwassertrend anhalten.

1. Auerbach, M., Maerker, W., Schmalz, J.: Verhandl. naturw. Verein Karlsruhe *30* (1926)
2. Elster, H.-J., Einsele, W.: Int. Rev. ges. Hydrobiol. *35*, 522 (1937)
3. Elster, H.-J., Einsele, W.: ibid. *36*, 241 (1938)
4. Elster, H.-J.: ibid. *33*, 357 (1936)
5. Elster, H.-J.: Arch. Hydrobiol., Suppl. *20*, 546 (1954)
6. Elster, H.-J., Schwoerbel, I.: ibid. *38*, 18 (1970)
7. Elster, H.-J.: Z. Fischerei *42*, 189 (1944)
8. Demoll, R.: Jubiläumsheft des Vereins für Seenforschung, Langenargen (1925)
9. Elster, H.-J.: Vom Wasser *43*, 1 (1974); Mohammed, A. (unveröff.)
10. Krause, H.R.: Verhandl. Intern. Verein. Limnol. *15*, 549 (1963)
11. Rigler, F.H.: Ecology *37*, 291 (1956)
12. Grim, J.: Gas- u. Wasserfach *108*, 1261 (1967)
13. Müller, H.: Arch. Hydrobiol., Suppl. *38*, 399 (1972)
14. Elster, H.-J., Motsch. B.: ibid. *28*, 291 (1966)
15. Wagner, G.: Gas- u. Wasserfach *111*, 485 (1970); mündliche Mitteilungen
16. Müller, G.: Bodenseeprojekt der Deutschen Forschungsgemeinschaft, 2. Bericht (1968)
17. Wagner, G.: Arch. Hydrobiol. *78*, 1 (1976)
18. Einsele, W.: Verh. Intern. Verein. theor. angew. Limnol. 5 (1937)
19. Mortimer, C.H.: J. Ecol. *29*, 280; *30*, 147 (1941/42)
20. Vollenweider, R.: OECD-Report DAS/CSI/68.27 (1968)
21. Elster, H.-J.: Schr. Vereins Geschichte des Bodensees *92*, 233 (1974)
22. Lehn, H.: Umschau *65*, 644 (1965)
23. Peppler, W.: Wiss. Abh. Reichsamtes f. Wetterdienst III *7*, 1 (1937)
24. Lehn, H.: Bodenseeprojekt der Deutschen Forschungsgemeinschaft, 2. Bericht (1968)
25. Grim, J.: Arch. Hydrobiol., Suppl. *22*, 310 (1955)
26. Lehn, H.: Arch. Hydrobiol. *70*, 556 (1972)
27. Schmitz, W.: Gewässerschutzkommission f. d. Bodensee, Bericht 8 (1967)
28. Kiefer, F.: Naturkunde des Bodensees. Sigmaringen: Thorbecke 1972
29. Kiefer, F., Muckle, R.: Beitr. naturkundl. Forsch. SW-Deutschland *18* (1959)
30. Limnol. Monatsber. Anstalt f. Bodenseeforsch. d. Stadt Konstanz (1957–1963)
31. Muckle, R.: Gas- u. Wasserfach *104*, 861 (1963)
32. Einsle, U.: ibid. *120*, 108 (1969)
33. Nümann, W., Quoss, H.: Ber. Dtsch. Wiss. Komm. Meeresforsch. *21*, 234 (1970)
34. Nümann, W., Quoss, H.: Allg. Fischerei-Z. (1972)
35. Kriegsmann, F.: Arch. Hydrobiol., Suppl. *22*, 397 (1955)
36. Deufel, J.: Arch. Fischereiwiss. *15*, 193 (1965)
37. Reichelt, G.: Der Bodensee – Ökologie exemplarisch. Cornelsen-Velhagen u. Klasing 1974
38. Lundbeck, J.: Arch. Hydrobiol., Suppl. *10* (1936)
39. Zahner, R.: Int. Rev. Ges. Hydrobiol. *49*, 417 (1964)
40. Int. Gewässerschutzkommission f.d. Bodensee, Bericht 13 (1973)
41. Förstner, U., Müller, G.: Schwermetalle in Flüssen und Seen. Berlin-Heidelberg-New York: Springer 1973; Förstner, U.: Naturwissenschaften *63*, 465 (1976)
42. Wuhrmann, K., in: Symp. ETHZ, Schutz unseres Lebensraumes, Frauenfeld (Schweiz), 1970
43. Tessenow, U., et al.: Arch. Hydrobiol., Suppl. (im Druck)
44. Fast, H.: Vom Wasser *22*, 11 (1955)
45. Kliffmüller, R.: Arch. Hydrobiol., Suppl. *35*, 309 (1969)

Eingegangen am 18. Oktober 1976

Statt des Vortrags von Dr. Georg Gliemeroth, Mainz, kann hier leider nur das vom Autor zur Verfügung gestellte Referat erscheinen.

Glas – ein anorganischer Werkstoff nach Maß

Georg Gliemeroth, Jenaer Glaswerk Schott & Gen., Mainz

Glas als täglicher Gebrauchsartikel erfreut sich zwar einer gewissen Wertschätzung, aber nur wenige Menschen, die täglich mit diesem Werkstoff in Kontakt kommen, sind sich bewußt, daß sie ihn nur in seinen primitivsten Erscheinungsformen kennen. Die zunehmende Bedeutung des Glases in Bereichen, in denen früher andere Werkstoffe dominierten, und auf Gebieten, die mit diesem Werkstoff überhaupt erst erschlossen werden können, zeigt sich in der Umsatzsteigerung der Spezialgläser. Forschung und Entwicklung am Glas haben in den letzten Jahrzehnten ein zunehmendes Verständnis für den Aufbau und die Variationsmöglichkeiten dieses, trotz seiner fünftausendjährigen Geschichte modernen Werkstoffes bewirkt.

Die im Alltag bekanntesten Gläser sind Flach- oder Fensterglas sowie Behälterglas. Neue Glas-Eigenschaften nach Maß werden durch die Einführung neuer chemischer Bestandteile erzielt. Drei Tendenzen lassen sich in der heutigen Glasentwicklung feststellen: 1. Veränderung der Glaszusammensetzung, 2. Veränderung der Glasstruktur und, aus beiden resultierend, 3. die Entwicklung neuer Technologien der Herstellung. Viele moderne Glasprodukte sind das Ergebnis aller drei Tendenzen.

Vorwiegend durch Veränderung der Glaszuammensetzung wurden nicht nur neue optische Gläser mit extremen optischen Daten entwickelt, sondern auch leichte und stark lichtbrechende Brillengläser, Glaselektroden für Laboratorien und die chemische Technik, Laserglas, Glasperlen mit extrem hoher Lichtbrechung zur Verwendung in Verkehrsschildern, Glasfasern für Kunststoff- und Betonverstärkung, niedrigschmelzende Glaslote für elektronische Bauelemente sowie optische Fasern für die medizinische Endoskopie.

Die Veränderung der Glasstruktur, das heißt des inneren Gefüges, steht bei Gläsern im Vordergrund, die einen bewußt herbeigeführten heterogenen Aufbau besitzen. Eine Entmischung des homogenen Glas-Schmelzflusses, meist durch eine thermische Nachbehandlung herbeigeführt und seit langem in den Rubingläsern bekannt, ergibt innerhalb eines Werkstücks ein submikroskopisches Nebeneinander von zwei verschieden zusammengesetzten Gläsern. Solche Produkte dienen beispielsweise zur Herstellung von Brillengläsern mit helligkeitsabhängiger Lichtdurchlässigkeit oder von porösen Gläsern, die man für die Meerwasserentsalzung braucht.

Die Ausscheidung von mehr oder weniger großen Kristallen mit variierbarer Zusammensetzung aus der glasigen Matrix führt zu thermoschockfestem Haushaltsgeschirr und feuerfesten Herdplatten, bildet die Basis für die Herstellung transparenter Glaskeramiken und ermöglicht die Produktion von glaskeramischem Material für Bio-Implantate und von astronomischen Spiegelträgern mit extrem niedriger thermischer Ausdehnung.

Neben die ursprüngliche Technologie, Glas aus festen Rohstoffen durch Schmelzen über 1200 °C zu erzeugen, trat die Möglichkeit, Glas aus flüssigem Ausgangsmaterial durch Hydrolyse oder Pyrolyse zu gewinnen. Die Ergebnisse sind hochreine Substanzen für optische Fasern. Auch gelingt es auf diese Weise, glasige Schichten auf Werkstücke aufzuziehen, um deren Reflexionsverhalten zu ändern.

Sogar aus der Gasphase läßt sich heute Glas erzeugen. Glasschichten können so als Korrosionsschutz oder zur Verbesserung der Kratzfestigkeit weicher Materialien aufgedampft werden. Ebenso erzeugt man Gläser für Lichtleitfasern, die aufgrund ihrer extrem niedrigen optischen Dämpfung und ihres minutiösen inneren Brechungsindexprofils die Übertragung von Telefongesprächen mit Laserlicht über große Entfernungen ermöglichen.

Zunehmende Bedeutung gewinnt schließlich die nachträgliche Veränderung der Glaszusammensetzung von der Oberfläche her durch Einbringen des Glaskörpers in eine Salzschmelze. Auf diesem Weg lassen sich gleichmäßige Abstufungen der Glaseigenschaften (beispielsweise der Brechungsindex) von außen nach innen erzeugen, was für die Herstellung optischer Geräte von großem Nutzen ist.

Referat:

Der Mensch als Betrachter seines Lebensraumes – Chemie im Dienste der Informationsspeicherung

Eberhard Klein, Agfa Gevaert AG., Leverkusen

Für die Betrachtung unserer Umwelt ist die Übertragung optischer Signale sowie deren Speicherung und Dokumentation von entscheidender Bedeutung. Physikalische Hilfsmittel unterstützen das Auge und erweitern seine Leistungsfähigkeit. Die Chemie hilft, die spektrale Empfindlichkeit des Auges zu erweitern, vor allem aber Informationen dauerhaft – wenn erwünscht auch in Farbe – festzulegen. Der bedeutendste chemische Speicher für optische Signale ist die fotografische Schicht. Durch chemische Veränderungen ihrer Zusammensetzung läßt sie sich ungemein vielfältigen Aufnahmebedingungen anpassen:

– Entfernte, sehr lichtschwache Objekte im Weltraum werden durch Summierung der von ihnen ausgehenden optischen Signale erkennbar. Die Sensibilisierung der Aufnahmematerialien für Infrarot ergibt neue Informationen (Sternhaufen, Spiralnebel, Mondaufnahmen).

– Eine Transformation der Helligkeiten über steile Kennlinien der Aufzeichnungsmaterialien helfen der Geodäsie, Meteorologie und Archäologie (Luftaufnahmen, Aufnahmen von Satelliten).

– Interferometrie und Schlierenaufnahmen lassen Brechungsindex-Unterschiede und Oberflächenstrukturen erkennen; die Beobachtung im polarisierten Licht erlaubt Differenzierung nach unterschiedlicher Spannung oder Anisotropie.

– Die naturgetreue Aufzeichnung von farbigen Objekten ist nahezu perfekt. Farbunterschiede, die das Auge nicht mehr erfaßt, werden durch „Falschfarbenfotografie" sichtbar.

– Mit speziellen Schichten lassen sich Zonen gleicher Helligkeit (Äquidensiten) registrieren; hierdurch werden Meßverfahren verbessert, Diagnosen sicherer und die integrale Digitalisierung von Bildern möglich.

– Extrem schnelle Bewegungsvorgänge werden durch Blitzbelichtungen bis in den Nanosekundenbereich, langsame Bewegungen durch Zeitrafferaufnahmen erfaßbar.

– Stereoaufnahmen und jüngst die Holografie ermöglichen die räumliche Wiedergabe von Objekten.

– Die Aufzeichnung von Signalen im Bereich der ultravioletten Strahlen, Gammastrahlen (Röntgenstrahlen) und Elektronenstrahlen ist für die medizinische Diagnose und in der naturwissenschaftlichen Forschung unentbehrlich geworden.

– Ökologische, landwirtschaftliche und kriminalistische Untersuchungen benutzen die Infrarotfotografie und die selektive Sensibilisierung in ausgewählten Spektralbereichen.

Für die zahlreichen und so sehr verschiedenen Aufgabenbereiche werden Beispiele vorgeführt, die Erläuterung der zu Grunde liegenden chemischen Prinzipien begleitet diese Demonstration. Auch Probleme der Informationsaufzeichnung und der damit verbundenen Dokumentation werden behandelt: In diesem Zusammenhang sind die Grenzen der Empfindlichkeit von Sensoren und Speichern, die Kapazität und Güte der Aufzeichnung von Interesse. Beschrieben werden vor allem die Halogensilberspeicher und die Beiträge der Chemie zur Farbwiedergabe und zur Anpassung an bestimmte Strahlungen. Es wird aber auch auf andere chemische Speicher hingewiesen.

Die Erkennung von Entwicklungsstörungen in der frühen Schwangerschaft durch Fruchtwasseruntersuchung* **

K. Knörr

Department für Gynäkologie und Geburtshilfe der Universität Ulm

Detection of Genetic Defects by Amniocentesis in Early Pregnancy

Summary. In the view of the obstetrician the development of prenatal diagnosis of genetic diseases is the consequent continuation of preventive measures for mother and child during prenatal care. In vitro cultivation of fetal cells after amniocentesis in the beginning second trimester enabled the use of those cells for cytogenetic and biochemical analyses. In doing so, chromosomal anomalies, an increasing number of inborn metabolic diseases and open neural tube defects can be detected or excluded in early pregnancy.

We are today in a position to encourage carrier families suffering from hereditary defects to have children in cases which have so far been dissuaded from pregnancy.

Due to the fact that in approximately 95% of the cases an inborn anomaly can be excluded prenatal diagnosis of congenital defects has got a positive effect on the ongoing pregnancy and over all family planning.

Based on our studies of 1000 amniocenteses indications, risks and results are being presented. The diagnostic possibilities of the fetoscopy are being discussed in the light of the first own experiences.

Key words: Amniocentesis – Prenatal Diagnosis – Chromosomal anomalies – Hereditary metabolic disorders – Fetoscopy.

Zusammenfassung. Die Entwicklung der vorgeburtlichen Diagnostik stellt aus der Sicht des Geburtshelfers eine konsequente Fortsetzung der Bestrebungen dar, drohende Gefahren für das Kind so früh wie möglich zu erkennen. Durch Punktion des Fruchtwassers in der frühen Schwangerschaft lassen sich kindliche Zellen gewinnen, in vitro kultivieren und zur cytogenetischen und biochemischen Analyse verwenden. Auf diese Weise können Chromosomenanomalien, eine Reihe erblich bedingter Stoffwechselerkrankungen und offene Spaltbildungen des Neuralrohres zuverlässig nachgewiesen oder ausgeschlossen werden.

Man kann daher heute mit bestimmten erblichen Defekten hochgradig belastete Familien mit Kinderwunsch zu einer Schwangerschaft ermutigen, denen man bisher von weiteren Graviditäten abraten mußte. Da in ca. 95% der Fälle eine angeborene Anomalie ausgeschlossen werden kann, wirkt sich die vorgeburtliche Diagnostik kongenitaler Anomalien positiv auf die Erhaltung der Schwangerschaft und die gesamte Familienplanung aus.

An Hand des eigenen Beobachtungsgutes von 1000 Fruchtwasserpunktionen werden die Indikationen, Risiken und Ergebnisse erläutert.

Auf die diagnostischen Möglichkeiten durch die Fetoskopie wird an Hand erster Erfahrungen verwiesen.

In der Hand des Erfahrenen stellt der Eingriff der Fruchtwasserpunktion ein risikoarmes und diagnostisch zuverlässiges Verfahren dar; es ist inzwischen als Routinemethode in bestimmten Zentren etabliert.

Schlüsselwörter: Amniocentese – Angeborene Stoffwechselkrankheiten – Chromosomenanomalien – Fetoskopie – Pränatale Diagnostik.

* Vortrag auf der 109. Versammlung der Gesellschaft Deutscher Naturforscher und Ärzte, Stuttgart 19.–23. September 1976

** Mit Unterstützung der Deutschen Forschungsgemeinschaft im Rahmen des Schwerpunktprogrammes „Pränatale Diagnose genetisch bedingter Defekte"

Einleitung

Seit einigen Jahren stehen diagnostische Verfahren zur Verfügung, die es ermöglichen, bestimmte *angeborene Anomalien* der Frucht bereits in der *frühen* Gravidität zu erkennen. Die Fortschritte in diesem Bereich der Präventivmedizin haben sich als Folge naturwissenschaftlicher Erkenntnisse, insbesondere der Genetik und Zytogenetik, ergeben. Genannt sei in diesem Zusammenhang die *Darstellung des menschlichen Karyotypus* im Jahre 1956 [23] und die *Aufdeckung von Chromosomenaberrationen* als Ursache angeborener Anomalien in rascher Folge ab dem Jahre 1959, als nachgewiesen werden konnte, daß der Mongolismus auf eine Trisomie des Chromosoms Nr. 21 zurückzuführen ist [16]. Parallel vollzog sich die Aufdeckung einer Vielzahl *angeborener Enzymdefekte* – der *„Inborn Errors of Metabolism"* – mit der rapiden Entwicklung geeigneter Testverfahren [22]. Eine Schrittmacherfunktion kam dabei den neuen *Techniken der Gewebe- und Zellkultivierung* zu [14].

Die Diagnose kongenitaler Defekte wird in der überwiegenden Mehrzahl aus den Zellen des betroffenen Individuums gestellt. Die vorgeburtliche Diagnose hat daher die *Gewinnung von fetalen Zellen* zur Voraussetzung. Da kindliche Zellen in das Fruchtwasser abgeschilfert werden, können sie mittels der Fruchtwasserpunktion – der *Amniocentese* – und über die Kultivierung in vitro zur Diagnostik herangezogen werden.

Der Zeitpunkt der Amniocentese in der Frühgravidität

Die *Amniocentese für die Zwecke der pränatalen Diagnose angeborener Fehlbildungen* sollte sowohl im Hinblick auf die Konsequenzen als auch in Anbetracht der psychischen Belastung der Schwangeren zu einem möglichst frühen Termin erfolgen. Die Wahl des Zeitpunktes muß jedoch den entwicklungsphysiologischen Bedingungen der Frucht Rechnung tragen und aus operationstechnischen Gründen in Abhängigkeit von der Größe des Uterus erfolgen.

Fetale Zellen gelangen außer von der Amnionhülle und der Haut etwa ab der 14. Schwangerschaftswoche auch aus dem Nasen-Rachenraum und dem Harnwegssystem in das Fruchtwasser und sind dort in ausreichender Zahl ab der 15.–16. Schwangerschaftswoche suspendiert [4, 17]. Etwa 20% von ihnen sind noch vital und vermehrungsfähig. Damit besteht die Chance, sie in vitro zu kultivieren und zum Nachweis oder Ausschluß einer Anomalie zu benutzen [14].

Zum gleichen Zeitpunkt sind im Mittel 170–180 ml Amnionflüssigkeit vorhanden [1, 4, 5]. Die zur Diagnostik benötigten 10–15 ml Fruchtwasser werden schnell ersetzt, der Entzug wird schadlos toleriert. Um diese Zeit hat auch der Uterus eine Größe erreicht, die die Durchführung der Amniocentese auf transabdominalem Wege erlaubt.

Die genannten Parameter: Fruchtwassermenge, Zellgehalt und Größe des Uterus lassen somit die 15.–16. Schwangerschaftswoche für die vorgeburtliche Diagnostik kongenitaler Anomalien als den frühest geeigneten Zeitpunkt erscheinen.

Die Technik der Amniocentese in der Frühschwangerschaft

Als wichtigste Forderung gilt, Verletzungen des Feten und der Plazenta zu vermeiden. Zur Ermittlung der optimalen Punktionsstelle und zur Durchführung der Amniocentese leistet das *Ultraschallverfahren* entscheidende Hilfe [19]. Über der im Ultraschallbild festgestellten optimalen Punktionsstelle wird nach Desinfektion (und fakultativ Lokalanaesthesie) mit einer Spezialkanüle eingegangen [8]. Das Eindringen der Nadel in die Amnionhöhle kann unter dem entsprechend aufgesetzten Ultraschallkopf verfolgt werden (Abb. 1 und 2). Im eigenen Beobachtungsgut konnte durch die Sichtpunktion das Risiko einer durch den Eingriff induzierten Fehlgeburt von 1,6% auf 0,4% gesenkt werden [9–13].

Das Risiko für die Frucht ist demnach – gemessen an dem genetischen Risiko der einzelnen Indikationsgruppen (s. S. 4) – gering. Nach den eigenen Verlaufsstudien ist in Übereinstimmung mit den Angaben in der Literatur keine Beeinträchtigung des Schwangerschaftsverlaufes und der späteren Entwicklung der Kinder zu verzeichnen [12, 13].

Nach den übereinstimmenden, bisherigen Erfah-

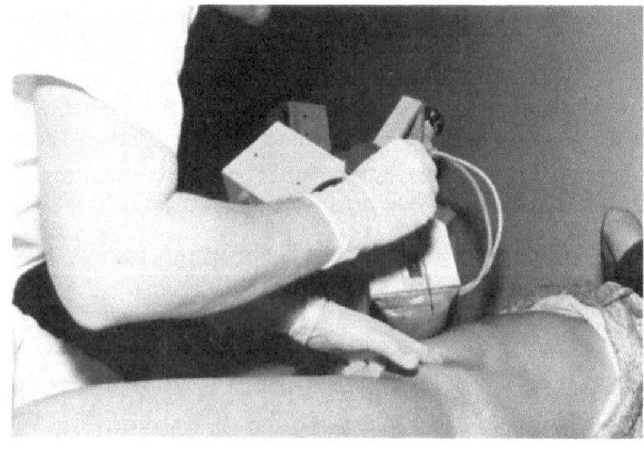

Abb. 1. Über der im Ultraschallbild als günstig ermittelten Punktionsstelle wird nach Desinfektion (und fakultativ Lokalanaesthesie) mit der Ultraschallsichtkanüle eingegangen. Das Eindringen der Nadel in die Amnionhöhle kann unter dem entsprechend aufgesetzten Ultraschallkopf verfolgt werden

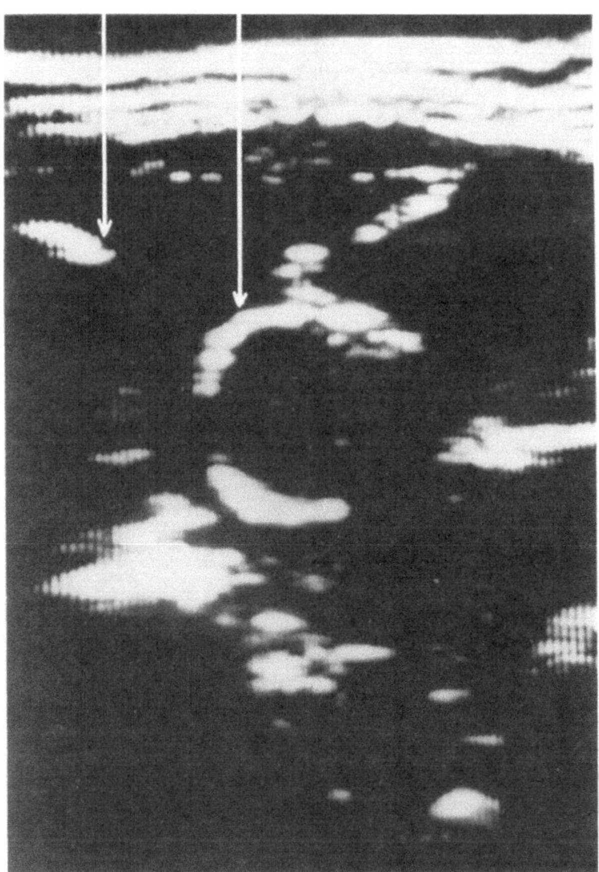

Abb. 2. Die Ultraschallsichtkanüle (↓ links im Bild) ist in der Amnionhöhle deutlich sichtbar. Sie kann kontrolliert so geleitet werden, daß fetale Teile (↓ Kopf des Fetus in Bildmitte) nicht tangiert werden

rungen bestehen höchst selten Gefahren für die Mutter [9–13, 15, 17].

Die Kultivierung der fetalen Zellen für die pränatale Diagnostik

So zuverlässig wie die Fruchtwasserpunktion muß auch die *Zellkultivierung* gelingen. Es ist zu bedenken, daß jeder Züchtungsversager eine Wiederholung der Amniocentese nach sich zieht – eine für die Schwangere außerordentlich große psychische Belastung. Mit Engagement und zunehmender Erfahrung kann die Versagerquote auf ein Minimum von unter 1% gesenkt werden [1].

Für die Züchtung der Amnionzellen werden bis zur Erstellung der cytogenetischen Diagnose im Mittel 14 Tage benötigt. Für die biochemische Diagnostik sind – je nach Test – 3–6 Wochen zu veranschlagen [14].

[1] Ergebnisse der Abteilung Klinische Genetik der Universität Ulm (Komm. Leiterin: Prof. Dr. H. Knörr-Gärtner)

Indikationen zur Fruchtwasseruntersuchung in der frühen Schwangerschaft

Die Indikation zur vorgeburtlichen Diagnostik richtet sich nach dem genetischen Risiko, das im Zuge der genetischen Beratung für jeden Einzelfall ermittelt wird. Bei folgenden Risikogruppen ist der Nachweis oder Ausschluß eines genetisch bedingten Defektes mit Hilfe einer Fruchtwasserpunktion in der frühen Schwangerschaft angezeigt:

1. *Chromosomentranslokationen:* Diese erblichen Chromosomenumbauten werden nach den Mendelschen Gesetzen über Generationen hinweg weitergegeben. Dabei ist ein Elternteil Träger einer solchen Chromosomenaberration in der sogenannten balancierten Form, er besitzt also als Translokationsheterozygoter die Strukturanomalie bei normalem äußeren Erscheinungsbild. Das Risiko für die Weitergabe des Translokationschromosoms an die nachfolgende Generation ist stets hoch, zahlenmäßig jedoch von verschiedenen zusätzlichen Faktoren abhängig. Grundsätzlich sind vier Möglichkeiten der Weitergabe in Betracht zu ziehen: Erstens kann das Kind zytogenetisch und phänotypisch normal, zweitens zytogenetisch und phänotypisch abnorm – also mißbildet – sein, oder es kann drittens die Strukturanomalie wie der übertragende Elternteil in balanciertem Zustand besitzen; es wird dann äußerlich normal, aber ebenfalls Überträger der Chromosomenanomalie sein. Bei etwa einem weiteren Viertel der Fälle kommt es auf Grund der abnormen Chromosomenkonstitution zu frühen Keimverlusten, die unbemerkt ablaufen oder als Fehlgeburt klinisch manifest werden. In Anbetracht dieser hohen genetischen Belastung ist die Indikation zur praenatalen Diagnostik also zwingend, wenn die Schwangere selbst oder ihr Ehepartner nachgewiesener Überträger einer vererbbaren Chromosomentranslokation ist (Tabelle 1).

2. Nach der Geburt eines Kindes mit einer *nicht vererbbaren Chromosomenanomalie* ist das *Wiederholungsrisiko* um etwa das Doppelte gegenüber der Vergleichspopulation erhöht. Frauen, die bereits ein Kind mit einer solchen Chromosomenanomalie geboren haben, z.B. ein Kind mit einem „einfachen" Trisomie-Mongolismus, verlangen daher aus verständlichen Gründen heute die vorgeburtliche Diagnostik. Nicht wenige von ihnen wagen erst dann eine neue Schwangerschaft, wenn ihnen die Fruchtwasseruntersuchung in der frühen Gravidität zugesichert werden kann (Tabelle 1).

3. Das Risiko, ein Kind mit *Mongolismus (Down-Syndrom)* oder einer anderen Trisomie zur Welt zu bringen, nimmt mit *zunehmendem Alter der Mutter* eindeutig zu. Die Häufigkeit der Geburt eines mongoloiden Kindes wird in der Gesamtbevölkerung mit

Tabelle 1. Ergebnisse von 1000 diagnostischen Amniocentesen

Indikationsgruppen	Gesamtzahl	Normal	Abnorm		Anomalierate in %	Interruptio
			bal. Translokation	abnormer Befund i.e.S.		
Ein (oder beide) Elternteil(e) Träger einer Chromosomentranslokation	18	8	5	5	28 (56)	6
Biochemische Defekte	21	15 (14)		6 (+einmal falsch neg.)	28,5 (33,3)	6
Geschlechtsgebundene Erbkrankheiten	15	7[a]		8 (♂)	53,3	8
Mütterliches Alter, 35–39 Jahre	338	332 (329)	3 (2× de novo 1× patern)	6	1,8 (2,7)	6
Mütterliches Alter, 40 Jahre und darüber	245	235		10	4,1	9 (1× verweigert)
Vorausgegangene Geburt eines Kindes mit Down-Syndrom	173	171		2	1,2	2
Vorausgegangene Geburt (Abort) mit anderen nicht vererbbaren Chromosomenanomalien	35	35		–	0	–
Down-Syndrom in der weiteren Familie	34	34		–	0	–
Vorausgegangene Geburt eines Kindes mit neuralen Spaltbildungen	38	37		1	2,6	1
Neurale Spaltbildung in der weiteren Familie	4	4		–	0	–
Varia	79	79 (78)	1× de novo Inversion X	–	0 (1,3)	1× Desid. interrupt.

[a] Darunter 1 Knabe, bei dem ein Menkes-Syndrom biochemisch aus den kultivierten Amnionzellen ausgeschlossen werden konnte

1:600 Geburten veranschlagt (=0,16%). Dieses Risiko steigt nach statistischen Untersuchungen bei 35–39jährigen auf ca. 0,5% und ab dem 40. Lebensjahr auf ca. 2%. Bezieht man auch andere chromosomale, ebenfalls altersabhängige Trisomien (E-Trisomie-Edwards-Syndrom, D-Trisomie-Patau-Syndrom, XXY-Konstellation-Klinefelter-Syndrom, XXX-Konstellation-Superfemale) mit ein, so sind die Anomalieraten noch höher zu veranschlagen. Sie betragen für das pränataldiagnostische Klientel der Ulmer Gruppe bei den 35–39jährigen Frauen knapp 2% und bei den Schwangeren ab dem 40. Lebensjahr rund 4% (Tabelle 1). Erhöhtes Gebäralter, spätestens ab dem 38., besser ab dem 35. Lebensjahr, ist demnach eine der wichtigsten Indikationen zur pränatalen Diagnostik.

4. Bei Überträgerinnen eines *geschlechtsgebundenen Erbleidens* wird durch die pränatale Diagnostik das Geschlecht des Feten festgestellt. Weibliche Individuen können den Gendefekt von Generation zu Generation übertragen, ohne selbst zu erkranken. Hingegen besteht für männliche Nachkommen ein Risiko von 50% einer Manifestation des Leidens, z.B. der Bluterkrankheit. Es ist also zu bedenken, daß der spezifische Ausschluß oder Nachweis der in Frage stehenden Erkrankung bei den männlichen Feten bisher nicht möglich ist, eine Tatsache, die bei der Beratung der Ehepaare berücksichtigt werden muß. Aber auch hier sind die Dinge im Fluß. Ein eindrucksvolles Beispiel ist das Menkes-Syndrom. Seit kurzem kann man den Defekt bei männlichen Feten in der Amnionzellkultur nachweisen oder ausschließen [6] (Tabelle 1).

5. Eine weitere Risikogruppe umfaßt Familien, in denen ein Kind mit einer autosomal-rezessiv vererbbaren *Stoffwechselkrankheit* geboren wurde. Aus der Gruppe von ca. 200 angeborenen metabolischen Defekten können heute bereits annähernd 50 pränatal nachgewiesen oder ausgeschlossen werden. Jedes einzelne dieser Leiden ist zwar selten; insgesamt bilden sie jedoch eine umfangreiche Ursachengruppe geistig und körperlich schwerst behinderter Kinder (Tabelle 1).

6. *Offene Spaltbildungen des Gehirns und des Rükkenmarks* sind seit kurzem durch die Bestimmung der Alpha-Fetoproteine (AFP) im Fruchtwasser der vorgeburtlichen Diagnostik zugänglich geworden [3, 5, 20]. Diese multifaktoriell bedingten Entwicklungsstörungen bergen ein erhöhtes Wiederholungsrisiko (ca. 5%). Deshalb ist die pränatale Diagnostik indiziert,

wenn bereits ein Kind (oder Kinder) mit Spaltbildungen in der eigenen Familie oder in der unmittelbaren Verwandtschaft geboren wurde(n). Unabhängig von der speziellen Indikation wird die AFP-Bestimmung heute routinemäßig bei jeder diagnostischen Amniocentese vorgenommen; ebenso wird bei gegebener Indikation zur Ermittlung der AFP-Werte stets auch die Chromosomendiagnostik durchgeführt.

Besonders die Indikationsgruppen mit genetischer Belastung durch Chromosomentranslokationen und angeborene Stoffwechselleiden stellen eindrucksvolle Beispiele für den Wandel dar, der sich mit der pränatalen Diagnostik vollzogen hat. Familien mit vererbbaren Chromosomenfehlern oder Enzymopathien mußte man auf Grund der empirischen Risikoziffern bisher von Schwangerschaften abraten und gegebenenfalls die Sterilisation eines Ehepartners zur Verhütung weiteren Unglücks empfehlen. Seit die Möglichkeit der vorgeburtlichen Diagnostik besteht, können auch diese Ehepaare zur Schwangerschaft und zur Erfüllung ihres Kinderwunsches ermutigt werden. Die vorgeburtliche Diagnostik erlaubt im Gegensatz zu den bisher allein gültigen statistischen und empirischen Risikoziffern der genetischen Belastung eine präzise individuelle, alternative Aussage darüber, ob ein gesundes oder ein abnormes Kind zu erwarten ist.

Ergebnisse von 1000 eigenen diagnostischen Amniocentesen

In Tabelle 1 sind die Indikationsgruppen für die vorgeburtliche Diagnostik und die Ergebnisse der ersten 1000 eigenen Amniocentesen dargestellt. Sie bestätigen das hohe Risiko der Gruppen mit erblichen Chromosomentranslokationen, familiären Stoffwechselleiden, geschlechtsgebundenen Erbkrankheiten und der Frauen im erhöhten Gebäralter, insbesondere ab dem 40. Lebensjahr. In der Gruppe der „Varia" sind vor allem die Frauen enthalten, bei denen die pränatale Diagnostik auf Grund psychischer Belastungen durchgeführt wurde. Es sind in der Mehrzahl Kinderärztinnen, Kinderschwestern, Heilpädagoginnen, Sozialfürsorgerinnen, Lehrerinnen an Sonderschulen usw., also Angehörige von Berufsgruppen, die oft oder ständig mit mißbildeten bzw. behinderten Kindern konfrontiert werden und aus der Angst vor der Geburt eines solchen geschädigten Kindes um die Amniocentese ersuchen.

Bei rund 4% der Beobachtungen wurde eine abnorme Frucht diagnostiziert (Tabelle 2) und ein Schwangerschaftsabbruch aus genetischer Indikation durchgeführt (Tabelle 1). Bei Nachweis von balancierten Translokationen (0.9%) kann die Schwangerschaft belassen werden bzw. ist die Interruptio nicht indiziert (s. S. 1196).

Tabelle 2. Ergebnisse von 1000 diagnostischen Amniocentesen

Gesamtzahl der diagnostischen Amniocentesen: 1000				
davon				
abnorm:	38 =	3.8%	4.7% (abnorm + bal. Überträger)	4.8% (gesamt)
bal. Überträger:	9 =	0.9%		
falsch negativer biochemischer Befund:	1 =	0.1%		

Die Fetoskopie

Entzogen hat sich bisher der vorgeburtlichen Diagnostik – abgesehen von den offenen neuralen Spaltbildungen – die relativ umfangreiche Gruppe der multifaktoriell verursachten, vielfach mit multiplen, äußerlich sichtbaren Abnormitäten einhergehenden Mißbildungen. Ihre pränatale Erkennung erscheint dringlich, da auch diese Defekte familiär gehäuft vorkommen können und da ein erhöhtes Wiederholungsrisiko nach der Geburt eines solchen Kindes besteht. Zu ihrem Nachweis in der frühen Schwangerschaft bietet sich als neues Verfahren die *Fetoskopie* an [2, 10, 18]. Sie gestattet auch die Punktion plazentarer Gefäße, um bei Verdacht auf eine Hämoglobinopathie diagnostische Aufschlüsse zu gewinnen [7].

Die ersten Resultate mit den neueren Geräten und unter Anwendung des Ultraschallsichtverfahrens sind ermutigend [10, 18]. Das eigene Beobachtungsgut umfaßt 31 Fetoskopien, die anläßlich genehmigter Schwangerschaftsabbrüche mit ausdrücklichem Einverständnis der Frauen durchgeführt wurden. Siebenmal fand das Verfahren aus rein diagnostischen Gründen Anwendung; dabei ließ sich einmal eine Anomalie des Gesichtsschädels nachweisen.

Aus entwicklungsphysiologischer Sicht und nach den bisher gesammelten Erfahrungen scheint für die Durchführung der Fetoskopie der Zeitraum zwischen der 17. – 19. Schwangerschaftswoche am besten geeignet. Die Methode kann bei strengster Indikationsstellung in das Repertoire der pränatalen Diagnostik eingebaut werden.

Stellung und Wert der vorgeburtlichen Diagnostik

Der Tatsache, daß – übereinstimmend mit den Ergebnissen anderer Arbeitsgruppen – bei ca. 95% der untersuchten Schwangeren eine Anomalie des Feten pränatal ausgeschlossen werden konnte, kommt ein besonderes Gewicht zu, bedeutet doch der pränatale Ausschluß einer Mißbildung angesichts der genetischen Belastung die Befreiung von Angst und Sorge um das Ungeborene. Die vorgeburtliche Diagnostik wirkt sich auf diese Weise eindeutig positiv auf die

Erhaltung der Gravidität und die gesamte Familienplanung aus. Dies gilt besonders für Schwangere in fortgeschrittenem Alter und für Familien mit vererbbaren Chromosomenanomalien und Stoffwechselerkrankungen. Nicht selten sind die Frauen, die sich heute bei gegebenem Risiko ausschließlich im Vertrauen auf die pränatale Diagnostik zu einer erneuten Schwangerschaft entschließen und diejenigen, die – auf die Möglichkeiten der vorgeburtlichen Erkennung genetisch bedingter Defekte aufmerksam gemacht – von der beabsichtigten Schwangerschaftsunterbrechung Abstand nehmen.

Diese Einstellung geht auch aus einer Umfrage hervor, die an die ersten 305 Frauen des eigenen Kollektives gerichtet wurden. Nahezu alle – insgesamt 95,6% – sprachen sich „unbedingt", (91,3%) bzw. „unter Umständen" d.h. je nach Risiko (4,3%) für die vorgeburtliche Diagnostik im Falle einer erneuten Schwangerschaft aus. Bei den restlichen war der Kinderwunsch erfüllt. Nur eine Patientin lehnte eine nochmalige Amniocentese als Katholikin aus Gewissensgründen ab [21].

Die sich bei Feststellung einer Anomalie des Feten ergebenden Konsequenzen stellen den Arzt vor eine neue Situation. Für ihn galt und gilt die Devise, eine exakte Diagnose zu stellen, um eine gezielte Therapie vornehmen zu können. Bei der vorgeburtlichen Erkennung angeborener Anomalien vermag er für eine ganze Skala von ihnen zwar eine eindeutige Diagnose zu stellen, ohne jedoch therapeutische Möglichkeiten zur Verfügung zu haben. Als Konsequenz bleibt einzig und allein der Schwangerschaftsabbruch.

Der Gesetzgeber hat bei der Neufassung des § 218 dieser Situation durch die Anerkennung der genetischen Indikation zur Schwangerschaftsunterbrechung Rechnung getragen. Die juristische Klärung und Rechtfertigung kann jedoch nicht darüber hinwegtäuschen, daß viele Fragen religiöser und ethischer Natur offen bleiben. Es ist nicht angängig, diese Problematik unter dem Aspekt der Gesellschaft oder der sozialen Belastungen anzugehen. Vielmehr bedarf es hier unausweichlich der individuellen, freien Entscheidung der Ehepartner und auch des ausübenden Arztes und seiner Mitarbeiter. Auf die Respektierung dieser individuellen Entscheidungsfreiheit muß auch die genetische Beratung von vornherein ausgerichtet sein. So gesehen – also unter voller Würdigung der persönlichen Freiheit – erscheint das Vordringen in den Lebensraum des Ungeborenen gerechtfertigt.

Literatur

1. Abramovich, D.R.: The volume of amniotic fluid in early pregnancy. J. Obstet. Gynaec. Brit. Cwlth. **77**, 865 (1970)
2. Benzie, R.J., Doran, T.A.: The "fetoscope" – A new clinical tool for prenatal genetic diagnosis. Amer. J. Obstet. Gynec. **121**, 460 (1975)
3. Brock, D.J.H., Sutcliffe, R.G.: Alpha-fetoprotein in the antenatal diagnosis of anencephaly and spina bifida. Lancet II 197 (1972)
4. Brusis, E., Nitsch, B., Wengeler, H.: Fruchtwasser und Amnion. In: „Klinik der Frauenheilkunde und Geburtshilfe" von H. Schwalm, G. Döderlein, K.H. Wulf (Edts.) Bd. 4, 667 (1975)
5. Emery, A.E.H., Brock, D.J.H., Burt, D., Eccleston, D.: Amniotic fluid composition in malformations of the fetal central nervous system. J. Obstet. Gynaec. Brit. Cwlth. **81**, 512 (1974)
6. Horn, U.: Copper Incorporation Studies on Cultured Cells for Prenatal Diagnosis of Menkes' Disease. The Lancet, May **29**, 1156 (1976)
7. Jensen, M., Zahn, V.: Fetoskopie – eine neue Methode in der praenatalen Diagnostik. Münch. med. Wschr. **118**, 625–628 (1976)
8. Jonatha, W.: Amniocentese unter Ultraschallsicht in der Frühschwangerschaft. Electromedica **3**, 94 (1974)
9. Jonatha, W., Knörr, K., Knörr-Gärtner, H.: Erfahrungen und Ergebnisse der praenatalen Diagnostik angeborener Anomalien. Fortschr. Med. **92**, 974 (1974)
10. Jonatha, W., Tettenborn, U., Knörr, K.: Grenzen moderner Invasiv-Diagnostik XIX: Amniozentesen. Diagnostik **10**, 413–416 (1977)
11. Knörr, K., Jonatha, W., Knörr-Gärtner, H.: Die genetische Risikoschwangerschaft (Technik der Amniocentese, Indikationen, eigene Ergebnisse). Geburtsh. u. Frauenheilk. **33**, 1890 (1973)
12. Knörr, K.: Technik und Risiken pränatal-diagnostischer Maßnahmen. Mschr. Kinderheilk. **123**, 196 (1975)
13. Knörr, K., Jonatha, W., W., Tettenborn, U.: Gynäkologische Aspekte der pränatalen Diagnostik angeborener Anomalien. Münch. Med. Wschr. **118**, 19, 589 (1976)
14. Knörr-Gärtner, H.: Methodische Grundlagen der Amnionzellkultur. Mschr. Kinderheilk. **123**, 199 (1975)
15. Lindsten, J., Zetterström, R., Ferguson-Smith, M. (Ed.): Prenatal Diagnosis of Genetic Disorders of the Foetus. Editions Inserm, Paris. Suppl. Acta Pediatrica Scand. 11 N°259
16. Lejeune, J., Turpin, R., Gautier, M.: Le mongolisme, Premier example d'aberration autosomique humaine. Ann. Génét. **1**, 41 (1959)
17. Milunsky, A.: The prenatal Diagnosis of Hereditary Disorders. Springfield Jll. Charles L. Thomas, 1973
18. Rauskolb, R.: Fetoskopie – klinische Erfahrungen. Geburtsh. u. Frauenheilk. **37**, 304–311 (1977)
19. Saling, E.: Technik der Amniozentese in der Frühschwangerschaft. Diagnostik **8**, 315–317 (1974)
20. Seppälä, M., Ruoslahti, E.: Alpha-fetoprotein: Physiology and pathology during pregnancy and application to antenatal diagnosis. J. Perinat. Med. **1**, 104 (1973)
21. Tauch, E.: Inaugural-Dissertation, Ulm (in Vorbereitung)
22. Teller, W.M.: Pränatale Diagnostik bei hereditären Stoffwechselkrankheiten. DMW **100**, 1674 (1975)
23. Tjio, J.H., Levan, A.: The chromosome number of man. Hereditas (Lund) **41**, 1 (1956)

Prof. Dr. K. Knörr
Department für Gynäkologie und Geburtshilfe
der Universität
Prittwitzstraße 43
D-7900 Ulm (Donau)
Bundesrepublik Deutschland

Immunologische HLA-Typisierung. Ein Werkzeug zur Erfassung von Transplantationspartnern und Krankheitsdispositionen*

J.J. van Rood

Abteilung für Immunhämatologie, Universitäts-Krankenhaus Leyden, Niederlande

Immunologic HLA-typing.
A Tool for Selection of Recipients in Transplantation and for Detection of Disposition to Certain Diseases

Summary. Some decades ago, animal experiments have shown that inbred mice with completely identical genetic characteristics accept transplants between each other without any problem while transplants between individuals of genetically different strains are being rejected after a few days. It was also proven later that with men, genetical factors are responsible for acceptance or rejection of homologous transplants. These genetic factors, although they are called the HLA system, are located on the sixth chromosome.

Methods were developed to determine the inherited HLA antigens with the help of antibodies present in the blood serum of pregnant women. This determination is of great importance in preparing transplants organ, especially of kidneys, because chances of successful transplantation are the greater, the better the correspondence of HLA antigens between donor and recipient. Furthermore, there exists growing indication that HLA antigens are coupled or even partly identical with the immune response gene products. These determine whether an individual is more or less suited to develop an immunity against bacterial or viral infections. Finally, there subsist associations of certain HLA antigens and diseases such as gluten enteropathy, myasthenia gravis, multiple sclerosis, diabetes mellitus and many others.

Key words: HLA-typing – Transplantation – HLA-associated diseases.

Zusammenfassung. Schon vor einigen Jahrzehnten haben Tierversuche gezeigt, daß zwischen Mäusen aus Inzuchtstämmen, die völlig identische Erbeigenschaften aufweisen, Transplantate problemlos akzeptiert werden, während Transplantate zwischen Individuen genetisch verschiedener Stämme nach einigen Tagen abgestoßen werden. Es konnte dann erwiesen werden, daß auch beim Menschen Erbfaktoren für Annahme oder Abstoßung von Fremdtransplantaten verantwortlich sind. Diese Erbfaktoren, heute HLA-System genannt, liegen auf dem sechsten Chromosom.

Methoden wurden entwickelt, mit Hilfe von Antikörpern aus dem Blutserum schwangerer Frauen die ererbten HLA-Antigene zu bestimmen. Diese Bestimmung spielt heute eine große Rolle bei der Vorbereitung von Organverpflanzungen, besonders bei der Nierentransplantation, denn je besser die Übereinstimmung der HLA-Antigene zwischen Spender und Empfänger, um so größer sind die Chancen einer erfolgreichen Transplantation. Darüber hinaus gibt es in jüngster Zeit immer mehr Hinweise darauf, daß die HLA-Antigene gekoppelt oder sogar teilweise identisch sind mit den Immun-Response-Gen-Produkten, die bestimmen ob ein Organismus gut oder weniger gut in der Lage ist, eine Immunität gegen infektiöse Bakterien oder Viren zu entwickeln. Schließlich scheinen auch Zusammenhänge zu bestehen zwischen der Existenz ganz bestimmter HLA-Antigene und der Prädisposition zu Krankheiten, etwa der Gluten-Enteropathie, der Myasthenia gravis, der Multiplen Sklerose, des Diabetes mellitus, und viele anderen.

Schlüsselwörter: HLA-Typisierung – Transplantation – HLA-assoziierte Krankheitsdisposition.

Tierexperimentelle Basis der Transplantationsimmunität

Schon in den 30er Jahren hatten Gorer, und andere Untersucher beobachtet, daß manche Mäusestämme anfälliger für Infektionen waren als andere [1]. Durch

* Vortrag auf der 109. Versammlung der Gesellschaft Deutscher Naturforscher und Ärzte, Stuttgart 19.–23. September 1976

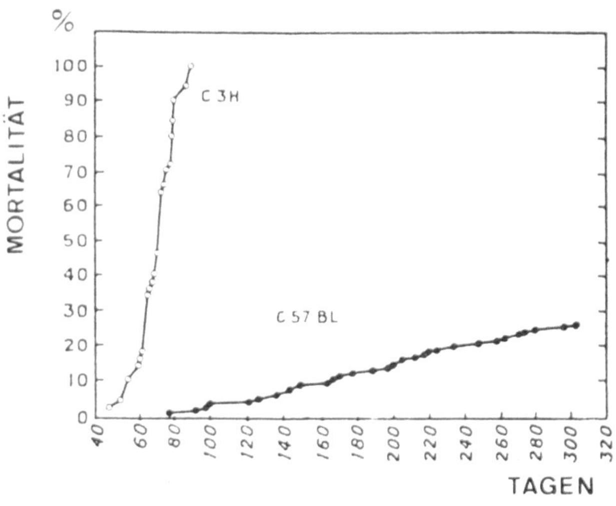

Abb. 1. Mortalität nach Infektion mit dem Gross-Leukämie Virus in zwei Mäuse Inzuchtstämmen [2]

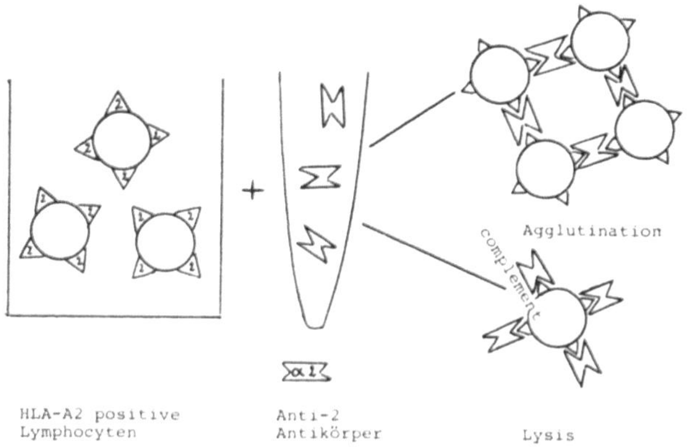

Agglutination
complement
HLA-A2 positive Lymphocyten
Anti-2 Antikörper
Lysis

Abb. 2. Prinzip der Bestimmungstechniken für Gewebe- oder Transplantationsantigene

ein geschicktes Inzuchtprogramm ist es möglich, die Individuen der Stämme so identisch werden zu lassen wie eineiige Zwillinge beim Menschen. Sie sind dann also in allen Erbeigenschaften völlig gleich und werden zum Beispiel innerhalb eines Stammes auch Transplantate voneinander problemlos akzeptieren. Wird aber ein Transplantat von dem einen auf einen anderen Stamm übertragen, so wird das Transplantat innerhalb einiger Tage abgestoßen.

Dieser Abstoßungsprozeß ist die Folge einer sich entwickelnden Immunität: der immunologische Apparat des Empfängers erkennt das Donorgewebe als etwas Fremdes. Untersuchungen haben ergeben, daß dieses „Fremde" Gewebegruppen oder Eigenschaften sind, die nicht identisch, aber doch vergleichbar sind mit den bekannten ABO-Blutgruppen, welche eine so wichtige Rolle bei der Bluttransfusion spielen. Werden nun Mäuse zwei verschiedener solcher Stämme mit einem Virus infiziert, das eine Form von Leukämie oder Blutkrebs verursacht, erfolgen sehr verschiedenartige Reaktionen.

Abbildung 1 zeigt, daß der eine Mäusestamm 40 Tage nach der Infektion mit dem Virus an Leukämie erkrankt und schnell zu Grunde geht [2]. Nach 90 Tagen sind praktisch alle Tiere gestorben. Bei dem anderen Stamm dagegen entsteht die Leukämie sehr viel später. Auch das Absterben beginnt später, so daß nach mehr als einem Jahr (für eine Maus eine sehr lange Zeit) nur ein Viertel der Tiere an Leukämie eingegangen ist.

Lilly konnte in 1964 zeigen, daß der Unterschied in der Resistenz gegen Leukämie-Viren genetisch bestimmt war [2]. Er konnte weiterhin feststellen, daß die genetischen Strukturen, die für diese Resistenz verantwortlich sind, sich auf den Chromosomen in unmittelbare Nähe von jenen genetischen Strukturen befinden, die Informationen für die Gewebe- oder Transplantationsantigene vermitteln.

Technik der Gewebetypisierung

Ende der 50er Jahre wurden Methoden entwickelt, um diese Gewebe- oder Transplantationsantigene beim Menschen zu erkennen. Es wurde festgestellt, daß Frauen während der Schwangerschaft eine Immunität entwickeln gegen jene Gewebe- oder Transplantationsantigene des Foeten, die das Kind vom Vater ererbt hat, die aber bei der Mutter nicht vorhanden sind [3, 4]. Diese Antikörper, die an sich den Foetus nicht schädigen, bilden eine ideale Quelle von Reagentien zur Bestimmung von Gewebeantigenen. Wie gesagt, sind diese Antistoffe gerichtet gegen die Antigene, die beim Vater und Kind anwesend sind, aber bei der Mutter fehlen. Auf diese Weise war es möglich, in kurzer Zeit verschiedenartige Antistoffe zu sammeln und mit deren Hilfe die Gewebegruppen oder Transplantationsantigene zu erkennen. Das Prinzip dieser Bestimmungstechnik erläutert Abbildung 2. Trägt eine Zelle – meistens ein weißes Blutkörperchen – zum Beispiel die Gewebegruppe Nummer zwei und in dem Serum ist ein Anti-2-Antikörper anwesend, so wird dieser Anti-2-Antikörper sich an die Zelle kleben.

Auf diese Weise kann eine Agglutination entstehen, oder die Zelle, die das betreffende Antigen trägt, kann mit Hilfe von anderen Serumfaktoren wie dem Komplement zerstört werden. Dieser Abtötungsprozeß ist mit Farbstoffen unter dem Mikroskop sichtbar zu machen. Wenn dagegen die Zelle nicht Gewebegruppe 2, sondern z.B. die Gewebegruppe 3 besitzt, so wird der Anti-2-Antikörper sich nicht an die Zellen binden können. Es wird keine Reaktion stattfinden und auch keine Agglutination oder Zell-Lyse auftreten.

Das Problem bei solchen Bestimmungen von Gewebegruppen ist jedoch, daß im peripheren Blut unter je zweitausend Zellen nur eine Lymphozyt vorhanden ist. Und nur die Lymphozyten können für derartige Untersuchungen verwendet werden. Auf den roten Blutkörperchen kommen nämlich die genannten Gewebegruppen nicht vor.

Der japanische Wissenschaftler Terasaki, der in Amerika arbeitet, hat eine spezielle Mikrotechnik für diese Bestimmungen entwickelt [5]. Dabei wird mit dem sogenannten Terasaki-Tray gearbeitet. Es ist dies eine Plastikplatte mit 60 kleinen Vertiefungen. In jede dieser Vertiefungen wird ein Tröpfchen Öl aufgetragen, um die Verdunstung der Reagentien zu verhindern. Unter diesen Öltröpfchen werden nun je 1000 Lymphozyten zusammengebracht mit dem tausendsten Teil von einem Kubik Milliliter Serum, in dem sich die Antikörper befinden. Wenn die Antikörper im Serum mit den Gewebegruppen auf den Lymphozyten reagieren, so kommt es – wie bereits erwähnt – mit Hilfe von den Komplement-Faktoren zur Lysis. Diese kann durch Hinzufügen eines Farbstoffes sichtbar gemacht werden. Die Zellen sind dann geschwollen und dunkel: die Reaktion ist positiv. Findet keine Reaktion statt, so bleiben die Zellen am Leben: die Reaktion ist negativ. So war es nun möglich, die Gewebegruppen beim Menschen zu analysieren [6–11]. Es erwies sich, daß dieses System – jetzt HLA-System genannt – kodiert wird durch genetische Informationen, die auf dem sechsten Chromosom liegen. Weiterhin stellte sich heraus, daß auf diesem Chromosom wiederum zwei Loci die wichtigsten Transplantationsantigene kodieren. Sie werden Locus A und Locus B genannt. Jeder Mensch besitzt zwei dieser Chromosomen, eines vom Vater, das andere von seiner Mutter.

Die A- und B-Loci sind polymorph, d.h. sowohl A- als auch B-Locus können jeder für 20 verschiedene Antigene oder Gruppen kodieren. Diese bezeichnen wir mit Nummern. So kann z.B. die genetische Information, die auf einem Chromosom liegt, für den A-Locus Antigen 1 und für den B-Locus Antigen 8 kodieren. Diese Information wird dann an das Zytoplasma der Zelle weitergegeben, die schließlich mit Hilfe des Zellmetabolismus Eiweiß bildet, das die Spezifizität 1 respective 8 hat. Beide Charakteristiken kommen nun auf der Zelloberfläche zum Ausdruck. Diese Antigene können dann mit Seren reagieren, die Antikörper gegen HLA-A1 und HLA-B8 enthalten.

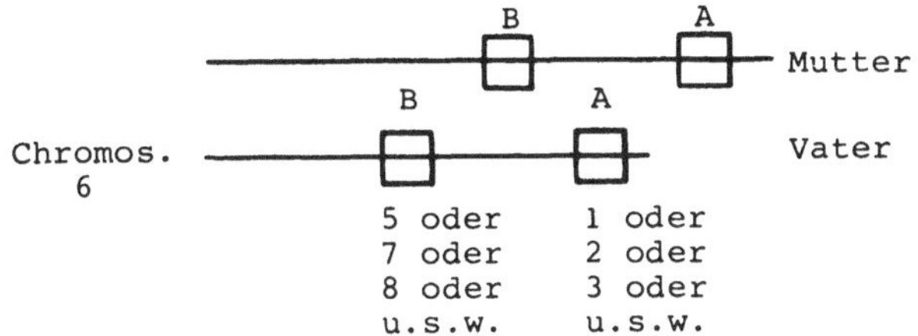

Chromosom Kombinationen oder Haplotypen

$$20 \times 20 = 400$$

Für zwei Chromosome also:

$$400 \times \frac{400}{2} = 80.000$$

Kombinationsmöglichkeiten

Abb. 3. Schematische Abbildung der Genetik des HLA-Systems

Da Locus A ebenso wie Locus B für 20 verschiedene Antigene kodieren kann, gibt es dadurch allein schon 400 Kombinationsmöglichkeiten oder Haplotypen. Weil jeder Mensch aber zwei Chromosomen dieses Typs ererbt, beläuft sich die Gesamtzahl der Kombinationsmöglichkeiten, die allein schon vom A- und B-Locus bekannt sind, auf 400 mal 400 geteilt durch 2, also auf 80000 (s. Abb. 3).

Diese A- und B-Antigene tragen Informationen für die Determinanten, die bei allen kernhaltigen Zellen auftreten. Vor kurzem stellte sich zudem heraus, daß dieselbe HLA-Region auch genetische Informationen für Determinanten enthält, die nur bei einigen Zellen auftreten, z.B. bei einem Teil der Lymphozyten und der Monozyten [12]. Diese Determinanten erhalten die genetische Information durch den Locus D, an der linken Seite des B-Locus gelegen. (13) Das bedeutet, daß die Zahl der theoretisch möglichen HLA-Kombinationen mehrere Millionen beträgt. Es muß aber betont werden, daß nicht alle diese Kombinationen im gleichen Maße vorkommen, sondern einige von ihnen viel häufiger auftreten als andere. Dennoch ist die Analyse dieses ungeahnt komplexen Systems nur mit Hilfe von Computern möglich gewesen [6].

Gewebetypisierung und Transplantation

Es hat sich erwiesen, daß dieses HLA-System eine überaus wichtige Rolle für Erfolg oder Mißerfolg von Organverpflanzungen spielt. Abbildung 4 zeigt die Ergebnisse von Nierentransplantationen bei Geschwistern, und zwar bei Kombinationen von HLA-identischen und HLA-nichtidentischen Spendern und Empfängern [14]. Von den HLA-identischen Transplantaten funktionieren nach 4 Jahren noch ca. 90% wäh-

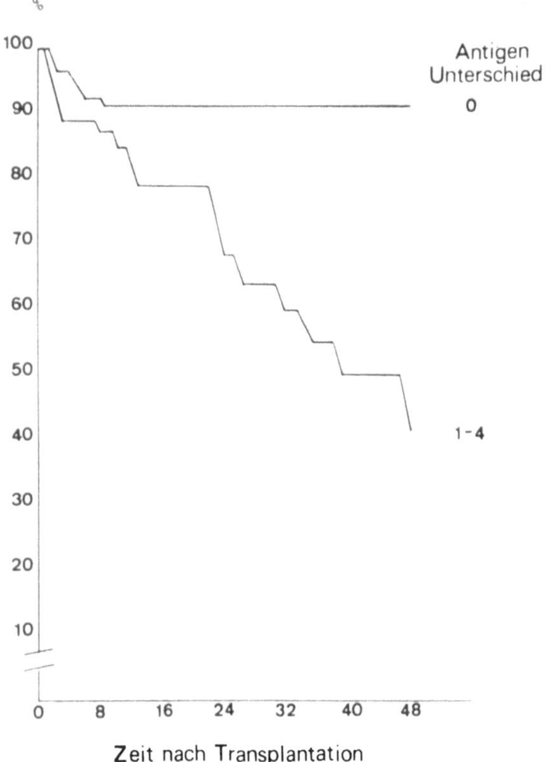

Abb. 4. Ergebnisse von Nierentransplantationen in HLA identischen (Antigen Unterschied = 0) und HLA-nichtidentischen (Antigen Unterschied = 1 – 4) Geschwister-Spender- und -Empfänger-Kombinationen [14]

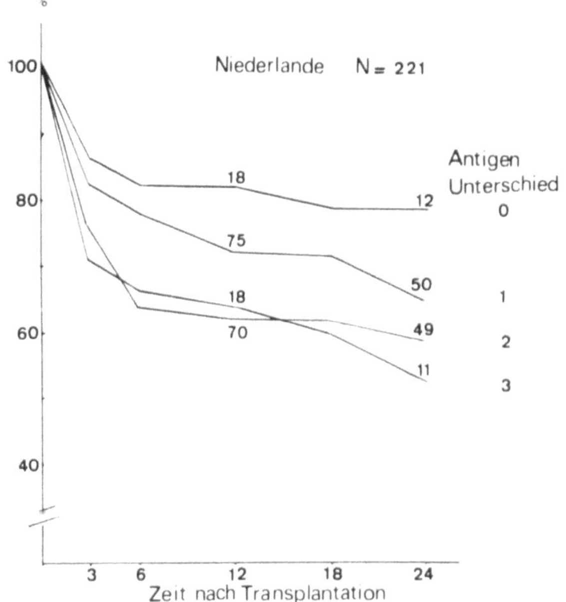

Abb. 5. Ergebnisse von Nierentransplantationen in nicht-verwandten Spender- und Empfänger-Kombinationen [16]

rend bei den HLA-nichtidentischen Transplantaten die Zahl der funktionsfähigen Organe im Lauf der Monate ständig absinkt. Nach 4 Jahren sind nur noch weniger als 50% der Transplantate lebensfähig. Die HLA-Typisierung kann also in der Tat die Verpflanzungsprognosen beträchtlich verbessern, wenn Spender und Empfänger Geschwister und HLA-identische Kombinationen vorhanden sind. Das ist aber leider nicht immer der Fall. Selbst Nierenkranke haben oft keine Geschwister, die ohne Risiko eine Niere für eine Verpflanzung opfern können. Und bei unpaarigen Organen wie etwa Herz oder Leber können ohnehin nur Organe Verstorbener übertragen werden. Die HLA-Typisierung muß also auch gerade dann angewendet werden, wenn Spender und Empfänger nicht verwandt sind. Problematisch ist dabei allerdings die große Komplexität des HLA-Systems, die eine zufällige Übereinstimmung der Gewebsantigene von Empfänger und Spender unwahrscheinlich macht. Die Lösung besteht darin, eine möglichst große Anzahl von potentiellen Empfängern zu erfassen. Bei allen Patienten die mit einer künstlichen Niere behandelt werden und prinzipiell für eine Nierentransplantation in Frage kommen, werden die Gewebegruppen ermittelt und die Ergebnisse in einem Zentralcomputer gespeichert [15]. Eine Organisation mit diesem Ziel wurde in Holland unter der Bezeichnung Eurotransplant ins Leben gerufen und sammelt die entsprechenden Daten in einem Gebiet mit ungefähr 80 Millionen Einwohnern. Sie umfaßt die Bundesrepublik Deutschland, die Niederlande und Belgien. Neuerdings besteht auch eine Zusammenarbeit mit Österreich und der Schweiz. Darüber hinaus werden regelmäßige Kontakte mit ähnlichen Organisationen in Skandinavien, Großbritannien und Frankreich aufgenommen.

Wenn nun in einem der angeschlossenen Transplantationszentren über einen gestorbenen Spender, meist das Opfer eines Verkehrsunfalls, verfügt werden kann und die Familienangehörigen die Zustimmung zur Organentnahme gegeben haben, wird die Gewebegruppe des Toten ermittelt. Per Fernschreiben kann jetzt der Eurotransplant-Computer, in dem die Daten von ca. 1500 auf eine Organtransplantation wartenden Patienten gespeichert sind, direkt befragt werden. In etwa 25% der Fälle kann eine identische Kombination von Spender und Empfänger gefunden werden, auch wenn beide nicht miteinander verwandt sind. Das ist aber nur möglich, weil die Zahl der registrierten Empfänger so groß ist. Abbildung 5 zeigt, daß unter diesen Umständen die Ergebnisse von gut ausgeführten Nierentransplantationen denen von den Verpflanzungen bei Geschwistern mit identischen HLA-Antigenen überhaupt nicht viel nachstehen [16]. Je größer die Zahl der unterschiedlichen Antigene bei Spendern und Empfängern, um so schlechter die

Prognose. Erst durch solche internationale Zusammenarbeit konnten Entdeckungen, die im Laboratorium gemacht worden sind, zu Gunsten von Patienten angewandt werden. Es ist durchaus zu erwarten, daß Eurotransplant nicht nur wie derzeit bei Nierentransplantationen, sondern auch für andere Formen von Organverpflanzungen Hilfe zu leisten vermag. Wir denken hier besonders an Augen-, Haut- und – wahrscheinlich in nicht so ferner Zukunft – an Herz- und Lebertransplantationen.

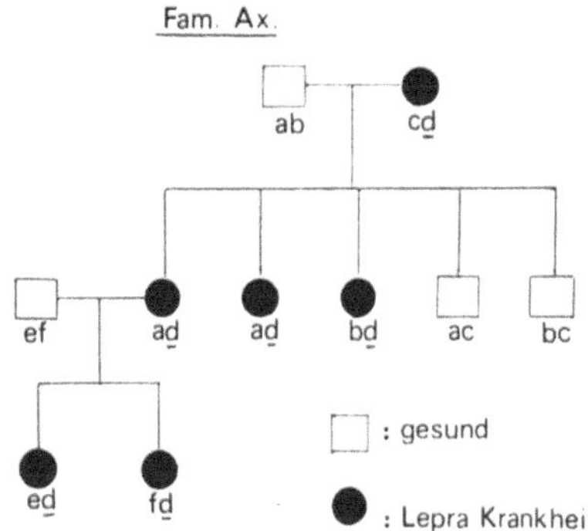

Abb. 6. Eine Familie aus Surinam mit Lepra. Nur Kinder und Enkel, die den HLA-Haplotyp d von der Großmutter vererbt haben, sind erkrankt an Lepra. Kinder mit dem HLA-Haplotyp c waren widerstandsfähig gegen Lepra [19]

Transplantationsimmunität und Krankheitsimmunität

Unbeantwortet bleibt bei alledem zunächst die Frage, warum wir überhaupt Transplantationsantigene besitzen. Es ist ja unwahrscheinlich, daß die Transplantationsantigene nur da sind, um den Chirurgen das Leben schwer zu machen! Wahrscheinlicher ist es, daß diese Determinanten auch eine biologische Funktion haben. Obwohl in den letzten Jahren viel darüber spekuliert wurde, müssen wir jedoch zugeben, daß noch keine endgültige Antwort auf diese Frage gegeben werden kann. So wurde die Möglichkeit erwogen, daß die Transplantationsantigene sich bei einer malignen Entartung einer Zelle verändern könnten. Damit würde die Zelle gleichsam ein Allo-Transplantat, d.h. ein körperfremdes Transplantat, und der Abstoßungsmechanismus käme in Gang. Obwohl dieser Gedanke theoretisch reizvoll klingen mag, wird er bisher durch keine experimentellen Hinweise gestützt.

Wahrscheinlicher ist aber, daß diese Verpflanzungsantigene zum Teil ein Überbleibsel aus vergangenen Zeiten sind, in denen unsere sehr primitiven „Voreltern", die einzelligen Organismen, mit Hilfe der Vorläufer dessen, was wir jetzt die Transplantationsantigene nennen, Gattungsgenossen erkennen konnten [17]. Andererseits haben diese Antigene wohl auch bei dem heutigen Menschen noch eine Koordinierungsfunktion zwischen verschiedenen Zellen. Hinweise dafür gibt es vor allem bei der Immune Response, also bei jenen Reaktionen, die bei einem Individuum zur Entwicklung einer Immunität etwa gegen Bakterien oder Viren führen. Es steht – wie anfangs erwähnt – aber auch fest, daß die Stelle, die genetische Informationen für die Verpflanzungsantigene trägt, auch Informationen beherbergt, die bestimmen, ob ein Individuum eine gute oder weniger gute Immunität gegen bestimmte Bakterien, Viren oder andere Antigene mobilisieren kann. Die Strukturen, die das regeln, werden Immune Response Loci genannt [18]. Es fragt sich nun, ob eine solche Situation auch beim Menschen vorliegt.

Unmittelbare Anzeichen dafür gibt es erst seit kurzer Zeit. Sie stammen unter anderem aus Untersuchungen über Lepra-Patienten. Die Frage lautet hier: warum erkrankt ein Mensch an Lepra, während andere Personen, die in gleichem Maße dem Leprabazillus ausgesetzt sind, nicht krank werden, sondern eine schützende Immunität entwickeln. Neueste Studien in Surinam, der einstigen niederländischen Kolonie in der Karibik, durch De Vries, Lai A Fat und andere haben bewiesen, daß hier wiederum das HLA-System die entsprechenden Informationen vererbt [19]. Abbildung 6 zeigt eine Familie über drei Generationen. Die HLA-Haplotypen sind mit den Buchstaben a, b, c und d gekennzeichnet. Alle Kinder mit Haplotyp d wurden von der Lepra angesteckt. Diejenigen, die von der Mutter das Chromosom c erhalten hatten, schienen widerstandsfähiger gegen die Krankheit zu sein. Wir erklären uns diese und ähnliche Erscheinungen durch die Annahme, daß hier auch beim Menschen die Immune-Response-Gene eine Rolle spielen. Die Personen des Haplotyps d konnten keine volle Immunität gegen die Lepra ausbilden, so daß der Krankheit mehr Entwicklungsmöglichkeiten geboten wurden, während bei Menschen des Haplotyps c eine wirkungsvollere Immunität erreicht wurden und die Lepra sich im Organismus nicht ausbreiten konnte. Ähnliche Mechanismen bestehen wahrscheinlich bei Masern, Diphtherie und vielleicht auch bei Pocken. Dies könnte z.B. erklären, warum einige Indianerstämme nach erstem Kontakt mit dem Weißen durch Masernseuchen aufgerieben wurden. Aller Wahrscheinlichkeit nach waren nur bei einem kleinen Bevölkerungsteil dieser Stämme Immune-Response-Gene vorhanden, die eine gute Immunität gegen die Masern gewährten.

So konnte bei Berührung mit dem Masernerreger eine Seuche mit katastrophalen Folgen ausbrechen. Dies ist ein klassisches Beispiel dafür, wie der Mensch in seiner Umwelt überlebt und wie bei einer Veränderung dieser Umwelt, z.B. durch das Masernvirus, die Verteidigungsfähigkeit versagen kann.

HLA-Antigene und Krankheiten

Zum Abschluß noch einige Bemerkungen zu den Beziehungen zwischen HLA-Antigenen und bestimmten Krankheiten. In den letzten Jahren wurde festgestellt, daß eine Anzahl von Krankheitsbildern, bei denen zunächst nicht immer infektiöse Ursachen vermutet worden waren, merkwürdige Beziehungen zum HLA-System erkennen ließen. [20] Patienten mit einem bestimmten HLA-Antigen erkranken nämlich weit häufiger an gewissen Leiden als die übrige Bevölkerung. Das hervorstechendste Beispiel hierfür ist der Morbus Bechterew. Die Wahrscheinlichkeit, von dieser Krankheit erfaßt zu werden, ist wohl weit größer bei Menschen, die das HLA-Antigen 27 besitzen, als bei jenen, denen dieses Antigen fehlt. Ähnliche Beziehungen bestehen bei einer Anzahl von anderen Krankheiten, darunter die Gluten-Enteropathie als Überempfindlichkeit gegenüber dem im Weizen vorhandenen Gluten, die Myasthenia gravis, die Multiple Sklerose und last but not least der Diabetes mellitus (Abb. 7).

In allen diesen Fällen scheint das Vorhandensein eines Antigens, oft des Antigens 8, zu diesen Krankheiten zu prädisponieren.

Wie sind nun diese Beobachtungen in Einklang zu bringen mit der grundsätzlichen Feststellung, daß die Immune-Response-Gene im HLA-System uns gerade vor Krankheiten schützen? Hier scheint sich ja der Fall umgekehrt zu haben. Diese scheinbare Diskrepanz läßt sich vielleicht durch folgende Überlegung erklären. Als Beispiel dient das an HLA-B8 gekoppelte Immune-Response-Gen. Das HLA-B8 Immune-Response-Gen scheint eine starke Immunität gegen allerlei Viren und Bakterien zu verleihen. Unter bestimmten Verhältnissen könnte diese Immunität sich aber nicht nur gegen pathogene Erreger wie Bakterien oder Viren richten, sondern auch gegen körpereigene. Das geschieht dann wahrscheinlich unter dem Einfluß von erblichen Informationen, die sich auf einem anderen Chromosom befinden, doch ist diese Vermutung noch nicht hundertprozentig gesichert.

Aber zurück zur Gluten-Enteropathie, also jenen Patienten, die nach dem Essen von Weizenbrot Diarrhöe bekommen und oft das bei dem HLA-B8 liegende Immune-Response-Gen besitzen. Es wäre denkbar, daß diese Menschen das Gluten nicht gut abbauen können. Er gerät dann in den Blutkreislauf, ist hier ein Antigen, und da diese Kranken gute Antikörperbildner sind, reagieren sie mit Antikörpern gegen das Gluten. Diese Antikörper wiederum können im Darm mit neu angeführtem Gluten reagieren, schädigen dabei die Darmschleimhaut und verursachen dadurch Diarrhöe. Wieweit diese Hypothese zutrifft, bleibt vorerst noch dahingestellt. Sie soll lediglich illustrieren, daß Patienten mit dieser Krankheit gleichsam den notwendigen Preis zahlen für genetische Informationen, die für die gesamte Gattung Mensch erheblich wesentlicher sind. Es ist der Preis für die gut ausgebildete Fähigkeit, gegen Bakterien und Viren Antikörper zu bilden.

		Frequenz	
		Patienten	Gesunden
Morbus Bechterew	HLA-B27	90	8
Gluten-Enteropathie	HLA-B8	80	20
Myasthenia Gravis	HLA-B8	60	20
Multiple Sklerosis	HLA-A3	43	23
	HLA-B7	40	20
Diabetes Mellitus,	HLA-B8	40	20
jugendlich, Insulin-	HLA-BW15	26	10
abhängig	HLA-BW18	30	14

Abb. 7. Krankheitsprädisposition und HLA: Patienten mit einem bestimmten HLA-Antigen erkranken weit häufiger an Morbus Bechterew, Gluten-Enteropathie etc. als die gesunde Bevölkerung

Literatur

1. Gorer, P.A.: The genetic and antigenic basis of tumor transplantation. J. Pathol. **44**, 691–697 (1937)
2. Lilly, F., Boyse, E.A., Old, L.J.: Genetic basis of susceptibility to viral leukaemogenesis. The Lancet **II**, 1207–1209 (1964)
3. Van Rood, J.J., Eernisse, J.G., van Leeuwen, A.: Leucocyte antibodies in sera from pregnant women. Nature **181**, 1735–1736 (1958)
4. Payne, R., Rolfs, M.R.: Fetomaternal leukocyte incompatibility. J. Clin. Invest. **37**, 1756–1763 (1958)
5. Terasaki, P.I., McClelland, J.D.: Microdroplet assay of human serum cytotoxins. Nature **204**, 998 (1964)
6. Van Rood, J.J., van Leeuwen, A.: Leukocyte grouping: a method and its application. J. clin. Invest. **42**, 1382–1390 (1963)
7. Van Rood, J.J., van Leeuwen, A.: Defined leukocyte antigenic groups in man. Histocompatibility Testing 1964. Washington, Nat. Acad. Sci. Publ. **1229**, 21–44 (1965)
8. Payne, R., Tripp, M., Weigle, J.: A new leukocyte isoantigen system in man. Cold Spring Harbor Symp. Quant. Biol. **29**, 285–295 (1964)
9. Histocompatibility Testing 1965. Copenhagen, Munksgaard
10. Histocompatibility Testing 1967. Copenhagen, Munksgaard
11. Histocompatibility Testing 1970. Copenhagen, Munksgaard
12. Amos, D.B., Bach, F.H.: Phenotypic expression of the major histocompatibility locus in man (HL-A): leucocyte antigens and mixed leukocyte culture reactivity. J. Exp. Med. **128**, 623–637 (1968)
13. Van Leeuwen, A., Winchester, R., van Rood, J.J.: Serotyping for MLC. II. Technical aspects. Ann. N.Y. Acad. Sci. **254**, 289–295 (1975)
14. Singal, D.P., Mickey, M.R., Terasaki, P.I.: Serotyping for homotransplantation. XXIII. Analysis of kidney transplantation from parental versus sibling donors. Transplantation **7**, 246–258 (1969)

15. Van Rood, J.J.: A proposal for international cooperation in organ transplantation: Eurotransplant. Histocompatibility Testing 1967. Copenhagen, Munksgaard, 451, 1967
16. Van Rood, J.J., van Leeuwen, A., Persijn, G.G.: HLA compatibility in clinical transplantation. Transpl. Proc. **IX**, 459–467 (1977)
17. Simonsen, M.: In 'The role of products of the histocompatibility gene complex in immune responses', eds. D.H. Katz & B. Benacerraf. New York, Academic Press, p. 752, 1976
18. Benacerraf, B., McDevitt, H.O.: Histocompatibility-linked immune response genes. Science **175**, 273–279 (1972)
19. De Vries, R.R.P., Lai, A Fat, R.F.M., Nijenhuis, L.E.: HLA-linked genetic control of lost response to mycobacterium leprae. The Lancet **II**, 1330 (1976)
20. Svejgaard, A., Platz, P., Ryder, L.P.: HL-A and disease associations. A survey. Transpl. Rev. **22**, 1–43 (1975)

Prof. Dr. J.J. van Rood
Dept. of Immunohaematology
Academisch Ziekenhuis
Rijnsburgerweg 10
Leiden
Niederlande

Faktorenanalyse der Tumorentstehung beim Menschen am Beispiel des Epstein-Barr-Virus *

W. Henle

Division of Virology, The Children's Hospital of Philadelphia, Philadelphia, Pa./USA

Factors Involved in the Development of Human Tumors Using the Epstein-Barr virus as an Example

Summary. Several viruses induce tumors in animals under experimental or natural conditions. It is likely therefore that some human malignancies are also caused by viruses. Proof of this hypothesis can be provided only by indirect evidence based on the following criteria: (1) detection of viral antigens or viral genetic information in a given tumor; (2) transformation of normal human cells by the virus in tissue culture; (3) induction of tumors in animals by the virus; and (4) demonstration of enhanced titers of antibodies to the virus in patients bearing the tumor. These criteria have been fulfilled to support a causal relationship of the Epstein-Barr virus (EBV) in Burkitt's lymphoma and nasopharyngeal carcinoma. It is clear, however, that factors of a genetic, immunologic or environmental nature must play an additional role because EBV, the cause of infectious mononucleosis, is widely disseminated yet development of the tumors is a rare event.

Key words: Burkitt lymphoma – Epstein Barr virus – Mononucleosis infectiosa – Nasopharyngeal carcinoma – Virus antigens – Virus nucleic acid – Tumor induction – Cellular transformation.

Zusammenfassung. Eine Reihe von Viren erzeugt unter natürlichen oder experimentellen Bedingungen Tumoren in Tieren. Es ist deshalb wahrscheinlich, daß auch manche Tumoren des Menschen virusbedingt sind. Der Beweis für diese These kann nur indirekt durch Erfüllung der folgenden vier Kriterien erbracht werden. (1) Nachweis viraler Antigene und viraler genetischer Information im Tumor; (2) Transformation normaler menschlicher Zellen durch das Virus in der Gewebekultur; (3) virusabhängige Induktion von Tumoren in Tieren; und (4) Nachweis des Anstiegs von Virusantikörpern bei Tumorkranken. Durch Erfüllung dieser vier Kriterien für das Epstein-Barr Virus (EBV) kann dessen kausale Beziehung zum Burkittschen Lymphom und zum Karzinom des Nasopharynx als gegeben gelten. Doch müssen zusätzlich genetische, immunologische oder äußere Faktoren eine Rolle spielen, weil EBV als Erreger der infektiösen Mononukleose zwar weit verbreitet ist, aber dennoch nur selten mit Tumoren einhergeht.

Schlüsselwörter: Burkitt Lymphom – Epstein-Barr Virus – Infektiöse Mononukleose – Nasopharynxkarcinom – Virale Antigene – Virale Nukleinsäure – Tumorinduktion – Zelluläre Transformation.

Allgemeine Einleitung

Als Umweltfaktoren in der Entstehung menschlicher Krebse werden Chemikalien, Bestrahlungen und Viren, allein oder in Kombinationen, genannt. Es bestehen eindeutige Hinweise für Krebserzeugung beim Menschen durch Chemikalien oder ionisierende oder ultraviolette Strahlen, aber eine Beziehung zwischen Viren und bösartigen menschlichen Tumoren ist bisher nicht bewiesen. Es ist jedoch gesichert, daß verschiedene Gruppen von Viren bei Tieren unter natürlichen oder experimentellen Bedingungen Leukämien, Sarkome, Karzinome und andere Tumoren hervorrufen. Der Mensch sollte demnach keine Ausnahme bilden und es ist zu erwarten, daß auch in ihm virusbedingte Krebse vorkommen.

Da die Zeit nicht ausreicht, alle drei Umweltfaktoren zu besprechen, werde ich mich auf die mögliche Rolle von Viren in der Entstehung menschlicher Krebse beschränken, und weiterhin auf das Epstein-Barr Virus (EBV), dessen ursächliche Beziehung zum Burkitt Lymphom afrikanischer Kinder und zu dem anapla-

* Vortrag auf der 109. Versammlung der Gesellschaft Deutscher Naturforscher und Ärzte, Stuttgart 19.–23. September 1976

Tabelle 1. Transformation normaler Zellen

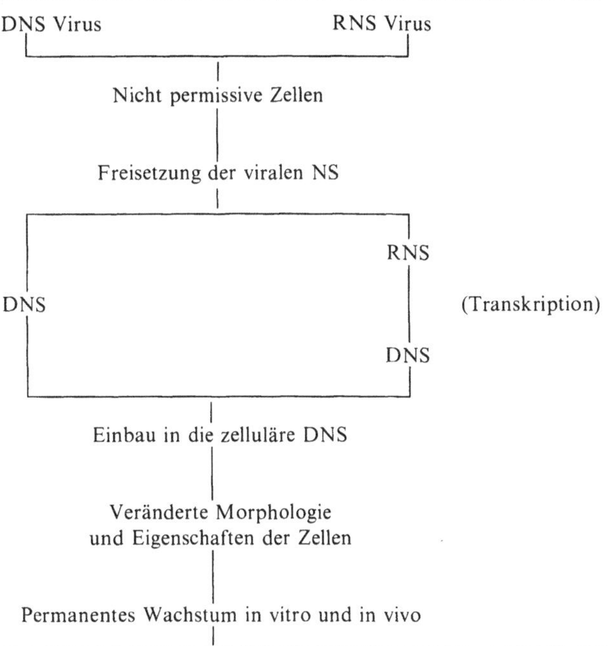

Tabelle 2. Virus-transformierte Zellen

Nachweisbar	Virus-spezifisch
Virale NS Sequenzen in der zellulären DNS	+
Neoantigene in den	
Zellmembranen	+
Zellkernen	+ (DNS Viren)
Nach Induktion,	
Virale Antigene	+
Virusteilchen	+/0
Nach Tumorbildung in Tieren, Antikörper gegen Neoantigene	+

stischen Karzinom des Nasopharynx durch umfangreiche Untersuchungen weitgehend gesichert zu sein scheint.

Eine ätiologische Rolle gegebener Viren in bösartigen menschlichen Tumoren kann man selbstverständlich nicht auf direktem Wege beweisen. Eine indirekte Beweisführung ist jedoch möglich. Sie beruht auf Erfahrungen, die an virusinduzierten Tiertumormodellen gewonnen wurden. Grundsätzlich ist, daß onkogene Viren nicht zytocid für die Zielzellen sind, sondern diese transformieren und mit „ewigem Leben" und anderen Eigenschaften bösartiger Zellen ausstatten (Tabelle 1). Ein gegebenes Virus kann dabei auf einige Zellarten zytocid wirken, jedoch andere transformieren. Transformation normaler Zellen durch onkogene Viren ist in der Gewebekultur durch zahlreiche Versuche bestätigt. Im Laufe der Transformierung verbleibt das virale Genom, das entweder aus Ribo- oder aus Desoxyribonukleinsäure (RNS oder DNS) besteht, im Zellkern; virale DNS wird oft auf direktem Wege in die Wirtszell-DNS eingebaut, virale RNS nach vorhergehender Transkription in DNS. Das persistierende Virusgenom führt dann zu einer Veränderung der Morphologie und des Verhaltens der Zellen. Im Gegensatz zum begrenzten Überleben normaler Zellen, wachsen die transformierten Zellen unentwegt in der Gewebekultur, sowie oft auch nach Transplantation auf syngenetische oder immuno-inkompetente Tiere, in denen sie dann metastasierende Tumoren bilden. Die persistierenden viralen Nukleinsäuresequenzen können in der zellulären DNS der in vitro oder in vivo transformierten Zellen durch Hybridizierung der zellulären DNS mit isotopenmarkierten, viralen Nukleinsäuren (Tabelle 2) spezifisch nachgewiesen werden. Da die viralen Nukleinsäuresequenzen in der Zellkern-DNS sich nur mit Nukleinsäuren des homologen Virus vereinigen, kann das integrierte virale Genom auf diese Weise spezifisch identifiziert werden. Gewöhnlich ist das ganze virale Genom in den transformierten Zellen anwesend, aber in einem weitgehend oder total blockierten Zustand. Jedoch können einige viruskodifizierte Antigene in den Zellen zum Ausdruck kommen, wie die von Adenoviren oder Papovaviren induzierten tumorspezifischen Neoantigene in den Zellkernen, oder die tumorspezifischen Transplantationsantigene in den Zellmembranen. Diese Antigene dienen als spezifische „Fingerabdrücke" zum Nachweis des transformierenden Virus. Weiterhin wird das integrierte virale Genom gelegentlich spontan, jedoch häufiger durch Bestrahlung oder gewisse metabolische Inhibitoren, wie 5-Joddeoxyuridin (IdU), in einer begrenzten Zahl von Zellen aktiviert, so daß es nach einer solchen Induktion zur Synthese weiterer viraler Antigene kommt (abortiver Zyklus der Virusvermehrung) oder gar von Virusteilchen (kompletter Zyklus). Die so hervorgerufenen Antigene und Virusteilchen können dann mit Hilfe virus-spezifischer Antiseren identifiziert werden. Schließlich können Tiere mit virus-induzierten Tumoren Antikörper gegen ein breiteres Spektrum von virusbedingten Antigenen aufzeigen als Tiere, die eine nicht-onkogene Infektion überstanden haben. Zum Beispiel haben Hamster Antikörper gegen die Neoantigene nur solange wie sie mit dem entsprechenden adenovirus- oder papovavirus-induzierten Tumor behaftet sind. Diese Antikörper verschwinden nach Totalexstirpation des Tumors.

Diese notwendigerweise kurze Zusammenfassung wird den oft genialen, und gewöhnlich sehr komplizierten Laborversuchen nicht gerecht. Sie soll lediglich dazu dienen, die verschiedenen Schritte einzuführen, die für die indirekte Beweisführung einer viralen

Tabelle 3. Indirekte Beweise für Induktion menschlicher Tumoren durch ein gegebenes Virus

1. Virale Nukleinsäure, Antigene oder Virusteilchen in Biopsien oder kultivierten Tumorzellen
2. Transformation normaler Zellen durch das Virus in vitro
3. Induktion von Tumoren durch das Virus in Versuchstieren
4. Antikörper gegen ein breiteres Spektrum viraler Antigene bei Tumorpatienten als bei Kontrollen

Tabelle 4. Permanente Lymphoblastenkulturen

Stämme[a]	Zellen	
	EBV+	EBV Genom+
Produzenten	bis zu 10%	100%
Nichtproduzenten	0	100%

[a] Aus Burkitt Lymphomen oder B Lymphozyten von Mononukleose Patienten oder Virusträgern

Ätiologie menschlicher Tumoren zur Verfügung stehen und somit für den Nachweis der engen Beziehung des Epstein-Barr Virus zum Burkitt Lymphom und zum Karzinom des Nasopharynx benutzt wurden. Diese Schritte sind in Tabelle 3 zusammengefaßt.

Eigenschaften des Epstein-Barr Virus

Bevor Besprechung der einschlägigen Resultate ist es nötig, kurz auf die Entdeckung des Epstein-Barr Virus und auf seine Eigenschaften einzugehen. Unter den möglicherweise virusbedingten menschlichen Tumoren steht das Burkitt Lymphom, der häufigste bösartige Tumor afrikanischer Kinder, an bevorzugter Stelle, weil eine Reihe epidemiologischer Beobachtungen auf eine infektiöse Ursache hinweisen. Der elektronenmikroskopische Nachweis von einem Virus in Gewebekulturen von Zellen dieses Lymphoms durch Epstein und seine Mitarbeiter war deshalb von großer Bedeutung.

Das Virus befindet sich in bis zu 5% der kultivierten Zellen und gehört morphologisch zur Gruppe der Herpesviren. Die virale DNS ist von Proteinuntereinheiten (Capsomeren) eingeschlossen, die das sogenannte virale Capsid bilden. Dieses ist weiterhin von einer Hülle umgeben, die von virusveränderten Zellmembranen abstammt.

Das Virus konnte nicht als eines der bisher bekannten menschlichen Herpesviren, d.h. Herpes Simplex, Varizellen- oder Zytomegalievirus identifiziert werden, und erhielt den Namen Epstein-Barr Virus, oder abgekürzt, EBV. Es zeigte sich bald, daß das EBV nicht auf Burkitt Lymphozellen beschränkt ist, denn es wurde auch in permanenten Lymphoblastenkulturen gefunden, die von Lymphozyten gesunder Menschen oder von Patienten mit verschiedenartigen Erkrankungen abstammten. In der Tat wurden Antikörper gegen EBV überall in der Welt gefunden, selbst schon in Kindern in erheblichen Prozentsätzen, und mit zunehmendem Alter schließlich in fast allen Erwachsenen. Dieses weltweit verbreitete Virus erwies sich als der lang gesuchte Erreger der infektiösen Mononukleose, die auch als das 1889 beschriebene Pfeiffersche Drüsenfieber bekannt ist.

Diese Wendung der Sachlage schließt nicht aus, daß EBV gelegentlich bösartige Tumoren hervorrufen kann. Mehrere der onkogenen Tierviren sind in ihren gegebenen Wirtsspezies gleichfalls weit verbreitet, verursachen jedoch Tumoren nur selten unter natürlichen Bedingungen. Außerdem ist die infektiöse Mononukleose eine lymphoproliferative Krankheit, die von einigen Klinikern als eine selbstbegrenzte Leukämie bezeichnet wird. Schließlich hat EBV Eigenschaften, die eindeutig auf ein onkogenes Potential deuten.

Zur Zeit sind keine Zellen bekannt, obgleich sie wahrscheinlich existieren, die für EBV völlig permissiv sind; d.h. in denen sich das Virus regelmäßig vermehrt mit Produktion einer zahlreichen, hoch infektiösen Nachkommenschaft. Das Virus kann im Labor nur in den schon genannten Lymphoblastenkulturen fortgezüchtet werden (Tabelle 4). In einem Teil der Kulturen findet man einen kleinen Prozentsatz von Zellen, die Virus produzieren ("producer lines"). In anderen Kulturen sind keine virus-produzierende Zellen nachweisbar ("non-producer lines") aber alle Zellen in beiden Gruppen beherbergen das EBV Genom (DNS).

Die virushaltigen Zellen der produzierenden Stämme sind leicht in axeton-fixierten Austrichen durch Immunofluoreszenzmethoden mit Seren von Menschen nachweisbar, die zuvor eine EBV Infektion durchgemacht haben und dadurch zu lebenslänglichen Trägern des Virus wurden (Abb. 1a). Die reagierenden Antikörper sind gegen die viralen Capside gerichtet und das entsprechende Antigen wird deshalb abgekürzt VCA genannt. Außerdem zeigen viele der Zellen von Virus-produzierender-Stämmen EBV-bedingte Membranantigene (MA), die wiederum durch Immunofluoreszenzmethoden, aber nur an lebenden Zellen, nachgewiesen werden können (Abb. 1b). Sie bestehen aus mehreren Komponenten, die z.T. vielleicht virus-induzierten Transplantationsantigenen entsprechen.

In allen Zellen der Nichtproduzierenden-Stämme, sowie auch in den virus-freien Zellen der Produzierenden-Stämme, wird regelmäßig ein EBV-bedingtes nukleäres Antigen (EBNA) gefunden, das aber nur

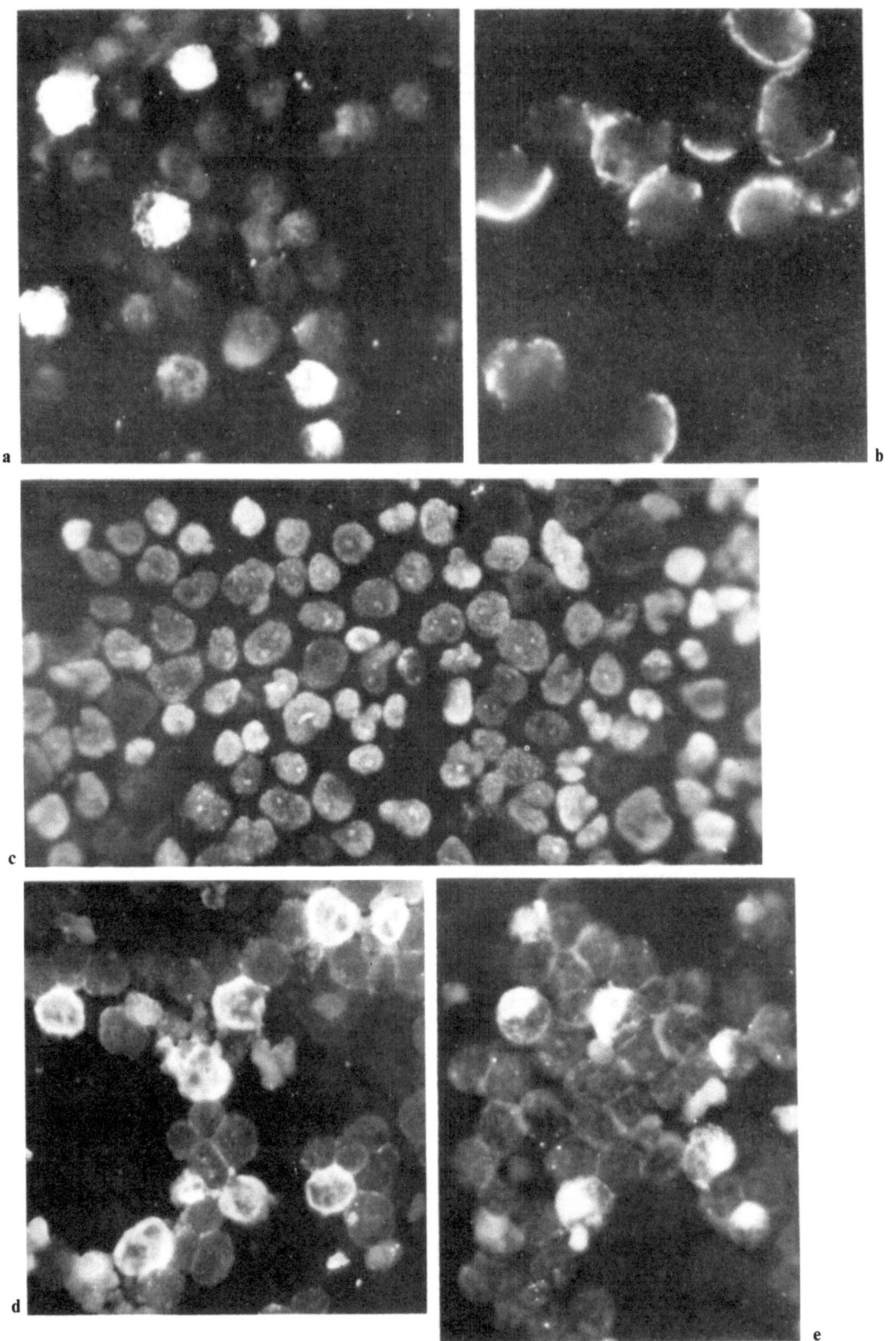

Abb. 1a–e. Immunofluoreszenzreaktionen der EBV-bedingten Antigene: **a** VCA; **b** MA; **c** EBNA; **d** D-Komponente; und **e** R-Komponente des EA Komplexes. (Siehe Tabelle 6 für Erklärung der Antigene und Testmethoden)

Tabelle 5. Übertragung des EBV auf kultivierte Zellen

Nachweis	Virus	
	Zytocid[a]	Transformierend[b]
Abortive Infektion von Nichtproduzenten-Stämmen	+	0
Transformation von *B* Lymphozyten	0	+
Infektion oder Transformation anderer Zellen	0	0

[a] Aus einigen Produzenten-Stämmen
[b] Aus anderen Produzenten-Stämmen oder Mononukleose-patieten

durch die sehr sensitive Methode der Antikomplement-Immunofluoreszenzmethode erfaßt wird (Abb. 1c). EBNA kommt als erstes, und meistens einziges, Antigen durch das anwesende virale Genom zum Ausdruck. Es scheint den zuvorgenannten Neoantigenen im Zellkern adeno- oder papovavirustransformierter Zellen zu entsprechen.

EBV von Produzierenden-Stämmen fällt auf Grund unterschiedlicher Eigenschaften in zwei Gruppen, und zwar in ein „transformierendes“ und in ein „zytocides“ virus (Tabelle 5). Wenn man Lymphozyten, die aus Nabelschnurblut oder aus dem Blut von Kindern oder Erwachsenen isoliert wurden, dem transformierenden Virus aus gewissen Zellstämmen oder aus der Rachenspülflüssigkeit von Mononukleosepatienten aussetzt, dann werden einige dieser Zellen in EBNA-positive Lymphoblasten transformiert, die dann unentwegt in der Kultur weiterwachsen. Die so gewonnen Lymphoblastenkulturen werden wiederum in Produzierende- und Nichtproduzierende-Stämme geteilt. Nur Lymphozyten, die vom Knochenmark abgeleitet sind, die sogenannten B (bone marrow) Zellen, sind transformierbar, nicht aber die T-Lymphozyten, die vom Thymus abstammen. Wenn man aber Lymphoblasten von Nichtproduzierenden-Stämmen mit dem zytociden Virus gewisser anderer Produzierender-Stämme infiziert, beobachtet man in vielen der Zellen gewöhnlich nur abortive Infektionen, die aber dennoch zum Absterben der Zellen führen; d.h. frühe (early) Antigene (EA) werden gebildet, aber nicht VCA, und somit auch keine Virusteilchen. Im Gegensatz zum VCA ist die Synthese von EA unabhängig von vorangehender viraler DNS Vermehrung.

Die EA-produzierenden Zellen werden in Ausstrichen durch Immunfluoreszenzmethoden nachgewiesen, aber beinahe ausschließlich nur mit Seren von Patienten mit EBV-assoziierten Krankheiten, so daß die entsprechenden Antikörper weitgehend krankheitsbedingt sind. EA ist ein Komplex von mindestens zwei Komponenten, die sich durch das Muster der Fluoreszenz und in ihrem Verhalten gegenüber verschiedenen Fixierungsmittel unterscheiden lassen. Die D-Komponente (Abb. 1d) ergibt eine diffuse Fluoreszenz im Zellkern und Zytoplasma, während die R-Komponente auf eine Antigenmasse im Zytoplasma beschränkt (restricted) ist (Abb. 1e). Antikörper gegen die D-Komponente erscheinen vorübergehend in der Mononukleose und erreichen hohe Titer im Karzinom des Nasopharynx. Hohe Antikörpertiter gegen die R-Komponente kommen dagegen nur beim Burkitt Lymphom vor. Der Grund für diese unterschiedliche Antikörperbildung der Patienten ist ungeklärt. Die verschiedenen EBV-bedingten Antigene sind in Tabelle 6 nochmals zusammengefaßt.

Beziehung des EBV zum Burkitt Lymphom und Nasopharynxkarzinom

Nach diesem Rückblick komme ich jetzt auf die eingangs erwähnten vier Versuchskategorien zurück um die Resultate zu besprechen, die auf eine enge Beziehung des EBV zum Burkitt Lymphom (BL) und zum Nasopharynxkarzinom (NPK) deuten.

Tabelle 6. EBV-bedingte Antigene

Antigen		Lymphoblasten	Fixierung		Antikörperbestimmung	
			Azeton	Methanol	IF Methode[a]	Positive Seren
VCA	(Virale Capsid)	Produzenten	+	+	indirekt	alle Virusträger
MA	(Zellmembran)	Produzenten	– (vital)	–	indirekt	alle Virusträger
EBNA	(Nukleär)	Nichtproduzenten	+	+	Antikomplement	alle Virusträger
EA –	(„Early“)					Patienten mit
D	(Diffus)	Abortiv infiziert	+	+	Indirekt	Mononukleose,
R	(„Restricted“)	Abortiv infiziert	+		Indirekt	Nasopharynxkarzonom
						Burkitt Lymphom

[a] Immunofluoreszenz

Tabelle 7. Nachweis von EBV in Tumorbiopsien

Test		Burkitt Lymphom	Naso-pharynx-karzinom	Andere Lymphome, Karzinome
Virale DNS		+ (98%)	+ (100%)	0
Zellen:				
EBNA	+	+ (98%)	+ (>90%)	0
MA	+	+/0[a]	?[b]	
EA/VCA	+	0[c]	0	

[a] 0 wenn MA durch Antikörper des Patienten blockiert ist
[b] Nicht testbar
[c] In der Gewebekultur in 2–3 Tagen bis zu 10% positive Zellen

Tabelle 8. Transformation normaler Zellen durch EBV in vitro

Zellen	Resultat	Tumorbildung in immuninkompetenten Tieren
B Lymphozyten	EBNA+ Lymphoblasten[a]	positiv
Epithelial	negativ	

[a] Nicht eindeutig von Burkitt Lymphomzellen unterscheidbar
[b] Wie die Karzinomzellen wachsen ihre epithelialen Vorfahren wahrscheinlich nicht in der Gewebekultur

1. Nachweis von EBV Fingerabdrücken in Tumorbiopsien

In beinahe 100% der Biopsien von Burkitt Lymphomen oder Nasopharynxkarzinomen kann die DNS des EBV, also sein Genom, einwandfrei nachgewiesen werden, und zwar in Mengen, die multiplen Genomen pro Zelle entsprechen (Tabelle 7). Auch das EBV-bedingte Zellkernantigen EBNA ist in den Lymphomzellen, sowie in den anaplastischen Karzinomzellen fast ohne Ausnahme demonstrierbar. Jedoch EA-, VCA- und virusproduzierende Zellen werden in den Tumorbiopsien nicht gefunden, vielleicht weil diese Zellen regelmäßig absterben und deshalb schnell von Makrophagen entfernt werden, oder weil die geschädigten Zellen während der Aufarbeitung zu Ausstrichen für den Immunofluoreszenztest leicht zerfallen. Wenn man aber frische Burkitt Lymphomzellen in der Gewebekultur ansetzt, erscheinen EA-, und oft auch VCA-positive Zellen spontan innerhalb von 2–3 Tagen und machen bis zu 10% der Gesamtzellzahl aus. Gleichartige Versuche mit den anaplastischen Karzinomzellen waren bisher nicht möglich, da diese nicht in der Gewebekultur anwachsen. Es ist außerdem noch nicht geklärt, wie das Genom des EBV in die Karzinomzellen gerät. Offenbar gibt es

Tabelle 9. Induktion von Lymphomen durch EBV in Marmosetaffen (Shope et al., Proc. Nat. Acad. Sci. (USA), 1973)

Resultat	EBV-injiziert	Kontrollen[a]
Lymphome	5[b]	0
Selbstbegrenzte Lymphoproliferation	3	0
Stumme Infektion	7	0
Nicht infiziert[c]	2	7

[a] Kulturmedium von Nicht-Produzenten-Stämmen
[b] Tumorzellen EBNA-positiv
[c] Keine Antikörperbildung gegen EBV

außer Lymphozyten andere, noch unbekannte Zellen, die für das EBV empfänglich sind. In jedem Falle sind Fingerabdrücke des EBV mit hoher Frequenz in Burkitt Lymphomen und Nasopharynxkarzinomen vorhanden, aber nicht in anderen Arten von Lymphomen oder Karzinomen.

2. Transformation normaler Zellen durch das EBV

Auch die zweite Versuchskategorie hat positive Resultate gebracht, nämlich die schon besprochene Transformierung von Lymphozyten durch das EBV (Tabelle 8). Die in vitro transformierten lymphoblastenartigen Zellen lassen sich bisher nicht eindeutig von Burkitt Lymphomzellen unterscheiden. Nach Transplantation auf immun-inkompetente Mäuse oder Ratten können sie metastasierende, tödliche Lymphome hervorrufen. Es ist jedoch noch nicht gelungen, normale Epithelzellen durch das EBV zu transformieren, d.h. in Zellen zu verwandeln, die den anaplastischen Nasopharynxkarzinomzellen entsprächen. Wie die Karzinomzellen, wachsen ihre epithelialen Vorfahren wahrscheinlich in der Gewebekultur nicht an, so daß die bisherigen Versuche nicht den geforderten Bedingungen entsprachen.

3. Induktion von Tumoren in Versuchstieren

Nach vielen vergeblichen Bemühungen gelang es Shope und seinen Mitarbeitern, sowie anderen Forschern, durch Injektion von EBV, das von Mononukleosepatienten abstammte, Lymphome in Marmosetaffen und zwei weiteren Affenspezies zu erzeugen. In einer Versuchsserie (Tabelle 9) entwickelten sich Lymphome innerhalb von 6–14 Wochen, und Zellen, die von diesen Tumoren kultiviert wurden, enthielten die DNS des EBV sowie das Zellkernantigen EBNA. Nicht alle inokulierten Affen zeigten Tumoren. Einige entwickelten eine selbstbegrenzte lymphoproliferative

Tabelle 10. Antikörperspektra und Titer bei Tumorpatienten und Kontrollen

	Immunglobulin	Anti-VCA	Anti-EA	(Gegen)
Burkitt	G	100% (1:380)[a]	83% (1:145)	R
Lymphom	A	29% (<1:10)	4% (<1:10)	
Nasopharynx-	G	100% (1:350)	81% (1:120)	D
karzinom	A	95% (1:43)	73% (1:25)	
Gesunde	G	92% (1:40)	4% (<1:10)	D/R
Kontrollen	A	2% (<1:10)	1% (<1:10)	

[a] Geometrischer Mittelwert

Erkrankung und andere blieben gesund und bildeten lediglich Antikörper gegen das EBV. Dieses unterschiedliche Verhalten der Versuchsaffen entspricht augenscheinlich dem Spektrum der Erkrankungen des Menschen, das sich von einer stummen Infektion über leichte, nicht charakteristische Erkrankungen, zur Mononukleose und möglicherweise bis zum Burkitt Lymphom und Nasopharynxkarzinom erstreckt. Somit hat die dritte Versuchsketegorie gezeigt, daß das EBV wenigstens in Affen Lymphome hervorrufen kann, aber eine experimentelle Erzeugung von Karzinomen steht aus.

4. Antikörperspektra und -titer bei Tumorpatienten

Auch die vierte Kategorie hat positive Resultate ergeben. Wie schon erwähnt, haben Patienten mit Burkitt Lymphomen oder Nasopharynxkarzinomen Antikörper gegen ein breiteres Spektrum von EBV-bedingten Antigenen als gesunde Personen, die in der Vergangenheit mit EBV infiziert wurden (Tabelle 10). Nach überstandener Erstinfektion bleiben Antikörper gegen das VCA lebenslang nachweisbar, aber gewöhnlich nur in gemäßigten Titern, so daß der geometrische Mittelwert um 1:40 liegt. In den Tumorpatienten sind die Antikörpertiter weitgehend höher, mit Mittelwerten weit über 1:300. Außerdem haben viele der Tumorpatienten, aber nur wenige gesunde Kontrollen, Antikörper gegen EA, oft in hohen Titern, die, wie schon erwähnt, beim Burkitt Lymphom gewöhnlich gegen die R-Komponente, und beim Nasopharynxkarzinom gegen die D-Komponente gerichtet sind. Eine Besonderheit des Nasopharynxkarzinoms ist die Tatsache, daß die Patienten mit hoher Frequenz nicht nur Antikörper der Immunglobulinklasse G (IgG) sondern auch der Klasse A (IgA) haben, oft zu beträchtlichen Titern. IgA Antikörper werden in geringerer Frequenz beim Burkitt Lymphom und nur selten bei gesunden Kontrollen gefunden. Der Grund für dieses unterschiedliche Verhalten ist bisher ungeklärt.

Die Frequenz und Titer der Antikörper steigen mit dem Ausmaß der Tumoren, was besonders beim Nasopharynxkarzinom hervortritt. Vom Frühstadium, wenn das Karzinom nur im postnasalen Raum zu finden ist, bis zum letzten Stadium mit weitverbreiteten Metastasen, steigen die Antikörpertiter bis zu achtfach an.

Der Nachweis und das Verhalten der Antikörper gegen die EA-Komponenten sind von prognostischer Bedeutung. Wenn Burkitt Lymphom Patienten, die durch Chemotherapie zur Remission gebracht wurden, keine Antikörper gegen die R-Komponente haben, oder wenn die Titer dieses Antikörpers allmählich absinken, dann haben sie eine gute Aussicht, für viele Jahre ohne Rückfall zu überleben, und deshalb als geheilt betrachtet werden zu können. Bleiben aber in der Remission die Antikörpertiter gegen die R-Komponente unverändert hoch, oder steigen sie an, dann hat der Patient wiederholte Rückfälle zu erwarten, die in den meisten Fällen endgültig zum Tode führen. Nach erfolgreicher Röntgenbestrahlung des Nasopharynxkarzinoms fallen die Antikörper gegen alle EBV-bedingten Antigene langsam ab, und die IgA Antikörper sowie die IgG Antikörper gegen die D-Komponente verschwinden mit der Zeit. Bleiben aber nach der Behandlung die Antikörperspektra unverändert oder steigen die Antikörpertiter, dann ist das ein Zeichen des Fortbestehens von Tumorresten oder eines erneuten Auswachsens des Karzinoms. EBV-spezifische serologische Untersuchungen können also dazu dienen, den Erfolg der Behandlung und damit auch die Prognose der Patienten zu bewerten.

Epidemiologische Betrachtungen

Mit diesen Ergebnissen der vier Versuchskategorien der indirekten Beweisführung wäre eine kausale Rolle des EBV beim Burkitt Lymphom und beim Nasopharynxkarzinom gegeben. Dennoch ist es immer noch nicht zulässig zu sagen, daß das EBV wirklich die Ursache dieser Tumoren ist. Es besteht immer noch die Aufgabe, die weite Verbreitung des EBV und die Tatsache, daß jeder Mensch nach der Primärinfektion ein Träger des EBV wird, mit der Seltenheit der Tumoren in Einklang zu bringen. Das Virus verbleibt im lymphatischen System, wahrscheinlich in transformierten Lymphozyten, was zur lebenslänglichen Antikörperbildung gegen VCA und EBNA in fast konstanten Titern führt. Es besteht demnach ein Equilibrium zwischen den virustransformierten Zellen und den Immunreaktionen des EBV-Trägers. Dieses Equilibrium kann jedoch durch verschiedene immunsuppressive Erkrankungen, wie Morbus Hodgkin, Leukämien oder andere bösartige und nicht bösartige

Krankheiten gestört werden, was zur Aktivierung des latenten Virus und zu erhöhter Antikörperbildung führen kann. Eine solche Deutung ist aber für das Burkitt Lymphom und das Nasopharynxkarzinom unzureichend, denn in diesen, und nur in diesen wird ja das Genom des EBV in allen Tumorzellen gefunden.

Seroepidemiologische Untersuchungen haben schon früh gezeigt, daß wahrscheinlich Jahre, oder sogar Jahrzehnte zwischen der EBV Primärinfektion und der Entwicklung der Tumoren vergehen. In den afrikanischen Regionen, wo das Burkitt Lymphom am häufigsten auftritt, erfolgt die Primärinfektion vor dem 3.–4. Lebensjahr, aber die Spitzenanfallsrate dieses Tumors fällt auf die 6- bis 8jährigen Kinder. Dieser zeitliche Unterschied wurde in prospektiven Untersuchungen bestätigt. Unter 35000 afrikanischen Kindern, von denen Blutproben entnommen wurden, entwickleten bisher 12 innerhalb von 6–28 Monaten ein Burkitt Lymphom. Alle 12 Patienten hatten Antikörper gegen das EBV schon zur Zeit der Blutentnahme. Das Burkitt Lymphom ist also nicht wie das Lymphom der Marmosetaffen eine sofortige Folge einer primären EBV Infektion. Auch in Südchina, wo das Karzinom des Nasopharynx am häufigsten auftritt, erfolgen die Primärinfektionen in der frühen Kindheit, aber die Tumoren entwickeln sich gewöhnlich erst im erwachsenen Alter.

Diese Beobachtungen bedeuten, daß entweder die spezifischen Tumorzellen für viele Jahre unterschwellig bleiben, oder daß zu einem späteren Zeitpunkt EBV-tragende Zellen durch einen zweiten Vorgang erst in die wahren Tumorzellen verwandelt werden. Im ersten Falle könnten die Tumorzellen durch ein späteres Versagen der immunologischen Überwachung zu unbegrenztem Wachstum gelangen. Im zweiten Falle wäre ein zusätzlicher Umweltfaktor anzunehmen. Beim Burkitt Lymphom in den endemischen Regionen Afrikas könnte die Malaria eine Rolle spielen, da sie immunosuppressiv ist und somit die immunologische Überwachung vermindert. Beim Nasopharynxkarzinom stehen genetische Konstitution, sowie Inhalierung von karzinogenen Substanzen, wie Nitrosamine, im Verdacht als Kofaktoren zu wirken. Selbst andere onkogene Viren sind nicht ausgeschlossen. Ungefähr 2% der afrikanischen Burkitt Lymphome sind nicht mit dem EBV assoziiert sowie mehr als 70% der Fälle, die in nichtafrikanischen Kindern in Europa oder Amerika diagnostiziert werden. Es ist möglich, daß die EBV-freien Lymphome Fehldiagnosen darstellen, obgleich sie sich histologisch bisher nicht von den EBV-positiven Tumoren unterscheiden lassen; oder, daß das Burkitt Lymphom zwei verschiedene Ursachen hat, von denen eine noch zu finden ist. Unter den Nasopharynxkarzinomen wurden bisher keine Ausnahmen bezüglich der Gegenwart von EBV Genomen gefunden, soweit es sich um anaplastische Karzinome handelte. Europäische oder amerikanische Patienten können aber auch differenzierte Karzinome im Nasenrachenraum haben, die nicht mit dem EBV verbunden sind. Solche Patienten zeigen keine hohen Antikörpertiter gegen das Virus.

Abschließende Bemerkungen

Es ist höchst unwahrscheinlich, daß das EBV lediglich die Rolle eines zufälligen Passagiers im Burkitt Lymphom oder Nasopharynxkarzinom spielt, denn beide Tumoren sind monoklonal, d.h. sie entwickeln sich von einer einzigen bösartig transformierten Zelle, und das bedeutet weiterhin, daß das EBV Genom schon in der ersten Tumorzelle vorhanden sein muß. Eine Übertragung des EBV auf die Tumoren nach ihrer Entstehung ist ausgeschlossen, da alle Patienten hohe Antikörpertiter gegen das EBV haben, die eine horizontale Ausbreitung des Virus verhindern. Auch die Tatsache, daß andere Lymphome oder Karzinome, die in Trägern des EBV entstehen, nicht das virale Genom aufzeigen, spricht gegen eine zufällige Infektion des Burkitt Lymphoms und des Nasopharynxkarzinoms.

Es bleibt also höchstwahrscheinlich, daß das EBV zumindest zur Ätiologie dieser beiden bösartigen Tumoren in Verbindung mit anderen, noch unbekannten Faktoren beiträgt, wenn es nicht selbst der Hauptfaktor ist. Diese Ausführungen zeigen, wie schwierig es ist, trotz des Einklangs der Resultate mit den vielen an Tiertumormodellen gewonnenen Erfahrungen, eine virale, Ätiologie menschlicher Krebse endgültig zu beweisen.

Literatur

Die folgenden Übersichtsartikel informieren über die Beziehung zwischen dem Epstein-Barr Virus und der infektiösen Mononukleose, dem Burkitt Lymphom und dem Nasopharynxkarzinom, und zitieren eingehend die Original-Literatur der einschlägigen Beobachtungen.

Epstein, A.M., Achong, B.G.: Various forms of Epstein-Barr virus infection in man: Established facts and a general concept. Lancet **2**, 836–839 (1973)

Henle, W., Henle, G.: Epstein-Barr Virus: The cause of infectious mononucleosis. In: Oncogenesis and Herpesviruses (Biggs, P.M., de-Thé, G. and Payne, L.N., eds.). Int. Agency Res. on Cancer, Lyon, 1971, pp. 269–274

Henle, W.: Zellwucherung durch Viruspartikeln. Bild der Wissenschaft, 800–807 (1972)

Henle, W., Henle, G.: Die Beziehung des Epstein-Barr Virus zur infektiösen Mononukleose und zu verschiedenen menschlichen

Tumoren. Berichte der Physikalisch-Medizinischen Gesellschaft Würzburg. **80**, 13–28 (1972)

Henle, W., Henle, G.: Epstein-Barr Virus-related serology in Hodgkin's disease. Natl. Cancer Inst. Monogr. **36**, 79–84 (1973)

Henle, W., Henle, G.: Evidence for an oncogenic potential of the Epstein-Barr virus. Cancer Res. **33**, 1419–1423 (1973)

Henle, W., Henle, G., Horwitz, C.A.: Epstein-Barr virus-specific diagnostic tests in infectious mononucleosis. Human Pathol. **5**, 551–565 (1974)

Ho, J.H.C.: Nasopharyngeal carcinoma (NPC). Advanc. Cancer Res. **15**, 57–92 (1972)

Klein, G.: Herpesviruses and oncogenesis. Proc. Natl. Acad. Sci. (USA) **69**, 1056–1064 (1972)

Klein, G.: The Epstein-Barr virus. In: The Herpesviruses (Kaplan, A. ed.) Academic Press, New York, 1973 pp. 521–555

Klein, G.: The Epstein-Barr virus and neoplasia. New Engl. J. Med. **293**, 1353–1357 (1975)

Klein, G.: Studies on the Epstein-Barr virus (EBV)-genome and the EBV-determined nuclear antigen in human malignant disease. Cold Spring Harbor Symp. quant. Biol. **39**, 783–790 (1975)

Miller, G.: The oncogenicity of Epstein-Barr virus. J. Inf. Dis. **130**, 187–205 (1974)

Zur Hausen, H.: Oncogenic herpesviruses. Biochem. biophys. Acta **417**, 25–35 (1975)

Werner Henle, M.D.
Director Division of Virology
The Joseph Stokes, Jr. Research Institute
The Children's Hospital of Philadelphia
34th Street & Civic Center Boulevard
Philadelphia, Pa. 19104/USA

Modellstudien über virusbedingte Tumoren und deren immunologische Behandlung *

W. Schäfer

Max-Planck-Institut für Virusforschung, Tübingen

Model Studies on Virus-induced Tumors and their Immunological Treatment

Summary. After a review of the general biological properties of C-type oncorna viruses, results are presented on the structure of an exogenous murine leukemia virus (FLV) and on the serobiological properties of its structural proteins. Our findings suggested a major role of the viral surface glycoprotein gp71 in immunological defense mechanisms. This was confirmed by vaccination experiments with isolated gp71 in mice. The induced immunity was highly specific and not operative against endogenous murine C-viruses belonging to other serotypes. Surprisingly the latter were found to be activated by the vaccination with gp71 of FLV.

In heterologous animal species isolated FLV-gp71 induced the formation of broadly reacting antibodies. They were found to be effective in the therapy of infections with FLV in mice as well as with feline leukaemia virus in cats. Most impressive results were obtained with an antiserum prepared against feline leukaemia virus in a goat. This serum completely suppressed sarcomas induced by infection with feline sarcoma virus.

Key words: Mammalian C-type oncorna viruses – Structure – Viral components – Immunoprophylaxis – Immunotherapy.

Zusammenfassung. Nach einer Übersicht über das allgemeine Verhalten der C-Typ-Onkorna-Viren werden die Ergebnisse eigener Untersuchungen über die Struktur eines exogenen Mäuse-Leukämie-Virus (FLV) und über die serobiologischen Eigenschaften seiner Strukturproteine geschildert. Die dabei gewonnenen Erkenntnisse ließen vermuten, daß das an der Virusoberfläche gelegene Glykoprotein gp71 eine wichtige Rolle bei der Immunabwehr spielt. Vakzinierungsversuche mit isoliertem Glykoprotein bei Mäusen bestätigten diese Vermutung. Sie zeigten aber auch, daß die entsprechende Immunantwort der Maus eine hohe Spezifität besitzt und sich nicht auf endogene C-Viren, die anderen Serotypen angehören, erstreckt; diese wurden vielmehr durch Impfung mit FLV gp71 aktiviert.

In anderen Tierarten veranlaßte dagegen isoliertes FLV gp71 die Bildung von breit reagierenden Antikörpern. Diese waren nicht nur bei FLV-infizierten Mäusen, sondern auch bei Infektionen von Katzen mit einem Katzen-Leukämie-Virus serotherapeutisch wirksam. Besonders eindrucksvolle Erfolge wurden bei der Behandlung von Virus-induzierten Sarkomen der Katze mit einem Antiserum erzielt, das gegen Katzen-Leukämie-Virus in einer Ziege hergestellt wurde.

Schlüsselwörter: Säuger C-Typ Onkorna-Viren – Struktur – Virus-Komponenten – Immunoprophylaxe – Immunotherapie.

Trotz intensivem Bemühen verfügen wir für die Bekämpfung bösartiger Tumoren immer noch nicht über eine generell wirksame Prophylaxe und eine Therapie, die es erlaubt, effizient und zugleich streng spezifisch die bösartig wachsenden Zellen und möglichst auch die sie auslösenden Faktoren auszuschalten. Diese Lücken könnten u.U. durch immunologische Verfahren geschlossen werden, mit deren Hilfe es u.a. gelungen ist, den meisten Viruskrankheiten ihre Schrekken zu nehmen. Die Idee, sie auch bei Tumorerkrankungen anzuwenden, ist nicht neu; schon Paul Ehrlich [1] bemühte sich darum.

---

* Vortrag auf der 109. Versammlung der Gesellschaft Deutscher Naturforscher und Ärzte, Stuttgart 19.–23. September 1976

Tabelle 1. Onkorna-Viren

Typ	Nachgewiesen bei:	Art der Erkrankung
C	Schlange, Vögel, Maus, Ratte, Hamster, Meerschw., Katze, Schwein, Rind, Affe.	Leukämien Lymphome Thymome Sarkome
B	Maus	Mamma-Tumor
Mason-Pfizer	Affe	Mamma-Tumor

Die Chancen für die Entwicklung wirkungsvoller immunologischer Verfahren steigen, wenn wir die Ursache der Erkrankung kennen und wissen, wie sich die transformierte Zelle in ihrem antigenen „make-up" von der normalen unterscheidet. Nur wenn es gelingt, beide auszuschalten, kann man eine endgültige Heilung erwarten. In dieser Richtung wurden bei den Tumorerkrankungen der Tiere in den letzten Jahren einige Fortschritte erzielt.

Onkorna-C-Viren, Vorkommen und allgemein-biologische Eigenschaften

Ursache von Tumoren sind hier relativ häufig die onkogenen RNA-haltigen oder kurz Onkorna-Viren, von denen man 3 ähnlich aufgebaute Typen kennt (Tabelle 1). Wir haben uns mit denen des C-Typs befaßt, die im Tierreich von der Schlange bis zum Affen gefunden, beim Menschen aber noch nicht mit Sicherheit nachgewiesen wurden. Sie verursachen sowohl Leukämien wie solide Tumoren [2].

Bevor ich auf unsere hier zur Diskussion stehenden Ergebnisse eingehe, möchte ich Sie anhand einiger stark vereinfachender Schemata mit den zum Teil absonderlichen Eigenschaften dieser Agentien bekanntmachen, die man zwar als „Viren" bezeichnet, deren Verhalten aber doch recht verschieden von dem der „klassischen" RNS-Viren ist. Die entsprechenden Erkenntnisse wurden in den letzten 20 Jahren vor allem bei der Untersuchung der C-Viren von Maus und Huhn gewonnen.

Wie die klassischen Virusarten vermehren sich auch C-Viren nur in lebenden Zellen. Dabei gehen sie aber, wie *Gewebekulturstudien* zeigten, eine enge Verbindung mit dem Zellgenom ein. Dazu befähigt sie ein besonderes Enzym-System; es besteht aus der in U.S.A. nachgewiesenen Reversen Transkriptase [3, 4], die an der Virus-RNS DNS synthetisiert, und der in Tübingen gefundenen RNase H [5], die RNS vom RNS-DNS-Hybrid abspaltet. Sie sorgen mit dafür, daß die in der Virus-RNS enthaltene Information in eine doppelsträngige DNS umgesetzt wird (s. Abb. 1). Diese wird dann in die Zell-DNS integriert und mit ihr von Zellgeneration zu Zellgeneration weitergereicht. An der integrierten Virus-DNS werden im weiteren Verlauf des Geschehens neue Virus-RNS und an dieser als Boten-RNS neue Virus-Proteine gebildet. Sie versammeln sich an der Zellmembran und werden schließlich in Ausstülpungen derselben zu den sich später ablösenden, neuen Viruspartikeln zusammengefaßt. Mit dem beschriebenen Vorgang, den man als *produktiven Zyklus* bezeichnet, ist häufig eine Transformation der Wirtszelle zur Tumorzelle verbunden. Sie drückt sich u.a. in Änderungen der Form und des sozialen Verhaltens der Zelle aus. Außerdem treten neue Antigene an ihrer Oberfläche auf.

Außer produktiven Zyklen kennt man auch abortiv verlaufende *nichtproduktive*. Dabei kann die Zelle zwar transformiert werden, es entstehen aber keine neuen Viruspartikeln, sondern höchstens gewisse Komponenten derselben. Das kann daran liegen, daß das Virus defekt ist oder die Zelle das Fortschreiten des Prozesses nicht erlaubt.

Was ich bisher beschrieb, bezog sich auf Gewebekulturstudien mit Laborstämmen, d.h. mit exogenen C-Viren. Seit kurzem wissen wir aber, daß Virus-Genome, die in mehr oder weniger tiefem Schlaf liegen, in den Zellen vieler, wenn nicht gar aller Tierarten enthalten sind (Abb. 1). Wecken und zur Virusbildung veranlassen kann man sie u.a. durch Behandeln mit physikalischen oder chemischen Kanzerogenen [6, 7]. Was herauskommt und als *endogenes* Virus bezeichnet wird, ist ein echtes C-Teilchen.

Im *Tier* wird – vor allem nach Untersuchungen bei der Maus – die Transformation der Zellen und damit die Bildung von Tumoren häufig durch endogene C-Virus-Genome verursacht, die von Urzeiten her als Bestandteil des Zell-Genoms *vertikal übertragen* werden (Abb. 2). Darauf deutet schon das Antigen-Muster ihrer Genprodukte, der C-Virus-Proteine, hin [8]. Neben hochspezifischen antigenen Determinanten, die beim Huhn eine enge Beziehung zum Wirtsgenotyp zeigen und als „typspezifische Antigene" bezeichnet werden, kennen wir solche, die charakteristisch für die C-Viren einer bestimmten Species sind und deshalb „species"- oder „gruppen-spezifische" Antigene genannt werden. Schließlich wurden bei den Säugerviren noch „interspecies"-Antigene nachgewiesen, d.h. solche, die auch in C-Teilchen anderer Säuger vorkommen. Sie dürften die entwicklungsgeschichtlich ältesten sein, die z.T. schon im Ursäuger vorhanden waren. Das Antigenmuster der Strukturproteine eines C-Virus spiegelt also die entwicklungsgeschichtliche Position des Wirtes wider. Ähnliches wird bei den klassischen RNS-Viren, die

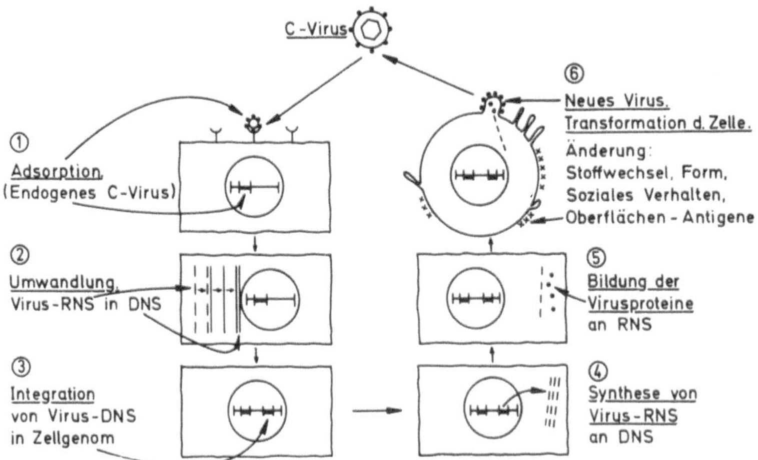

Abb. 1. Produktiver Zyklus eines C-Virus

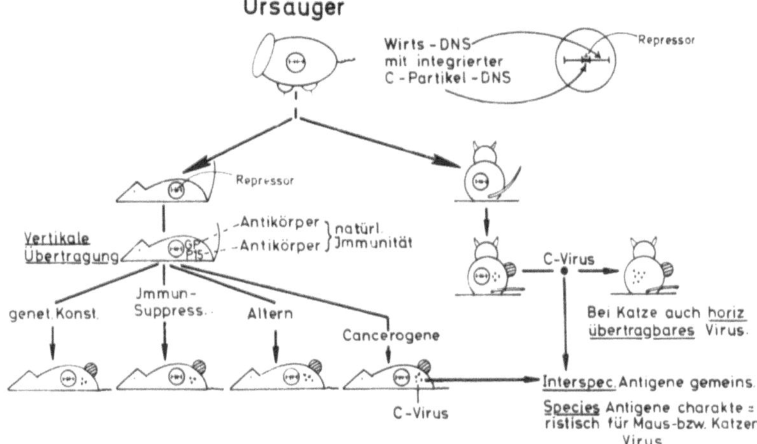

Abb. 2. Verhalten von C-Viren im Tier

horizontal übertragen werden und zumeist nur vorübergehende Gäste in den Organismen sind, nicht beobachtet.

Eine *horizontale Übertragung* wird aber auch bei C-Viren gefunden. Sie kann nicht nur in utero erfolgen, sondern auch postnatal. Ihre Erfolgsrate ist allerdings – verglichen mit der bei klassischen Viren – relativ gering. Postnatal wird u.a. ein Leukämievirus der Katzen übertragen, mit dem auch wir uns befaßten (Abb. 2) [9]. Hier hat offenbar ein ursprünglich endogenes C-Genom die Wandlung zum vagabundierenden Genom und damit zum infektiösen Virus vollzogen.

Inzwischen wurden Hinweise dafür gewonnen, daß auch das Umgekehrte möglich ist, und ein vagabundierendes C-Genom wieder in einem Zell-Genom seßhaft werden kann, sogar bei einer anderen Species. So soll ein endogenes Genom des Schweines vom Nager stammen [10, 11]. Wenn man in diesem Zusammenhang noch bedenkt, daß C-Virus-Genome normale zelluläre Gen-Sequenzen mitschleppen können [12], ergeben sich hochinteressante, neue Aspekte nicht nur für die Evolutionsmechanik, sondern auch für das ‚genetic engineering'.

Auf welche Weise erreicht nun der Organismus, daß die Zeitbombe, mit der er leben muß, unter *Kontrolle* bleibt? Nach Untersuchungen bei der Maus scheinen dafür mindestens zwei Sicherungssysteme zu sorgen; nämlich ein genetisch gesteuertes Repressorsystem, das auch in der Gewebekultur noch wirksam ist, und das entwicklungsgeschichtlich wahrscheinlich jüngere Immunsystem. Nachdem lange Zeit angenommen wurde, daß das letztere auf endogene C-Viren nicht reagiert, sich ihnen gegenüber also tolerant verhält, konnte kürzlich durch Ihle u.Mitarb. [13] das Gegenteil bewiesen werden; die betreffende Reaktion bleibt allerdings infolge einiger gegensteuernder Mechanismen (s. unten) in relativ engen Grenzen. Mit Hilfe des hochempfindlichen Radioimmuntestes konnten aber die genannten Autoren in Mäusen der meisten Inzest-Stämme Antikörper gegen Oberflächenkomponenten der endogenen C-Viren nachwei-

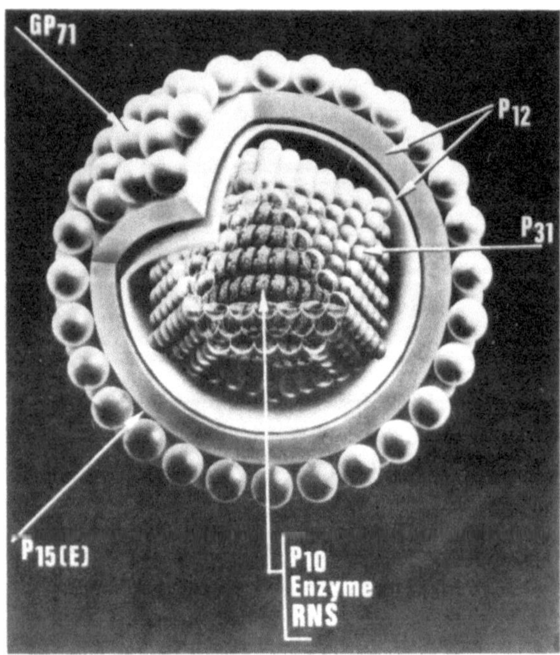

Abb. 3. Modell eines C-Virus der Maus

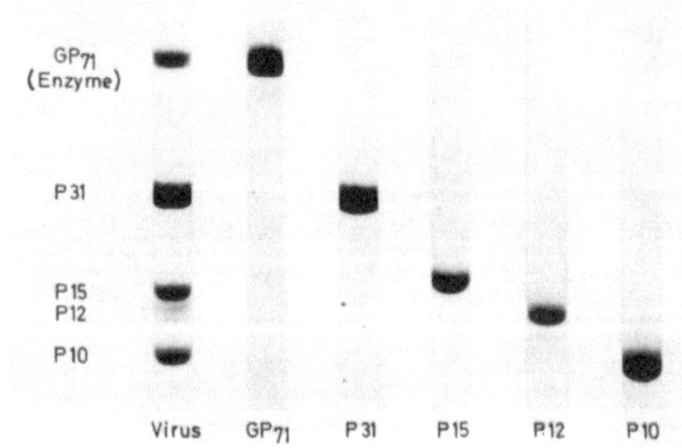

Abb. 4. Analytische Gelelektrophorese des FLV („Virus") und der aus ihm isolierten Komponenten („gp71 – p10")

sen, die wir dann in gemeinsamer Arbeit genauer identifizierten [8, 14]. Nur bei einem Inzest-Stamm (NIH), der zwar Virus-Genom(e) enthält, bei dem aber keine Leukämien beobachtet werden, waren solche Antikörper nicht nachzuweisen. Danach scheint es so zu sein, daß erst, wenn die entwicklungsgeschichtlich ältere Repressor-Sicherung versagt, die jüngere, immunologische greift und dafür sorgt, daß die nunmehr entstehenden C-Partikeln und die transformierten Zellen beseitigt werden.

Gestört werden kann *diese die Tumorbildung verhindernde Balance* zwischen Virus-Genom und Regelelementen des Organismus auf verschiedene Weise (s. Abb. 2): Einmal durch genetische Manipulation; so wurden bei Mäusen neben Inzuchtstämmen, die praktisch keine Leukämien zeigen, solche herausgezüchtet, bei denen die Spontanrate wie beim AKR-Stamm über 90% liegt. Weiterhin kann man durch künstliche Schwächung der Immunabwehr eine erhebliche Steigerung der Tumorrate erreichen. Auf einer altersbedingten Schädigung derselben dürfte zum Teil der Alterseffekt beruhen. Schließlich wirken noch Cancerogene auslösend auf C-Virus-induzierte Tumoren. Sie beeinflussen nicht nur die prospektiven Tumorzellen, sondern wirken oft auch suppressiv auf das Immunsystem, eine Eigenschaft, die u.a. auch die C-Partikel besitzt.

Wie Sie schon aus dieser kurzen Übersicht entnehmen können, zeigen C-Viren in der Tat ein sonderbares Verhalten. Die von ihnen ausgelösten Erkrankungen lassen jedoch mannigfache Analogien zu den Tumorerkrankungen des Menschen erkennen. Für uns war von besonderem Interesse, daß in unserem Modellsystem die Immunabwehr offensichtlich eine entscheidende Rolle spielt. Es lag deshalb nahe, sie durch Einwirkungen von außen zu verstärken und dadurch das Entstehen von Tumoren zu verhindern oder vorhandene zur Rückbildung zu bringen.

Die Frage war, mit Hilfe welcher Immunogene bzw. Antikörper sich das erreichen läßt. Um dies zu klären, haben wir uns intensiv mit den antigenen Eigenschaften der Virusproteine und der Wirtszelloberfläche, sowie mit der Natur der Reaktionspartner bei der natürlichen C-Virus-Immunität befaßt. Dabei hofften wir, daß die für unsere Zwecke geeignete Komponente Determinanten vom interspecies-Typ besitzt und es deshalb möglich ist, über sie eine Immunabwehr auch bei anderen Säugerspecies zu etablieren. Das wäre vor allem im Hinblick auf den Menschen von einiger Bedeutung. Als Modell wurde in erster Linie das Friend-Leukämie-Virus (FLV) der Maus bearbeitet.

Aufbau und serobiologische Eigenschaften der Viruspartikeln

Die C-Partikeln des FLV sind, obwohl nur 1/10000 mm groß, noch relativ komplexe Gebilde (Abb. 3) [15, 8]. Im Inneren enthalten sie eine fadenförmige Struktur, die in einer aus winzigen Untereinheiten aufgebauten polyederartigen Hülle liegt. Umgeben ist das Ganze von einer doppelschichtigen, von der Wirtszelle herstammenden Lipidmembran, der knopfartige, ~1/200000 mm große Gebilde aufsitzen.

Zerlegt man dieses Teilchen und sortiert seine Polypeptide elektrophoretisch in einem Gel nach der Größe (Abb. 4), so findet man neben den schon erwähnten Enzymen und einigen Nebenkomponenten fünf Haupt-Proteine. Sie wurden in reiner Form iso-

Tabelle 2. Eigenschaften der isolierten Komponenten des Friend-Leukämie-Virus

Kompo-nente	Mol.-Gew.	Chem. Eigen-schaft.	Adsorpt. an Erythroz.	Jnter-ferenz	Neutr. Antikörp.	Antigenität		
						Typ-spez.	Spec.-spez.	interspec.
P10	10 000	Protein, stark bas.	-	-	-	-	+	-
P12	12 000	Glyko-(?) Protein	-	-	-	+	-	-
P15	15 000	Hydrophob. Protein	-	-	(+)*	-	-	+
P31	31 000	Protein	-	-	-	-	+	+ (a+b)
GP71	71 000	Glyko-Protein	+	+	+	+	+	+

* P15-Antikörper neutralisiert einige C-"Viren" in einer C'abhängigen Reaktion.

liert und genauer analysiert (Tabelle 2). Von besonderem Interesse war, welche antigenen Determinanten die einzelnen Proteine besitzen, und welche Komponenten Virus-neutralisierende Antikörper zu induzieren vermögen.

Was die verschiedenen geprüften Eigenschaften anlangt (Tabelle 2) [16, 17, 18, 19], sind einige Virusproteine (p10, p12) mono, andere multivalent (p15, p31 und gp71). Das Glykoprotein gp71 besitzt alle drei antigenen Spezifitäten und darüberhinaus die übrigen geprüften biologischen Eigenschaften einschließlich der Fähigkeit, neutralisierende Antikörper zu induzieren; diese Komponente war deshalb für uns auch von besonderem Interesse. Eine gewisse neutralisierende Wirkung besitzt daneben der vom breitreagierenden (interspecies) p15-Protein induzierte Antikörper. Die Anordnung der verschiedenen Proteine im Virusteilchen ist in Abbildung 3 angegeben.

Verglichen mit den klassischen Viren sind die C-Teilchen äußerst labil. Besonders leicht lösen sich von ihnen die gp71-haltigen Knöpfe ab [20].

Oberflächen-Antigene der Wirtszelle

Bei der Untersuchung des Antigenmusters der Zelloberfläche interessierten wir uns vor allem dafür, inwieweit hier *Virus-Struktur-Antigene* erscheinen [21, 22]. Nachgewiesen wurden sie mit Hilfe spezifischer Antikörper, die wir gegen die einzelnen isolierten Proteine im Kaninchen herstellten. Zwei verschiedene Verfahren wurden herangezogen. Bei der zytotoxischen Reaktion hat die Bindung der spezifischen Antikörper an das in der Zellmembran liegende Antigen eine Komplement-abhängige Lyse der ^{51}Cr-markierten Zellen zur Folge, deren Grad man aus der Menge an freigesetztem ^{51}Cr abschätzen kann; bei der immunoelektronenoptischen Untersuchung wird der gebundene virusspezifische Antikörper durch Ferritin-markierten Anti-Antikörper im Elektronenmikroskop nachgewiesen. Beide Verfahren lieferten weitgehend übereinstimmende Ergebnisse.

Von den Virusstruktur-Antigenen wurden nur das typspezifische, nichtneutralisationsaktive und deshalb für eine immunologische Behandlung von vornherein weniger geeignete p12 und das wesentlich breiter reagierende gp71 nachgewiesen. gp71 war, wie Abbildung 5 zeigt, außer auf den knospenden Viruspartikeln auch auf anderen Teilen der Wirtszelloberfläche zu finden, p12, wie nach dem Virusmodell zu erwarten, nur auf den letzteren. Wichtig für unser weiteres Vorgehen war, daß gp71 Antikörper nicht nur mit Wirtszellen der verschiedenen Maus-Virus-Serotypen (Abb. 5, 6), sondern auch mit denen eines Katzen-Leukämie-Virus reagierte (Abb. 6). Auf Grund seiner interspecies Komponente ist er also in der Lage, C-Virus und Wirtszelle einer anderen Säugerspecies auszuschalten. Bei der Maus wurde gp71 Antigen sowohl auf produktiven wie nicht-produktiven Zellen gefunden [23].

Erwähnt sei noch, daß im Hühnersystem ein weiteres Antigen an der Zelloberfläche nachgewiesen wurde, dessen Bildung zwar vom Virus induziert, das aber nicht in dieses eingebaut wird (TSSA = tumor specific cell surface antigen) [24, 25].

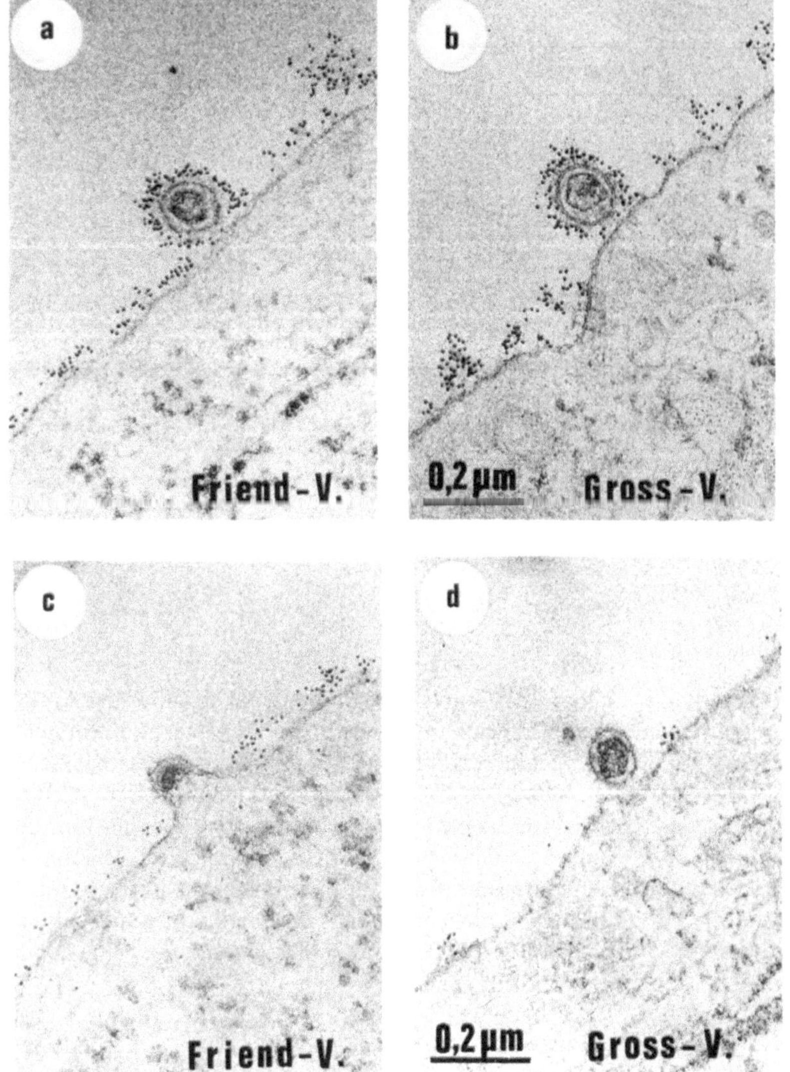

Abb. 5a—d. Immunoelektronenoptische Darstellung von Virusantigenen auf der Oberfläche von Friend- bzw. Gross-Virus produzierenden Mäusezellen mit komponentenspezifischen Kaninchenseren.
a, b) gp71 (FLV)-Serum
c, d) p12 (FLV)-Serum
P12-Antiserum reagiert nur mit Wirtszellen des homologen Virus-Typs (Friend-Virus). Vgl. Tabelle 2

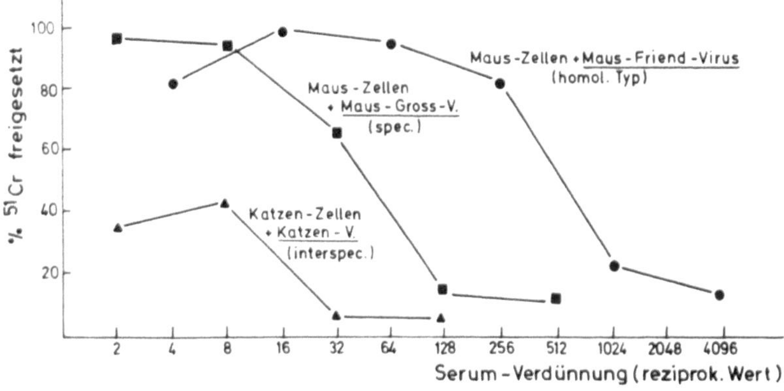

Abb. 6. Zytotoxizitätsteste. Reaktion von gp71 (FLV)-Kaninchenserum mit Friend- bzw. Gross-Virus produzierenden Mäusezellen und mit Katzenleukämie-Virus produzierenden Katzenzellen. Nachweis der species- und interspecies-Reaktivität des Serums

Identifizierung der bei natürlicher Immunität auftretenden Antikörper

Unsere Vermutungen über die besondere Bedeutung von gp71 für die Immunabwehr verdichteten sich, als wir zusammen mit Ihle et al. die bei der natürlichen Immunität der Mäuse auftretenden, gegen Oberflächen-Komponenten des endogenen Virus gerichteten Antikörper mit Hilfe unserer spezifischen Materialien näher analysierten [8, 14]. Dabei stellte sich heraus, daß sie vor allem gegen gp71 und p15 gerichtet sind. Obwohl das Virus-Genom ein Teil des Zell-Genoms ist, kann demnach der Immunapparat die genannten Genprodukte trotzdem noch als etwas Besonders erkennen. Die gefundenen Antikörpertiter waren allerdings relativ niedrig.

In diesem Zusammenhang sei daran erinnert, daß die gp71-haltigen Oberflächenknöpfe in vitro vom Virus und seiner Wirtszelle leicht freigesetzt werden. Die geschieht offenbar auch in vivo, wo sie dann einen Teil der gegen das Virus gerichteten Immunabwehr abfangen und es dadurch dem Virus und seiner Wirtszelle erleichtern, diese Abwehr zu unterlaufen. Zusätzlich wird dies noch durch eine generell immunsuppressive Wirkung des Virus gesichert [s.S. 842]. Erst die Ausschaltung der körpereigenen Immunabwehr scheint es ihm zu ermöglichen, onkogen zu wirken.

Auf Grund der bisher beschriebenen Feststellungen schienen von den Virusbestandteilen vor allem gp71 und daneben u.U. noch p15 für immunologische Bekämpfungsverfahren in Frage zu kommen, deren Entwicklung das Ziel unserer Bemühungen war; beide Kandidaten zeichnen sich glücklicherweise durch eine relativ große serologische Reaktionsbreite aus (s. Tabelle 2). Aktive Immunisierungsversuche bei Mäusen, in denen wir die einzelnen isolierten Proteine des FLV als Vakzinen prüften, bestätigten unsere Vermutung.

Aktive Immunisierung

In diesen Experimenten [15, 26, 27] wurden 12 Wochen alte STU-Inzest-Mäuse verwendet, die wir mit etwa 100 µg Virusprotein/Maus immunisierten und 4 Wochen später mit $\sim 15^5$ infektiösen Dosen des homologen Friend-Virus infizierten. Nach weiteren 4 Wochen wurde anhand der Milzgrößen der Immunisierungserfolg beurteilt.

Unter den beschriebenen Umständen zeigte das Protein p12, welches zwar an der Oberfläche der Zellen vorliegt, dessen Antikörper das Virus aber nicht neutralisiert und gegen das unter natürlichen Bedingungen offenbar auch kein Antikörper gebildet wird, keine Wirkung. p15 dagegen, das eine gewisse Neutra-

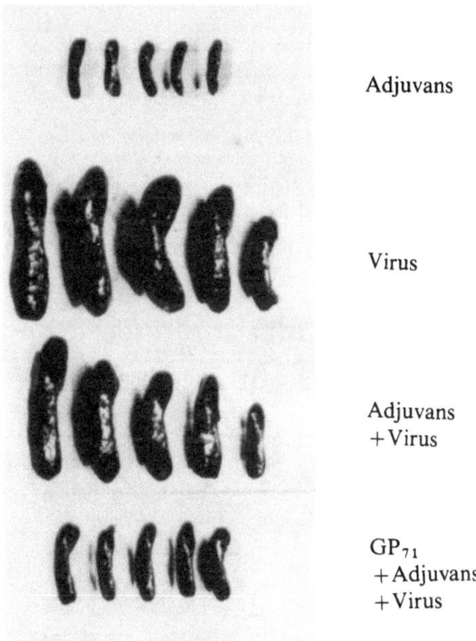

Abb. 7. Aktive Immunisierung von STU-Inzest-Mäusen gegen Friend-Leukämie mit der isolierten FLV-Komponente gp71. Milzen 4 Wochen p.i. entnommen

lisationsaktivität besitzt und auch bei der natürlichen Immunität eine Rolle zu spielen scheint, brachte einigen Schutz. Einen eindeutigen Effekt zeigte gp71 (Abb. 7), das sowohl virusneutralisierende wie zytotoxische Antikörper induziert und auch unter natürlichen Bedingungen die Immunabwehr zu stimulieren vermag. In den kaum vergrößerten Milzen der mit ihm immunisierten Tiere wurde kein oder nur wenig infektiöses Virus gefunden.

Die genauere Analyse der Immunisierung mit gp71 bei verschiedenen Mäuse-Inzucht-Stämmen und die Prüfung seiner Wirkung auf deren endogene Viren dämpfte aber unsere Hoffnungen wieder [28, 29, 30]. Wir mußten einsehen, daß gp71 unter gewissen Umständen sogar eine recht gefährliche Waffe sein kann. Zunächst konnte gezeigt werden, daß es humorale und bei gewissen Mäusestämmen auch zelluläre Immunität induziert. Es stellte sich aber heraus, daß diese Immunität einen hohen Grad von Spezifität besitzt und sich nur gegen das homologe Virus-Wirts-System richtet (typspezifische Immunität). Offenbar ist die Maus nicht in gleicher Weise wie heterologe Tierarten in der Lage, immunologisch die breiter reagierenden antigenen Determinanten eines Mäusevirus zu erkennen. Die überraschendste Feststellung war aber, daß das endogene C-Virus bei AKR-Mäusen nicht nur nicht ausgeschaltet, sondern sogar provoziert wird [30]. Die Folge war, daß diese Mäuse früher an der von ihm verursachten Leukämie starben als unbehandelte Kontrollen. Der Mechanismus dieses Phänomens ist noch nicht geklärt.

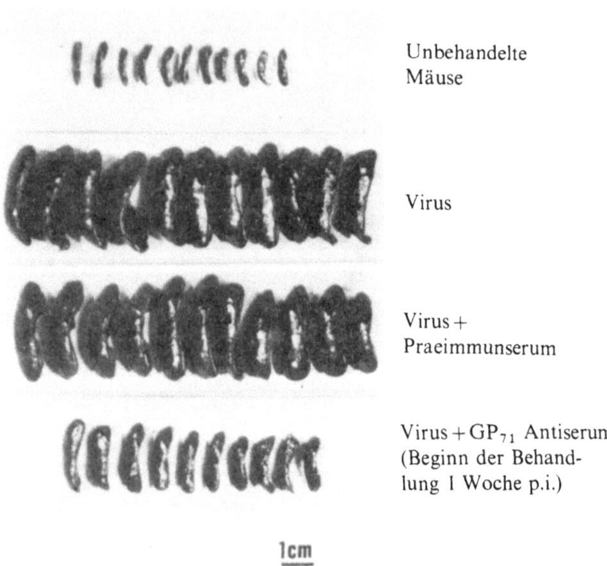

Abb. 8. Serumtherapie. Behandlung FLV-infizierter STU-Mäuse mit Ziegen-Antiserum gegen FLV-gp71. Milzen 4 Wochen p.i. entnommen

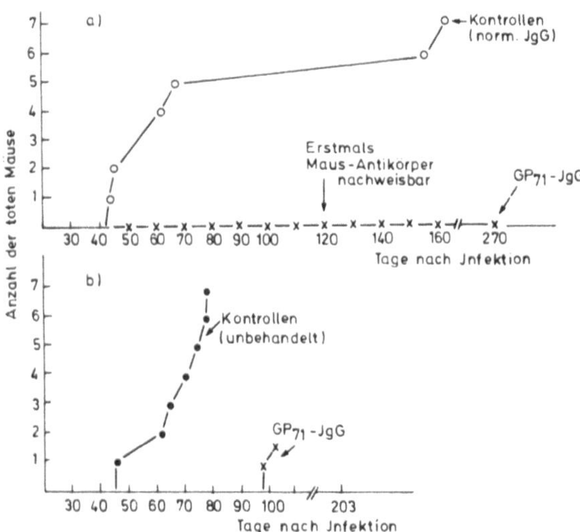

Abb. 9. Behandlung FLV-infizierter STU-Mäuse mit IgG von Ziegen-Antiserum gegen FLV-gp71. Zwei getrennte Versuche (a, b). Beginn der Behandlung 6 Tage p.i. Sieben Tiere pro Ansatz. Beobachtung der Tiere über längere Zeit

Auf Grund dieser Erfahrungen haben wir uns in der Folge in erster Linie mit der passiven Immunisierung befaßt. Wir hofften, daß dabei die breitere Reaktivität des in einer anderen Tierart (vor allem der Ziege) produzierten Antikörpers zum Tragen kommt und auch andere C-Virus-Serotypen, womöglich sogar solche anderer Säugerspecies, ausgeschaltet werden. Geprüft wurde die Wirkung der Antikörper auf Infektionen mit Leukämie-Viren bei Maus und Katze und mit einem Sarkom-Virus bei der Katze.

Serumtherapie

a) Leukämie-Viren

Bei den Versuchen mit *Mäusen* [31] wurden wiederum 12 Wochen alte Tiere mit der hohen *Friend-Leukämie-Virus*-Dosis infiziert. 6–7 Tage nach der Infektion, zu einer Zeit, da die Milz schon das doppelte Gewicht der normalen erreicht hatte, setzte die Behandlung mit Antiserum oder seinem IgG ein. In der ersten Serie wurden die Experimente wieder 4 Wochen p.i. abgeschlossen. Dabei ergab sich, daß von den geprüften Komponenten-spezifischen Seren nur gp71-Serum eine klare Wirkung zeigt, wie Abbildung 8 wohl eindrucksvoll bestätigt.

In weiteren Versuchsserien wurden dann die Tiere über lange Zeit beobachtet und geprüft, ob die Behandlung zur endgültigen Heilung führt. Dabei wurde ausschließlich anti-gp71-IgG zur Therapie verwendet. Bei dem in Abbildung 9a wiedergegebenen Versuch überlebten sämtliche 7 behandelten Tiere (mindestens bis zum 270. Tage p.i.), bei dem Versuch in Abbildung 9b 5 von 7 Mäusen. Sämtliche Kontrollen starben, die meisten in der 8.–12. Woche p.i. Die ältesten mit gp71-Antikörper behandelten STU-Mäuse haben mittlerweile das für diese Tierart respektable Alter von $1^3/_4$ Jahren erreicht.

Die fortlaufende Untersuchung der Mäuse ergab, daß die erfolgreich behandelten Tiere frei von infektiösem Virus sind und eigene neutralisierende und zytotoxische Antikörper bilden, die sich allerdings wiederum durch eine hohe Typspezifität auszeichnen. Danach nehmen wir an, daß der zugeführte heterologe gp71-Antikörper die Menge des Virus und der virusproduzierenden Zellen und damit deren immunosuppressive Aktivitäten so weit reduzierte, daß das körpereigene Immunsystem die lebenslange Kontrolle übernehmen konnte.

Wie wichtig das Funktionieren dieses Systems für die Ausheilung ist, sollten wir erfahren, als wir mit der gleichen Therapie erst 12 Tage p.i. begannen. Zu dieser Zeit ist es unter der Wirkung des Virus bereits zu einer starken allgemeinen Schädigung des Immunapparates gekommen. Er ist z.B. nicht mehr in der Lage, größere Mengen von Antikörper gegen Schaferythrozyten zu bilden (Abb. 10). Diese allgemeine Schädigung ergänzt das vorher erwähnte spezifische Abfangen der Immunabwehr durch freigesetzte Viruskomponenten. Setzt die Behandlung mit gp71-Antikörper erst unter diesen Bedingungen (12 Tage p.i.) ein, dann sterben die behandelten Tiere etwa gleich-

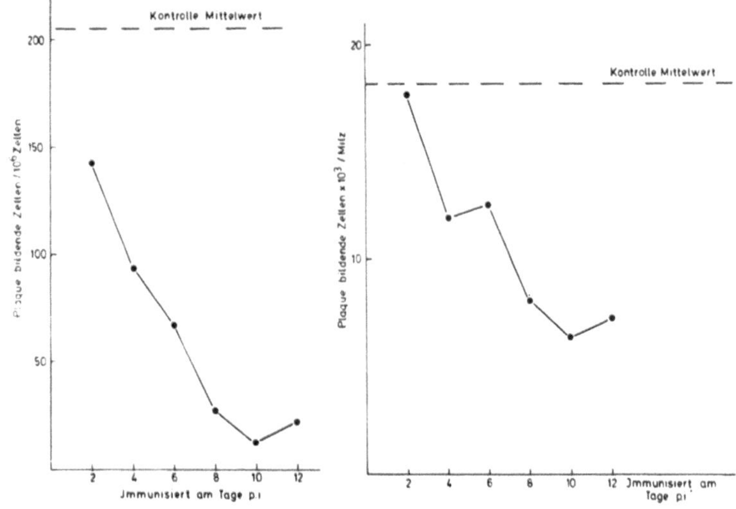

Abb. 10. Einfluß der FLV-Infektion auf die Immunreaktion von STU-Mäusen gegen Schaferythrozyten. Bestimmung der Anzahl der Antikörper bildenden Milzzellen mit dem Jerne-Test (E. Wecker)

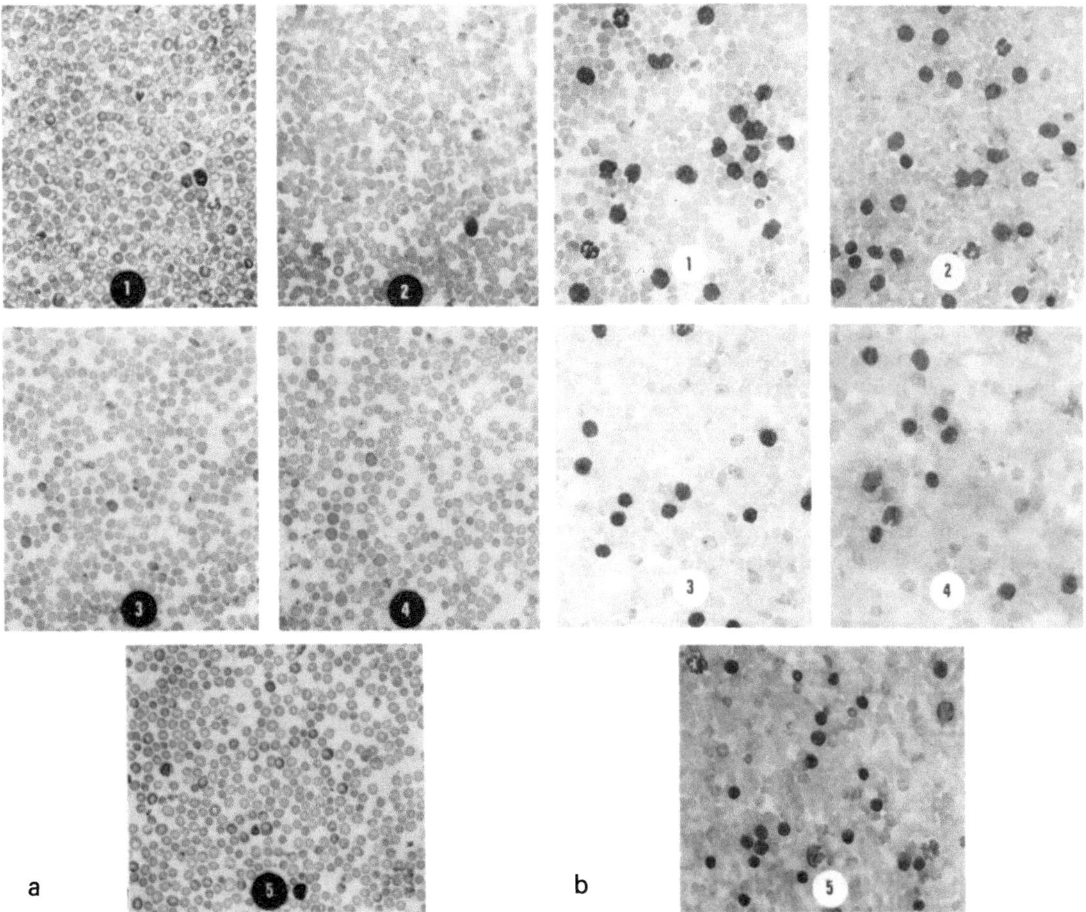

Abb. 11a und b. Therapeutische Wirkung von interspecies-Antikörper. Blutbilder von FLV-infizierten STU-Mäusen nach Behandlung mit Ziegen-Antikörper (IgG) gegen Katzenleukämie-Virus (FeLV) **a** und mit Ziegen-Normal-IgG **b**. Beginn der Behandlung: 3 Tage p.i. Blutentnahme: 4 Wochen p.i.

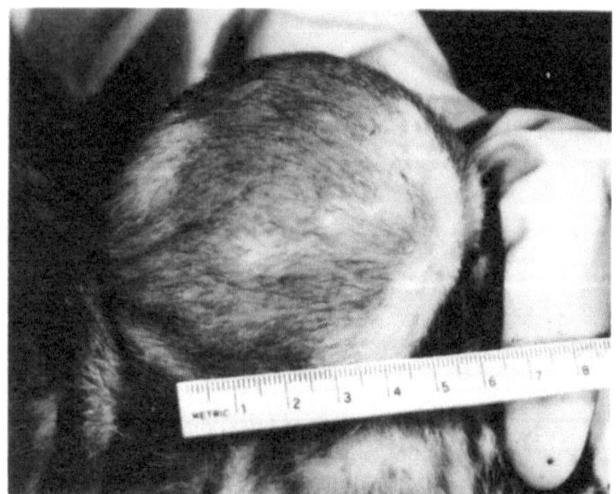

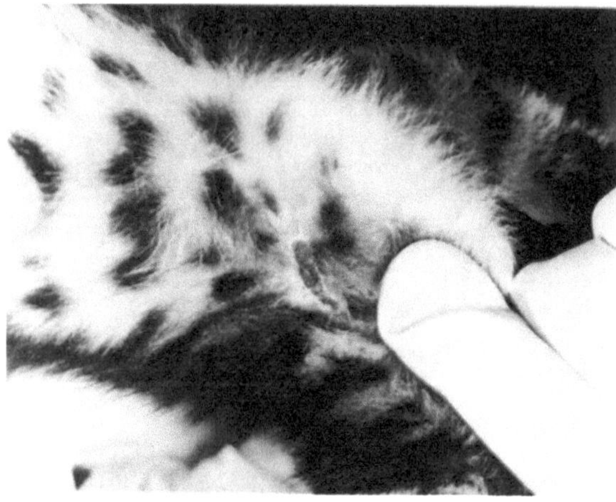

Abb. 12. Antikörper-Therapie bei soliden Tumoren von Katzen, die durch Katzensarkom-Virus induziert wurden. Beginn der Behandlung: 6 Tage p.i. Oben: Behandlung mit IgG von normalem Ziegenserum. Unten: Behandlung mit IgG von anti-FeLV-Ziegenserum

zeitig mit den Kontrollen. Ersetzte man aber, wie wir es in einem vorläufigen Orientierungsversuch taten, unter dem Schutz von gp71-Antikörper, der vom 12. Tage p.i. ab injiziert wurde, die geschädigten Immunzellen durch neue, normale, isogene Milz- und Knochenmarkszellen, so überlebten die so immunologisch aufgerüsteten Tiere die Kontrollen bereits wieder um 2–3 Wochen.

Auf Grund dieser und weiterer Erfahrungen sind wir der Überzeugung, daß bei unseren Modellsystemen und wahrscheinlich auch beim Menschen der Zustand des Immunapparates der Individuen von entscheidender Bedeutung für das Tumorgeschehen ist. Gelingt es, ihn zu verbessern, dann scheint man auch eine gute Chance für die Serumtherapie bei weit fortgeschrittenen Fällen zu haben. Die Entwicklung entsprechender kombinierter Therapieverfahren für unsere Modellsysteme bietet sicher noch einige Schwierigkeiten, sollte aber im Prinzip möglich sein.

Nach diesen Erfolgen interessierten wir uns vor allem dafür, wie sich eine entsprechende Antikörper-Therapie auf Infektionen mit *heterologen Leukämie-Viren* und in *anderen Tierspecies* auswirkt ([15], Noronha et al., in Vorbereitung). Dabei behandelten wir einerseits mit Antiserum gegen Katzen-Leukämie-Virus die FLV-Infektion der Maus und andererseits mit Antiserum gegen gp71 des Mäusevirus die Katzen-Leukämie-Infektionen der Katzen. Die neutralisierende Aktivität für das heterologe Virus war beim gp71-Serum mindestens 40mal höher als beim Katzenvirus-Serum. Das letztere reagierte aber noch eindeutig mit isoliertem gp71 des Mausvirus in anderen serologischen Testen.

In beiden heterologen Systemen wurde ein Effekt beobachtet. Bei den Mäusen war er wegen der schlechteren interspecies-Qualität des betreffenden Katzen-Virus-Antiserums allerdings geringer. Hier wurde das Virus nicht eliminiert, wohl aber noch 4 Wochen p.i. ein deutlich besseres Blutbild als bei den Kontrollen beobachtet (Abb. 11). Bei den Katzen dagegen kam es nach Impfung mit Antikörper gegen Maus-Virus-gp71 in den meisten Fällen zur vollen Ausschaltung des Leukämie-Virus und wiederum zur Produktion eigener antiviraler Antikörper. Der Effekt entsprach etwa dem, der mit homologem Katzen-Virus-Antiserum erzielt wurde.

Danach kommt also in der Tat die breitere Reaktivität des in der Ziege erzeugten virusspezifischen Antikörpers auch bei der Serumtherapie zum Tragen, und es besteht deshalb die Möglichkeit, mit dem gleichen Antikörper verschiedene Tierarten zu behandeln.

b) Katzen-Sarkom-Virus

Für die Therapie bei Katzen-Sarkom-Virus-infizierten Katzen wurde bisher nur das Antiserum gegen felines Leukämie-Virus verwendet. Beide Viren sind serologisch nahe verwandt. Die Erfolge waren hier besonders eindrucksvoll. Begann die Behandlung mit der Globulin-Fraktion des Antiserums 6 Tage nach der Infektion, so blieben von den sich entwickelnden, z.T. Haselnußgröße erreichenden Tumoren nur Narben übrig (Abb. 12). Sämtliche 8 derartig behandelten Tiere überlebten, während alle 9 Kontrollen ausgedehnte Sarkome entwickelten (Abb.12) und starben, z.T. schon 4 Wochen p.i. Deutlicher kann man sich den Erfolg einer Tumortherapie wohl kaum wünschen (de Noronha et al., in Vorbereitung).

Gegenwärtig wird untersucht, wie heterologes gp71-Serum auf solide Tumoren der Katze wirkt. Außerdem prüfen wir, ob sich spontane, durch endogene Viren verursachte Leukämien der Maus immunologisch beeinflussen lassen.

Abschließende Betrachtungen

Wie Sie daraus ersehen, stecken wir noch mitten in der Arbeit. Dieser Bericht konnte deshalb auch nur vorläufigen Charakter haben und sollte keinesfalls Anlaß zu überschwenglichem Optimismus geben. Die Ergebnisse zeigen aber m.E. bereits, daß es im Prinzip möglich ist, allein mit virusspezifischem Antikörper virusinduzierte Leukämien und Sarkome therapeutisch zu beeinflussen, und daß der gleiche Antikörper auch bei C-Virus-Infektionen einer anderen Säugerspecies wirksam ist. Der Erfolg der Therapie hängt allerdings weitgehend vom Zustand des körpereigenen Immunsystems ab, dessen Mitwirkung erst eine endgültige Heilung garantiert.

Der Anwendung der aktiven Immunisierung stehen vorerst noch einige Schwierigkeiten entgegen. Das reine gp71 besitzt zwar gute immunogene Eigenschaften, ist aber eine zweischneidige Waffe, das es endogenes C-Virus provoziert. Es bleibt zu prüfen, wie sich isoliertes TSSA verhält; entsprechende Untersuchungen laufen bei H. Bauer in Gießen [32]. Auf jeden Fall sollte wohl definierten und damit leichter kontrollierbaren Agentien beim Eingreifen in das komplexe Tumorgeschehen der Vorzug gegeben werden. Darum haben wir uns bei unseren Modellstudien bemüht.

Beim *Menschen* würde die Einführung immunologischer Methoden das Repertoire ärztlicher Maßnahmen ohne Zweifel ganz entscheidend erweitern. Erste Ansätze in dieser Richtung sind bereits vorhanden. So fanden Springer u.Mitarb. [33] bei Mamma-Tumoren ein spezielles Antigen. Man kann es auch durch Neuraminidase-Behandlung aus gewissen Blutgruppen-Substanzen erhalten. Womöglich ist ein ähnliches Antigen bei der Immunisierung wirksam, die Bekesi u.Mitarb. [34] bei bestimmten Leukämieformen durchführten. Sie behandelten, nachdem ein analoges Vorgehen einer Arbeitsgruppe der Behring-Werke [35] bei Mamma-Tumoren des Hundes zu eindrucksvollen Erfolgen geführt hatte, ihre Patienten mit Leukämiezellen, die vorher mit Neuraminidase inkubiert worden waren. Für eine Übertragung der von uns entwickelten Behandlungsverfahren auf den Menschen fehlt – trotz zahlreicher gegenteiliger Behauptungen – noch immer das wichtigste: nämlich der Nachweis eines menschlichen Onkorna-C-Virus. Trotzdem kann man sich nur schwer vorstellen, daß ausgerechnet homo sapiens das Danaergeschenk eines C-Virus-Genoms nicht erhalten haben sollte. Fußspuren desselben wurden auch bereits gefunden, z.B. in Form von Nukleinsäure, die derjenigen von Affen-C-Viren sehr ähnlich ist [36]. Wir vermuten deshalb, daß beim Menschen und u.U. auch beim Hund, bei dem die Situation ähnlich ist, lediglich abortiv endende, nichtproduktive Prozesse ablaufen. Auch dabei können aber, wie vorher dargelegt wurde, Antigene an der Tumorzelloberfläche erscheinen, die mit denen anderer C-Viren kreuzreagieren und als Angriffspunkte für eine entsprechende immunologische Behandlung dienen können.

An den Untersuchungen waren neben den Mitarbeitern des Max-Planck-Instituts für Virusforschung folgende Kollegen bzw. Gruppen beteiligt:

D.P. Bolognesi u.Mitarb., Duke University, Durham, N.C. – USA
M.Essex, Harvard University, Boston, Mass. – USA
P.J. Fischinger, National Cancer Institute, Bethesda, Md. – USA
J. Ihle u.Mitarb., Cancer Center, Frederick, Md. – USA
F. de Noronha, Cornell University, Ithaca, N.Y. – USA, und
E. Wecker, Institut für Virologie, Würzburg

Besonderer Dank gilt folgenden technischen Mitarbeitern unseres Instituts: L. Pister, E. Seifert, I. Schneider und P. Giebler.

Literatur

1. Ehrlich, P.: Experimentelle Carcinomstudien an Mäusen. Gesammelte Arbeiten, 2. Band: Immunitätslehre und Krebsforschung, Springer-Verlag Berlin, ed. F. Himmelweit (1957)
2. Schäfer, W.: Tumorviren – Eigenschaften und Bedeutung. Mitteilungen aus der MPG, Heft 5, S. 320 (1974)
3. Temin, H.M., Mizutani, S.: RNA-dependent DNA polymerase in virions of Rous sarcoma virus. Nature **226**, 1211 (1970)
4. Baltimore, D.: RNA-dependent DNA polymerase in virions of RNA tumour viruses. Nature **226**, 1209 (1970)
5. Mölling, K., Bolognesi, D.P., Bauer, H., Büsen, W., Plassman, H.W., Hausen, P.: Association of viral reverse transcriptase with an enzyme degrading the RNA moiety of RNA–DNA hybrids. Nature New Biol. **234**, 240 (1971)
6. Weiss, R.A., Friis, R.R., Katz, E., Vogt, P.K.: Induction of avian tumor viruses in normal cells by physical and chemical carcinogens. Virology **46**, 920 (1971)
7. Rowe, W.P., Hartley, J.W., Lander, M.R., Pugh, W.E., Teich, N.: Noninfectious AKR mouse embryo cell lines in which each cell has the capacity to be activated to produce infectious murine leukemia virus. Virology **46**, 866 (1971)
8. Schäfer, W., Bolognesi, D.P.: Mammalian C-type oncornaviruses. Relationships between viral structural and cell surface antigens and their possible significance in immunological defense mechanism. Contemporary Topics in Immunobiology (im Druck)
9. Jarrett, W., Jarrett, O., Mackey, L., Laird, H., Hardy, W. jr., Essex, M.: Horizontal transmission of leukemia virus and leukemia in the cat. J. Natl. Cancer Inst. **51**, 833 (1973)
10. Benveniste, R.E., Todaro, G.J.: Evolution of type C viral genes. III. Preservation of ancestral murine type C viral sequences in pig cellular DNA. Proc. Nat. Acad. Sci. US **72**, 4090 (1975)
11. Moennig, V., Frank, H., Hunsmann, G., Ohms, P., Schwarz, H., Schäfer, W., Strandström, H.: C-type particles produced by a permanent cell line from a leukemic pig. II. Physical, chemical, and serological characterization of the particles. Virology **57**, 179 (1974)
12. Scolnick, E.M., Rands, E., Williams, D., Parks, W.P.: Studies on the nucleic acid sequences of Kirsten sarcoma virus: A

model for formation of a mammalian RNA-containing sarcoma virus. J. Virol. **12**, 458 (1973)

13. Ihle, J.N., Yurconic, M. jr., Hanna, M.G., jr.: Autogenous immunity to endogenous RNA tumor virus. J. Exptl. Med. **138**, 194 (1973)
14. Ihle, J.N., Hanna, M.G. jr., Schäfer, W., Hunsmann, G., Bolognesi, D.P., Hüper, G.: Polypeptides of mammalian oncornaviruses. III. Localization of p15 and reactivity with natural antibody. Virology **63**, 60 (1975)
15. Schäfer, W., Claviez, M., Frank, H., Hunsmann, G., Moennig, V., Schwarz, H., Thiel, H.J., Bolognesi, D.P., Green, R.W., Langlois, A.J., Fischinger, P.J., de Noronha, F.: Mammalian C-type oncorna viruses. Relationships between structural virus and cell surface antigens and their possible significance in immunological defense mechanisms. Comparative Leukemia Research 1975. Bibl. Haematol. No. *43*, ed. J. Clemmesen & D.S. Yohn, p. 88 (1976)
16. Green, R.W., Bolognesi, D.P., Schäfer, W., Pister, L., Hunsmann, G., de Noronha, F.: Polypeptides of mammalian oncornaviruses. I. Isolation and serological analysis of polypeptides from murine and feline C-type viruses. Virology **56**, 565 (1973)
17. Hunsmann, G., Moennig, V., Pister, L., Seifert, E., Schäfer, W.: Properties of mouse leukemia viruses. VIII. The major viral glycoprotein of Friend leukemia virus. Seroimmunological, interfering and hemagglutinating capacities. Virology **62**, 307 (1974)
18. Schäfer, W., Hunsmann, G., Moennig, V., de Noronha, F., Bolognesi, D.P., Green, R.W., Hüper, G.: Polypeptides of mammalian oncornaviruses. II. Characterization of a murine leukemia virus polypeptide (p15) bearing interspecies reactivity. Virology **63**, 48 (1975)
19. Fischinger, P.J., Schäfer, W., Bolognesi, D.P.: Neutralization of homologous and heterologous oncornaviruses by antisera against the p15 (E) and gp71 polypeptides of Friend murine leukemia virus. Virology **71**, 169 (1976)
20. Bolognesi, D.P., Langlois, A.J., Schäfer, W.: Polypeptides of mammalian oncornaviruses. IV. Structural components of murine leukemia virus released as soluble antigens in cell culture. Virology **68**, 550 (1975)
21. Hunsmann, G., Claviez, M., Moennig, V., Schwarz, H., Schäfer, W.: Properties of mouse leukemia viruses. X. Occurrence of viral structural antigens on the cell surface as revealed by a cytotoxicity test. Virology **69**, 157 (1976)
22. Schwarz, H., Hunsmann, G., Moennig, V., Schäfer, W.: Properties of mouse leukemia viruses. XI. Immunoelectron microscopic studies on viral structural antigens on the cell surface. Virology **69**, 169 (1976)
23. Grant, J.P., Bigner, D.D., Fischinger, P.J., Bolognesi, D.P.: Expression of murine leukemia virus structural antigens on the surface of chemically induced murine sarcomas. Proc. Nat. Acad. Sci. US **71**, 5037 (1974)
24. Kurth, R., Bauer, H.: Cell-surface antigens induced by avian RNA tumor viruses: Detection by a cytotoxic microassay. Virology **47**, 426 (1972)
25. Gelderblom, H., Bauer, H., Graf, T.: Cell-surface antigens induced by avian RNA tumor viruses: Detection by immunoferritin technique. Virology **47**, 416 (1972)
26. Hunsmann, G., Moennig, V., Seifert, E., Schäfer, W.: Schutz von Mäusen gegen Friend-Leukämie durch aktive bzw. passive Immunisierung mit isoliertem Virus-Glykoprotein bzw. seinem Antiserum. Z. Naturforsch. **30**c, 309 (1975)
27. Hunsmann, G., Moennig, V., Schäfer, W.: Properties of mouse leukemia viruses. IX. Active and passive immunization of mice against Friend leukemia with isolated viral GP71 glycoprotein and its corresponding antiserum. Virology **66**, 327 (1975)
28. Ihle, J.N., Collins, J.J., Lee, J.C., Fischinger, P.J., Moennig, V., Schäfer, W., Hanna, M.G. jr., Bolognesi, D.P.: Characterization of the immune response to the major glycoprotein (gp71) of Friend leukemia virus. I. Response in Balb/c mice. Virology (im Druck)
29. Ihle, J.N., Lee, J.C., Collins, J.J., Fischinger, P.J., Pazmino, N.H., Moennig, V., Schäfer, W., Hanna, M.G. jr., Bolognesi, D.P.: Characterization of the immune response to the major glycoprotein (gp71) of Friend leukemia virus. II. Response in C57BL/6 mice. Virology (im Druck)
30. Ihle, J.N., Collins, J.J., Lee, J.C., Fischinger, P.J., Pazmino, N., Moennig, V., Schäfer, W., Hanna, M.G. jr., Bolognesi, D.P.: Characterization of the immune response to the major glycoprotein (gp71) of Friend leukemia virus. III. Influence on endogenous MuLV-mediated pathogenesis. Virology (im Druck)
31. Schäfer, W., Schwarz, H., Thiel, H.J., Wecker, E., Bolognesi, D.P.: Properties of mouse leukemia viruses. XIII. Serum-therapy of virus-induced murine leukemias. Virology (im Druck)
32. Rohrschneider, L.R., Kurth, R., Bauer, H.: Biochemical characterization of tumor-specific cell surface antigens on avian oncornavirus transformed cells. Virology **66**, 481 (1975)
33. Springer, G.F., Desai, P.R., Scanlon, E.F.: Blood group MN precursors as human breast carcinoma-associated antigens and "naturally" occurring human cytotoxins against them. Cancer **37**, 169 (1976)
34. Bekesi, J.G., Holland, J.F., Fleminger, R. Yates, J., Henderson, E.S.: Immunotherapeutic efficacy of neuraminidase treated allogeneic myeloblasts in patients with acute myelocytic leukemia. Sabbatical Clinics of North America, Bd. **60**, No. 3 (Mai 1976)
35. Sedlacek, H.H., Meesmann, H., Seiler, F.R.: Regression of spontaneous mammary tumors in dogs after injection of neuraminidase-treated tumor cells. Int. J. Cancer **15**, 409 (1975)
36. Todaro, G.J.: Evolution and modes of transmission of RNA tumor viruses. American Journal of Pathology **81**, 590 (1975)

Professor Dr. Dr. h.c. W. Schäfer
Max-Planck-Institut für Virusforschung
Spemannstraße 35/III
D-7400 Tübingen
Bundesrepublik Deutschland

Sozialverhalten und Hirnfunktion beim Menschen und seinen Verwandten*

D. Ploog

Max-Planck-Institut für Psychiatrie, München

Social Behavior and Brain Function in Man and his Relatives

Summary. Humans and subhuman primates do not only have the most similar physical features and brain structures, but also the most similar social behavior and forms of non-verbal communication. Comparative studies and experiments with monkeys and apes offer therefore the best possibility to investigate emotional and communicative behavior at its biological roots. This is demonstrated by two examples namely, by the facial expressions and by the voice with their respective brain mechanisms. The evolution of the voice is seen as prerequisite for the development of human language. Through facial expressions and vocalizations, the two principal signal systems of the higher primates, one can demonstrate that each communication of the information transmitted to conspecifics is at the same time the expression of an emotion. Although in humans facial expressions and vocalizations come under voluntary control by way of the cortex, the emotional part of every non-verbal and even of every verbal communication is preserved, so hidden it may often seem. The emotional part of the communication process in humans, as well as in the other primates, is not controlled by the cortex, but is mediated by a phylogenetically older brain system, the limbic system and its connections reaching into the brain stem. From these results one can draw the conclusion that the way in which people communicate with each other has extraordinarily conservative phylogenetical traits which depend upon the genetically predestinated organization of the human brain. The motives of human action, the human feelings and emotions are most closely connected with the biological past of the human being and are probably not different from those of the stone age man. Even if the human biological evolution has not come to its end, it is many times slower than the cultural evolution, and one cannot predict where it is leading to. The discrepancy between old inheritage and the accelerating change of our world is becoming a main problem for the human future. Man must plan his future much more than previously. It is therefore necessary that he knows more about himself—about the laws governing his behavior and the functions of his brain. In the future, neurobiology and the social sciences will have to work hand in hand. For the human being's study about himself his sense for curiosity and his craving for knowledge has to be activated at a very early stage. The cultural ministeries of the future will need for the planning of their teaching curriculums biologists who have an understanding of the nervous system, of behavior and of human development.

Key words: Social Behavior – Primates – Limbic System – Cultural Evolution.

Zusammenfassung. Menschen und Affen haben nicht nur die einander ähnlichen physischen Merkmale und Hirnstrukturen, sondern auch die ähnlichen Formen des sozialen Lebens und der nichtsprachlichen Verständigungsweisen. Vergleichende Studien und Experimente mit Affen bieten daher die beste Möglichkeit, emotionales und kommunikatives Verhalten an seinen biologischen Wurzeln zu untersuchen. Dies wird an zwei Beispielen, nämlich an der Mimik und an der Stimme mit ihren jeweiligen hirnphysiologischen Grundlagen ausgeführt. Die Evolution der Stimme wird als Voraussetzung für die Entwicklung der menschlichen Sprache angesehen. An Mimik und Stimme als den beiden hauptsächlichsten Signalsystemen der höheren Primaten kann man zeigen, daß jeder Kommunikationsprozeß, jede Nachricht an einen Artgenossen zugleich Ausdruck einer Emotion ist. Während Mimik und Stimme beim Menschen durch seine Hirnrinde unter seine willentliche Kon-

* Vortrag auf der 109. Versammlung der Gesellschaft Deutscher Naturforscher und Ärzte, Stuttgart 19.–23. September 1976

trolle kommen, bleibt der emotionale Anteil in jeder nichtsprachlichen, aber auch in jeder sprachlichen Kommunikation erhalten, so verborgen er hier auch oft erscheinen mag. Der emotionale Anteil des Kommunikationsprozesses ist auch beim Menschen wie beim Affen nicht von der Hirnrinde kontrolliert, sondern wird durch ein phylogenetisch älteres Hirnsystem, durch das limbische System und seine in den Hirnstamm reichenden Verbindungen vermittelt. Aus diesen Ergebnissen kann man schließen, daß die Art und Weise, in der Menschen sich untereinander verständigen, phylogenetisch außerordentlich konservative Züge trägt, die durch die genetisch vorbestimmte Organisation des menschlichen Gehirns bedingt ist. Die Triebfedern menschlichen Handelns, die menschlichen Gefühle und Affekte, sind aufs engste mit der biologischen Vergangenheit des Menschen verknüpft und unterscheiden sich wahrscheinlich nicht von denen des Steinzeitmenschen. Wenn auch die biologische Evolution des Menschen nicht abgeschlossen ist, so ist sie doch um ein Vielfaches langsamer als die kulturelle Evolution, und niemand weiß, wohin sie geht. Die Diskrepanz zwischen altem Erbe und dem sich ständig beschleunigenden Wandel unserer Welt wird zu einem Hauptproblem für die menschliche Zukunft. Der Mensch muß seine Zukunft viel mehr als bisher selber planen. Dazu ist es notwendig, daß er mehr über sich selbst – über die Gesetze seines Verhaltens und über die Funktionen seines Gehirns – weiß. In Zukunft werden Neurobiologie und Sozialwissenschaften Hand in Hand gehen müssen. Für das Lernen des Menschen über den Menschen muß sein Neugierverhalten, sein Wissenstrieb, früh eingesetzt werden. Die Kultusministerien der Zukunft werden für das Planen ihrer Lehrpläne auch Biologen brauchen, die etwas vom Nervensystem, vom Verhalten und der menschlichen Entwicklung verstehen.

Schlüsselwörter: Sozialverhalten – Mensch – Affe – limbisches System – kulturelle Evolution.

Einleitung

Der Vergleich von tierischem und menschlichem Verhalten ist seit einigen Jahren wieder einmal in Mode gekommen und füllt unsere Illustrierten. Wie zu Aristoteles', Decartes' und Darwins Zeiten erregt das Thema die Gemüter und fordert zum Streit heraus. Im Rahmen des Themas „Der Mensch und seine Umwelt" scheint es mir aber unerläßlich, die Gesetze, nach denen der Mensch einst angetreten ist, wenigstens anzusprechen, um sie mit in Betracht ziehen zu können, wenn es um die Beurteilung der Dimensionen geht, in denen sich Eingriff und Wandel in unserer Welt vollziehen.

Wir befinden uns heute weder im Mittelalter noch im 19. Jahrhundert. Die Abstammung des Menschen von tierischen Vorfahren wird daher nur noch selten aus religiösen Gründen abgelehnt. Dennoch hat der Streit um das phylogenetische Erbe des Menschen weltanschaulichen Charakter behalten und gleitet oft in unwissenschaftliche Polemik ab. Im Grunde geht es um das alte, im Detail ungelöste Anlage- und Umwelt-Problem, das dann dogmatisch in die Kontroverse über „Anlage oder Umwelt" verwandelt wird. Daß körperliche Merkmale – und seien sie auch so kompliziert wie das auf Umweltanpassung angelegte Immunsystem des Menschen – genetisch verankert sind, bleibt dabei meistens unbestritten. Kommen jedoch Verhaltensweisen des Menschen, Formen seines Zusammenlebens, seiner Verständigungsweisen, seine Emotionen oder Erlebnisweisen und gar seine seelischen Störungen oder Krankheiten ins Spiel, dann scheiden sich die Geister in solche, die die Wandelbarkeit des Menschen aufgrund seiner genetischen Ausstattung für begrenzt halten und solche, die den Menschen im wesentlichen als Produkt seiner Umwelt, insbesondere seiner Erziehung begreifen. Ich möchte die Gebundenheit des Menschen an seine biologische Vergangenheit an Beispielen aus seinem Sozialverhalten aufzeigen und begründen, warum die Zukunft des Menschen nur gesichert werden kann, wenn die Eigenheit der menschlichen Biologie gebührend berücksichtigt wird.

Die Bedeutung der ebenfalls im Thema genannten Hirnfunktion möchte ich an einem Hippokrates-Zitat erläutern: „Der Mensch sollte wissen, daß seine Freuden und Vergnügen, sein Lachen und sein Glück, doch auch Kummer, Sorgen, Tränen und Schmerz seinem Gehirn und nur seinem Gehirn entspringen." Auch daß die Menschen Angst und Furcht erleben, blindwütig und verwirrt werden oder ihnen selbst wesensfremde Handlungen vollziehen könne, führt Hippokrates auf die Funktionen des Gehirns zurück. Im Lichte moderner Hirnforschung sind dies erstaunliche Aussagen, auf die wir wieder zurückkommen.

Zur sozialen Evolution der Primaten

Die Erkenntnis, daß das Gehirn – das „Organ der Seele" – für unser Verhalten und Erleben verantwortlich ist, hat sich erst rund 2000 Jahre nach Hippokrates langsam durchgesetzt. Zur Erforschung dieser Zusammenhänge haben uns, wie auch sonst in der Medizin, die Tiere wesentliche Hilfe geleistet. Beim Tier können wir zwar das Erleben nicht wie beim Menschen mit Hilfe der Sprache direkt erkunden,

Tabelle 1. Hauptsächliche Charakteristika menschlichen Sozialverhaltens im Vergleich zu den anderen Primaten

Evolutiv labile Züge der Primaten	Evolutiv persistierende Züge der Primaten	Menschliche Züge
		Gemeinsam mit einigen Primaten
Gruppengröße		sehr variabel
Gruppenzusammenhalt		sehr variabel
Öffnung der Gruppe gegenüber anderen		variabel
Beteiligung des Mannes an der Aufzucht		stark
Struktur der sozialen Beachtung		auf die führenden Männer gerichtet
Intensität und Form der territorialen Verteidigung		sehr variabel, doch generell Territorialität
		Gemeinsam mit allen oder fast allen anderen Primaten
	Aggressives Dominanzsystem, männlich über weiblich	konsistent mit anderen Primaten, aber variabel
	Abgestufte soziale Signale, in aggressiven und anderen Interaktionen	konsistent mit anderen Primaten
	Verlängerte mütterliche Aufzucht; betonte Sozialisation der Jungen	konsistent mit anderen Primaten
	Matrilineare Organisation	meist übereinstimmend mit anderen Primaten
		Mensch allein
		wirkliche Sprache, entwickelte Kultur
		kontinuierliche sexuelle Aktivität
		formalisierte Inzestbarrieren, Tabus und Heirat; Austauschregeln mit Beachtung der Verwandtschaftsbeziehungen
		kooperative Arbeitsteilung zwischen ♂♂ und ♀♀

Tabelle 1 nach Wilson 1975

doch lassen sich aus seinem Verhalten indirekte Schlüsse ziehen. Davon macht die Verhaltensbiologie Gebrauch, indem sie mit beobachtenden und messenden Verfahren zu Aussagen über die Gestimmtheit eines Tieres, über seine jeweilige Handlungsbereitschaft kommt. Das, was den Organismus treibt, was ihn zu diesem und jenem Verhalten bewegt, nennen wir Motivation.

Schon sehr früh in der Evolution haben sich bei den verschiedensten Tierstämmen Verhaltensweisen herausgebildet, die als Mitteilung an den Artgenossen dienen. Die dazu evoluierten Verhaltensweisen nennt man mit Lorenz und Tinbergen soziale Signale, weil sie in der Lage sind, beim Adressaten soziales Verhalten auszulösen [12, 30, 31]. Bei den Säugetieren und speziell den Primaten sind dies vor allem Haltungen und Bewegungen. Das Repertoire dieser Verständigungsmittel ist für jede Art charakteristisch und, wie die morphologischen Merkmale, genetisch festgelegt. Gelingt es, näher verwandte Arten miteinander zu kreuzen, können nicht nur die körperlichen Merkmale, sondern auch die sozialen Signale mendeln, und es kann dann mit den Elternarten und unter den Bastarden zu „Mißverständnissen“ kommen.

Unter den Säugetieren haben die Affen – die subhumanen Primaten – die mannigfaltigsten und komplexesten Formen des sozialen Zusammenlebens und der innerartlichen Verständigung ausgebildet. Die Formen des Zusammenlebens dieser Affengesellschaften sind zum Teil recht verschieden, haben aber alle untereinander mehr Gemeinsamkeit als mit irgendeiner anderen Ordnung der Säugetiere. Alle frühen Formen menschlichen Zusammenlebens haben wiederum mit den subhumanen Primaten mehr Gemeinsamkeit als mit irgendeiner anderen Ordnung des Tierreichs.

Die hauptsächlichen Gemeinsamkeiten mit gleichzeitiger Kennzeichnung der nur dem Menschen eigenen Züge sind in Tabelle 1 zusammengefaßt [34]. Jede der angeführten Vergleiche und Feststellungen bedürfte einer ausführlichen Erläuterung. Ich werde mich auf einige allen Primaten gemeinsame Züge beschränken, nämlich auf abgestufte soziale Signale in aggressiven und anderen Interaktionen und auf einige Aspekte des Sozialisationsprozesses, und mich schließlich der Sprache in der dem Menschen allein eigenen Form zuwenden.

Von den 50–60 Millionen Jahren, die man insgesamt für die soziobiologische Entwicklung der Primatenfamilie ansetzen muß, hat die sogenannte Tier-

Mensch-Übergangszone etwa 10 Millionen Jahre gewährt. Man kann mit einiger Sicherheit annehmen, daß die ersten primitiven Menschen in kleinen territorealen Gruppen lebten. Als Australopithecus und die frühen Menschen – wahrscheinlich dessen direkte Nachfahren – begannen, sich in der Savanne von großen Säugetieren zu ernähren, war das Jagen in Gruppen vorteilhaft oder gar notwendig. In dieser Zeit vor rund 600000 Jahren haben die Menschen über etwa 2000 Generationen als Jäger und Sammler gelebt, während die Anfänge von Ackerbau und Viehzucht auf höchstens 10000 Jahre zurückdatiert werden können. Das Jäger- und Sammlerdasein hat bisher also rund 98% der Menschheit ausgemacht [32].

Dieser Entwicklung geht eine in der gesamten Evolution geradezu spektakuläre Zunahme des Hirngewichtes parallel. Während ein erwachsener Australopithecus vor drei Millionen Jahren noch das Schimpanse und Gorilla vergleichbare Hirnvolumen von 400 – 500 ccm hatte, betrug das Hirnvolumen von Homo erectus zwei Millionen Jahre später etwa 1000 ccm und stieg im Laufe der letzten Jahrmillion auf 1400 – 1700 ccm an. Man hat ausgerechnet, daß während dieser letzten höchst intensiven Wachstumsperiode die durchschnittliche Volumenzunahme pro Generation nur 0,057 ccm betragen hat [28]. Dementsprechend verwandelten sich Gestalt und Funktion des Gehirns zu einer kaum faßlichen Komplexität. Man rechnet, daß das menschliche Gehirn mehr als 10^{10} Nervenzellen enthält und jede dieser Zellen vieltausendmal mit anderen Zellen verknüpft ist.

Wenn man auch aus der immer nur grob faßbaren Hirnorganisation einer Art nicht im Detail auf das artspezifische Verhalten des betreffenden Lebewesens schließen kann, so können mit Hilfe der vergleichenden Neuroanatomie doch Aussagen über Gehirnfunktion und Verhalten im Laufe der Evolution gemacht werden. Die Gehirne der jetzt lebenden Wirbeltiere stellen gewissermaßen Abbildungen der Evolution des Nervensystems dar; auf dem Wege zu fortschreitend komplexeren Formen der Anpassung sind die Nervensysteme zwar ständig umgebaut worden, doch bleiben die ursprünglichen Baupläne trotz aller Expansion sichtbar. Dementsprechend kann man feststellen, daß nicht nur zunehmend effektivere Sinnesorgane, schnellere motorische Aktionen, eine schärfere Unterscheidungsfähigkeit für Umweltreize hervorgebracht wurden, sondern auch zunehmend verfeinerte Kommunikationsprozesse, die der Höhe der sozialen Organisation entsprechen. Durch vergleichende Untersuchungen der sozialen Signale und der zugehörigen Hirnfunktionen bei Affen und Menschen sind daher Aussagen über die Sozialbiologie des Menschen möglich.

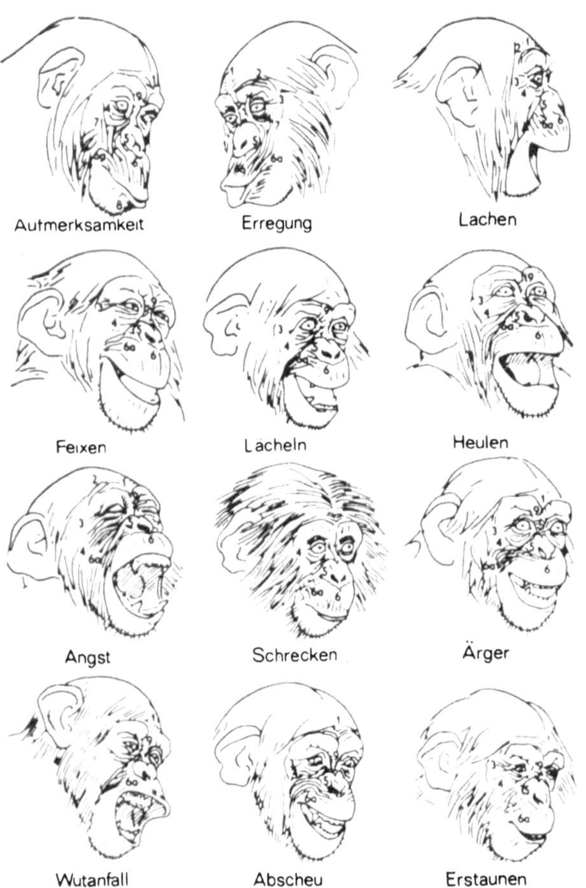

Abb. 1. Gesichtsausdrücke eines jungen Schimpansen in verschiedenen Stimmungen. Die Gesichtspartien sind von der Autorin Ladygina-Kohts [11] numeriert, um zu zeigen, daß jede Gesichtsfalte an verschiedenen Gesichtsausdrücken beteiligt sein kann

Mimische Signale

Ein wichtiger Teil der Kommunikation beim Menschen und seinen nächsten Verwandten, den Menschenaffen, spielt sich über die Mimik ab. Sie ist, wie jedes soziale Signal, einerseits Ausdruck einer Handlungsbereitschaft und erzeugt andererseits gleichzeitig beim Empfänger des Signals einen Eindruck, der dessen Verhalten beeinflußt. Über den Informationsgehalt hinaus ist das Signal aber gleichzeitig *Ausdruck* einer Emotion und *Erzeuger* einer Emotion. Die Vielfalt der Ausdrucksmöglichkeiten, die den hochentwikkelten Primaten mit Hilfe der differenzierten Anatomie der Gesichtsmuskeln gegeben sind, soll durch Abbildung 1 [11] illustriert werden. Das Signalsystem hat sich beim Menschenaffen fast ganz auf den Gesichtsbereich konzentriert. Die Mimik hat nicht nur eine lange phylogenetische, sondern auch eine ontogenetische Geschichte. Menschenkinder können schon in den ersten Lebenstagen lächeln. Das volle soziale

 Verhandlungen der Gesellschaft Deutscher Naturforscher und Ärzte 1976

Lächeln reift im Kontakt mit der Mutter und erzeugt in ihr ein Glücksgefühl. Im Reifungsprozeß kann das Lächeln als Zeichen einer noch nicht vollständigen cerebralen Koordination halbseitig auftreten. Daß das Lächeln und die gesamte Skala der sich mit der Mimik ausdrückenden Gemütsbewegungen nicht primär auf Nachahmung und damit auf Lernprozessen beruht, ist durch das Studium der Mimik an blinden und taubblinden Kindern bewiesen. Man muß nur die von Eibl-Eibesfeldt [2, 4] im Film dokumentierten, situationsgerecht auftretenden Ausdrucksbewegungen der Freude, der Enttäuschung, der Wut, der Ablehnung, des Ekels und des Schmerzes gesehen haben, um sich von ihrem Angeborensein zu überzeugen. Dennoch gibt es auch hier kein Entweder-Oder. Die Ausdifferenzierung mimischer Ausdrucksmöglichkeiten entwickelt sich im Laufe der ersten 12–24 Lebensmonate durch die Interaktion mit der Mutter oder der Pflegeperson und den Angehörigen. Heimkinder und besonders Kinder mit ausgeprägtem sog. Hospitalismus sind in ihrem mimischen Ausdruck gestört und in ihrer Fähigkeit, Mimik differenzierend zu erkennen, beeinträchtigt. Auch beim Rhesusäffchen, das in totaler Isolation aufgezogen wird, macht das Mimikerkennen einen Reifungsprozeß durch. Auf die Drohmimik eines Rhesusaffenmannes reagiert es ziemlich plötzlich erst im dritten Lebensmonat mit Kreischen und anderen Zeichen der Angst. Wenn es in seiner Isolation nur das Drohbild, nicht aber die im natürlichen Leben dem Drohen gelegentlich nachfolgende Strafe zu spüren bekommt, verliert das Drohbild seine spezifische Wirkung. Durchdenkt man dieses Beispiel, erkennt man die prinzipielle Bedeutung, welche die Verschränkung von genetisch bereitgestellten Reaktionsmustern und individueller Erfahrung für die soziale Entwicklung der Primaten hat. Von der Geburt an oder während früher Entwicklungsphasen isolierte Affen sind später in ihrem Mimikerkennen und darüber hinaus in ihrem gesamten Sozialverhalten schwer gestört [20].

Eine den Kinderpsychiatern wohlbekannte, aber ursächlich noch nicht aufgeklärte schwere Verhaltensstörung – der frühkindliche Autismus – ist dadurch gekennzeichnet, daß der Sozialkontakt, vor allem auch der mimische Kontakt von dem ausdruckslosen Kind vermieden wird. Gleichzeitig ist das Sprechen und das Reagieren auf sprachliche Mitteilungen schwer beeinträchtigt. Auch im neurologischen Bereich gibt es Störungen, die die hirnphysiologische Verankerung komplexer sozialer Interaktionsmuster beleuchten. Patienten mit einer sogenannten Prosopagnosie sind bei sonstiger Intaktheit ihres Gedächtnisses nicht in der Lage, Gesichter wiederzuerkennen oder einen mimischen Ausdruck zu deuten. Patienten mit einer sogenannten mimischen Apraxie – bedingt durch einen lokalisierbaren Hirnfunktionsausfall – sind nicht imstande, nach Aufforderung den Mund zu einem Lächeln zu formen, die Stirn zu runzeln oder die Nase zu rümpfen. Im natürlichen Umgang mit seinen Mitmenschen zeigt der Patient aber ein unauffälliges Mienenspiel, in dem die mimischen Bewegungen, die er willentlich nicht machen kann,

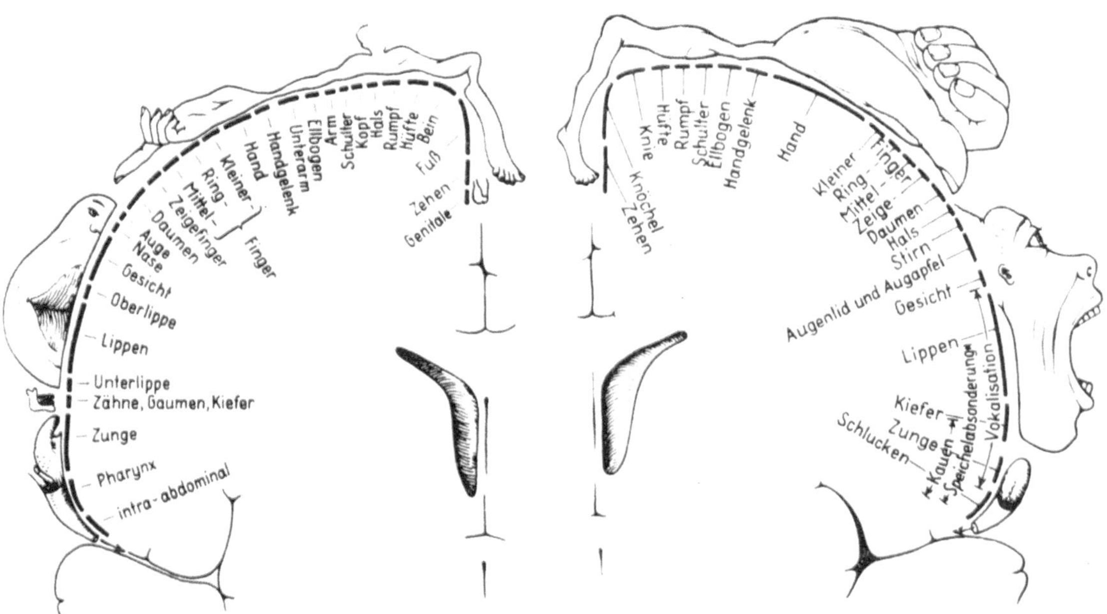

Abb. 2. Sensomotorischer „Homunculus": Die somatotope Repräsentation in der vorderen Zentralwindung (motorisch), rechts, und in der hinteren Zentralwindung (sensibel), links [17]

mühelos gelingen. Beim Menschenkind beginnt sich die Kontrolle über die Mimik im Sprachentwicklungsalter einzustellen. Der Erwachsene hat dann eine solche Kontrolle erlangt, daß echte von gespielten Ausdrucksbewegungen nicht zu unterscheiden sind. Die meisten Gemütsbewegungen können so unterdrückt werden, daß sie im Gesicht nicht mehr ablesbar sind.

In der jüngsten Hirnentwicklung der Primaten spiegelt sich die Bedeutung der Gesichtsregion eindrucksvoll in der Hirnrinde wider, indem vor allem die Mundregion in einem zunehmend größeren Areal der Zentralwindungen vertreten ist. Der berühmte „Homunculus“ (Abb. 2) soll diese Verhältnisse beim Menschen veranschaulichen, rechts für die somatotope Gliederung der Körperoberfläche in der vorderen Zentralwindung (motorisch), links für die sensible Vertretung in der hinteren Zentralwindung [17]. Die Zerstörung der motorischen Rinde führt zu Lähmungen in den betroffenen Abschnitten; so tritt im Lippen-Zungenbereich eine Dysarthrie beim Sprechen auf. In dem mit Vokalisation bezeichneten Bereich kann man beim Menschen in beiden Hemisphären durch elektrische Reizung der Rinde undifferenzierte, bedeutungsfreie Vokalisationen auslösen.

Vokale Signale

Damit komme ich von den mimischen zu den vokalen Signalen der Primaten. Hier treffen wir eine außerordentliche Vielfalt der jeweils arttypischen Lautäußerungen an. Sie dienen in feinen Abstufungen überwiegend agonistischen Auseinandersetzungen in der Gruppe und signalisieren einen differenzierten Ausdruck der jeweiligen Motivation. Wie bei der Mimik muß man auch hier annehmen, daß das vokale Repertoire einer Art angeboren ist. Gut untersucht wurde dies beim Totenkopfäffchen unter isolierten Aufzuchtbedingungen [35]. Auch verschiedene „Dialekte“ bei nahe verwandten, im Chromosomenbild etwas verschiedenen Rassen sind gefunden worden [24]. Ob die Vokalisationsmuster bei Kreuzung dieser Rassen mendeln, konnte allerdings noch nicht untersucht werden.

So gut Affen lernen und mancherlei Bewegungen „nachäffen“ können, so unbegabt sind sie zur stimmlichen Imitation. Alle Versuche, Schimpansen zum Nachsprechen einiger einfacher Worte zu bringen, sind fehlgeschlagen, während die Verständigung mit der Zeichensprache alle Erwartungen übertraf [5, 23, 25]. Immerhin ist es gelungen, Rhesusaffen so zu dressieren, daß sie sich mit einem bestimmten Laut bestimmter Länge und Lautstärke eine Futterbelohnung holen konnten [27]. Sie lernten also, ihre Stimme willentlich zu kontrollieren und einzusetzen.

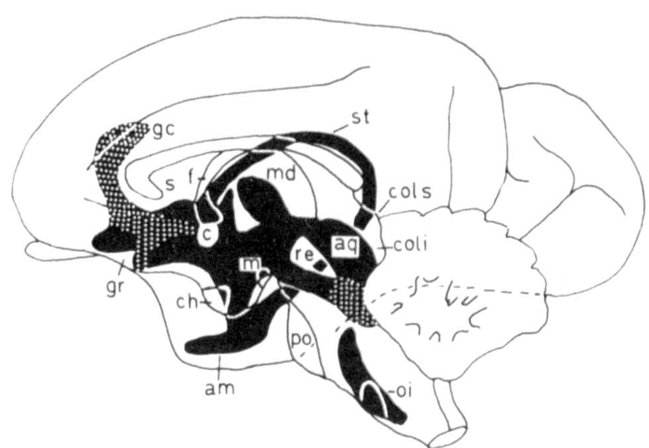

Abb. 3. Sagittaldarstellung sämtlicher vokalisationsauslösender Hirnstrukturen im Totenkopfaffengehirn (schwarz). Die gepunkteten Flächen geben Strukturen an, in denen der ausgelöste Laut unabhängig von etwaigen reizinduzierten angenehmen oder unangenehmen Empfindungsqualitäten ist [8]

Wie beim Menschen sind auch beim Affen Lippen, Zunge, Schlund und Kehlkopf am Fußende der vorderen Zentralwindung des Neocortex repräsentiert. Von dort kann man zwar Stimmbandbewegungen, aber im Gegensatz zum Menschen keine Vokalisation auslösen [6]. Trägt man diesen Rindenbezirk oder auch größere Bereiche des seitlichen Frontalhirns beiderseits ab, kann der Affe dennoch ungestört vokalisieren. Trägt man jedoch einen Teil des phylogenetisch älteren limbischen Cortex um den Balken herum ab, verliert der Affe die Fähigkeit, seine Stimme willentlich zu kontrollieren und einzusetzen; im Spontanverhalten unter Artgenossen bleibt er in seiner stimmlichen Kommunikation unbehindert [27].

Tastet man nun das ganze Affengehirn systematisch mit Hilfe punktueller elektrischer Reize ab, erhält man in ausgedehnten subcortikalen Hirnstrukturen vokale Reizantworten. Beim Totenkopfaffen ist es auf diese Weise gelungen, das gesamte arteigene vokale Repertoire auszulösen und verschiedene Lautgruppen bestimmten Hirnstrukturen zuzuordnen [7]. In Abbildung 3 sind alle Hirnstrukturen, von denen natürliche Laute ausgelöst werden können, schwarz eingezeichnet. Das punktierte Feld im Vorderhirn um den Balken herum entspricht dem Areal, dessen Abtragung den Verlust des willentlichen Einsatzes der Stimme bewirkt. Ist dieser Bereich um den Sulcus cinguli beim Menschen betroffen, beobachtet man Sprachantriebsstörungen bis zur Verstummung. Das caudale, im Mittelhirn-Brücken-Übergang gelegene punktierte Gebiet betrifft das phylogenetisch älteste, von dem aus auch bei niederen Wirbeltieren, z.B. beim Frosch, arteigene Laute ausgelöst werden können. Ist dieses Gebiet beim Menschen betroffen und

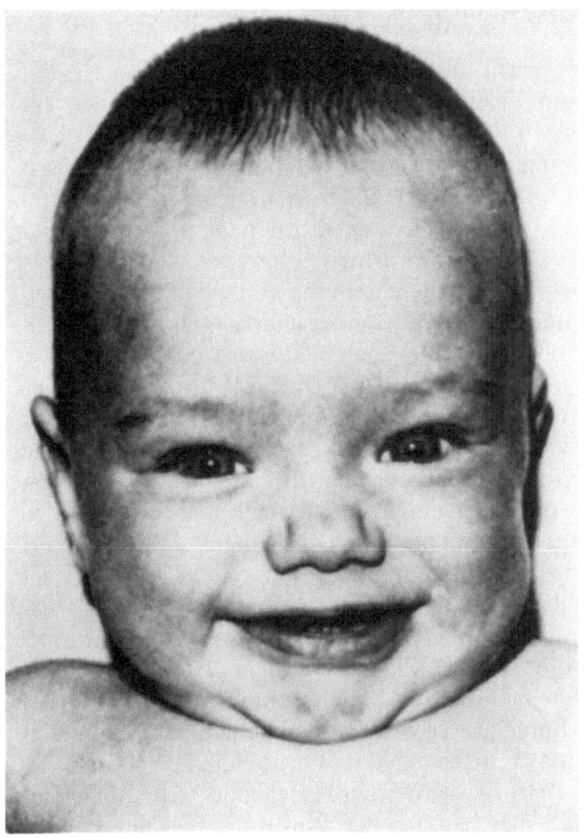

a

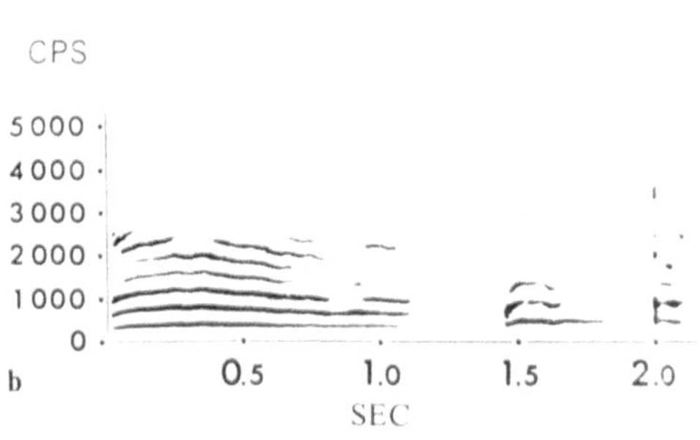

b

Abb. 4. a Gesichtsausdruck beim Freudenschrei, **b** Lautspektrogramm des Freudenschreis [33]

er überlebt z.B. ein akutes Mittelhirntrauma, wird er stumm und bewegungslos.

Herauszufinden, was jeder einzelne Laut bedeutet, welche Funktion er im Zusammenleben der Gruppe hat, ist keine leichte Aufgabe. Beim Totenkopfaffen kann man zwei Gruppen von Lauten unterscheiden, die zur Stiftung von Kontakt und zur Etablierung von Distanzen dienen. Eine dritte Gruppe von Lauten drückt verschiedene Grade der Aggressionsbereitschaft aus, eine vierte umfaßt Ausdrücke der auf nur ein bestimmtes Gruppenmitglied gerichteten Aggression, eine fünfte hohe Grade der Erregung. Von einer Anzahl von Einzellauten kennen wir die Funktion genauer. So gibt es das Isolationspiepen des von der Gruppe abgetrennten Tieres, das Spielpiepen beim Rangeln, Balgen und bei Scheinkämpfen spielender Jungtiere, das distanzierte Tschack als vokale Dominanzgeste u.a.m.

Daß auch beim Menschen die nichtverbale Vokalisation – oft mit der dazugehörigen Mimik – ein unmittelbarer Ausdruck der Motivation ist, zeigen die Menschenbabys im vorsprachlichen Alter am besten (Abb. 4) [33].

Diese Bemerkungen über Anatomie, Physiologie und Funktion mimischer und vokaler Signale weisen auf die neurobiologischen Grundlagen hin, die zu allgemeineren Aussagen über das Sozialverhalten des Menschen und der übrigen Primaten berechtigen.

Das soziale System

Bei der notwendigerweise sehr fragmentarischen Beschreibung der Signale ist doch klar geworden, daß die weitaus überwiegende Zahl dieser Mitteilungen sich auf die innerartliche Kommunikation bezieht, während die Information über die sonstige Umwelt vergleichsweise spärlich ist. Dies trifft auch für die nichtverbale Kommunikation des Menschen zu. Die Hauptfunktion aller dieser Verständigungsmittel besteht also in der Regulierung der Beziehungen der Individuen untereinander. Dies bedeutet gleichzeitig auch Einschränkungen des Verhaltensspielraumes für den einzelnen zugunsten der Gruppe. Bei allen Unterschieden in der sozialen Organisation einzelner Arten bilden alle Primaten Rangordnungen aus, gleich ob sie in kleineren oder größeren Gruppen leben, ob die Geschlechter nach Art eines Harems oder nach Art einer Kommune geordnet sind, ob die Durchlässigkeit für den Austausch von Gruppenmitgliedern groß oder gering ist (vgl. Tabelle 1). Allerdings hat die oft mit dem Begriff der Rangordnung verbundene Vorstellung einer linearen Dominanz – wobei jeweils ein männlicher Affe den nächst untergeordneten in allen Lebensbereichen beherrscht – zu gründlichen Irrtümern geführt, die teils von Gefangenschaftsbedingungen herrühren. Die Gesellschaftsstruktur der Primaten ist reich gegliedert. Jedes Individuum nimmt jedem anderen gegenüber eine bestimmte Rolle ein. Alter, Geschlecht, der Zeitraum und der Zeitpunkt des Sich-Kennens, die individuelle Vorgeschichte, körperliche Stärke und bestimmte individuelle Eigenschaften sind dabei mitbestimmend. Hinzu kommen andere Modifikatoren der Gruppendynamik, vor allem der oft auch äußerlich signalisierte Oestrus der Weibchen und die bei vielen Genera jahreszeitlich festgelegten Hauptpaarungszeiten. Hierzu unterscheidet sich der Mensch mit seiner kontinuierlichen sexuellen Aktivität (vgl. Tabelle 1).

Die sozialen Signale kann man einerseits in gruppen- und individuenbindende, kohäsive und andererseits in agonistische, der individuellen Selbstbehauptung dienende Signale einteilen. Diese Signale regulieren das Zusammenleben innerhalb der Gruppe mit dem Effekt einer „sozialen Homeostase" [16, 32] und werden in derselben Weise auch in der Auseinandersetzung mit Artgenossen aus fremden Gruppen eingesetzt. Die cerebralen Mechanismen, die für die Verständigung durch soziale Signale verantwortlich sind, bilden die cerebralen Grundlagen des Sozialverhaltens überhaupt [22]. Sie sind daher auch die cerebralen Substrate, die bei psychosozialem Streß (Selbstbehauptung, Wettstreit, Rangordnungsstreit, Rollenbehauptung, Partnerwahl, Repressionen u.a.) hauptsächlich beansprucht werden

Die cerebrale Repräsentation des Sozialverhaltens

In Abbildung 3 wurden die Hirnstrukturen dargestellt, von denen bei Affen Vokalisationen ausgelöst werden können. Es handelt sich um Strukturen der Hirnmittellinie mit dem limbischen System und seinen direkten subcortikalen Verbindungen. Aufgrund von Hirnreiz und Abtragungsversuchen an Affen sind drei größere Funktionskreise des Verhaltens zu nennen, die durch das limbische System geformt und gesteuert werden: Nahrungssuche und -aufnahme; Angriff, Verteidigung und Flucht sowie soziosexuelles Verhalten [14, 15]. Ein anatomisch und funktionell wichtiges Merkmal des limbischen Systems sind die spärlichen Verbindungen zum Neocortex, während die Verbindungen zum Hypothalamus und Mittelhirn reichlich sind. MacLean hat daher den Vergleich gebracht, der phylogenetisch junge Großhirnmantel sitze auf dem älteren limbischen System wie ein Reiter auf dem Pferd ohne Zügel. Analog zu diesem Bilde ist die mangelhafte Kontrolle der Vernunft über Emotionen und Effekte erklärt worden.

Eben diesen wichtigen Punkt haben wir mit der Beschreibung der stimmlichen Kommunikation und ihrer Vertretung im limbischen System näher erläutert. Während das vokale Signal des subhumanen Primaten noch gleichzeitig Nachricht an den Partner wie auch Ausdruck der eigenen Emotion ist und nur vom limbischen Cortex kontrolliert wird, hat beim Menschen der Neocortex diese Kontrolle übernommen. Mit dem Erwerb der Sprache scheint der Mensch eine nahezu perfekte Kontrolle über seine Stimme gewonnen zu haben. Dennoch bleibt aber das ältere Kommunikationssystem auch beim Menschen fortgesetzt im Spiel.

Das phylogenetische Erbe des Menschen

Bleiben wir zunächst bei der Sprache, dem einzigen Kommunikationssystem, das bereits in seinen einfachsten Formen Gegenstände und Ereignisse der Erfahrung benennen und unabhängig von Situation, Zeit und Ort miteinander in Beziehung setzen kann. Die Mitteilung ist jetzt nicht mehr nur emotionaler Ausdruck einem Partner gegenüber, sondern sie ist gleichzeitig die Beschreibung von Objektbeziehungen, die unabhängig von Sender und Empfänger der Nachricht bestehen. Dennoch bleibt die sprachliche Mitteilung – und mag sie noch so abstrakt sein – die Mitteilung an einen Empfänger, an einen Menschen, an viele Menschen, schließlich im religiösen Bezug an Gott. Die sprachliche Mitteilung setzt also, genau wie die nichtsprachliche, Partnerschaft voraus; sie bleibt damit im phylogenetisch älteren, allen Primaten gemeinsamen Kommunikationssystem verankert und ist daher vom limbischen System abhängig. Das Kleinkind mit seiner noch unausgereiften Hirnrinde beginnt sich bald, längst vor dem ersten Wort, durch Babbeln mitzuteilen. Auch während der ersten Phasen des Spracherwerbs bleibt die nichtverbale Kommunikationsweise eng an das Wort gebunden, so daß viele aus ein bis zwei Worten bestehende Mitteilungen nur durch den begleitenden Ausdruck in unmittelbaren Kontext der Äußerung verständlich werden. Beim Erwachsenen schwingt der emotionale Anteil der sprachlichen Mitteilung ständig mit. Wenn Dialoge sehr heftig werden, verlieren die Worte an Bedeutung und ihr Ausdruckscharakter steigt. In Schimpfkanonaden sind die Worte schließlich nur noch die Vehikel der Emotion. In höchster Erregung „verschlägt es einem dann die Sprache", während die übrige Motorik, z.B. beim tätlichen Angriff oder in der Verteidigung, durchaus noch funktioniert.

Am Beispiel von Mimik und Stimme hat sich gezeigt, daß die Kommunikationsprozesse beim Menschen und seinen Verwandten notwendigerweise mit Emotionen verbunden sind und daß sich diese Verschränkung von Information und Emotion (als den zwei untrennbaren Aspekten des Ausdrucks) auch bei der gesprochenen Sprache nicht lösen läßt. Da nun aber Emotionen nicht allein an Kommunikationsprozesse gebunden sind, sondern die Triebfedern menschlichen Handelns überhaupt darstellen, müssen wir nach ihrer Herkunft fragen. Beginnen wir damit, die Emotionen zunächst in die Nähe der Empfindungen zu rücken. Die spezifischen Geschmacksempfindungen „süß" oder „salzig", die Zucker oder Salz auslösen, müssen, wie man wiederum an der mimischen Reaktion von Säuglingen zeigen kann [29], nicht erlernt werden, sondern sind angeboren. Am deutlichsten wird die Beziehung zwischen Empfindung und

Gefühl vielleicht beim Schmerz. Hier hat die Hirnchirurgie gezeigt, daß sich durch Ausschaltung von Hirngewebe im Thalamus die emotionale Komponente des Schmerzes, das Schmerzgefühl, beseitigen läßt, obwohl die Schmerzempfindung selbst weiter besteht. Der Patient sagt, es tut mir noch weh, aber es macht mir nichts mehr aus.

Auch die Emotionen oder Gefühle sind wie die Empfindungen subjektive Erscheinungen und können als solche in ihren spezifischen Qualitäten nicht erlernt werden. Gefühle der Liebe, des Hasses, der Freude und Traurigkeit, der Angst und Wut, der Macht (Überlegenheit) und Niederlage (Unterlegenheit) und alle übrigen Emotionen sind allen Menschen primär eigen [3]. Während es für die Empfindungen aber bestimmte Auslösereize gibt, die die Empfindungsreaktion hervorrufen, läßt sich eine solche Beziehung für die Emotionen beim erwachsenen Menschen – und auch beim Affen – nicht mehr herstellen. Aus den wenigen Fällen, in denen ein angeborener Auslösemechanismus nachweisbar ist, kann man aber doch Rückschlüsse auf die phylogenetische Herkunft der Emotionen ziehen. Das von Lorenz 1943 beschriebene, inzwischen sehr bekannt gewordene Kindchenschema kann hier am besten als Beispiel dienen [13]. Die für das Kleinkind typischen körperlichen Merkmale und Bewegungsweisen lösen elterliche Betreuungsgefühle aus und aktivieren den Pflegetrieb. Die moderne Reklame macht von solchen Schlüsselreizen raffinierten Gebrauch, indem die Merkmale zur Intensivierung der Reaktion noch übertrieben werden. Besonders sexuelle Gefühle werden auf diese Weise mit offenbar nicht nachlassendem Erfolg aufgereizt und damit die Begehrlichkeit aktiviert. Die Emotion erweist sich also als die subjektive Seite triebbedingten Verhaltens. So außerordentlich variabel und zumeist erlernt die zum Triebziel führenden menschlichen Handlungen auch sind, die sich einstellenden Emotionen beim Erreichen des Zieles, beim Abgesperrtwerden vom Ziel oder im Zielkonflikt sind erstaunlich einheitlich und können als solche nicht an Vorbildern erlernt werden [9].

Die „archaische" Herkunft der menschlichen Emotionen [1] ist seit langem auf Gehirnprozesse im limbischen System und im Zwischenhirn zurückgeführt worden [10]. Die hierfür identifizierten Hirnstrukturen decken sich mit denen, die für das Sozialverhalten verantwortlich sind. Unter ihnen sind auch solche, von denen sich durch elektrische Reizung bei allen darauf untersuchten Säugern und Affen Angriffs-, Verteidigungs- und Fluchtverhalten auslösen läßt. Es handelt sich um die Mandelkerne im Schläfenlappen (s. Abb. 3) und deren Verbindungen zum Hypothalamus und Mittelhirn im Hirnstamm. Beim Menschen können durch Krankheitsprozesse im Schläfenlappen Attacken von Gewalttätigkeit provoziert werden. Der Massenmörder Whitman, der seine Mutter und seine Frau tötete, auf einen Aussichtsturm stieg und dort weitere Menschen erschoß, wurde selbst von einer Polizeikugel getötet. Die gerichtsärztliche Obduktion ergab einen Tumor im mittleren Teil eines Schläfenlappens. Monate vorher hatte der Mann bei einem Psychiater über Mordimpulse geklagt und in Tagebuchaufzeichnungen vermerkt, daß er etwas ihm Unverständliches in sich vorgehen fühle.

Im weiter schwelenden Streit über die menschliche Aggression als angeborenem Trieb oder erlerntem Verhalten wird von den Verfechtern der Lerntheorie immer wieder übersehen, daß der über Jahrmillionen ständig fortentwickelte Hirnmechanismus für Angriff, Selbstverteidigung und Flucht ohne jeden Zweifel auch im Primatengehirn verankert ist. Ein hochorganisiertes Sozialverhalten wäre ohne diese Ausstattung gar nicht möglich. Jede Dominanzgeste – sei sie mimisch, vokal oder verbal – alle fein abgestuften Ausdrucksweisen der agonistischen Auseinandersetzungen sind Funktionen dieses Systems und gehören damit zum Funktionskreis aggressiven Verhaltens. Der blutige Kampf ist die letzte Stufe der Eskalation und kommt nur selten vor. Ohne Zweifel gibt es menschliche Kulturen – vergangene und jetzige – in denen sich körperliche Gewalttätigkeit kaum ereignet; mit Strafe belegt ist sie seit altersher. Eine menschliche Gesellschaft aber, in der es keinerlei Auseinandersetzung unter ihren Mitgliedern gibt, wäre, wenn es sie gäbe, eine denaturierte, nicht existenzfähige, eben keine Menschengesellschaft. Dieses biologische Konzept über die menschliche Aggression bewahrt vor Utopien und läßt doch großen Raum für Lernprozesse, die für die Menschen der Zukunft wahrscheinlich von noch viel größerer Bedeutung sind als sie es in jeder Phase der Menschheitsentwicklung bisher waren [21].

Schlußbetrachtung

Die Triebfedern menschlichen Handelns, menschliche Gefühle und Affekte, sind aufs engste mit der biologischen Vergangenheit des Menschen verknüpft. Die Art und Weise, in der sich die Menschen untereinander verständigen, miteinander umgehen und sich auseinandersetzen, trägt trotz allem kulturellen Wandel außerordentlich konservative Merkmale und ist durch die genetisch vorbestimmte Organisation des menschlichen Gehirns bedingt. Vergleiche mit dem Gehirn subhumaner Primaten und deren Verhalten erlauben Aussagen über Evolutionsschritte, die zur Menschwerdung geführt, und über das Tempo, in dem sich Organismen dieser Komplexität geändert haben.

Die biologische Evolution des Menschen ist sicher nicht abgeschlossen, und niemand weiß, wohin sie geht. Dennoch ist die Zukunft des Menschen, die er selber plant, durch seine biologische Evolution mitbestimmt. Das Tempo der kulturellen Evolution, die beschleunigte Zunahme der Erfindungen und Entdekkungen während der letzten 1000 Jahre, die Geschwindigkeit des Wandels in unserem Lebensraum ist atemberaubend und läßt die biologische Evolution daneben beinahe zeitlich stillstehen. Niemand ist heute in der Lage, die Grenzen menschlicher Erfindungsgabe vorauszusagen. In dieser Hinsicht scheint die Kapazität des Gehirns vorläufig unausgeschöpft zu sein. Das biologische Erbe des Menschen, das sein Zusammenleben, seine Verständigungsweisen und seine Gefühle bestimmt, wird in zunehmend schärferen Kontrast zur kulturellen Evolution geraten, wenn der Mensch beim Planen der Zukunft seiner eigenen Biologie nicht Rechnung trägt. Selbst wenn sich diese Einsicht in den sich rasch entwickelnden Sozialwissenschaften durchsetzt, selbst wenn die Menschen sich einigten, gemeinsam zu planen, bleibt guter Rat teuer; niemand kann heute, wie noch gestern Rousseau, die Mittel verschreiben, die die menschliche Gesellschaft am Leben erhalten.

Edward Wilson schließt sein monumentales Buch über Sozialbiologie mit einigen Betrachtungen über die Zukunft des Menschen [34]. Darin räumt er der Populationsgenetik und den Wissenschaften vom Menschen höchste Priorität ein. Der Übergang von einer rein phänomenologischen Soziologie zu einer grundlegenden Theorie, so meint Wilson, wird allerdings erst möglich sein, wenn die Funktionsweise des menschlichen Gehirns erklärt werden kann. Dann wird man die Eigenschaften der Emotionen und ihre Bedeutung für die menschliche Ethik, für das Lernen und die Kreativität verstehen. Die Hauptsätze für die zukünftige Soziologie werden aus der Neurobiologie kommen.

Man mag über diese Prophezeiung streiten und ihr entgegenhalten, daß man die Funktionsweise des menschlichen Gehirns – oder erst einmal eines einfacheren Gehirns – vielleicht erst dann wirklich verstehen kann, wenn man das Produkt des Gehirns, nämlich das Verhalten in Gesetzmäßigkeiten fassen kann. Wichtig an dieser Prophezeiung scheint mir, daß die Zukunft eine Zusammenarbeit von Biologen und Sozialwissenschaftlern bringen muß. Dann werden unsere Kultusministerien bei Aufstellung ihrer Lehr- und Erziehungspläne auch Biologen zu Rate ziehen. Die Chance des Menschen scheint mir darin zu liegen, daß er sein größtes Gut, mehr als andere Lebewesen lernen zu können, auf die Vermehrung seines Wissens über sich selbst konzentriert. Wer planen will, muß wissen. Der sich selbst planende Mensch sollte damit schon früh beginnen können, wenn sein ebenfalls in dieser Ausprägung einzig dastehendes Neugierverhalten, sein Wissenstrieb, der Motor für alles Lernen, ihn dazu in die Lage versetzt. Was Hänschen nicht lernt, lernt Hans nimmermehr. Das bezieht sich auch auf sein Sozialverhalten.

Literatur

1. Bilz, R.: Paläoanthropologie. Frankfurt a.M.: Suhrkamp 1971
2. Eibl-Eibesfeldt, I.: Grundriß der vergleichenden Verhaltensforschung. München: Piper 1967
3. Eibl-Eibesfeldt, I.: Liebe und Haß. München: Piper 1970
4. Eibl-Eibesfeldt, I.: Taubblind geborenes Mädchen. Homo **21**, 39, 48 (1973)
5. Gardner, R.A., Gardner, B.T.: Teaching sign language to a chimpanzee. Science **165**, 664 (1969)
6. Jürgens, U.: On the elicitability of vocalization from the cortical larynx area. Brain Res. **81**, 564 (1974)
7. Jürgens, U., Ploog, D.: Cerebral representation of vocalization in the squirrel monkey. Exp. Brain Res. **10**, 532 (1970)
8. Jürgens, U., Ploog, D.: Zur Evolution der Stimme. Arch. Psychiat. Nervenkr. **222**, 117 (1976)
9. Jürgens, U., Ploog, D.: Ethologische Grundlagen. In: Handbuch der Psychologie, Bd. 8, 1. Halbbd. (L.J. Pongratz, Hrsgb.), S. 599. Göttingen-Toronto-Zürich: C.J. Hogrefe 1976
10. Kleist, K.: Gehirnpathologie. Leipzig: Barth 1934
11. Ladygina-Koths, N.N.: Affenkind und Menschenkind, ihre Instinkte, Emotionen, Spiele, Gewohnheiten und Ausdrucksbewegungen. Moskau: Staatsverlag Museum Darwinianum 1935
12. Lorenz, K.: Der Kumpan in der Umwelt des Vogels. Der Artgenosse als auslösendes Moment sozialer Verhaltensweisen. J. Ornithol. **83**, 137 (1935), Nachdruck in: Lorenz, K.: Über tierisches und menschliches Verhalten, Bd. I. München: Piper 1965
13. Lorenz, K.: Die angeborenen Formen möglicher Erfahrung. Z. Tierpsychol. **5**, 235 (1943)
14. MacLean, P.D.: The limbic system ("visceral brain") and emotial behavior. Arch. Neurol. Psychiat. (Chic.) **73**, 130 (1955)
15. MacLean, P.D.: The triune brain, emotion, and scientific bias. In: The Neurosciences. 2nd Study Program (F.O. Schmitt, G.C. Quarton, Th. Melnechuk, G. Adelman, eds.), p. 336. New York: Rockefeller Univ. Press 1970
16. Maurus, M., Ploog, D.: Social signals in squirrel monkeys: analysis by cerebral radio stimulation. Exp. Brain Res. **12**, 171 (1971)
17. Penfield, W., Rasmussen, T.: The cerebral cortex of man. A clinical study of localization of function. 1. Aufl. New York: MacMillan 1950
18. Ploog, D.: Kommunikation in Affengesellschaften und deren Bedeutung für die Verständigungsweisen des Menschen. In: Neue Anthropologie (H.-G. Gadamer, P. Vogler, Hrsg.). Stuttgart: Thieme 1972
19. Ploog, D.: Die Sprache der Affen und ihre Bedeutung für die Verständigungsweisen des Menschen. In: Geist und Psyche. München: Kindler 1974
20. Ploog, D.: Verhaltensbiologische Aspekte in der psychiatrischen Forschung. Dtsch. med. Wschr. **100**, 2108 (1975)
21. Ploog, D.: Biologische Grundlagen aggressiven Verhaltens. In: Psychiatrische und ethologische Aspekte abnormen Verhaltens. 1. Düsseldorfer Symposium (H. Kranz, K. Heinrich, Hrsg.), S. 49. Stuttgart: Thieme 1975

22. Ploog, D., Gottwald, P.: Verhaltensforschung. Instinkt – Lernen – Hirnfunktion. München: Urban & Schwarzenberg 1974
23. Ploog, D., Melnechuk, T.: Primate communication. Neurosci. Res. Prog. Bull. **7**, 419 (1969)
24. Ploog, D., Hupfer, K., Jürgens, U., Newman, J.D.: Neuroethologic studies of vocalization in squirrel monkeys with special reference to genetic differences of calling in two subspecies. In: Growth and development of the brain (M.A.B. Brazier, ed.), p. 231. New York: Raven Press 1975
25. Premack, D.: Language in chimpanzee? Science **172**, 808 (1971)
26. Rowell, T.E.S., Hinde, R.A.: Vocal communication by the rhesus monkey. Proc. zool. Soc. (Lond.) **2**, 279 (1962)
27. Sutton, D., Larson, C., Lindeman, R.C.: Neocortical and limbic lesion effects on primate phonation. Brain Res. **71**, 61 (1974)
28. Stebbins, G.L.: Processes of organic evolution. Englewood Cliffs, N.J.: Prentice Hall 1966
29. Steiner, J.E.: Innate, discriminative human facial expressions to taste and smell stimulation. Ann. N.Y. Acad. Sci. **237**, 229 (1974)
30. Tinbergen, N.: Social releasers and the experimental method required for their study. Wils. Bull. **60**, 6 (1948)
31. Tinbergen, N.: Instinktlehre. Vergleichende Erforschung angeborenen Verhaltens. Berlin: Parey 1952 (4. Aufl. 1966)
32. Washburn, S.L. (ed.): Social life of early man: Viking Found Publications in Anthropology, no. 31. Chicago: Aldine Publ. Co. 1961
33. Wasz-Höckert, O., Lind, J., Vuorenkosi, V., Partanen, T., Valanné, E.: The infant cry. A spectrographic and auditory analysis. Lavenham, Suffolk: Lavenham Press 1968
34. Wilson, E.O.: Sociobiology. The new synthesis. Cambridge, Mass., The Belknap Press of Harvard Univ. Press 1975
35. Winter, P., Handley, P., Ploog, D., Schott, D.: Ontogeny of squirrel monkey calls under normal conditions and under acoustic isolation. Behaviour **47**, 230 (1973)

Prof. Dr. med. Detlev Ploog
Max-Planck-Institut
für Psychiatrie
D-8000 München 40
Kraepelinstraße 10
Bundesrepublik Deutschland

Bedrängnis und Bewältigung im Spiegel des Einzelschicksals Individuelle Streßreaktion bei ehemaligen KZ-Häftlingen *

P. Matussek

Forschungsstelle für Psychopathologie und Psychotherapie in der Max-Planck-Gesellschaft München

Individual Reaction to Stress with Former Concentration Camp Inmates

Summary. The individual disposition to react to different stressors to play an important role in an extreme stress situation, i.e. the incarceration in concentration camps. Ten to fourteen years after their liberation, 219 former concentration camp inmates now living in Bavaria, New York and Israel were given semi-structured interviews. Since no statistically significant correlations between psychic and somatic complaints and incarceration could be found, we computed a factor analysis on illness dimensions. We found high correlations between these and the stress induced by concentration camp incarceration. An important answer to the above mentioned questions was the fact that there was no homogeneous reaction syndrome, such as it has always been described in the literature on concentration camp syndromes. We found four patterns of delayed reaction to stress. According to the contribution of somatic and psychic complaints, the factors were named as follows: 1. psycho-physical syndrome, 2. internal disease, 3. gynaecological illness, 4. psychic (social) syndrome. Personality factors played an important role in the development of these syndromes, because they modified the degree of stress endured. Personality factors were shown to be dependent on life history. The importance of these results for mastering stressors is being discussed.

Key words: Adjustment to the concentration camp-situation – Life history – Reaction of stress – Personality traits.

Zusammenfassung. Am Beispiel einer Extrembelastung, nämlich der Haft in Konzentrationslagern, wird die Bedeutung der individuellen Reaktionsbereitschaft auf Stressoren verschiedenster Art aufgewiesen. 219 ehemalige KZ-Häftlinge wurden in Bayern, New York und Israel 10–14 Jahre nach der Befreiung untersucht und mit halbstrukturierten Interviews befragt. Da sich keine statistisch signifikante Korrelation zwischen seelischen und körperlichen Einzelbeschwerden und der Haft nachweisen ließ, wurden mittels einer Faktorenanalyse Krankheitsdimensionen errechnet. Hier ergaben sich deutlich Korrelationen zwischen diesen und der KZ-Belastung. Ein wichtiger Befund für die eingangs angeführte Fragestellung war zunächst die Tatsache, daß es kein einheitliches Reaktionssyndrom gab, wie es in der Literatur des KZ-Syndroms immer wieder beschrieben wurde. Vielmehr konnten 4 Reaktionsmuster als Spätfolge der Belastung festgestellt werden. Die Faktoren wurden je nach ihrer Beteiligung von körperlichen und seelischen Beschwerden folgendermaßen benannt: 1. Psychophysisches Syndrom, 2. Innere Erkrankungen, 3. Gynäkologische Erkrankungen, 4. Psychisches (soziales) Syndrom. Für die Entstehung dieser Syndrome spielen Persönlichkeitsfaktoren eine entscheidende Rolle, da diese den Belastungsgrad in der KZ-Haft modellieren konnten. Persönlichkeitsfaktoren erwiesen sich als abhängig von der Lebensgeschichte. Die Bedeutung dieser Befunde für die Bewältigung der Stressoren wird diskutiert.

Schlüsselwörter: Anpassung im Konzentrationslager – Lebensgeschichte – Streßreaktion – Persönlichkeitsmerkmale.

Streß in der modernen Welt

Bei dem vielschichtigen Kongreßthema „Der Mensch und seine Umwelt" ist der medizinisch-ärztliche Aspekt nicht der unwichtigste. Ist doch ein jeder von uns persönlich davon betroffen, inwieweit die heutige

* Vortrag auf der 109. Versammlung der Gesellschaft Deutscher Naturforscher und Ärzte, Stuttgart 19.–23. September 1976

Umwelt zu einer Verbesserung oder Verschlechterung der Gesundheitsbedingungen beiträgt. Statistisch mehrfach nachgewiesen ist z.B. das Ansteigen von Kreislauf- und Krebserkrankungen als überwiegende Todesursache im Verhältnis zu anderen Krankheiten, die in früheren Zeiten gleich- oder vorrangig das Lebensende bestimmen. Aber nicht nur die todbringenden Erkrankungen interessieren als krankheitsfördernde Elemente der Umwelt: Auch die sogenannten funktionellen Störungen machen einen großen Prozentsatz des ärztlichen Klientels aus. Zwar führen sie nicht unmittelbar zum Tode, machen für viele jedoch das Leben zur Qual, zumindest zu einer Last, die das ohnehin schwere Leben noch schwerer macht.

Dieser Anstieg der funktionellen Beschwerden wird oft als Anstieg von Neurosen deklariert. Das ist irreführend. Wenn man nämlich unter Neurosen die neurotischen Störungen im engeren Sinne versteht, wie etwa Zwangs- und Organneurosen oder Phobien, so ist deren Anwachsen nicht ausreichend sicher nachgewiesen. Sicherer dagegen ist der Nachweis, wenn man unter dem Begriff Neurose auch die zahlreichen, oft als nervöse Störungen bezeichneten Beschwerden subsummiert. Hier sind vor allen Dingen Erschöpfungszustände, funktionelle Körperbeschwerden, bis zur Apathie gehende Arbeitsunlust und die verschiedensten Formen der unpsychotischen Depression zu nennen.

Diese Erkrankungsbilder sind im Ansteigen begriffen. Sie sind trotz weitgehenden Fehlens schwerer organischer Schäden als Krankheit zu bezeichnen, zumindest erlebt sich der Patient als Kranker und sucht deswegen den Arzt auf. Ob er dabei immer den für ihn richtigen Arzt findet, ist weitgehend vom Zufall oder von äußeren Gegebenheiten abhängig. Ein Bauer auf dem Land hat nicht die Wahl zwischen Ärzten wie ein Städter, für den die Wahl allerdings oft auch zur Qual werden kann. Er weiß nur selten, ob er mit seinen Beschwerden zum Allgemeinpraktiker, Internisten, Nervenarzt oder Homöopathen gehen soll. Er kann auch nur selten entscheiden, ob die Tabletten, die eine vorübergehende Linderung der Beschwerden bewirken, auf die Dauer unschädlich sind. Schließlich will er ja nicht sein Leben lang von irgendwelchen Drogen abhängig sein, mögen diese auch noch so häufig als ungefährlich deklariert werden.

Bei der Frage nach den Ursachen dieser Beschwerden hat sich in jüngster Zeit ein deutlicher Wandel im öffentlichen Bewußtsein vollzogen. Nicht nur der Arzt, sondern auch der Patient weiß aus der Lektüre von Wochen- und Tageszeitungen, daß die Umwelt und damit eine bestimmte Lebensweise einen Hauptgrund für die geschilderten Beschwerden bildet. Das schon auf der Schule gelernte Schlüsselwort für diesen Zusammenhang heißt „Streß".

Ihm ergibt sich der moderne Mensch wie einem unabwendbaren Schicksal. Er wird für alles verantwortlich gemacht, selbst für das eigene Übergewicht, die Bewegungsarmut, Nikotin- oder Alkoholabusus. Sicher sind auch diese Verhaltensweisen durch bestimmte Strukturen der modernen Welt mehr oder weniger direkt bedingt – wie etwa Lärm, Entfremdung von der Arbeitswelt, Umweltverschmutzung –, aber es bleibt doch ein ausreichender Spielraum, der die Krankheitschancen des einzelnen wesentlich beeinflussen kann. Denn die Reaktion auf die modernen Stressoren, also der eigentliche Streß, ist immer auch abhängig von der individuellen Reaktionsbereitschaft. Das hat die Flut experimenteller Arbeiten der Streßforschung gezeigt. Exemplarisch sei in diesem Zusammenhang nur an die Untersuchung von Jonsson u. Mitarb. (1969) erinnert, die nachweisen konnte, daß die Schweden z.B. ganz anders auf Lärm reagieren als die Italiener. Es stellt sich daher die Frage, von welchen Momenten diese individuelle Reaktionsbereitschaft und damit auch indirekt eine andere abhängt: Wie kann sich der Mensch unter dem Druck anwachsender Stressoren so einrichten, daß er die schädliche Wirkung der Belastung abschwächt oder gar nicht spürt?

KZ-Haft als Beispiel einer Extrembelastung

Zur Beantwortung dieser Frage möchte ich auf eine Untersuchung eingehen, die meine Mitarbeiter und ich an ehemaligen KZ-Häftlingen durchgeführt haben. Diese Untersuchung erscheint zur Demonstration der hier gestellten Frage aus folgendem Grund geeignet: Unumstritten ist die KZ-Inhaftierung eine extreme, außergewöhnliche Belastung. Sie impliziert eine Anzahl von Stressoren, wie etwa Folter, Quälereien, Unterernährung, körperliche Schwerarbeit, Todesangst, enge und unhygienische Unterkünfte.

Das Außergewöhnliche dieser Belastungssituation war für viele Untersucher ein Grund, die KZ-Zeit als eine Belastungseinheit anzusehen, bei der es müßig sei, einzelne Stressoren zu unterscheiden und ihre Bedeutung für Spätsymptome zu erfassen. Man sprach generell von dem KZ-Syndrom als einer Folge der KZ-Inhaftierung. Diese Einheitshypothese hat durch die Erfahrung mit ehemaligen Vietnamkriegern neue Nahrung bekommen. Die Soldaten, die eine ein- oder mehrjährige Gefangenschaft in nordvietnamesischen Lagern überlebten, zeigten ähnliche Symptome wie ehemalige KZ-Häftlinge. Man sprach und spricht von einem Survivor-Syndrom. Individuelle Unterschiede in der Reaktion auf diese Dauerbelastung traten – ähnlich wie bei den untersuchten ehemaligen KZ-Häftlingen – zugunsten der allgemeinen Streßreaktion zurück. Man kam also zu der auch unter Nicht-Ärzten weitverbreiteten Ansicht: Wer so extremen Belastungen wie denen einer KZ-Inhaftierung oder Gefangenschaft ausgesetzt ist, hat wenig Chancen zur Beeinflussung der Streßfolgen. Auf weniger extreme Situationen, wie etwa auf die heutigen Lebensbedingungen übertragen heißt das für die meisten: Man ist im heutigen Leben generell so eingeengt und von einem vielfältig mit Stressoren durchsetzten System umgeben, daß einem nur wenig Chancen bleiben, die gesundheitlichen Schäden der verschiedensten Umwelteinflüsse in Grenzen zu halten. Oder – wie es Hans H. Schaefer (1976) einmal ausdrückte: „Streß ist ein zur gesellschaftlichen Umwelt synonymer Begriff geworden."

Fragestellung und Methode der Untersuchung

Wegen dieser weitverbreiteten Meinung wollen wir am Beispiel ehemaliger KZ-Häftlinge der Frage nachgehen, inwieweit sich auch in einer so engumrissenen Extremsituation individuelle Reaktionsbereitschaften auf schwere Belastungen zeigen. Wir gliedern unsere Ausführungen dabei in folgende Fragen: 1. Wie sieht die Streßreaktion 10–12 Jahre nach der Befreiung aus? 2. Welches sind die Stressoren in der KZ-Haft, und inwieweit lassen sie sich objektivieren? 3. Von welchen individuellen Bedingungen hängt die Reaktion des Häftlings ab?

Auf Einzelheiten der Methodik kann ich hier nicht eingehen. Ich muß diesbezüglich auf unsere Monographie „Die Konzentrationslagerhaft und ihre Folgen" (1971) hinweisen. Nur soviel sei gesagt, daß die Untersuchung an einer nach statistischen Prinzipien ausgesuchten Stichprobe von 236 ehemaligen KZ-Häftlingen erfolgte, die von meinen Mitarbeitern und mir in den Jahren 1958 bis 1962 in Deutschland, New York und Israel durchgeführt wurde. Die Verschiedenheit des jetzigen Wohnortes wurde deswegen berücksichtigt, um eventuelle Einflüsse sozialer, politischer und kultureller Art als mögliche Stressoren für Spätschäden in den Blick zu bekommen.

Die Untersuchung unterscheidet sich von ähnlichen vorwiegend durch die Tatsache, daß ehemalige Häftlinge nicht aufgrund eines Rentenverfahrens oder in der ärztlichen Sprechstunde erfaßt wurden. Die Unabhängigkeit von einer eventuellen gutachterlichen Frage erwies sich insofern als relevant, als wir nachweisen konnten, daß die von uns eruierten Beschwerden der Häufigkeit und dem Gewicht nach andere waren als die in einer Untersuchungssituation, die unter gutachterlichen Aspekten durchgeführt wurde.

Streßreaktion 10–14 Jahre nach der Befreiung: Kein einheitliches KZ-Syndrom

Die erste Frage, nämlich die nach der Streßreaktion als Frage der KZ-Belastung, ließ sich nicht anhand der angegebenen Einzelbeschwerden beantworten. Rheumatische Erkrankungen, Herz-Kreislauf-Beschwerden, Magengeschwüre oder andere körperliche Symptome korrelierten genausowenig mit der KZ-Belastung wie psychische Störungen, z.B. Isolation, Mißtrauen, paranoide Ideen, Depressionen oder Angstzustände. Das aber heißt: Ein möglicher kausaler Zusammenhang zwischen Einzelsymptomen und KZ-Haft ließ sich nicht nachweisen. Das dürfte auch der Grund sein, warum die Antworten in der Begutachterpraxis so verschieden ausfallen. Dasselbe Beschwerdebild, welches einem Gutachter den zwingenden Schluß über die KZ-Haft als Ursache der Krankheit nahelegt, überzeugt den anderen Gutachter nicht.

Es erschien uns daher richtig, nicht Einzelbeschwerden zum Ausgangspunkt weiterer Überlegungen zu machen. Wir suchten vielmehr mit Hilfe einer bestimmten statistischen Methode, nämlich der Faktorenanalyse[1], nach eventuellen Krankheitsdimensionen. Mit anderen Worten: Gibt es Merkmalsgruppen, die Ausdruck eines einheitlichen Faktors oder einer Krankheitsdimension sind?

Tabelle 1 zeigt die körperlichen und seelischen Beschwerden, die in die faktorenanalytische Verrechnung eingegangen sind:

Tabelle 1. Körperliche und seelische Beschwerden

Körperlich	Seelisch
Vegetative Beschwerden	Mißtrauen, Menschenscheu
Zahnbeschwerden	Kontaktstörungen
Rheumatische Beschwerden	Gefühl der Isoliertheit
Herz-Kreislauf-Beschwerden	Angstträume
Kopfbeschwerden	Haßgefühle
Leber-Gallen-Beschwerden	Paranoide Ideen
Urologische Beschwerden	Innere Unruhe, Reizbarkeit
Wirbelsäulenbeschwerden	Depressive Verstimmung
Gehör- und Seh-Beschwerden	Schlafstörungen
Darmbeschwerden	Angstzustände
Magenbeschwerden	Gedächtnis- und Konzentrationsstörungen
Beschwerden nach Mißhandlungsverletzungen	Müdigkeit, Apathie
Neurologische Beschwerden	Vitalstörungen
Chron.-anginöse Halsbeschwerden	Suizidgedanken
Durchblutungsbeschwerden (nach Erfrierungen)	
Hautausschläge	
Gynäkologische Beschwerden (von 38 Frauen)	

[1] Die Faktoren wurden mit Hilfe von Q- und R-Analysen zu klären versucht. Aus der Korrelationsmatrix wurden jeweils mindestens 2 Faktoren extrahiert. Beendet wurde die Extraktion, die nach dem Hauptachsenverfahren durchgeführt wurde, nach dem Unterschreiten des Eigenwertes 1 der Matrix. Sämtliche Faktorenstrukturen, die sich ergaben, wurden nach „simple structure"-Prinzipien (Varimax-Kriterium; Harmann, 1960) rotiert. Diejenige Faktorenstruktur, die durch alle Extraktionen am konstantesten blieb und die größte inhaltliche Plausibilität besaß, wurde als gültig akzeptiert

 Verhandlungen der Gesellschaft Deutscher Naturforscher und Ärzte 1976

Tabelle 2 zeigt das Ergebnis bei einer gemeinsamen Verrechnung von körperlichen und seelischen Beschwerden:

Tabelle 2. Krankheitsdimensionen (-faktoren) von KZ-Spätschäden

	Ladung
Faktor I: Psychophysisches Syndrom (KZ-Syndrom, chronisch-depressiver Erschöpfungszustand)	
Kopfbeschwerden	0,61
Gedächtnis- und Konzentrationsstörungen	0,58
Müdigkeit, Apathie	0,56
Depressive Verstimmungszustände	0,53
Angstträume	0,49
Schlafstörungen	0,49
Innere Unruhe, Reizbarkeit	0,39
Vegetative Beschwerden	0,38
Vitalstörungen	0,38
Faktor II: Gynäkologische Erkrankungen	
Weibliches Geschlecht	0,79
Gynäkologische Beschwerden	0,76
Keine Zahnbeschwerden	0,44
Faktor III: Innere Erkrankungen	
Herz-Kreislauf-Beschwerden	0,62
Leber-Gallen-Beschwerden	0,56
Lungen-Bronchial-Beschwerden	0,50
Alter: 1960 über 45 Jahre	0,47
Faktor IV: Psychisches Syndrom (Soziale Erkrankung)	
Mißtrauen	0,65
Gefühl der Isoliertheit	0,48
Paranoide Ideen	0,48

Für unsere Fragestellung ist an diesem faktorenanalytisch gewonnenen Ergebnis die Tatsache interessant, daß das sogenannte KZ-Syndrom zwar eine wichtige, aber nicht die einzige Krankheitsdimension von Spätschäden darstellt. Das KZ-Syndrom ähnelt in seinen Merkmalen, wie es von verschiedenen Autoren nicht immer einheitlich beschrieben wurde, unserem Faktor I, also dem Faktor, der aus körperlichen und seelischen Merkmalen besteht. Man könnte ihn auch als „chronischen Erschöpfungszustand" bezeichnen. Damit entspräche er in etwa auch den Vorstellungen von Selye, sofern man einen Zusammenbruch der Abwehr aufgrund langdauernder Einwirkungen von schweren Stressoren annimmt. Das sogenannte KZ-Syndrom wäre dann, wie man es schon lange postulierte, kein spezifisches Krankheitsbild, sondern eher eine unspezifische Reaktion im Sinne Selyes.

Die Faktoren II und III stellen rein körperliche Erkrankungen dar, und zwar gynäkologische wie auch innere. Ich kann auf sie nicht näher eingehen, möchte aber doch auf den für die Streßforschung nicht uninteressanten Befund hinweisen, daß sich bei Anwendung der Faktorenanalyse eine geschlechtsspezifische Krankheitsdimension ergeben hat. Man dürfte sie mit großer Wahrscheinlichkeit im Zusammenhang mit dem von der experimentellen Streßforschung nachgewiesenen Geschlechtsunterschied für Streßreaktionen sehen.

Der Faktor IV besteht dagegen aus rein seelischen Beschwerden. In seinem Zentrum steht das Mißtrauen. Es schafft die Distanz zum anderen. Man kann insofern von einer sozialen Erkrankung sprechen. Es ist bemerkenswert, daß der aus rein psychischen Merkmalen bestehende Faktor sich als eigene Krankheitsdimension aus einem sehr reichhaltigen, aus körperlichen und seelischen Beschwerden bestehenden Erscheinungsbild durchsetzt. Man muß ja immerhin bedenken, daß der überwiegende Teil der angegebenen Leiden eine deutlich nachweisbare Folgeerscheinung von Folter und Hunger war. Es wäre nicht überraschend, wenn psychische Merkmale zu irgendeiner körperlichen Krankheit hinzugekommen wären, wie es sich tatsächlich im Faktor I zeigt. Die faktorenanalytische Penetranz einer aus wenigen Symptomen bestehenden psychischen Krankheitsdimension ist im Hinblick auf eine nicht selten vertretene Meinung über die Spätschäden nach Extrembelastungen überraschend. Danach könnten nur körperliche Symptome als Folge einer in der KZ-Haft erlittenen Schädigung als Spätschäden auftreten. Daß diese Ansicht nicht nur aufgrund unserer Befunde als überholt zu gelten hat, geht auch aus den Ergebnissen der experimentellen Streßforschung hervor. Diese zeigen deutlich, daß eine Isolation als starker Stressor wirken kann, wie sie andererseits eine Streßreaktion darstellt. Für Menschen besteht die Isolation jedoch nicht nur in einem räumlichen Alleinsein, sondern auch in der emotionalen Trennung von dem anderen. Selbst wer unter Menschen lebt und ausreichenden Kontakt hat, wie es etwa in den einzelnen Gruppen während der KZ-Haft der Fall war, kann emotional isoliert sein, sobald er sich in seiner Gesinnung, seinen Interessen oder aus irgendeinem anderen Grund von den anderen nicht verstanden fühlt.

Stressoren der KZ-Haft

Auf eine gesonderte Darstellung der faktorenanalytischen Verrechnung von rein psychischen Beschwerden kann in diesem Rahmen verzichtet werden. Dieses Ergebnis ist vorwiegend für den Psychiater von Interesse. Stattdessen soll im zweiten Abschnitt unserer Ausführungen der Frage nachgegangen werden, welche Einflüsse für die verschiedenen Krankheitsdimensionen verantwortlich gemacht werden müssen.

Alle Untersuchungen, die von der KZ-Belastung als einer einheitlichen Belastung ausgehen, vernachlässigen sowohl die Unterschiede der Stressoren als auch die der Persönlichkeit, die der Belastung ausgesetzt war. Um es gleich zu betonen: Auch uns ist es nicht gelungen, alle möglichen Stressoren nachträglich so objektiv in den Griff zu bekommen, daß man von einem lückenlosen Erfassen der Belastungsmomente sprechen kann. Das war vor allem deswegen unmöglich, weil bestimmte Stressoren nicht ausreichend gut objektivierbar sind. Insbesondere traf das für die Stressoren zu, die von allen Befragten als durchgehende und schwerwiegendste empfunden wurden. Zu ihnen gehören Hunger, körperliche Züchtigung, Todesangst und die Vergiftung mitmenschlicher Beziehungen.

Hätte sich die Todesangst an der Lagerart, nämlich an dem Unterschied zwischen Vernichtungslagern und reinem Getto – wie etwa Theresienstadt – und der Hunger an der zugeteilten Essensration hinsichtlich ihrer objektivierbaren Bedingungen noch einigermaßen einschätzen lassen, um auf diese Weise eine für statistische Zwecke brauchbare Annäherungsgröße zu erhalten, wäre ein solcher Versuch bei der Bewertung mitmenschlicher Beziehungen sinnlos. Das haben die Untersuchungen gezeigt, die an der Anzahl der Schläge, dem Ausmaß der Schikanen oder der Dichte der Barackenbelegung diesen Streß messen wollten. Auch die von uns befragten Personen hielten solche und ähnliche Kriterien für unzureichend. Sie wiesen vielmehr auf andere, statistisch nicht erfaßbare Gründe hin:

Hinterlist, Betrug, Verrat, Unkameradschaftlichkeit, Neid und Haß, die jedem Häftling irgendwann einmal widerfahren waren, die er aber auch selbst beging oder zumindest stark spürte, wurden als relativ unabhängig von äußeren Situationen erlebt. Die mangelnde Objektivierung dieser Faktoren wäre noch zu verschmerzen, wenn nicht unter den obengenannten Krankheitsdimensionen gewisse Beschwerden dem Arzt größere Schwierigkeiten bei der Bewertung der Spätfolgen nach der KZ-Inhaftierung bereitet hätten.

Man konnte sich lange Zeit nicht erklären, weshalb eine langandauernde Vergiftung mitmenschlicher Beziehungen zu einer Dauerschädigung der Persönlichkeit führen solle, ohne daß sich diese Schäden auch in nachweisbaren körperlichen Störungen manifestieren. Heute weiß man – nicht zuletzt durch die experimentelle Streßforschung, daß die emotionalen Stressoren, zu denen die Feindseligkeiten unter den Menschen im höchsten Grad zu rechnen sind, nicht unbedingt schwere organische Leiden nach sich ziehen müssen. Wohl aber können sie Symptome herbeiführen, die ich eingangs ganz allgemein als nervöse Störungen charakterisierte, also als solche, die man streng genommen nicht zu den Neurosen im engeren Sinne zählt, die heute aber offenbar im Ansteigen begriffen sind.

Trotz der Unmöglichkeit, zentrale Stressoren bei der KZ-Belastung zu objektivieren, erschien es uns sinnvoll, wenigstens solche Merkmale zu untersuchen, die sich einigermaßen gut objektivieren ließen und wahrscheinlich zu den Stressoren im KZ beigetragen haben. Wir unterschieden objektive, situationsgebundene Merkmale von seelischen, persongebundenen Variablen. Zu den situationsgebundenen Merkmalen zählten wir: Arbeitssituation, Haftdauer, Verlust von Angehörigen, Lagerschwere und Lagerkrankheiten, zu den subjektiven, persongebundenen: Verfolgungsgrund, Alter, Anpassung im KZ, Merkmale der Persönlichkeitsentwicklung.

Persönlichkeitsmerkmale und Streß

Es ist mir im Rahmen dieser zeitlich begrenzten Ausführungen nicht möglich, die statistisch errechnete Bedeutung der genannten Faktoren für die Spätschäden darzustellen. Wie müssen uns auf einen Faktor beschränken, der das Thema unserer Ausführungen „Bedrängnis und Bewältigung im Spiegel des Einzelschicksals" am ehesten in der gebotenen Kürze zu demonstrieren vermag. Es handelt sich dabei um den Faktor „Anpassung im KZ-Lager". Aus welchen Merkmalen und entgegengesetzten Polen er besteht, zeigt sich in der Tabelle 3:

Tabelle 3. Faktor der Anpassung im Konzentrationslager

Merkmal	„Gelungene Anpassung im KZ-Lager" (Pol A)	„Nicht gelungene Anpassung im KZ-Lager" (Pol B)	Ladung
Kontaktverhalten gegenüber Mithäftlingen	Kontaktinitiative	Kontaktschwäche	0,77
Einstellung zu den Mithäftlingen	Kameradschaftlichkeit	Teilnahmslosigkeit	0,74
Aktivitätsentfaltung während der Haftzeit	Aktives Durchkommen	Passives Durchkommen	0,67
Beziehungen zu den Wachmannschaften	Angepaßt gegenüber Wachmannschaften	Keine Anpassung an die Wachmannschaften	0,39

Die Übersicht zeigt, daß Kontaktinitiative und Kameradschaftlichkeit für den Anpassungsfaktor am bestimmendsten waren. Ihre Faktorenladungen sind am höchsten. Auch ihre Interkorrelationen sind sehr hoch (0,46). Darüber hinaus zeigen sich enge Beziehungen zwischen Kameradschaftlichkeit, Kontaktinitiative und der Lagerbelastung. Statistisch drückt sich das bei der Kameradschaftlichkeit auf dem 1%-, bei der Kontaktinitiative auf dem 5%-Niveau aus. Mit anderen Worten: Bestimmte Persönlichkeiten konnten die Verhältnisse im Lager zu ihren Gunsten erträglicher gestalten als andere.

Im Rahmen unseres Hauptthemas heißt das: Auch in einem so extremen Streß, wie ihn die KZ-Inhaftierung darstellt, ist die Belastung keine starre, für alle Insassen gleiche und unabänderliche Größe. Es versteht sich fast von selbst, daß man solche und ähnliche Persönlichkeitsmerkmale nicht plötzlich, gleichsam unter dem Druck der äußeren Ereignisse, erwirbt. Sie sind – zumindest in Ansätzen – schon vor der Extrembelastung sichtbar. Unser Material reicht nicht aus, um diese Frage so detailliert zu beantworten, wie sie es verdiente. Immerhin konnten wir einige Beziehungen zur Vor-KZ-Zeit feststellen, die darauf hindeuten, daß bestimmte Ereignisse in der Kindheit nicht bedeutungslos waren, wie sich andererseits auch schon vor der KZ-Zeit Charaktermerkmale zeigten, die für die individuelle Bewältigung der KZ-Belastung wichtig waren. Statistisch zeigt sich das hinsichtlich des soeben diskutierten Merkmals, nämlich dem der Anpassung an die KZ-Haft, in folgenden Beziehungen, die teilweise als starke oder schwache Tendenzen, teilweise als hochsignifikante Beziehungen zu interpretieren sind:

Tabelle 4. Anpassung im KZ und Persönlichkeitsentwicklung

	Signifikanz-niveau
Kooperative Erziehung durch die Mutter	0,1%
Aktive Gegenmaßnahmen bei Einsetzen der Verfolgung	0,1%
Aktive Beteiligung am öffentlichen Leben	1%
Harmonische psychosoziale Entwicklung	5%
Gelungene Lösung vom Elternhaus	5%
Gute Beziehungen zu Gleichgeschlechtlichen und Gleichaltrigen	5%
Erfolgreiche Berufsentwicklung	5%

Aus diesen Befunden kann man zwar keine Details über die Entstehungsbedingungen der Persönlichkeitsmerkmale herauslesen, die für das geglückte Überleben im KZ eine Rolle spielen. Man kann aber generell schließen, daß die für die Verarbeitung einer extremen Belastungssituation förderlichen Persönlichkeitsmerkmale durch Einflüsse der Vorgeschichte mitbestimmt sind. Es braucht dabei nicht näher ausgeführt zu werden, daß in diese Reaktionen und Erfahrungen der Kindheit auch die genetischen, also ererbten Faktoren mit eingehen. Man spricht in der Streßforschung von „psycho-biologischen Programmen".

Unter diesen Voraussetzungen verwundert es nicht, daß – wie oben gezeigt – die Krankheitsbilder nach der KZ-Belastung nicht so einheitlich sind, wie man es lange Zeit annahm, sondern sich auf verschiedene Krankheitsdimensionen reduzieren lassen. Sowohl im körperlichen wie im seelischen Bereich gibt es ganz verschiedene Reaktionsweisen, die einerseits von den Stressoren – die Arbeitsschwere war übrigens wesentlich belastender als die Dauer der Haft –, andererseits aber von der Persönlichkeitsentwicklung abhängen.

Individuelle Beeinflussung von Stressoren

Wie lassen sich jedoch – und das soll die letzte Frage unserer Ausführungen sein – anhand dieser Ergebnisse bestimmte Schlußfolgerungen für den heutigen Menschen und seine Streßsituation ziehen? Welche Hinweise enthalten die dargelegten Befunde zur Beantwortung der Frage nach einer adäquaten Bewältigung der von der Umwelt ausgehenden Stressoren? Oder anders ausgedrückt: Ist krank machender Streß ein unabwendbares Schicksal des Menschen von heute oder hat der einzelne die Möglichkeit, in diesen Mechanismus steuernd einzugreifen?

Die Streßforschung hat hierauf eine eindeutige Antwort gegeben: Es liegt in der Hand des einzelnen zu entscheiden, ob ein Stressor zu einer Krankheit führt oder nicht. Selbst die statistisch bisher unwiderlegten Befunde über den Zusammenhang zwischen Lungenkrebs und Rauchen zeigen deutlich, daß Persönlichkeitsfaktoren, wie sie bei einem Vergleich von ein- und zweieiigen Zwillingen durch Friberg u. Mitarb. (1973) gefunden wurden, für die Wirkung des Rauchens mitverantwortlich sind. Oder in physiologischen Termini ausgedrückt: Bei allen Streßreaktionen überwiegen die höheren Hirnzentren. Jede hypothalamisch-limbische Reaktion ist, wie es von Eiff (1976) in einer großen Übersicht über die Beziehungen zwischen Streß und Emotionen darstellte, kortikal beeinflußbar.

Das aber heißt im Rahmen unseres Themas: Es ist wenig erfolgversprechend, generelle, für alle gültige Modelle zur Herabsetzung unerwünschter Streßfolgen aufzustellen. Das trifft sowohl auf die Beeinflussung der Stressoren wie auch auf die Erzeugung einer Anti-Streß-Stellung zu. Was die Stressoren betrifft, so läßt sich sagen: Auch eine Welt, in der es wenig Lärm und Schmutz gibt, die über saubere Flüsse und klaren Himmel, weniger Arbeit und viele Sportplätze verfügt, ist noch keine Garantie für ein streßfreies Dasein. Die innere Beziehung zum Mitmenschen, um nur ein Beispiel aus unseren eigenen Untersuchungen zu nehmen, ist von gleicher – vielleicht sogar noch größerer – Relevanz als die genannten Faktoren. Diese aber kann man nicht durch organisatorische, ja nicht einmal durch bestimmte Erziehungsmethoden in die gewünschte Richtung dressieren.

So sehr – wie oben gezeigt – die Persönlichkeitsentwicklung von genetischen und Umwelteinflüssen abhängt, so ist als dritter Faktor schließlich die eigene Verantwortung nicht zu übersehen. Wie klein auch der Spielraum sein mag, den Erbe und Umwelt der Freiheit des einzelnen setzen: Ihre Mitbeteiligung an der Schicksalsbewältigung zu leugnen, nur weil sie empirisch schwer faßbar ist, hieße, eine wesentliche Seite der Bewältigung der verschiedensten Stressoren zu übersehen.

Auch hier hat unsere Erfahrung mit den ehemaligen KZ-Häftlingen wichtige Hinweise ergeben. Auf die Frage, was sie rückwirkend als entscheidenden Grund für ihr Überleben ansehen, haben sie folgende, meistens mehrere Gründe genannt:

Tabelle 5. Überlebensgründe in der Erinnerung ($n=219$)

Disziplin und Selbstbeherrschung	50 (22,8%)
Zufall oder Glück	44 (20,1%)
Kameradschaftlichkeit mit Lagergenossen	43 (19,6%)
Gedanken an die Familie	31 (14,1%)
Gute Arbeit, guter Posten	31 (14,1%)
Religiöser Glaube	25 (11,4%)
Aktive Anpassung an die Lagerverhältnisse	22 (10,0%)
Guter körperlicher Zustand	18 (8,2%)
Menschlichkeit einzelner Bewacher	12 (5,5%)
Rückzug auf das eigene Innenleben	9 (4,1%)
Haß- und Rachegedanken gegen die Nazis	8 (3,6%)
Glaube an politische Überzeugungen	3 (1,4%)

Die Übersicht zeigt, daß „Disziplin und Selbstbeherrschung" oder „Zufall oder Glück" zu den meistgenannten Überlebensgründen zählen. Das könnte man als die beiden Pole einer innerlich zusammengehörenden Haltung betrachten. Diejenigen nämlich, welche „Disziplin und Selbstbeherrschung" nannten, schlossen „Zufall oder Glück" nicht aus. In den meisten Fällen wurden beide angegeben. Das aber heißt: Die eigene, disziplinierte, aktive Haltung ist nicht alles, genauso wenig wie das einem zufallende Glück. Erst wenn man sich so bemüht, als ob alles von einem selbst abhinge, erfährt man das Glück, das dem Tüchtigen zugeschrieben wird, oder begegnet einem Zufall, der nicht durch Fleiß und Disziplin zu erjagen ist.

Weil dem so ist, verwundert es nicht, daß in der Gegenwart die meisten Menschen die richtige Einstellung zur Bewältigung ihrer unwiederholbaren, einmaligen Belastungssituation so selten finden. In meinem Buch „Kreativität als Chance" (1974) habe ich auf die Untersuchung von P. Kevenhörster und W. Schönbohm (1973) hingewiesen. In ihr wurde unter anderem gezeigt, worunter die höheren Beamten eines Ministeriums durchgehend litten, nämlich: zu wenig Freizeit für ihr Studium, zu wenig Muße zum Nachdenken und zu wenig Konzentration auf sinnvolle Lektüre. Das Bedauern war allgemein, aber keiner wußte einen anderen Ausweg als die üblichen, auch von Wirtschaftsmanagern und Professoren schon jahrzehntelang geäußerten Vorschläge: Weniger Verpflichtungen, weniger Repräsentation. Niemand war sich bewußt, daß der Abbau von äußeren Verpflichtungen allein nicht die gewünschte innere Ruhe und Gelassenheit bringt. Denn überall dort, wo solche Modelle antistressorischer Pflichtentflechtungen vorgenommen wurden, zeigte sich keineswegs ein durchschlagender Erfolg: Statt Betrieb wurde die Leere, statt Neid und Mißgunst das Übersehenwerden, statt Rivalität die Bedeutungslosigkeit beklagt.

Kurz gesagt: Mit äußeren Veränderungen allein läßt sich das Dilemma der verschiedenen Stressoren und ihre individuelle Beeinflussung nicht lösen. Die innere Einstellung muß geändert werden, und zwar in dem Sinne, wie es am Beispiel der ehemaligen KZ-Häftlinge gezeigt wurde.

Das ist übrigens auch ein Ergebnis der modernen Kreativitätsforschung, zumindest der Richtung, der ich wissenschaftlich nahestehe. Wer sich in seinem Beruf, sei er noch so wohl dotiert und angenehm, trotz größter Anstrengung und Disziplin nicht gefunden hat oder zumindest auf dem Weg zu dieser Selbstfindung ist, kann zwar vorübergehend Extraordinäres leisten, wird aber auf die Dauer über Durchschnittliches und Talentiertes nicht hinauskommen. Zum Schöpfertum gehört neben Anlage und Talent auch die Verantwortung für den Weg nach innen. Und das ist genau der gleiche Weg, den der Mensch zurückzulegen hat, um die potentielle Pathogenität eines Stressors in eine fruchtbare Lebensgestaltung zu verwandeln. Oder, um einen Gedanken von Arnold Gehlen (1940) aufzugreifen: Je mehr der Mensch seine biologischen Zwänge modifiziert und verfeinert, wie es geschichtlich in allen Hochkulturen zum Ausdruck kommt, desto stärker schafft er sich seine unverwechselbare Individualität und damit auch einen spezifischen Schutz gegen die krankmachenden Einflüsse seiner Umgebung. Das aber heißt in Anlehnung an ein Wort Kants: Ein jeder hat seine eigene Art, gesund zu sein.

Literatur

Bahnson, C.B.: Psychiatrisch-psychologische Aspekte bei Krebspatienten. Verh. dtsch. Ges. inn. Med. **73**, 536 (1967)

Cochrane, R., A. Robertson: The life events inventory: a measure of the relative severity of psycho-social stressors. J. psychosom. Res. **17**, 135 (1973)

Dührssen, A., A. Jores, W. Schwidder: Zum Streßbegriff in der psychosomatischen Medizin. Z. F. Psycho-som. Med. **11**, 235 (1965)

v. Eiff, A.W.: Zur Physiologie des emotionellen Streß. Therapiewoche **26**, 1 9a (1976)

Friberg, L., R. Cederlöf, U. Lorich, T. Lundman, U. de Faire: Mortality in twins in relation to smoking habits and alcohol problems. Arch. Environm. Health **27**, 294 (1973)

Gehlen, A.: Der Mensch. Akademische Verlagsgesellschaft 1940.

Harris, G.W., D. Jacobsohn: Functional grafts of the anterior pituitary gland. Proc. Roy. Soc. (London) Ser. B **139**, 263 (1952)

Harris, G.W.: Sex hormones, brain development and brain function. The Upjohn Lecture of the Endobrine Society. Endocrinology **75**, 627 (1964)

Kevenhörster, P., W. Schönbohm: Zeitökonomie im Management. In: Mitteilungen des Hochschulverbandes **21**, 1 (1973)

Matussek, P.: Die Konzentrationslagerhaft und ihre Folgen. Springer 1971 —: Kreativität als Chance. Piper 1974

Schaefer, H.: Streß als gesellschaftliches Problem. Therapiewoche **26**, 1 31 (1976)

Weyer, E.M., C.B. Bahnson, D.M. Kissen (Hrsg.): Psychosociological aspects of cancer. Ann. New Y. Acad. Sci. 125, Art. 4 773 (1966)

Professor Dr. Paul Matussek
Forschungsstelle für Psychopathologie
und Psychotherapie in der
Max-Planck-Gesellschaft
Montsalvastraße 19
D-8000 München 40
Bundesrepublik Deutschland

Psychopharmaka – Fortschritt oder Gefahr?*

H. Hippius
Psychiatrische Klinik der Universität München

Psychotropic Drugs—Real Progress or Danger?

Summary. Three types of modern psychotropic drugs strongly influenced the practice of psychiatric therapy during the past 25 years: Minor tranquilizers, Antidepressants, and Neuroleptics.

1. From the clinical point of view the effects of tranquilizers are more unspecific as compared to those of neuroleptic and antidepressant drugs. Only with the latter two it is possible to treat manifestations of endogenous psychoses (schizophrenic and affective psychoses). The appraisal of both, the advantages (e.g. effectiveness on the symptomatology of acute psychotic manifestations or prophylactic effect in longtime application) and the risks (e.g. side-effects) have to be the basis of treatment of each single patient.

2. The discovery of biochemical mechanisms of neuroleptic and antidepressant drugs (especially of the effects on biogenic amines in CNS) is the most important advance in clearing up the biochemical disturbances in endogenous psychoses.

Key words: Psychotropic drugs – Minor tranquilizers – Antidepressants – Neuroleptics – Endogenous psychoses.

Zusammenfassung. Seit 1952 ist die psychiatrische Therapie durch die Einführung der modernen Psychopharmaka entscheidend umgestaltet worden. Die wichtigsten Typen der modernen Psychopharmaka sind die Tranquilizer, Antidepressiva und Neuroleptika.

1. In klinischer Sicht ist die angstdämpfende Wirkung der Tranquilizer vergleichsweise unspezifisch. Mit Neuroleptika und Antidepressiva hingegen ist es möglich, endogene Psychosen (Schizophrenien und affektive Psychosen des manisch-depressiven Formenkreises) therapeutisch nachhaltig zu beeinflussen. Bei der Behandlung jedes einzelnen psychotischen Patienten müssen Vorteile dieser Pharmaka (z.B. die Wirksamkeit auf die Symptomatik akuter psychotischer Manifestationen; aber auch die langfristige prophylaktische Anwendung zur Rezidivverhütung) und ihre Risiken (z.B. die Nebenwirkungen) gegeneinander abgewogen werden.

2. Die Aufklärung der biochemischen Wirkungsmechanismen der Neuroleptika und Antidepressiva (insbesondere die Aufklärung ihrer Wirkungen auf biogene Amine in ihrer Funktion als Neurotransmitter-Systeme im ZNS) stellt den wichtigsten Fortschritt der biologisch-psychiatrischen Grundlagenforschung zur Aufklärung der biochemischen Basis-Störungen bei endogenen Psychosen dar.

Schlüsselwörter: Psychopharmaka – Antidepressiva – Neuroleptika – endogene Psychosen.

Auf der 100. Versammlung der Gesellschaft Deutscher Naturforscher und Ärzte im Jahre 1958 in Wiesbaden hat Wilhelm Mayer-Gross einen Überblick gegeben über „Psychische Wirkungen chemischer Substanzen und ihre psychiatrischen Anwendungen“ [33]. Damals hatte sich bei den Psychiatern in allen Ländern der Welt die Überzeugung durchgesetzt, daß es möglich geworden sei, psychiatrische Krankheiten mit chemischen Mitteln erfolgreich zu behandeln. Am Ende der 50er Jahre bezeichnete man daher die Entdeckung der modernen Psychopharmaka als einen der entscheidenden *Fortschritte* der Heilkunde unserer Epoche.

Heute – noch keine 20 Jahre nach dem Vortrag von Mayer-Gross – werden die Psychopharmaka jedoch von verschiedenen Seiten als „verordnete An-

* Vortrag auf der 109. Versammlung der Gesellschaft Deutscher Naturforscher und Ärzte, Stuttgart 19.–23. September 1976

passung" oder als „Werkzeug zur Manipulation", weniger polemisch als eine stetig wachsende potentielle *Gefahr* für den Menschen unserer Zeit bezeichnet [40]. Kaum eine der heute so geläufigen Auseinandersetzungen mit der modernen Medizin verzichtet darauf, mehr oder minder ausführlich die bedenklichen, wenn nicht gefährlichen und verderblichen Auswirkungen des Gebrauchs psychisch wirksamer Pharmaka auf den Menschen, auf die moderne Gesellschaft darzustellen und zu analysieren [20].

Die Vertreter gegensätzlichster Meinungen stimmen aber in *einem* Punkt überein: Die Psychopharmaka als *ärztlicher Eingriff* haben einen *Wandel* bewirkt, dessen Ausmaß heute noch nicht abzusehen ist.

Aber waren die Psychopharmaka – wie die Kritiker behaupten – überhaupt je ein echter Fortschritt? Oder sind sie es – trotz aller Kritik – vielleicht auch heute noch? Oder brachten die Psychopharmaka von vornherein so viel nicht erkanntes Negatives mit sich, daß sie letztlich nur eine – womöglich auch in der Zukunft noch wachsende – Gefahr darstellen?

Ich will versuchen, aus der Sicht des Nervenarztes beispielhaft einige Befunde und Überlegungen zu dieser Kontroverse darzustellen.

Viele der kritischen und warnenden Stellungnahmen zu den Psychopharmaka gehen von zwei Unterstellungen aus:

1. In dem Faktum, daß es überhaupt möglich sei, durch Pharmaka psychische Abläufe (Abläufe des Befindens, Verhaltens und Erlebens) zu modifizieren, wurzele die wesentliche, *allen* Psychopharmaka stets anhaftende Gefahr. Bei der Erörterung der Bedeutung von psychisch wirksamen Pharmaka und der von ihnen ausgehenden Gefahren sei es deswegen auch unnötig, verschiedene Typen der Psychopharmaka voneinander zu unterscheiden.

2. Es wird kurzschlüssig davon ausgegangen, daß alle psychischen Störungen und Beeinträchtigungen der psychischen Gesundheit ganz überwiegend Ausdruck mißlungener Verarbeitung intrapsychischer Konflikte oder das Resultat der Auseinandersetzung zwischen Individuum und Gesellschaft seien. Psychische Störungen sollen also im wesentlichen entweder psychogenetisch oder soziogenetisch determiniert sein. Es gäbe zwar auch einige Störungen, die auf somatische Ursachen zurückzuführen seien. Hierbei handele es sich um psychiatrische Epiphänomene von Krankheiten, die mit Methoden der verschiedenen Disziplinen der „Körpermedizin" erfaßt werden könnten und die dann auch mit den jeweils adäquaten therapeutischen Behandlungsverfahren der verschiedenen medizinischen Disziplinen zu behandeln seien. Schon rein zahlenmäßig spiele dieser 3. Typ psychischer Störungen, der in seiner Genese somatisch determiniert ist, eine untergeordnete Rolle.

Beide Unterstellungen sind in ihrer Einseitigkeit falsch.

Um ein Urteil über Nutzen und Gefahren von Psychopharmaka fällen zu können, muß man unbedingt verschiedene Typen der Psychopharmaka voneinander unterscheiden [9]. Eine derartige *Klassifikation* der Psychopharmaka kann nun unter verschiedenen Gesichtspunkten vorgenommen werden. Wie alle Arzneimittel, können auch Psychopharmaka z.B. nach chemischen Strukturmerkmalen gruppiert werden. Eine andere Klassifikation läßt sich von pharmakologischen Gesichtspunkten herleiten. Am wichtigsten ist jedoch die Differenzierung der Psychopharmaka nach ihren *Wirkungsspektren beim psychisch Kranken und beim psychisch Gesunden.* Diese Differenzierung aufgrund der verschiedenen Wirkungsbilder nach Anwendung beim Menschen führt zu einer Gruppierung der Psychopharmaka, deren prinzipielle Bedeutung am einfachsten an der Entstehungsgeschichte der modernen Psychopharmakologie und Pharmakopsychiatrie abzulesen ist.

Naturstoffe, nach deren Einnahme es beim Menschen mehr oder minder regelhaft zu psychischen Veränderungen kommt, sind in den verschiedenen Kulturkreisen seit altersher bekannt. Zu ihnen sind die *Kultgifte* der präkolumbianischen Kulturen ebenso zu rechnen wie das mit der Entwicklung der europäischen Kulturen verknüpfte *Genußmittel* Alkohol. Nun ist immer wieder versucht worden, die Wirkungen solcher Naturstoffe der *Heilkunde* nutzbar zu machen. Es hat jedoch zu keiner Zeit mit diesen Naturstoffen überzeugende Behandlungserfolge bei psychischen Störungen gegeben. Die Wirkungen der verschiedenartigsten Naturprodukte – wie z.B. die des indischen Hanfs oder des in den Coca-Blättern enthaltenen Cocains, die der verschiedenen mexikanischen Pilzgifte oder auch die des Alkohols – bestehen im wesentlichen immer nur darin, daß sowohl bei Gesunden als auch bei Kranken rauschartige Erlebensveränderungen oder Beruhigung, Müdigkeit und Schlaf, aber auch Wachheit, Aktivität und Erregung hervorgerufen werden.

Das Entstehen der modernen pharmazeutischen Chemie am Ende des vergangenen und am Beginn dieses Jahrhunderts hat diese Situation nicht verändert. Zwar wurden unzählige Schlaf- und Beruhigungsmittel (sog. Psycho-Sedativa) synthetisiert; Anregungs- und Aufputschmittel (z.B. das Amphetamin) wurden entdeckt; die in Naturstoffen enthaltenen Rauschmittel wurden identifiziert, in ihrer chemischen Struktur aufgeklärt und dann oft vollsynthetisch hergestellt, später in der chemischen Struktur oft auch noch modifiziert, um Wirkungsintensivierungen oder Wirkungsmodifikationen zu erreichen. Durch Synthese gelangte man schließlich auch zu völlig neuen Rauschmitteln. Doch die Suche nach Pharmaka mit *therapeutischen Wirkungen* auf psychische Störungen – wie z.B. auf paranoides Wahnerleben, Trugwahrnehmungen, Zwangsphänomene, depressive Herabgestimmtheit, phobische Angst, katatone Verhaltensstörungen – blieb bis zur Mitte unseres Jahrhunderts erfolglos. Allenfalls die Anwendung von stark wirksamen Hypnotika oder Alkaloiden vom Typ des Scopolamins bei Erregungszuständen, bedeutete einen gewissen, den Psychiater jedoch immer unbefriedigend lassenden Fortschritt in der Behandlung psychischer Störungen. Es ist wohl auch niemals über längere Zeit hinweg angenommen worden, daß es sich bei dieser Art der medikamentösen Erregungsdämpfung um mehr als um einen völlig *unspezifischen* Effekt handeln würde.

Folge dieses langjährigen, aber immer wieder zu Enttäuschungen führenden Suchens war es, daß in der Psychiatrie mehr und mehr die Zweifel wuchsen, ob es überhaupt möglich sei, krankhafte psychische Störungen medikamentös zu behandeln. Deswegen begegnete man auch 1952 Mitteilungen französischer Psychiater mit Skepsis, aus denen hervorging, man könne durch eine mehrwöchige Behandlung mit dem Pharmakon *Chlorpromazin* – einer aus einer Gruppe antihistaminisch wirksamer Pharmaka entwickelten Substanz – schizophrene Symptomatik zum Verschwinden bringen. Die Skepsis war unberechtigt. Schon kurze Zeit nach den ersten Veröffentlichungen von Delay und Deniker [15] stimmten Psychiater in aller Welt in ihrem Urteil überein: Chlorpromazin ist tatsächlich ein Medikament, durch dessen kurmäßige Anwendung die psychopathologische Symptomatik schizophrener Schübe nachhaltig beeinflußt werden kann. Die Entdeckung des therapeutischen Wirkungsbildes des Chlorpromazins markiert den Beginn der Ära der *Therapie* mit modernen Psychopharmaka.

Seit der Entdeckung der therapeutischen Wirksamkeit des Chlorpromazins muß man von vornherein grundsätzlich immer zwei große Gruppen der Psychopharmaka unterscheiden: Der altbekannten, großen und vielfältigen Gruppe nicht oder nur sehr begrenzt und immer lediglich nur in einem *unspezifischen Sinne* therapeutisch anwendbaren Psychopharmaka steht seit nunmehr fast 25 Jahren die andere Gruppe von Psychopharmaka gegenüber, die *therapeutisch bei den endogenen Psychosen* wirksam sind.

Nach 1952 setzte – aufbauend auf den Befunden mit Chlorpromazin umfangreiche Forschungstätigkeit ein, die zum Ziel hatte, weitere, bei psychiatrischen Krankheiten therapeutisch anwendbare Psychopharmaka aufzufinden. Anfänglich von großem Optimismus z.B. hinsichtlich der Behandlungs- und Heilungsmöglichkeiten der Schizophrenie getragen, wurden die Urteile über das Erreichte im Laufe der Zeit nüchterner. Doch auch zurückkhaltende Beurteilungen der Entwicklung seit 1952 mußten zu dem Schluß kommen, daß – zumindest auf dem Gebiet der Therapie der endogenen Psychosen (der Schizophrenien und der manisch-depressiven Krankheit) beeindruckende Erfolge erzielt worden sind.

Kurze Zeit nach der Entdeckung der therapeutischen Wirksamkeit des Chlorpromazins stellte man fest, daß auch das heute noch in der Hochdruckbehandlung gebrauchte Rauwolfia-Alkaloid *Reserpin* ähnlich wie Chlorpromazin auf schizophrene Symptomatik wirkt [27]. Da Chlorpromazin und Reserpin auch in pharmakologischen Tierexperimenten in mancherlei Hinsicht ähnlich wirken, wurden die beiden Pharmaka gemeinsamen pharmakologischen Wirkungseigentümlichkeiten zum Ausgangspunkt für die Suche nach weiteren Pharmaka mit ähnlichen therapeutischen Wirkungsspektren. Alle Pharmaka, die bei endogenen Psychosen ähnlich wie Chlorpromazin und Reserpin wirkten, belegte man schon bald mit der willkürlich gewählten Bezeichnung „Neuroleptika" [11, 14]. Dieses Konzept des auf Wirkungs-Analogien basierenden „screenings" potentieller Neuroleptika führte einerseits zu einer heute nicht mehr übersehbaren Zahl von „neuroleptisch" wirkenden Medikamenten, die alle chemisch mehr oder minder eng mit dem Chlorpromazin verwandt sind, zu der Gruppe der sog. *tricyklischen Neuroleptika* [9]. Andererseits wurden auf diesem Wege aber auch neue Medikament-Typen entdeckt – wie 1958 die Gruppe der *Butyrophenone* und strukturverwandten Verbindungen [23], die zunehmend an Bedeutung gewinnt, und in jüngerer Zeit das Indol-Derivate wie Oxypertin und das Sulpirid [5].

Das für die Psychiatrie wichtigste *Anwendungsgebiet der Neuroleptika* ist die Behandlung schizophrener Schübe. Psychotische Erregung kann innerhalb weniger Tage gedämpft werden; produktive schizophrene Symptomatik – wie Wahndenken, Trugwahrnehmungen und schizophrene Denkstörungen – werden innerhalb von 2–4 Wochen nachhaltig beeinflußt. Diese Therapieerfolge kann man bei etwa 80% der Kranken mit schubartigen Schizophrenien erwarten; bei akuten Ersterkrankungen sind die Resultate noch günstiger.

Diese Erfolge in der zeitlich begrenzten *Schub-Behandlung* führten im Beginn der pharmakotherapeutischen Ära zu einer – wie rückblickend festgestellt werden muß – zu optimistischen Beurteilung auch der Langstreckenprognose schizophrener Erkrankungen [45]. Immer wieder kann es nämlich bei Schizophrenen zu neuen Schüben kommen; auch der schizophrene Persönlichkeitswandel bis hin zum sog. Defekt-Syndrom läßt sich bei einem Teil der Patienten auch durch sorgfältigste *Dauertherapie* mit Neuroleptika nicht vermeiden. Das ergibt die statistische Auswertung von katamnestischen Untersuchungen, die in der Schweiz, Dänemark, den USA und auch in Deutschland über Zeiträume von drei und mehr Jahren durchgeführt worden sind. Aus Gruppenvergleichen ergibt sich, daß die *Langstreckenprognose* schizophrener Psychosen weder durch zeitlich begrenzte Schub-Behandlungen noch durch die inzwischen in breitem Umfang eingeführte Dauerbehandlung mit Neuroleptika entscheidend verbessert werden kann [45].

Dennoch stellen die Neuroleptika auch für die langfristige Schizophrenie-Therapie – ganz abgesehen von den eindrucksvollen Behandlungsmöglichkeiten der *akuten* schizophrenen Schübe – einen beachtlichen Fortschritt dar:

Vor der pharmakopsychiatrischen Ära konnte man nach der Erstmanifestation einer Schizophrenie bei einem Drittel der Patienten mit spontaner Ausheilung rechnen; bei einem weiteren Drittel kam es nach der Ersterkrankung zu weiteren Manifestationen der Schizophrenie, in deren Verlauf sich dann häufig auch Persönlichkeitsveränderungen ausbildeten; bei dem verbleibenden Drittel verlief die Schizophrenie von vornherein chronisch.

Diese Langstrecken-Spontanprognose der Schizophrenie – bezogen auf Zeiträume von 5 und mehr Jahren – ist durch die Behandlung mit Neuroleptika – wie schon hervorgehoben wurde – nicht durchgreifend geändert worden. Aber die bleibenden Persönlichkeitsstörungen bilden sich später aus; die persistierende Symptomatologie ist weniger intensiv ausgeprägt und weniger störend, so daß nicht mehr – wie z.B. nach einer in Dänemark durchgeführten Untersuchung in den 30er Jahren – 75% der bei epidemiologischen Studien aufgefundenen Schizophrenien hospitalisiert sind, sondern – bei unveränderter Prävalenz – nur noch etwa 25% [42]. Bei Untersuchungen über die Verlaufscharakteristik von Schizophrenien zeigt sich, daß bei den chronischen Verläufen jetzt die wellenförmig-phasischen Verläufe häufiger sind als die entsprechend seltener werdenden chronisch-progredienten Verläufe. Auch nach jahrzehntelangem Verlauf kann es noch durch Neuroleptika zu deutlichen Besserungen kommen. Deswegen werden – durchaus zu recht – Neuroleptika nicht nur zur zeitlich begrenzten Schub-Behandlung, sondern auch zur Langzeit-, zur Dauerbehandlung eingesetzt. Das geschieht z.B. bei primär chronisch verlaufenden Schizophrenien und bei häufig rezidivierenden Schizophrenien zur Rezidiv-Prophylaxe.

Wenn man versucht, die sehr umfangreichen, sich auf einen Zeitraum von annähernd 25 Jahren erstreckenden therapeutischen Erfahrungen mit Neuroleptika in der Schizophrenie-Therapie zusammenfassend zu würdigen, wird man sich eingestehen, daß viele der ursprünglich gehegten Hoffnungen sich noch nicht erfüllt haben, daß aber all das, was durch die Neuroleptika schon ermöglicht worden ist, einen bedeutenden Fortschritt auf dem Gebiet der bislang so wenig aussichtsreichen Schizophrenie-Therapie darstellt.

Ist dieser Fortschritt nun mit besonderen Gefahren verknüpft?

Wie alle wirksamen Pharmaka haben auch die Neuroleptika eine Reihe für sie charakteristischer z.T. harmloser, aber z.T. auch durchaus schwerwiegender Nebenwirkungen [9]. Das ist in allen Bereichen der Arzneimitteltherapie so; der Arzt muß über die Nebenwirkungen von ihm verordneter Medikamente informiert sein, um in jedem Behandlungsfall den erreichbaren Therapie-Erfolg in Relation zu den mit ihm verknüpften möglichen Gefahren abschätzen zu können. Das therapeutische Risiko der Neuroleptika bei der Schizophrenie-Therapie ist also in dieser Beziehung dem jeder anderen Arznei-Therapie bei jeder anderen Krankheit prinzipiell vergleichbar.

In einer Beziehung besteht aber doch ein Unterschied: Seit der Entdeckung des Chlorpromazins spielte für die konsequente Fortentwicklung der Gruppe der Neuroleptika *eine* Wirkungseigentümlichkeit der Neuroleptika eine besondere Rolle. Alle Pharmaka, die sich später auch als *therapeutisch* wirksam erwiesen, riefen bei Tieren eine eigentümliche Bewegungsstarre hervor. Diese sog. Katalepsie wird als das tierexperimentelle Analogon bestimmter *extrapyramidalmotorischer Nebenwirkungen* angesehen, die nach therapeutischer Anwendung der Neuroleptika beim Menschen auftreten können. Die Beobachtung dieser Entsprechung tierexperimenteller Befunde und bestimmter Nebenwirkungen beim Menschen hatte zu der Überzeugung geführt, der therapeutische Effekt der Neuroleptika sei fest verknüpft mit der extrapyramidalmotorischen Wirkung. Das hatte zwei Konsequenzen: Einmal wurden die extrapyramidalmotorischen Nebenwirkungen der Neuroleptika nicht nur als „nicht vermeidbar", sondern sogar als notwendige Voraussetzung der therapeutischen Wirkung angesehen. Zum anderen beschränkte man sich bei der weiteren Suche nach Medikamenten, die zur Behandlung der Schizophrenie eingesetzt werden sollten, von vornherein nur auf Substanzen, die im Tierversuch mehr oder minder intensiv ausgeprägte extrapyramidalmotorische Wirkungen hatten [39]. Nun hat es sich aber in den letzten Jahren herausgestellt, daß es doch Pharmaka gibt, die – wie z.B. das Clozapin – chemisch dem Chlorpromazin ähneln und das gleiche therapeutische Wirkungsbild wie die bisher bekannten Neuroleptika besitzen, ohne jedoch gleichzeitig extrapyramidalmotorische Wirkungen hervorzurufen [2].

Diese Beobachtung ist prinzipiell deswegen wichtig, weil sie beweist, daß man bei der Wirkungsbeurteilung von Psychopharmaka nicht vorschnell enge Verknüpfungen von bestimmten somatischen und psychischen Wirkungsqualitäten postulieren darf. Tut man dies dennoch, wie es lange Zeit hindurch bei den Neuroleptika hinsichtlich der extrapyramidalmotorischen Nebenwirkungen geschah, so wird dadurch dem Patienten ein im Grunde unnötiges Nebenwirkungsrisiko zugemutet [21].

Die Bemühungen um die Weiterentwicklung der tricyklischen Neuroleptika haben schon verhältnismäßig frühzeitig zu einem unerwarteten und überraschenden Resultat geführt. Bei diesen Arbeiten wurden 1957 Pharmaka entdeckt, die bei *endogenen Depressionen* therapeutisch wirken [29]. Eine tricyklische Substanz, die chemisch sehr weitgehend dem Chlorpromazin ähnelte – das *Imipramin* – wurde aufgrund der Befunde von pharmakologischen und therapeutischen Untersuchungen anfangs als ein „schwaches Chlorpromazin" eingestuft, bis Untersuchungen in einer Schweizer Klinik zu dem Resultat führten, daß dieses Pharmakon *antidepressiv* wirkt. Wieder war es – wie bei der Entdeckung von Chlorpromazin und Reserpin – eine zufällige Koinzidenz, daß im gleichen Jahr noch eine Substanz, ein sog. *Monoamin-oxydase-(MAO-)Inhibitor*, aufgefunden wurde, der sich ebenfalls zur Behandlung von Depressionen eignete [28]. Ein amerikanischer Psychiater hatte beobachtet, daß dieses Pharmakon, das an sich als Tuberkulostatikum entwickelt worden war, einen stimmungsaufhellenden Effekt hatte.

Ähnlich wie bei den Neuroleptika setzte nach diesen Entdeckungen von antidepressiv wirkenden Medikamenten rege Forschungs-Aktivität für die Weiterentwicklung dieses neuartigen Therapie-Prinzips ein. Inzwischen gibt es eine große Zahl tricyklischer Antidepressiva – als Gruppe fast so zahlreich wie die tricyklischen Neuroleptika. Verblüffend war, daß die therapeutisch so unterschiedlich wirkenden tricyklischen Neuroleptika und tricyklischen Antidepressiva

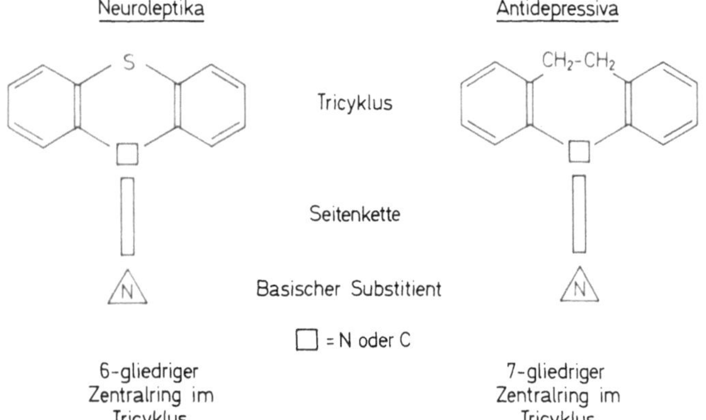

Abb. 1. Chemische Grundstruktur von tricyklischen Neuroleptika und Antidepressiva

strukturchemisch so eng miteinander verwandt waren (Abb. 1). Der strukturchemische Unterschied besteht letztlich nur darin, daß bei der Mehrzahl der Neuroleptika der Zentralring des verhältnismäßig planen Tricyklus sechsgliedrig ist, wohingegen bei Antidepressiva das Molekül in sterischer Hinsicht durch einen siebengliedrigen Zentralring stärker gewinkelt ist [19, 44].

Die Bilanz des therapeutischen Fortschritts auf dem Gebiet der Behandlung der Depressionen ist im Vergleich zum Bereich der Schizophrenie-Behandlung einfacher, übersichtlicher und im Resultat letztlich auch günstiger.

Das liegt einmal schon daran, daß depressive Psychosen bereits spontan vorwiegend phasisch verlaufen und nicht zu Persönlichkeitsveränderungen führen, die dem sog. schizophrenen Defekt entsprechen.

Andererseits ist die Situation bei der langfristigen Behandlung der phasisch verlaufenden Depressionen und der manisch-depressiven Psychosen zum Zweck der Rezidiv-Verhütung deswegen so günstig, weil seit etwa 10 Jahren mit der sog. *Lithium-Prophylaxe* neben den Antidepressiva zur Akut-Behandlung ein sehr wirksames Therapeutikum zur Rezidiv-Verhütung zur Verfügung steht [18, 36].

Zusammengefaßt ist für das Gesamt-Gebiet der Therapie der endogenen Psychosen – der schizophrenen *und* der manisch-depressiven Psychosen – festzustellen, daß die Entdeckung der Neuroleptika und Antidepressiva für die Akut-Therapie dieser Psychosen einen epochalen *Fortschritt* bedeutet [20].

Die Aufgabe der *Verhinderung der Ausbildung von Persönlichkeitsveränderungen* im Langstreckenverlauf ist bei den Schizophrenen noch nicht befriedigend gelöst. Für die *Rezidivverhütung* bei schizophrenen Psychosen zeigen sich in der Dauertherapie mit den in der Akut-Therapie bewährten Neuroleptika erste erfolgversprechende Ansätze. Im Vergleich hierzu ist die *Rezidiv-Verhütung* bei phasischen Psychosen durch die langfristige Anwendung von Lithium-Salzen bereits erfolgreicher.

Die *Gefahren* dieser medikamentösen Behandlungsverfahren liegen wie bei jeder anderen Arzneimitteltherapie in den *Nebenwirkungen* der verschiedenen Psychopharmaka.

Für das Gebiet der *endogenen Psychosen* bedeutet die Entdeckung der modernen Psychopharmaka aber nicht nur einen Fortschritt in der *praktischen Therapie*. Die biologische *Grundlagenforschung* der Psychiatrie ist durch die Entdeckung der modernen Psychopharmaka und die Erforschung der biochemischen und neurophysiologischen Grundlagen der Wirkungen dieser Pharmaka im Zentralnervensystem entscheidend gefördert worden [8, 31, 32].

Biologisch-psychiatrische Grundlagenforschung

mit dem Ziel der Aufklärung der mit psychischen und psychopathologischen Veränderungen verknüpften biochemischen und neurophysiologischen Prozesse im Zentralnervensystem auf der einen Seite und auf der anderen Seite die Forschung zur Aufklärung der Wirkungsmechanismen der therapeutisch nutzbaren Psychopharmaka stehen in einem immer fruchtbarer werdenden Wechselspiel. Die Ergebnisse breit angelegter Forschungen ergeben heute zusammengefaßt folgendes Bild: Die bei endogenen Psychosen zu beobachtenden psychopathologischen Phänomene stehen im Zusammenhang mit Störungen im Stoffwechsel und im Umsatz *biogener Amine,* die Funktionen als zentrale Neurotransmitter haben. Die therapeutisch wirksamen Pharmaka greifen regulierend in diese Störungen ein. Bei depressiven Syndromen besteht an zentralen noradrenergen und/oder serotonergen Synapsen am Receptor ein Amin-Defizit [30, 35]. Die tricyklischen Antidepressiva kompensieren dieses Defizit dadurch, daß sie den der physiologischen Inaktivierung der Neurotransmitter dienenden sog. re-uptake von *Noradrenalin* bzw. *Serotonin* in die Nervenzelle hemmen (Abb. 2). Von Pharmakon zu Pharmakon ist die re-uptake-Hemmung für Noradrenalin in Relation zur re-uptake-Hemmung für Serotonin unterschiedlich. Davon hängt ab, ob ein Antidepressivum neben seiner stimmungsaufhellenden Wirkung mehr antriebssteigernd oder mehr antriebsdämpfend wirkt. Antidepressiva der ersten Art eignen sich für die Behandlung von gehemmten Depressionen; Antidepressiva der zweiten Art setzt man zur Behandlung unruhig-agitierter Depressionen ein.

Generell ist es so, daß bei strukturanalogen Mono- und Dimethyl-Verbindungen tricyklischer Antidepressiva immer die Dimethyl-Verbindung stärker den Serotonin-re-uptake hemmt, während die Monomethyl-Verbindung, die im Organismus immer auch aus der Dimethyl-Verbindung entsteht, stärker auf den Noradrenalin-re-uptake wirkt.

Bei dem anderen Typ der Antidepressiva, den MAO-Hemmern, wird das Amin-Defizit am Receptor dadurch kompensiert, daß das Haupt-Abbau-Enzym der Neurotransmitter-Amine, die Monoaminoxydase, gehemmt wird (s. Abb. 2).

Diese Modell-Vorstellungen über biochemische Grundstörungen bei Depressionen und über biochemische Wirkungsmechanismen antidepressiv wirkender Pharmaka werden gestützt durch den Befund, daß die Reserpin-Sedation durch tricyklische Antidepressiva und durch MAO-Inhibitoren aufgehoben werden kann. Diese Reserpin-Sedation kommt durch einen Amin-Mangel am Receptor zustande und ist in gewissem Sinne die Entsprechung der aus der Hochdruck-Therapie bekannten Reserpin-Depression. Durch Reserpin werden die Neurotransmitter-Amine aus den

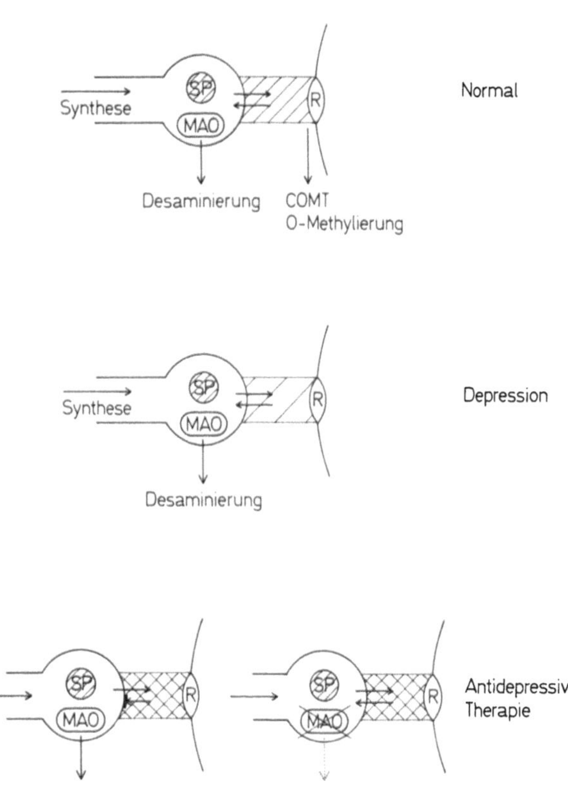

Abb. 2

präsynaptischen Speichern freigesetzt. Auf die so freigesetzten Amine kann die Monoaminoxydase einwirken, so daß die Neurotransmitter-Amine metabolisiert und damit biologisch inaktiviert werden. Da aus den Speichern immer weniger und schließlich keine Amine mehr nachgeliefert werden können, resultiert nach Reserpin-Wirkung letztlich ein Amin-Defizit am Receptor, das das biochemische Korrelat der Reserpin-Depression ist (s. Abb. 3). Durch welche Mecha-

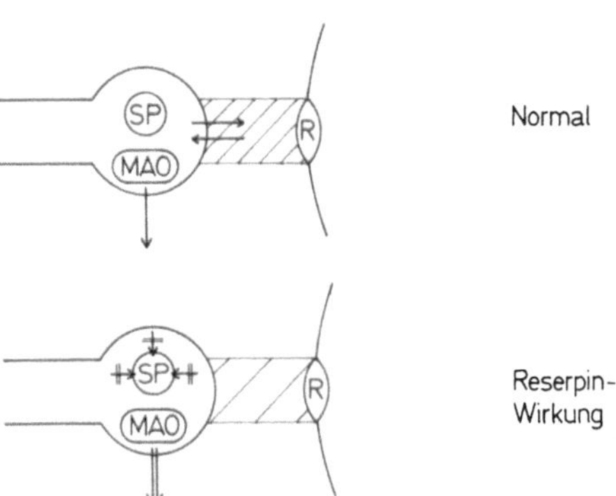

Abb. 3. Speicher-Entleerung und konsekutive Amin-Verarmung am Receptor nach Reserpin

nismen das auch für endogene Depressionen postulierte Amin-Defizit in bestimmten Teilen des ZNS hervorgerufen wird, ist bisher nicht geklärt.

Die Resultate von klinisch-pharmakologischen und klinisch-biochemischen Untersuchungen am depressiven Patienten über Stoffwechsel und Umsatz des Noradrenalins und des Serotonins unter der antidepressiven Therapie stützen in ihrer Gesamtheit aber die Annahme eines *Amin-Defizits bei endogenen Depressionen* [30, 35].

Auch die *Neuroleptika* wirken auf Amine in ihrer Funktion als zentrale Neurotransmitter. Das Auftreten extrapyramidal-motorischer Nebenwirkungen ließ schon frühzeitig daran denken, daß durch Neuroleptika in erster Linie das *Dopamin* beeinflußt wird, weil seit mehreren Jahren bekannt ist, daß beim Parkinson-Syndrom ein Dopamin-Mangel in den nigrostriatalen Strukturen des Hirnstamms vorliegt [22]. Die Wirkung der Neuroleptika beruht nun darauf, daß sie durch Blockade des Dopamin-Receptors ein funktionales Dopamin-Defizit bewirken [12]. Daraus ist zu folgern, daß die Manifestation schizophrener Symptomatik mit einem *Überangebot von Dopamin* am Receptor zusammenhängt (Abb. 4).

Die Blockade des Dopamin-Receptors durch Neuroleptika führt über einen Rückkoppelungsmechanismus zu einer Ankurbelung des Dopaminstoffwechsels, die durch den Nachweis von Konzentrationserhöhungen der Homovanillinsäure (HVS) im ZNS objektiviert werden kann. Homovanillinsäure ist der Hauptmetabolit des Dopamin. Diesen Metaboliten

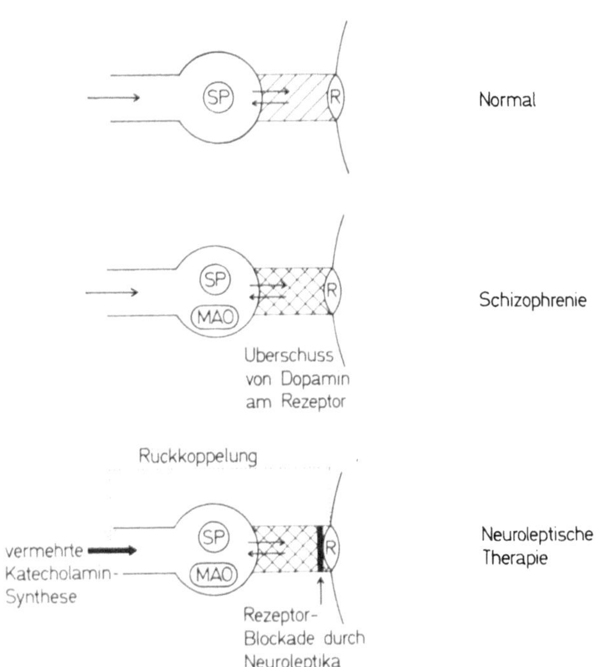

Abb. 4

findet man bei Patienten im Liquor cerebrospinalis in erhöhter Konzentration, wenn sie mit Neuroleptika behandelt werden und extrapyramidalmotorische Nebenwirkungen haben [34].

Ein entsprechender Anstieg der HVS-Konzentration im Liquor findet sich nun überraschenderweise auch bei den Patienten, die das bereits erwähnte Medikament – das Clozapin – bekommen, das zwar antipsychotisch wirkt, aber keine extrapyramidalmotorischen Nebenwirkungen hat [1]. Dieser nicht erwartete Befund ist eine erste Antwort auf die Frage, wieso es möglich ist, daß ein Pharmakon antipsychotisch wirkt, ohne gleichzeitig auf das extrapyramidalmotorische System zu wirken. Man muß folgern, daß die klassischen Neuroleptika sowohl im extrapyramidalmotorischen System als auch in anderen Hirnstrukturen auf dopaminerge Neurone wirken. Die Dopamin-Receptor-Blockade in diesen anderen Hirnstrukturen und nicht *die* im extrapyramidalmotorischen System muß den therapeutischen Wirkungen zugrunde liegen.

Clozapin – antipsychotisch wirkend ohne Nebenwirkungen zu entfalten – wirkt hingegen vorzugsweise auf die für die Therapiewirkung relevanten dopaminergen Neurone. In tierexperimentellen Untersuchungen konnte inzwischen gezeigt werden, daß es sich hierbei offensichtlich um mesolimbische Strukturen handelt [41]. So hat man auf dem Gebiet der Schizophrenieforschung erste Anhaltspunkte dafür bekommen, daß biochemische Veränderungen – nämlich der Überschuß von Dopamin – an bestimmten Hirnstrukturen – wahrscheinlich im limbischen System – eng verknüpft ist mit der Entstehung schizophrener Symptomatik.

Nun muß noch eingegangen werden auf eine weitere Gruppe von Psychopharmaka, die bei der Erörterung der Probleme: ärztlicher Eingriff – bewirkter Wandel, und Fortschritt oder Gefahr, die größten Schwierigkeiten bereitet. Das sind die sog. *Tranquilizer oder Anxiolytika,* auch Ataraktika genannt [9].

Auf der Suche nach möglichst langfristig wirkenden Muskel-Relaxantien war man in den USA 1946 auf ein Pharmakon (Meprobamat) gestoßen, das sich vor allem durch angstlösende, beruhigende und affektiv-entspannende Wirkungen auszeichnete [10]. Da derartige Medikamente vor allem auch außerhalb der Psychiatrie in breitem Umfang eingesetzt werden können, widmete sich die pharmazeutische Industrie der Fortentwicklung gerade dieser Substanzklasse mit Nachdruck. Ein besonders wichtiger Entwicklungsschritt war 1960 die Einführung des ersten Benzodiazepin-Derivats (*Chlordiazepoxid*=Librium) als Tranquilizer [13]. Die heute gebräuchlichsten Tranquilizer gehören fast alle zur Gruppe der seither entwickelten *Benzodiazepin-Derivate* [17].

Die besondere Problematik der Tranquilizer liegt in folgendem:

Die Tranquilizer wirken deutlich und insgesamt gesehen ziemlich zuverlässig angstdämpfend. Deswegen werden sie bei sehr vielen psychischen Störungen eingesetzt, bei denen – wenn irgend möglich – andere Behandlungsverfahren, z.B. psychotherapeutische Verfahren im weitesten Sinne, den Vorrang haben sollten.

Die Tranquilizer werden nicht nur im engeren Sinne *therapeutisch* angewandt, sondern dienen oft auch zur Beseitigung alltäglicher Mißbefindlichkeit. Das bedeutet, daß ihr Anwendungsbereich schon heute weit über den Bereich der Heilkunde hinausreicht. Das Hinausreichen über die Medizin spiegelt sich wieder – im ersten Augenblick mag das paradox klingen – in den Verschreibungsgepflogenheiten der Ärzte [6].

Das ergibt sich aus Erhebungen in allen westlichen Ländern. So sind z.B. 1969 in den USA – dort sind die methodisch besten Erhebungen durchgeführt worden – bei einer Population von 200 Millionen Menschen insgesamt 202 Millionen Rezepte für psychotrope Pharmaka (einschließlich Hypnotika) erfüllt worden. Die Zahl der Tranquilizer-Verschreibungen stieg innerhalb von 6 Jahren von 45 Millionen auf über 80 Millionen pro Jahr [4]. Über die Verhältnisse in der BRD wissen wir, daß bei den meisten ärztlichen Fachdisziplinen (insbesondere bei Internisten und Allgemeinärzten) mindest einer, oft sogar zwei Tranquilizer unter den am meisten verschriebenen Medikamenten rangieren, in der Häufigkeit allenfalls einmal von Schmerz- oder Schlafmitteln erreicht [16].

Eine besondere Gefahr der Tranquilizer besteht darin, daß sie zu *Gewöhnung und Abhängigkeit*, schließlich zu süchtiger Abhängigkeit führen können. Das unterscheidet die Tranquilizer grundsätzlich von den Neuroleptika und Antidepressiva, von denen keine süchtigen Abhängigkeiten bekannt sind [7].

Die Gefahr der *Abhängigkeitsbildung durch Tranquilizer* darf keinesfalls unterschätzt, sollte jedoch auf der anderen Seite auch nicht aufgebauscht und dann überschätzt werden. Um die einem bestimmten Medikament anhaftende potentielle Suchtgefahr annähernd zutreffend abschätzen zu können, genügt es nicht, wenn man sich lediglich am Umfang des Gebrauchs der verschiedenen Medikamente in der Bevölkerung orientiert. Das tut man aber, wenn man z.B. für den Tranquilizer Diazepam (Valium) die potentielle Suchtgefahr schon allein durch die sehr große Verbreitung dieses Medikaments als bewiesen ansieht. Man muß versuchen, zu aufschlußreicheren Kriterien zur Charakterisierung des unterschiedlichen Ausmaßes der Suchtgefährdung (des Suchtpotentials) der verschiedenen Pharmaka zu kommen. Um die Mißbrauchs- und Sucht-Gefahren bei verschiedenen Medikament-Gruppen untereinander vergleichen zu können, kann man für verschiedene Medikament-Typen einen sog. Gefahrenquotienten errechnen. Das geschieht dadurch, daß man die von den Herstellern bekanntgegebenen Verkaufszahlen für eine bestimmte Region (z.B. für die Schweiz) zu den in einem bestimmten Zeitraum in dieser Region gemeldeten Suchtfällen in Beziehung setzt [26]. Um eine Bezugsbasis zu haben und um einen Vergleich zu ermöglichen, wird dieser Quotient für Analgetika = 1 gesetzt; dann ergeben sich für andere Medikamentgruppen folgende Werte: Tranquilizer 0,2, Hypnotika 2,7. Auf diese Weise kann man – mit aller gebotenen Zurückhaltung – aussagen, daß die suchtmachende Potenz der Tranquilizer um mehr als eine Zehnerpotenz niedriger ist als die der konventionellen Schlafmittel [7].

Solche Vergleichszahlen beleuchten schlaglichtartig eine oft übersehene Konstellation: Wir gehen als Ärzte – ohne es im allgemeinen zu reflektieren – hinsichtlich der Gefahr der Abhängigkeitsbildungen Tag für Tag mit sehr viel gefährlicheren Medikamenten um als mit Tranquilizern [7]. Hinsichtlich der *Suchtgefahr* haben die Tranquilizer weder im negativen noch im positiven Sinn eine Sonderstellung. Für den praktischen Umgang mit Tranquilizern ist letztlich nur wichtig, daß das Suchtpotential vergleichsweise niedrig liegt.

Ein sehr viel erregenderes Problem als die Erörterung der Suchtfrage ist im Zusammenhang mit den Tranquilizern die Tatsache, daß die Tranquilizer *den* Medikament-Typ darstellen, bei dem erstmals sehr klar wird, daß bei ihrer Verschreibung durch den Arzt die *Grenzen der Heilkunde im engeren Sinne oft überschritten* werden [20]. Die Bewältigung des alltäglichen Umgangs mit Tranquilizern ist letztlich eine weitaus schwierigere Aufgabe für den Arzt und für die gesamte moderne Gesellschaft, als im allgemeinen angenommen wird. Das Ziel des Arztes muß es sein, auch Arzneimittel wie Tranquilizer unter seiner Verantwortung zu halten. Dieser Aufgabe dürfen wir als Ärzte nicht ausweichen; denn hier liegen Gefahren und Probleme von – schon heutzutage – größter praktischer Bedeutung. Demgegenüber handelt es sich bei den von Futurologen oft sehr beredt geschilderten Gefahren der „unheimlichen Möglichkeiten" der Psychopharmaka, von der zu erwartenden Gefahr „der chemischen Manipulation der gesamten Menschheit" vorläufig immer noch nur um Spekulationen. Nicht das, was vielleicht einmal in ferner Zukunft kommen mag, ist heute zu bewältigen, sondern ganz konkrete, vermeintlich alltägliche Probleme, denen wir Ärzte oft zu sorglos gegenüberstehen.

Wenn immer wieder davon gesprochen wird, daß

der Gebrauch von Tranquilizern menschliches Verhalten nachhaltig und grundsätzlich zu beeinflussen vermöge, so ist diese Aussage – wenn überhaupt – nur innerhalb engster Grenzen berechtigt. Es wird hingegen viel zu wenig berücksichtigt, daß viel weiterreichende und weit verbreitete Änderungen menschlichen Verhaltens und Erlebens in jüngster Zeit nicht durch Psychopharmaka, sondern durch die Einführung ganz anderer Pharmaka, z.B. der Kontrazeptiva bewirkt worden sind. Die Auswirkungen der Kontrazeptiva reichen weit über die Beeinflussung des Sexualverhaltens hinaus, haben Rückwirkungen, die von Kulturkreis zu Kulturkreis unterschiedlich sind [46]. Von vielen Folgen der Einführung der Kontrazeptiva, z.B. von den Auswirkungen in entwicklungspsychologischer – nicht in der Perspektive lediglich auf das Sexualverhalten eingeengter – Sicht, haben wir im Grunde überhaupt noch keine Vorstellungen.

Der Blick auf die durch die Kontrazeptiva bewirkten vielfältigen Änderungen menschlichen Verhaltens und Erlebens verdeutlicht, daß die Psychopharmaka – zumindest bisher noch – keineswegs die ihnen oft zugeschriebene Rolle der tiefgreifenden Beeinflussung der Psyche weiter Bevölkerungsschichten spielen. Sicher trifft es zu, daß Neuroleptika und Antidepressiva die Behandlung bestimmter Krankheiten, der endogenen Psychosen, revolutioniert haben. Eine entsprechende prinzipielle Bedeutung haben die Tranquilizer erfreulicherweise jedoch nie erlangt. Um zu verhindern, daß aus der Fortentwicklung von Medikamenten wie z.B. den Tranquilizern Gefahren erwachsen, muß gewährleistet sein, daß Fortschritt und Verantwortungsbewußtsein miteinander Schritt halten.

Ist das nicht der Fall, dann beschwört dieses Auseinanderklaffen Gefahren herauf, die sich in der Tat zu realen existentiellen Bedrohungen von Teilen der Menschheit entwickeln könnten. Für den Bereich der Psychopharmakologie ist diesen Gefahren dadurch zu begegnen, daß die Verantwortlichkeit des Arztes für den Umgang mit Psychopharmaka unangetastet bleibt, daß der Arzt sich dieser Verantwortung bewußt ist und bleibt und sich ihr nicht entzieht. Psychopharmaka müssen – wie es Jaspers in einem anderen Zusammenhang formuliert hat [24] – „Werkzeug bleiben, das unter der Führung des Ethos des Arztes steht".

Literatur

1. Ackenheil, M., Beckmann, H., Hoffmann, G., Markianos, E., Nyström, I., Raese, J.: Einfluß von Clozapin auf die MHPG-, HVS- und 5-HIES-Ausscheidung im Urin und Liquor cerebrospinalis. Arzneim.-Forsch. (Drug-Res.) **24**, 984–987 (1974)
2. Ackenheil, M., Hippius, H.: Clozapine. In: Usdin, E. a. I.S. Forrest (Eds.): Psychotherapeutic drugs, Psychopharmacology Series Volume 2. New York-Basel: M. Dekker Inc. 1977, pp. 923–956
3. Ayd, F.J., Blackwell, B. (Eds.): Discoveries in Biological Psychiatry. Philadelphia-Toronto: Lippincott 1970
4. Balter, M., Levine, J.: Character and extent of psychotherapeutic drug usage in the United States. In: De la Fuente, R. a. M.N. Weisman (Eds.): "Psychiatry" Proc. V. World Congr. Psychiatry, Mexico 1971. Amsterdam: Excerpta Medica 1973, pp. 80–88
5. Ban, T.A., Pecknold, J.C.: Other antipsychotic agents. In: Usdin, E. a. I.S. Forrest (Eds.): Psychotherapeutic drugs, Psychopharmacology Series Volume 2. New York-Basel: M. Dekker Inc. 1977, pp. 971–955
6. Beckmann, H.: Tranquilizer und Sedativa in der Praxis. Therapiewoche **27**, 1330–1342 (1977)
7. Beckmann, H., Hippius, H.: Gebrauch und Mißbrauch von Schlafmitteln in der Sicht des Psychiaters. Internist **17**, 245–252 (1976)
8. Benkert, O., Hippius, H.: Die Bedeutung pharmakopsychiatrischer Befunde für die biologisch-psychiatrische Grundlagenforschung. Münch. med. Wschr. **115**, 681–685 (1973)
9. Benkert, O., Hippius, H.: Psychiatrische Pharmakotherapie, 2. Aufl. Berlin-Heidelberg-New York: Springer 1976
10. Berger, F.M.: Anxiety and the discovery of the tranquilizers. In: Ayd, F.J. a. B. Blackwell (Eds.): Discoveries in Biological Psychiatry. Philadelphia-Toronto: Lippincott 1970, pp. 115–129
11. Bobon, D.P., Janssen, P.A.J. Bobon, J. (Eds.): The Neuroleptics. Modern Problems of Pharmacopsychiatry, Vol. 5. Basel-München-Paris: Karger 1970
12. Carlsson, A.: The effect of neuroleptic drugs on brain catecholamine metabolism. In: Sedvall, G., Uvnäs, B., Zotterman, Y. (Eds.): Antipsychotic Drugs: Pharmacodynamics and Pharmacokinetics. Proc. Int. Symposium held in Wenner-Gren Center, Stockholm, Sept. 1974. Oxford-New York: Pergamon 1976, pp. 99–104
13. Cohen, I.M.: The Benzodiazepines. In: Ayd, F.J. a. B. Blackwell (Eds.): Discoveries in Biological Psychiatry. Philadelphia-Toronto: Lippincott 1970, pp. 130–141
14. Delay, J.: Colloque International sur la Chlorpromazine et les médicamentes neuroleptiques en therapeutique psychiatrique. Paris 20.–21.10.1955. Encéphale num. spec. 1956
15. Delay, J., Deniker, P.: I. Le traitment des psychoses par une méthode neurolytique désirée de l'hibernotherapie. II. 38 cas de psychoses traitées par la cure prolongée et continue de 4560 R.P. Compt. rend. Congr. Med. Alien. Neurol. de France et Lang. Franc., Luxembourg 21.–27.7.1952, pp. 497–502, 503–513. In: Selbach, H. (Hrsg.): „Pharmako-Psychiatrie". Wege der Forschung Band 229, pp. 85–105. Darmstadt: Wissenschaftliche Buchgesellschaft 1977
16. Dengler, H.J., Lembeck, F. (Tagungsleitung): Der Gebrauch von Arzneimitteln durch den Arzt. Internationale Titisee-Konf. 11.–12.5.1973. Med. Welt (N.F.) **24**, 1228-1244 (1973)
17. Garattini, S., Mussini, E., Randall, L.O. (Eds.): The Benzodiazepines. New York: Raven 1973
18. Greil, W.: Lithium-Prophylaxe. Med. Welt (N.F.) **27**, 517–522 (1976)
19. Hippius, H.: Der Zusammenhang zwischen chemischer Konstitution und Wirkung von Psychopharmaka. In: Scholibo, Th. (Hrsg.): Probleme der Pharmakopsychiatrie, Starnberger Gespräche 1962. Stuttgart: Thieme 1966
20. Hippius, H.: Zur Eröffnung des IX. Kongr. d. Collegium Internationale Neuropsychopharmacologium. In: Boissier, J.R., H. Hippius and P. Pichot (Eds.): „Neuropsychopharmacology"

Proc. IX. Int. Congr. CINP Paris 1974 pp. 8–17. Excerpta Medica Found. Internat. Congr. Ser. 359 Amsterdam 1975
21. Hippius, H.: On the relation between antipsychotic and extrapyramidal effects of psychoactive drugs. In: Sedvall, G., B. Uvnäs and A. Zotterman (Eds.): Antipsychotic Drugs: Pharmacodynamics and Pharmacokinetics. Proceedings of the Int. Symposium Stockholm 1974 Wenner-Gren Center, International Symposium Series, Vol. 25. Oxford-New York: Pergamon 1976, pp. 437–445
22. Hornykiewicz, O.: Gegenwärtiger Stand der biochemisch-pharmakologischen Erforschung des extrapyramidal-motorischen Systems. Pharmakopsychiat. Neuro-Psychopharmakol. **1**, 6–17 (1968)
23. Janssen, P.A.J., van Bever, W.F.M.: Butyrophenones and diphenylbutylamines. In: Usdin, E. a. I.S. Forrest (Eds.): Psychotherapeutic Drugs, Psychopharmacology Series Volume 2, pp. 869–921. New York-Basel: M. Dekker Inc. 1977
24. Jaspers, K.: Der Arzt im technischen Zeitalter. Klin. Wschr. **36**, 1037–1043 (1958)
25. Kielholz, P. (Hrsg.): Depressive Zustände. Erkennung-Bewertung-Behandlung. Bern-Stuttgart-Wien: H. Huber 1972
26. Kielholz, P., Battegay, R., Ladewig, D.: Drogenabhängigkeiten. In: Kisker, K.P., J.E. Meyer, M. Müller, E. Strömgren (Hrsg.): Psychiatrie der Gegenwart, Band II/Teil 2, 2. Aufl. Berlin-Heidelberg-New York: Springer 1972, pp. 497–564
27. Kline, N.S.: Use of Rauwolfia serpentina benth. in neuropsychiatric conditions. Ann. New York Acad. Sci. **59**, 1:107–132 (1954)
28. Kline, N.S.: Clinical experience with iproniazid (Marsilid). J. Clin. Exp. Psychopathol. **19**, Suppl. 1, 72–78 (1958)
29. Kuhn, R.: Über die Behandlung depressiver Zustände mit einem Iminodibenzylderivat (G22355). Schweiz. Med. Wschr. **87**, 1135–1140 (1957)
30. Matussek, N.: Biochemie der Depression. In: Kielholz, P. (Hrsg.): Depressive Zustände. Erkennung-Bewertung-Behandlung. Bern-Stuttgart-Wien: H. Huber 1972, pp. 13–23
31. Matussek, N.: Theoretische Grundlagen der Therapie mit Neuroleptika und Antidepressiva. Med. Welt (N.F.) **27**, 508–511 (1976)
32. Matussek, N.: Wirkungsmechanismen antipsychotischer Pharmaka und biochemische Untersuchungen an schizophrenen Patienten. In: Huber, G. (Hrsg.): Therapie, Rehabilitation und Prävention schizophrener Erkrankungen. Stuttgart-New York: Schattauer 1976, pp. 7–13
33. Mayer-Gross, W.: Psychische Wirkungen chemischer Substanzen und ihre psychiatrische Anwendung. Klin. Wschr. **37**, 53–59 (1959)
34. Rüther, E., Schilkrut, R., Ackenheil, M., Eben, E., Hippius, H.: Clinical and Biochemical Parameters during Neuroleptic Treatment. I. Investigations with Haloperidol. Pharmakopsychiat. **9**, 33–36 (1976)
35. Schildkraut, J.J.: Neuropsychopharmacology and the affective disorders. Boston: Little, Brown and Comp. 1970
36. Schou, M.: Heutiger Stand der Lithium-Rezidivpropylaxe bei endogenen affektiven Erkrankungen. Nervenarzt **45**, 397–407 (1974)
37. Sedvall, G., Uvnäs, B., Zotterman, A. (Eds.): "Antipsychotic Drugs, Pharmacodynamics and Pharmacokinetics". Proceedings of the Int. Symposium Stockholm Wenner-Gren Center, International Symposium Series, Vol. 25. Oxford-Toronto: Pergamon 1976
38. Selbach, H. (Hrsg.): „Pharmako-Psychiatrie". Wege der Forschung Band 229. Darmstadt: Wissenschaftliche Buchgesellschaft 1977
39. Stille, G., Hippius, H.: Kritische Stellungnahme zum Begriff der Neuroleptika (anhand von pharmakologischen und klinischen Befunden mit Clozapin). Pharmakopsychiat. **4**, 182–191 (1971)
40. Stössel, J.: Psychopharmaka – die verordnete Anpassung, 2. Aufl. München: Piper 1973
41. v. Stralendorff, B., Ackenheil, M., Zimmermann, J.: Akute und chronische Wirkung von Carpipramin, Clozapin, Haloperidol und Sulpirid auf den Stoffwechsel biogener Amine im Rattengehirn. Arzneimittel-Forsch. (Drug-Res.) **26**, 1096–1098 (1976)
42. Strömgren, E.: Verlauf der Schizophrenien. In: Huber, G. (Hrsg.): Verlauf und Ausgang schizophrener Erkrankungen, 2. Weißenauer Schizophreniesymposium Mai 1973. Stuttgart-New York: Schattauer, pp. 121–132
43. Usdin, E., Forrest, I.S. (Eds.): Psychotherapeutic drugs, Parts I+II, Psychopharmacology Series Volume 2. New York-Basel: M. Dekker Inc. 1977
44. Wilhelm, M.: Die Chemie polyzyklischer Psychopharmaka. In: Kielholz, P. (Hrsg.) Depressive Zustände. Erkennung-Bewertung-Behandlung. Bern-Stuttgart-Wien: H. Huber 1972, pp. 129–137
45. Woggon, B., Angst, J., Margoses, N.: Gegenwärtiger Stand der neuroleptischen Langzeitbehandlung der Schizophrenie. Nervenarzt **46**, 611–616 (1975)
46. Zander, J.: Frauenheilkunde im Wandel – Rückblick und Ausblick. Klin. Wschr. **54**, 501–507 (1976)

Prof. Dr. Hanns Hippius
Psychiatrische Klinik der Universität München
Nußbaumstraße 7
D-8000 München 2
Bundesrepublik Deutschland

Der Mensch und seine Lebenswelt

Einführung mit historischer Analyse *

H. Schipperges

Institut für Geschichte der Medizin der Universität, Im Neuenheimer Feld 305, 6900 Heidelberg

Man and his Environment

Summary. This historical analysis, given at the 109th Meeting of the German Society of Naturalists, Scientists and Physicians was intended as an introduction to the day assigned to the Medical Section of the Society. The following topics were dealt with: (1) the claim of science and scientists of the 19th Century to establish absolute norms by scientific methods, (2) the change of paradigm of modern sciences during the last hundred years, (3) the profound changes concerning "Man and His Environment", which was the general topic of the meeting.

Zusammenfassung. Als Einführung in den „medizinischen Tag" der 109. Versammlung der Gesellschaft Deutscher Naturforscher und Ärzte befaßt sich die historische Analyse 1. mit dem Anspruch der Naturforscher des 19. Jahrhunderts auf absolute Normsetzung der wissenschaftlichen Methoden, 2. mit dem Paradigmawandel der Wissenschaften in den letzten hundert Jahren, 3. mit den tiefgreifenden Veränderungen im Verhältnis von Mensch und Umwelt, wie sie im Thema der Stuttgarter Jahrestagung zum Ausdruck gekommen sind.

Nach Jahrzehnten einer eminent fruchtbaren Sektionsarbeit begann sich die Gesellschaft Deutscher Naturforscher und Ärzte mit dem Beginn des 20. Jahrhunderts wieder enger an die gemeinsamen Probleme der Medizin wie der Naturwissenschaften zu binden. Der notwendigen Differenzierung in fachgebundener Aussprossung folgte mit der Einrichtung der beiden Hauptgruppen der Versuch einer Integrierung. Mit den neuen Satzungen, die sich die Gesellschaft im Jahre 1891 gegeben hatte, waren ebenso großangelegte wie gewagte Zielsetzungen verbunden. An die Stelle der persönlichen Bekanntschaft sollte die „wissenschaftliche Bedeutung" treten, wie Wilhelm His dies formuliert hat, wenn er von der „hohen geistigen und sittlichen Machtstellung" sprach, die einer „organisch verbundenen Gesamtheit deutscher Naturforscher und Ärzte" zukomme [10].

Die Gesellschaft deutscher Naturforscher und Ärzte fühlte sich fortan – so noch Prof. Kühn auf der Stuttgarter Naturforscherversammlung 1938 – verpflichtet, „Rechenschaft abzulegen von dem Gang der Wissenschaft". Der mit diesem Entwicklungsgang eng verbundene Wandel unserer Lebenswelt – in erster Linie durch die wissenschaftlichen und ärztlichen Eingriffe – ist nicht zu beschreiben ohne einen möglichst genauen Aufriß der historischen Landschaft, nicht ohne ihren Verwurzelungsgrund, ihre kritischen Wachstumszonen, ihre exemplarischen Umbruchsphasen, die sich in keiner wissenschaftlichen Institution deutlicher repräsentieren und getreuer spiegeln als in der Naturforscherversammlung [19].

Sicherlich hat zu allen Zeiten der Mensch beim Eingriff in die Natur auch den Wandel seiner Welt erlebt, um bei jedem Wandel immer wieder von neuem eingreifen zu müssen. Aber erst in diesen Tagen leben wir in einer vom Menschen so völlig verwandelten Welt, daß wir überall – beim Atmen und Essen und Trinken, bei jeder Arbeit und allem externen wie auch intimen Verkehr – immer nur auf Artefakte und technische Strukturen stoßen, so daß wir – wie Heisenberg dies formuliert hat – „gewissermaßen immer nur uns selbst begegnen" [7]. Der Lebens-

---

* Vortrag auf der 109. Versammlung der Gesellschaft Deutscher Naturforscher und Ärzte, Stuttgart, 19.–23. September 1976

raum des Menschen – das ist (im Guten wie im Schlimmen) unsere Lebenswelt, jenes geistige Bezugsnetz um Natur und Existenz, zu dem die exakte Wissenschaft eben keinen Zugang findet. Mit dem Begriff „Lebensraum" haben wir etwas völlig anderes vor uns als die „physikalische Welt", von der wir uns mehr oder weniger legitim ein Bild gemacht haben, ein „Weltbild". Werner Heisenberg mußte uns bereits vor mehr als zwanzig Jahren darauf aufmerksam machen, daß der Raum, „in dem der Mensch als geistiges Wesen sich entwickelt", wesentlich mehr Dimensionen hat als nur „die eine, in der er sich in den letzten Jahrhunderten ausgebreitet hat" [8]. Heisenberg nahm damals schon an, „daß die Veränderungen in den Grundlagen der modernen Naturwissenschaft ein Anzeichen sind für tiefgehende Veränderungen in den Fundamenten unseres Daseins, die ihrerseits sicher auch Rückwirkungen in allen anderen Lebensbereichen hervorrufen" [5].

1. Zur Naturforschung als Einheitswissenschaft

Vor 200 Jahren hat Adam Smith in seinen „Untersuchungen über die Natur und die Ursachen des Volkswohlstandes" (1776) jenes Modell entwickelt, das sich bis in unsere Tage hinein als tragfähig erwiesen hat: eine möglichst weitgehende und liberale Kooperation nämlich von Wissenschaft, Technik, Wirtschaft. Wir können dieses Modell das ökonomische nennen! Eine völlig neue Welt mit neuen Eingriffen und Einflüssen, aber auch „neuen unbekannten Zielen und Gefahren" sah der englische Politiker Disraeli (1871) mit diesem Konzept aufsteigen, wobei ihm klar wurde, daß man einfach mit dieser Welt, einer sich immer deutlicher abzeichnenden Industriegesellschaft im Wandel positiv fertig werden müsse.

Im Zeichen des Positivismus war die Naturforscherversammlung in das neue Jahrhundert geschritten, um sich die Generalisierung der physikalischen Forschungsmethoden zur Aufgabe zu machen. Was Herder in seinen „Ideen zur Philosophie der Geschichte der Menschheit" noch poetisch umschreiben konnte, daß die Chemie nämlich „dem Liebhaber hier im unterirdischen Reich der Natur eine mannigfaltige zweite Schöpfung" eröffne [9], das schien mit Justus von Liebig (1803–1873) durch Anwendung der exakten Methoden auf die organischen Naturwissenschaften bereits realisiert, wobei in Ausweitung der Methodik bald auch alle Bereiche der Kultur beansprucht wurden –, ein höchst dramatisches Geschehen, ein äußerst fragwürdiges Wechselspiel von „Weltbild und Wissenschaft", das sich vor allem in jenen Eröffnungsreden der Vorsitzenden und Geschäftsführer der Naturforscherversammlung widerspiegelt, die in geschlossener Dokumentation dieser Jahrestagung vorgelegt werden konnten [20].

Man sprach völlig konsequent und auffallend frühzeitig bereits von der Bildung einer Staatsphysiologie durch die Naturwissenschaften (so Schultz-Schultzenstein bei der Eröffnungsrede 1857 in Bonn). Letztes Ziel seiner „Medizin im großen" war für Rudolf Virchow nichts Geringeres als „die Konstituierung der Gesellschaft auf physiologischer Grundlage" [23], von welcher Basis aus dann er – der Arzt als Naturforscher – dem Volke zu sagen vermöge, wie es gesund zu denken und glücklich zu leben habe.

Aus dem „schwachen Lichtbild der mythischen Einheit des deutschen Vaterlandes", wie es Alexander von Humboldt noch vorgeschwebt hatte [13], sollte in wenigen Jahren eine festgefügte Organisation mit immer eindeutigeren ideologischen Zielsetzungen werden. Erste Ansätze hierzu waren die Gründung der Berliner Physikalischen Gesellschaft (1845), die energische Abkehr von jeder Art von Naturphilosophie seit den 50er Jahren, das methodologisch so glänzend unterbaute Programm von Hermann von Helmholtz (1869) [11], vor allem aber das mit einem uns heute unerträglich erscheinenden Pathos vorgetragene Konzept einer radikalen Kulturmission der Naturforschung [21]. Mit und nach Virchow wurde die wissenschaftliche Methodik auf immer weitere Kulturgebiete übertragen, um bald schon eine naturwissenschaftliche Pädagogik zu begründen, sodann die naturwissenschaftliche Ökonomik, schließlich eine naturwissenschaftliche Ethik. Die Wissenschaft ist für uns – um noch einmal Virchow zu zitieren – Religion geworden. Mit der absoluten Herrschaft der physikalischen Betrachtungsweise auch in den Wissenschaften vom Leben schien die Naturforschung ihren weltanschaulichen Standpunkt endgültig gesichert zu haben.

Auf der 50-Jahr-Feier in Leipzig (1872) konnte der damals wohl bedeutendste Physiologe, Karl Ludwig, konstatieren, daß der Zwiespalt, der im Namen „Naturforscher und Ärzte" zum Ausdruck komme, endgültig behoben sei, „seitdem der Arzt die Wege des Naturforschers" betreten haben. Ein neuer, methodisch begründeter „Umgang mit der Natur" habe „unerhörte Triumphe" errungen. Zerstoben sei bei diesem „Kampf mit den Kräften der Natur" die alte Rangordnung der irdischen Wesen [14]. Auf der so bedeutenden Berliner Versammlung des Jahres 1886 ruft Werner von Siemens die Naturforscher auf, „mit stolzer Freude" weiterzuarbeiten an dem „Aufbau des Zeitalters der Naturwissenschaften", „in der sicheren Zuversicht, daß es die Menschen moralischen und materiellen Zuständen zuführen werde, die besser sind, als sie je waren und heute noch sind" [22]. Von einer tiefgreifenden „Metamorphose der Medizin" hatte 1877 Hermann von Helmholtz gesprochen, um diesen säkularen Paradigmawechsel Ausdruck zu geben. Es hatte persönlich noch erlebt, wie lebensfrisch die damals schon etwas matronenhaft gewordene „Dame Medizin" dem „Jungbrunnen der Naturwissenschaften" entstiegen war, lebensfrisch und hoffnungstrunken [12].

Dieses an sich so imposante Konzept eines Weltbildes der Wissenschaft hat nicht getragen, konnte nicht realisiert werden, mußte in sich selbst, auf dem Wege fortschreitender Wissenschaft, destruiert werden, wofür die Naturforscherversammlung abermals eindrucksvolle Zeugnisse bietet. Gerade die exakten Wissenschaftler müssen (wie Goethe in den „Maximen und Reflexionen" bemerkt) „nach und nach sich des Dünkels entäußern, als Universalmonarchen über alles zu herrschen; sie werden sich nicht mehr beigehen lassen, alles für nichtig, für inexakt, für unzulänglich zu erklären, was sich nicht dem Kalkül unterwerfen läßt" [3]. Die Entwicklung der letzten hundert Jahre hat uns denn auch nur zu deutlich gezeigt, daß wir bei unserem säkulären Wandel durch gewiß historische Eingriffe weniger eine Lösung als die Verlagerung unserer Probleme erzielt haben.

2. Panoramawandel zwischen 1875 und 1975

Am Ende des 19. Jahrhunderts noch konnte auf allen Versammlungen Deutscher Naturforscher und Ärzte eine Einheit der Wissenschaft proklamiert werden, welche die theoretische Spekulation unter das dominierende Prinzip der damals vorherrschenden Mechanik und Physik zu bringen suchte. Dieses Prinzip bildete – wie Virchow 1886 betonte – das selbstverständliche Kriterium auch für die Medizin [26]. Der damals sich durchsetzende Methodenmonismus hat sich für eine Medizin als angewandte Naturwissenschaft zweifellos als äußerst fruchtbar erwiesen; er hat allerdings auch an die Grenze dieses Modelldenkens geführt, wobei alle Versuche zu einem kompensierenden Verfahren seitens Medizinischer Psychologien oder gar einer Medizinischen Soziologie fragwürdig blieben. Wir stehen erneut vor der Forderung nach einer verbindlichen Theorie der Medizin.

Die gegenwärtige Situation erscheint uns dabei als ein äußerst kritisches Durchgangsstadium, dessen Dimensionen einfach aus der Vergangenheit beleuchtet werden müssen, da die zu eng gezogenen Fachgrenzen aus methodischen Gründen keinen Überblick erlauben und keinerlei Durchstoß erwarten lassen. Wenn der Mensch sein Wissen über die Welt verändert, verändert er nur die Welt, die er kennt. Ändert er aber die Welt, in der er lebt, dann verändert er auch sich selbst und seinen Lebensraum [2]. „Eingriff und Wandel" stehen hier in einem Wechselbezug, dem man nicht mehr entrinnen wird. Uns genügt nicht mehr diese so naiv vorgetragene optimistische Interpretation von „Eingriff und Wandel", die noch einen Rudolf Virchow beseelte, als er auf der 44. Versammlung zu Rostock (1871) verkündigte: Alle Ersparung an Arbeitszeit, die wir der Wissenschaft verdanken, soll gewidmet werden der geistigen Erziehung, „dem Fortschritte im Wissen, welches Wissen wiederum verwandt werden soll zu neuer Arbeit, welches Wissen wiederum dienen soll als Ausgang für neue technische und geistige Fortschritte [25]. Und wenn Virchow auf der Naturforscherversammlung 1865 in Hannover klagte, daß die Staatsmänner bisher ihre Naturforscher leider lediglich wie nutzbare Haustiere behandelt und für ihre kurzsichtigen Zwecke mißbraucht hätten, während doch alles darauf ankomme, daß die Wissenschaftler endlich einmal ihren Regierungen zeigten, wie das Volk glücklich gemacht wird [24], dann müssen wir feststellen, daß ein solches Versprechen jeder rationalen Grundlage entbehrt.

Unser Naturbegriff hat denn auch seinen Wirkkreis eingeschränkt auf axiomatisch vorgegebene Modelle. In den Maschen des Netzes, die die wissenschaftliche Welt bestimmen, konnten Fische von der Feinheit eines Problems wie Umwelt, Mitwelt, Erlebniswelt wie überhaupt Fragen qualitativer Dimension, gar nicht eingefangen werden. Wir haben es bei den wissenschaftlichen Modellen nicht mit einem determinierten Planspiel zu tun, in dessen Hintergrund sich eine „Ethik von Gesamtsystemen" aufbaut, sondern mit höchst komplexen Teilsystemen samt all den Störfaktoren, Nebenfolgen, Imponderabilien, die keineswegs in rationalem Gefüge miteinander verbunden sind, sondern eher durch – Geschichte. Die verwandelnde Rückprägung im Gestaltkreis von Eingriff und Wandel ist kaum wissenschaftlich transparent zu machen. Der effektive Wandel wird sich oft völlig anders zeitigen als der geplante Eingriff [17]. Wir kennen keine Gesetze von Folge, nur Trends in Entwicklung: eine verläßliche Prognose ist wegen der Komplexität der Phänomene nicht möglich [16].

Der Mensch im Wandel seiner Lebensräume stand bereits sehr konkret auf der Münchener Festtagung (1877) zur Debatte. Ihr Vorsitzender, Max von Pettenkofer, ging damals von dem erkenntnistheoretischen Axiom aus, daß der Mensch zwar nichts „an den ewigen Gesetzen der Natur" zu ändern vermöge, daß er aber um so mehr dazu berufen sei, die vorgegebenen natürlichen Kräfte zu benutzen, um im Eingriff seine Lebensräume zu stilisieren, zu wandeln, zu gestalten. Daher sei unter allen Wissenschaften die Naturwissenschaft besonders „dazu bestimmt, in der Kulturgeschichte des Menschen eine große, vielleicht künftig die größte Rolle zu spielen" [15]. Die Naturwissenschaft, sie schien Pettenkofer noch so schöpferisch zu produzieren, „wie die Natur selbst", in einem ewig sich selbst sublimierenden Spiel von Eingriff und Wandel, einem höchst produktiven Gestalt-Kreis der natürlichen Lebenswelt.

3. Der Mensch und seine Lebenswelt

Die mit ihrem axiomatisch vorgegebenen Bezugsfeld auf das ökonomische Modelldenken reduzierte Medizin als angewandte Naturwissenschaft war rein methodologisch gesehen schon nicht legitimiert, sich mit Grundfragen einer menschlichen Lebenswelt auseinanderzusetzen. Die sich als „Medizin in Bewegung" verstehende tiefenpsychologische Richtung hat – mit beachtlichem Impuls, aber wenig Effekt – versucht, die Medizin in ihrem psychosozialen Kontext zu erfassen und therapeutisch zu artikulieren. Erst die moderne Anthropologie beginnt, den Menschen wieder als ein „offenes System" zu sehen, als biologisch verankertes Sujet mit allen funktionalen Beziehungen zu seiner Umwelt. In dieser „Umwelt" wird neuerdings das Problem gesehen, das auch die Naturforscher (1976) auf die Formel brachten: „Der Mensch und sein Lebensraum".

Der Mensch und sein Lebensraum – das war in der Tat das Thema der älteren, der klassischen Heilkunde, die 2000 Jahre hindurch eine Theorie der Gesundheit vertrat, genauer: eine Lehre vom Zustand und der Erhaltung, vom Verlust und der Wiederherstellung von Gesundsein, ehe sie dann jenes an sich so großartige, uns heute aber immer fragwürdiger werdende System der Krankenversorgung und Sozialversicherung wurde, das man neuerdings wieder aufzufangen und zu kompensieren versucht durch eine mehr ökologisch orientierte Heilkunde, eine freilich noch nirgendwo architektonisch gegliederte „Umweltmedizin".

Bei aller Sensibilisierung des Bewußtseins von Umwelt, Lebensraum, Lebensqualität, Gesundheitsverantwortung, ökologischem Kontext sind die Programme erschreckend dürr und paraphrasisch geblieben. Sie postulieren lediglich eine Bewußtseinsänderung, fordern asketisches Konsumverhalten, motivieren zu neuem Lebensstil. Sie tragen rein appellativen Charakter und beschränken sich auf jene moralischen Demonstrationen, die auch jede Art von Gesundheitserziehung seit der Aufklärung zum Scheitern verurteilt hat. Demgegenüber bietet das Konzept der alten Gesundheitstheorie, das im Wirbel des positivistischen Fortschrittsglaubens vor genau hundert Jahren unterging, eine überraschend geschlossene Systematik; und es könnte die Folie bieten für eine moderne Gesundheitsbildung.

Unser Thema scheint geradezu zugeschnitten auf die Hygiene im alten Sinne, die ja nichts anderes vertrat als „die Wissenschaft vom menschlichen Lebensraum und von den gesunden Lebensbedingungen". Zum letzten Male kam diese Hygiene im weitesten Sinne auf der 68. Versammlung 1896 in Frankfurt zur Sprache, wo Hans Buchner seinem Referat den Titel gab: „Biologie und Gesundheitslehre". Er rühmte die Erfolge der Hygiene und ihrer Verhütungsmaßnahmen, Erfolge, die er „groß und herzerhebend" nannte. Buchner sah aber auch damals bereits die größte Gefahr, die unserer Gesundheit drohte, in einer erfolgreichen Medizin (damals schon eine „Medical Nemesis"), in einer Übermedikalisierung des Lebens, die uns verweichlichen werde und zur Degeneration verurteile [1].

In dem auf der Naturforscherversammlung so häufig zitierten „Umgang mit der Natur" glaubten die alten Ärzte ihre eigentliche Aufgabe zu sehen, in der aktiven Stilisierung der natürlichen Lebensbedingungen zu einer kultivierten Daseinsgestaltung, wie sie von der älteren Diätetik über zwei Jahrtausende überliefert worden war, mit dem so pragmatischen wie fundamentalen Ziel: dauerhaften Wandel zum Besseren im konkreten Alltag zu schaffen durch Beratung wie Eingriff. Daseinsgestaltung im Alltag bestand im gebildeten Umgang mit Licht, Luft, Wasser, Wärme, in der Kultur von Essen und Trinken, im geordneten Rhythmus von Arbeit und Muße, Streß und Feierabend, im gebildeten Wechsel von Schlafen und Wachen, in den Gleichgewichten unseres innersekretorischen Stoffhaushaltes, samt aller Sexualhygiene und Psychohygiene, und damit in jenen sechs natürlichen Lebensbedürfnissen, deren fachkundige Kultivierung erst einen humanen Lebensstil ermöglicht [18, 4]. Denn dieser unser natürlicher Raum ist beides – höchst ambivalent –, beides zugleich: bergender Lebensraum wie feindselige Umwelt. Die kultivierte Gestaltung dieser Natur wird Grundlage auch aller geistigen Bildung bleiben; meint Kultur doch nichts anderes als die vom Menschen bebaute Natur, als den von uns selbst und in uns selber gepflegten und organisch entwickelten Lebensraum.

Wir beginnen besser zu begreifen, was Werner Heisenberg schon 1955 erkannt hatte, wie tief nämlich die Technik in das Verhältnis der Natur zum Menschen eingegriffen hat, gerade dadurch eingreifen mußte, „daß sie seine Umwelt im großen Maßstab verwandelt und ihm damit den naturwissenschaftlichen Aspekt der Welt unablässig und unentrinnbar vor Augen führt" [6]. Diesem humanen Aspekt und solchem wissenschaftlichen Anspruch wollte die Stuttgarter Naturforscherversammlung (1976) sich stellen mit dem Thema: „Der Mensch und sein Lebensraum".

Literatur

1. Buchner, H.: Biologie und Gesundheitslehre. In: Verhandlungen der Gesellschaft deutscher Naturforscher und Ärzte. 68. Versammlung zu Frankfurt 1896. Leipzig 1896, S. 39–56
2. Dobzhansky, T.: Mankind Evolving: The Evolution of the Human Species. New Haven: Yale Univ. Press (1962)
3. Goethe, Johann Wolfgang von: Maximen und Reflexionen, Artemis-Ausgabe, Nr. 1393
4. Hartmann, F.: Wandel und Bestand in der Heilkunde I. Materialien zur Geschichte der Medizin. München, Berlin, Baltimore: Urban und Schwarzenberg, S. 171–224 (1977)
5. Heisenberg, W.: Das Naturbild der heutigen Physik. Hamburg: Rowohlt, S. 7 (1955)
6. Heisenberg, W.: Das Naturbild der heutigen Physik. Hamburg: Rowohlt, S. 14 (1955)
7. Heisenberg, W.: Das Naturbild der heutigen Physik. Hamburg: Rowohlt, S. 18 (1955)
8. Heisenberg, W.: Das Naturbild der heutigen Physik. Hamburg: Rowohlt, S. 23 (1955)
9. Herder, Johann Gottfried: Ideen zur Philosophie der Geschichte der Menschheit. Textausgabe. Darmstadt: Melzer, S. 65f. (1966)
10. His, W.: Geschäftssitzung der 64. Versammlung der Gesellschaft deutscher Naturforscher und Aerzte in Halle 1891. In: Verhandlungen der Gesellschaft deutscher Naturforscher und Aerzte 1891. Leipzig 1891, S. XXVI
11. Helmholtz, H. von: Über die Entwicklungsgeschichte der neueren Naturwissenschaft. In: Tageblatt der 43. Versammlung deutscher Naturforscher und Aerzte in Innsbruck 1869. Innsbruck, S. 36–40 (1869)
12. Helmholtz, H. von: Das Denken in der Medicin. Berlin: Hirschwald, S. 4 (1877)
13. Humboldt, A. von: Grußschreiben an die 34. Versammlung 1858 in Karlsruhe. In: Amtlicher Bericht über die 34. Versammlung deutscher Naturforscher und Ärzte in Carlsruhe 1858. Carlsruhe, S. 15 (1859)
14. Ludwig, K.: Festrede vor der 45. Versammlung in Leipzig 1872. Tageblatt der 45. Versammlung deutscher Naturforscher und Aerzte in Leipzig 1872. Leipzig 1872, S. 36
15. Pettenkofer, M. von: Festrede. In: Amtlicher Bericht der 50. Versammlung deutscher Naturforscher und Aerzte in München 1877. München, S. 5 (1877)
16. Popper, K.R.: Logik der Forschung. 2. Aufl. Tübingen: S. 221–225 (1966)
17. Schelsky, H.: Auf der Suche nach Wirklichkeit. Ges. Aufsätze. Düsseldorf, Köln: S. 448f. (1965)
18. Schipperges, H.: Lebendige Heilkunde. Olten, Freiburg: Walter (1962)
19. Schipperges, H.: Die Gesellschaft deutscher Naturforscher und Ärzte. Struktur und Wandel. Therapiewoche **26**, 5449–5457 (1976)
20. Schipperges, H.: Weltbild und Wissenschaft. Eröffnungsreden zu den Naturforscherversammlungen 1822 bis 1972. Hildesheim: Gerstenberg 1976
21. Schipperges, H.: Einheitsbestrebungen und Normbegriff auf der Naturforscherversammlung im 19. Jahrhundert. Sudhoffs Archiv 61, H. 3 (1977)
22. Siemens, W. von: Das naturwissenschaftliche Zeitalter. In: Tageblatt der 59. Versammlung deutscher Naturforscher und Aerzte zu Berlin 1886. Berlin 1886, S. 94
23. Virchow, R.: Die medicinische Reform. Eine Wochenschrift, Nr. **38**, 218 (1849)
24. Virchow, R.: Über die nationale Entwicklung und Bedeutung der Naturwissenschaften. In: Amtlicher Bericht über die 40. Versammlung deutscher Naturforscher und Ärzte zu Hannover 1865. Hannover 1866, S. 61
25. Virchow, R.: Über die Aufgabe der Naturwissenschaften in dem neuen nationalen Leben Deutschlands. In: Tageblatt der 44. Versammlung deutscher Naturforscher und Aerzte in Rostock 1871. Rostock 1871, S. 76
26. Virchow, R.: Eröffnungsrede zur 59. Versammlung deutscher Naturforscher und Ärzte in Berlin 1886. In: Tageblatt der 59. Versammlung deutscher Naturforscher und Aerzte in Berlin 1886. Berlin 1886, S. 81

Prof. Dr. Dr. Heinrich Schipperges
Institut für Geschichte der Medizin der Universität
Im Neuenheimer Feld 305
D-6900 Heidelberg
Bundesrepublik Deutschland

Der Hospitalismus aus bakteriologischer Sicht

F.-H. Caselitz* und V. Freitag
Bakteriologische Abteilung des Allgemeinen Krankenhauses Hamburg-Altona (Chefarzt Prof. Dr. med. F.-H. Caselitz)

Bacteriological Aspects of Hospitalism

Summary. In spite of the successful treatment of bacteriological infections combined with progress in hospital hygiene there remain still problems of infective hospitalism in certain sections of the hospital. Generally, the causative bacteria are nosoparasites not being dangerous to human beings in good condition. From this point of view Pseudomonas aeruginosa and Serratia marcescens are the most important species. A successful challenge against infective hospitalism is only possible under the supervision of the bacteriologist. It is his task to isolate and differentiate the bacteria and to carry out the sensitivity tests against antibiotics. Besides this, he has to treat epidemiological and hygienic problems. Special kinds of methods sometimes have to be used to find out the sources and the routes of spreading of the infections in a hospital e.g. bacteriophage typing, bacteriocin typing and analysis of the antigenic structure. Likewise, the transmission of bacteria by air has to be studied and continous controlling measures and monitoring are required. The bacteriologist is also responsible for preparing hygien instructions. There always has to exist a good cooperation between the bacteriologist, the clinical doctors, the nurses and the technical staff. The whole problem can only be handled by special teams.

Key words: Hospitalism: infective; prophylaxis – Hospital germs: Pseudomonas aeruginosa; Serratia marcescens; Klebsiella species; Staphylococcus aureus – Epidemiology: source of infections; route of infection; antigenic structure; bacteriocin typing; bacteriophage typing – Sensitivity test.

Zusammenfassung. Der infektiöse Hospitalismus ist trotz großer Fortschritte in der Therapie bakterieller Infektionen und nicht zu übersehender Erfolge in der Krankenhaushygiene ein Problem ersten Ranges in bestimmten Krankenhausbereichen geblieben. Als verantwortliche Erreger kommen sehr oft fakultativ pathogene Bakterienspezies in Betracht, die bei Menschen mit guter Abwehrlage ihre krankmachenden Fähigkeiten nicht entwickeln können und als Infektionserreger eine untergeordnete Rolle spielen. Dies trifft insbesondere für die Pseudomonas aeruginosa und Serratia marcescens zu. Selbstverständlich kann die Bekämpfung des infektiösen Hospitalismus nur in Zusammenarbeit mit einem Bakteriologen erfolgreich sein. Neben der Isolierung und Differenzierung der Keime und der notwendigen Resistenzbestimmung ist es ebenfalls seine Aufgabe, epidemiologische und hygienische Probleme zu bearbeiten. Infektionsquelle und Infektionswege können oft nur unter Einschaltung komplizierterer Methoden wie Lysotypie, Bacteriocintypisierung und Antigenstudien erfolgreich nachgewiesen werden. Neben Studien zur aerogenen Keimverbreitung und laufenden Kontrolluntersuchungen in den sog. Problembereichen ist er für die Erarbeitung und Durchführung prophylaktischer Maßnahmen verantwortlich. Laufende Beratungen mit Klinikärzten und Pflegepersonal, aber auch mit Angehörigen des technischen Bereiches sind unerläßlich, denn Hospitalismusbekämpfung ist eine Angelegenheit des gesamten Krankenhauses und kann nicht auf einer Schulter getragen werden. Arbeitsgruppen für Hygiene und Hospitalismus sind dementsprechend in Krankenhäusern notwendig.

Schlüsselwörter: Hospitalismus: infektiöser; Prophylaxe; Umgebungsuntersuchung – Hospitalkeime: Pseudomonas aeruginosa; Serratia marcescens; Klebsiella species; Staphylococcus aureus – Epidemiologie: Infektionsquelle; Infektionsweg; Antigenstruk-

* Vortrag von F.H. Caselitz auf der 109. Versammlung der Gesellschaft Deutscher Naturforscher und Ärzte, Stuttgart 19.–23. September 1976

tur: Bacteriocintypisierung; Lysotypie – Antibiogramm – Naß- und Pfützenkeime – Resistenzbestimmung.

– Der Begriff Hospitalismus beinhaltet alle Krankheitsphänomene, die ursprünglich mit einer Hospitalisierung des Patienten zusammenhängen. Sie beziehen sich auf physische und psychische Schädigungen, die der Patient durch einen Krankenhausaufenthalt erleidet, dementsprechend sind darunter sowohl geistig-seelische Veränderungen als auch erworbene Verletzungen und Infektionen zu verstehen. Der sogenannte „infektiöse Hospitalismus" hat als „klassischer Hospitalismus" bereits in der vorbakteriologischen Ära die Entwicklung auf dem Gebiet der Krankenhaushygiene vorangetrieben. Die hohe Sterblichkeit an dem sogenannten Hospitalbrand, dem Kindbettfieber und anderen bakteriellen Infektionen hat immer wieder Ärzte zu Überlegungen veranlaßt und letzten Endes bereits vor der Klärung der eigentlichen Ätiologie zu beachtlichen Erfolgen in der Bekämpfung geführt, wie aus den Maßnahmen von Semmelweis hervorgeht. Selbstverständlich blieben die Entdeckungen der Mikrobiologie nicht ohne Einfluß auf die am Krankenbett tätigen Ärzte. Alle in den folgenden Jahren entwickelten Methoden – z. B. Antisepsis, Asepsis, Händedesinfektion, Formalinraumdesinfektion, Heißluftsterilisation, Kaltluftsterilisation – zielten darauf hin, bakterielle Infektionen von vornherein im Krankenhaus zu verhindern, die Sterblichkeit herabzusetzen und die Überlebensrate insbesondere nach chirurgischen Eingriffen zu erhöhen.

Trotz aller Anstrengungen und Fortschritte in der Krankenhaushygiene ist der infektiöse Hospitalismus gerade heute ein Problem ersten Ranges geblieben. Diese Tatsache ist, so unwahrscheinlich es auch klingen mag, durch die Einführung neuer, moderner Behandlungsmethoden zu einem großen Teil erklärbar. Mit den Antibiotika und Chemotherapeutika wurden dem Arzt Mittel in die Hand gegeben, die bei vielen schweren Infektionen lebensrettend sein können. Als Nebenerscheinung jedoch werden durch eine Chemotherapie zwangsläufig auf Grund verschiedener Mechanismen resistente Mikroorganismen, insbesondere bei ungezielter Anwendung, herangezüchtet, die dann im Rahmen des infektiösen Hospitalismus Bedeutung erlangen können. Neue Behandlungsmethoden ermöglichen es, Schwerkranke über längere Zeit am Leben zu erhalten und zu heilen. Moderne Operationstechniken erlauben komplizierte Herzoperationen oder Organtransplantationen, und Cytostatika werden in der Behandlung maligner Erkrankungen eingesetzt. Gerade die Behandlung dieser Schwerkranken mit schlechter Abwehrlage birgt die Gefahr einer Hospitalinfektion in sich. Einen wichtigen Faktor bei der Entstehung von im Hospital erworbenen Infektionen stellt demnach der Patient und seine Infektionsbereitschaft dar. Ein Schwerkranker kann selbst an seinen eigenen Darmbakterien erkranken, mit denen er sonst symbiotisch lebt. Diese Tatsache allein erklärt, warum in bestimmten Bereichen des Krankenhauses stets mit Infektionen gerechnet werden muß. Die aus pflegerischen und organisatorischen Gründen unumgängliche Einrichtung von Intensivstationen, wo Schwerkranke nicht selten auf relativ engem Raum behandelt werden, bringt weitere Probleme mit sich. Können Maximalforderungen in baulicher und hygienischer Hinsicht in Risikobereichen nicht erfüllt werden, muß man hier auf Grund des Patientengutes und der Möglichkeit von Kreuzinfektionen stets mit Hospitalinfektionen rechnen.

Erreger von Hospitalinfektionen

Als Erreger von Hospitalinfektionen kommen prinzipiell alle für den Menschen pathogenen und fakultativ pathogenen Mikroorganismen in Betracht, einschließlich der Sproßpilze und Viren. Eine Reihe von Mikroorganismen besitzt jedoch die Eignung zum Hospitalkeim im engeren Sinne. Es handelt sich um fakultativ pathogene Spezies, die ihre krankmachenden Fähigkeiten bei Menschen mit guter Abwehrlage nicht entwickeln können und als Infektionserreger i.allg. eine untergeordnete Rolle spielen bzw. denen nur in ganz bestimmten Bereichen eine Bedeutung zukommt. Als besondere Voraussetzungen und Merkmale dieser Hospitalkeime müssen die folgenden Punkte zur Diskussion gestellt werden:

1. Weitgehende Resistenz gegen physikalische und chemische Einflüsse.
2. Haft-, Ausbreitungs- oder Vermehrungsfähigkeit im Krankenhausmilieu.
3. Resistenz gegen eine Mehrzahl der Antibiotika und Chemotherapeutika
4. Sitz und Vermehrung an für Desinfektion und Sterilisation schlecht erreichbaren Stellen.

Tabelle 1. Im Rahmen des infektiösen Hospitalismus relevante Mikroorganismen (Spezies von besonderer Bedeutung kursiv)

Staphylococcus aureus	Proteus species
Streptococcus pyogenes	*Pseudomonas aeruginosa*
Klebsiella pneumoniae	Clostridium perfringens
Enterobacter species	Typ A Sproßpilze
Serratia marcescens	(insbesondere Candida
Escherichia coli	albicans) Viren
(Dyspepsiecoli)	

5. Eignung zum Keimträgertum.

Nur in Ausnahmefällen werden alle diese aufgeführten Merkmale auf einen Keim bezogen werden können.

In Tabelle 1 wird auf bedeutsame Mikroorganismen im Rahmen des infektiösen Hospitalismus hingewiesen.

Bakteriologische Gesichtspunkte

a) Anzüchtung der Erreger

Die bakteriologische Verarbeitung des Untersuchungsmaterials erfolgt nach den üblichen Regularien und unterscheidet sich nicht von der Routinetechnik. Es ist notwendig, eine ausreichende Zahl von verschiedenen Nährböden mitzuführen, um allen in Frage kommenden Erregern einschließlich der Anaerobier gerecht zu werden. In manchen Fällen kann es gerade im Rahmen des infektiösen Hospitalismus zweckmäßig sein, für bestimmte Keime (z.B. Pseudomonas aeruginosa, Candida albicans) Selektivnährböden einzusetzen. Der Kliniker ist darüber aufzuklären, daß das Untersuchungsmaterial möglichst frisch verarbeitet werden muß. Nur dann kann man die Absterberate empfindlicher Mikroorganismen gering halten und nur unter dieser Voraussetzung sind z.B. Keimzahlbestimmungen sinnvoll. Läßt sich das gewonnene Material nicht sofort verarbeiten, so sollte man Transportmedien oder feste Nährböden für Abklatschkulturen (z.B. bei Verbrennungswunden) einsetzen. Blutkulturen sind in jedem Fall direkt am Krankenbett anzulegen, wobei zur Erfassung sämtlicher in Frage kommender Erreger auch hier eine ausreichende Anzahl verschiedener Nährböden beimpft werden muß. Nach eigenen Erfahrungen ist bei Beatmungspatienten eine Untersuchung des Sputums bzw. des Trachealsekretes auf säurefeste Stäbchen absolut notwendig, um eine Kontaminierung der Beatmungsgeräte und damit eine Verschleppung von Mycobacterium tuberculosis zu vermeiden.

b) Klassifizierung der isolierten Erreger

Die isolierten Erreger müssen genau klassifiziert werden. Neben der Morphologie und den kulturellen Eigenschaften sind insbesondere die biochemischen Merkmale heranzuziehen. Diagnosen wie „coliforme Keime“ oder „Sproßpilze“ sollte man vermeiden.

c) Resistenzbestimmung

Bis auf wenige Ausnahmen (z.B. Pneumokokken) ist jeder isolierte Keim einer möglichst exakten Resistenzprüfung zu unterziehen. Während in der Routinediagnostik der Diffusionstest mittels antibiotikahaltiger Blättchen i.a. als ausreichend angesehen wird, kann in schweren Fällen eine exakte Bestimmung der minimalen Hemmkonzentration des Erregers notwendig sein. In diesen Ausnahmefällen ist der aufwendige Röhrchenverdünnungstest die Methode der Wahl. Bei Anaerobierinfektionen liefert er exaktere und besser verwertbare Ergebnisse. In besonderen Fällen ist eine Bestimmung des Spiegels der verabreichten Antibiotika im Serum, in Punktaten und eventuell in Geweben notwendig, um die richtige Dosierung festzulegen.

d) Weitere Typisierung der isolierten Erreger

Bei vermehrtem Auftreten von Hospitalinfektionen mit ein und derselben Bakterienspezies sind genaue epidemiologische Studien unerläßlich. Sie dienen der Aufdeckung der Infektionsquelle und der Infektionswege. Für den Bakteriologen liegt die Aufgabe darin, festzustellen, inwieweit die isolierte Spezies noch in einzelne Typen differenziert werden kann. Hierfür kommen verschiedene Möglichkeiten in Betracht:

1. Bestimmung des Biotyps,
2. Antibiogramm,
3. Bestimmung der antigenen Struktur,
4. Lysotypie,
5. Bestimmung der Bacteriocinbildung bzw. der Bacteriocinempfindlichkeit.

1. Bestimmung des Biotyps: Unterschiedliche Biotypen ein und derselben Bakterienspezies liefern bei epidemiologischen Untersuchungen wertvolle Hinweise. Leider ist von dieser Methode nur selten eine Unterstützung zu erwarten, da nicht bei jeder Spezies unterschiedliche Biotypen existieren, was besonders für die Problemkeime des infektiösen Hospitalismus zutrifft.

2. Antibiogramm: Die unterschiedliche Empfindlichkeit der gleichen Spezies gegenüber verschiedenen Antibiotika und Chemotherapeutika, niedergelegt im Antibiogramm, ist hinsichtlich einer weitergehenden Differenzierung einer bestimmten Spezies nützlich, doch sind die Möglichkeiten für eine Typisierung begrenzt.

3. Bestimmung der antigenen Struktur: Serologische Studien sind für die Typisierung bestimmter Spezies gut geeignet. Eigene Untersuchungen liegen mit Serratia marcescens- und Pseudomonas aeruginosa-Stämmen vor. Als Beispiel für die Darstellung von Serotypen kann die Pseudomonas aeruginosa angeführt werden. Die Typisierung bezieht sich auf die von Habs aufgestellten Serotypen. Sie dienen als Grundlage für die Einteilung. Es muß aber neben den „Habs-Stämmen“ mit dem Auftreten krankenhauseigener Serotypen gerechnet werden. Die Erfassung derartiger Stämme gelingt nur mit spezifischen

selbst hergestellten Immunseren. Wir konnten bei derartigen Studien in unserem Krankenhausbereich krankenhauseigene Serotypen finden und eine unterschiedliche Verteilung nachweisen.

4. Lysotypie: Für bestimmte Bakterienspezies hat sich die Lysotypie bei epidemiologischen Nachforschungen bewährt (Stapholococcus aureus, Salmonella species). Für die Lysotypie werden Bakteriophagen, die an bestimmte Typen adaptiert sind, herangezogen. Sie rufen auf Bakterienkulturen Löcher sog. „plaques" hervor und werden u.a. auf diese Weise nachgewiesen. Erfahrungen bei Problemkeimen des Hospitalismus liegen u.a. mit Pseudomonas aeruginosa und insbesondere mit Staphylococcus aureus vor. Gerade bei letzterem Keim hat sich das Verfahren gut bewährt und ist ausgebaut worden.

5. Bestimmung der Bacteriocinbildung bzw. der Bacteriocinempfindlichkeit: Auf Grund des relativ einfachen Nachweisverfahrens eignet sich die Bacteriocintypisierung gut für epidemiologische Studien im Hospitalbereich. Sie findet heute hauptsächlich Anwendung bei der Pseudomonas aeruginosa und der Serratia marcescens. Im Prinzip bestehen hinsichtlich der Bacteriocintypisierung zwei Möglichkeiten:

a) Prüfung des zu testenden Bakterienstammes gegen eine Reihe verschiedener Bacteriocine.

b) Prüfung der Bacteriocinbildung des zu testenden Stammes gegen eine Reihe unterschiedlicher Indikatorstämme.

Mit Hilfe der oben genannten Techniken gelingt bei den meisten Spezies eine über die Klassifizierung hinausgehende Typisierung. Serologischer Typ und Bacteriocintyp müssen sich nicht decken. Bei umfassenden epidemiologischen Studien kann es ratsam sein, beide Methoden heranzuziehen. So gelang uns der Nachweis eines Typenwechsels nur auf Grund dieser Maßnahme.

Infektionsquellen und Infektionswege

Die Aufdeckung von Infektionsquellen und Infektionswegen im Krankenhaus bzw. in bestimmten Krankenhausbereichen bildet die Grundlage für eine erfolgreiche Bekämpfung von Hospitalinfektionen. Wenn auch die meisten Hospitalkeime sog. ubiquitär vorkommende Mikroorganismen sind, hat sich doch gezeigt, daß bestimmte Spezies an ihnen eigenen Prädilektionsstellen gehäuft nachgewiesen werden können. Im allgemeinen gilt jedoch der Patient selbst als die wichtigste Infektionsquelle. Er nimmt hinsichtlich der Vielzahl der beherbergten Erreger und deren möglicher Verbreitung z.B. auf Intensivstationen eine Spitzenstellung ein. Die sog. „Naß- und Pfützenkeime" benötigen zum Überleben und zur Vermehrung einen gewissen Grad an Feuchtigkeit. Von manchen Autoren werden zu diesen Mikroorganismen u.a. Escherichia coli, Klebsiella species, Proteus-species sowie Pseudomonas aeruginosa und Serratia marcescens gerechnet. Wie aus der Literatur hervorgeht und durch eigene Erfahrungen bestätigt werden konnte, sind die Prädilektionsstellen für diese Keime nicht einheitlich. Die als „Naß- und Pfützenkeim" in die Literatur eingegangene Pseudomonas aeruginosa ist fast immer in den Waschbecken- und Badewannenabflüssen zu finden und dort schlecht zu eliminieren. Die ebenfalls als Naßkeim deklarierte Serratia marcescens wird hauptsächlich an verschiedenen Stellen von Infusionsgeräten und verschmutzten Kathetern, aber i.a. nicht im Waschbecken nachgewiesen. Als Infektionsquelle müssen ebenfalls die im Krankenhaus tätigen Ärzte und das Pflegepersonal in alle Überlegungen im Rahmen des Hospitalismus mit einbezogen werden. Neben Keimträgern im eigentlichen Sinne, hat man sicherlich in noch größerem Maße an der Verschleppung und Verbreitung von Mikroorganismen in erster Linie durch die Hände des Personals zu denken. Kontaminierte Kleidungsstücke und Schuhe stellen eine nicht zu unterschätzende Gefahrenquelle dar. Es ist einleuchtend, daß eine große Anzahl von Gegenständen bei der indirekten Übertragung von Krankheitserregern berücksichtigt werden muß. Als Beispiele seien genannt: Stechbecken, Urinflaschen, Fieberthermometer, Nierenschalen, Stethoskope, aber auch Rasierpinsel, Zahnputzgläser und Waschlappen. Unsachgemäße Sterilisation von Spritzen, Kanülen, chirurgischen Instrumenten, Herzkathetern, Anästhesiezubehör und Lumbalpunktionskanülen kann zu Entstehung von Hospitalinfektionen beitragen. Erwähnt sei schließlich auch die Gefahr, welche von verunreinigten Infusionen, Salben oder Augentropfen ausgeht. Nach allgemeiner Auffassung ist die aerogene Keimverbreitung von untergeordneter Bedeutung und darf keineswegs überschätzt werden. Der Luftweg rangiert weit hinter dem Kontaktweg. Man hat nach Kanz zwischen primären und sekundären Luftkeimen zu unterscheiden. Primäre Luftkeime werden mit der Klimaanlage eingebracht oder mit der Zuluft in den Raum geblasen. Sekundäre Luftkeime sind als ursprüngliche Kontaktkeime anzusehen, die durch Ablösen vom Körper, von der Kleidung und von Gegenständen hochgewirbelt und dadurch zu Luftkeimen geworden sind.

Spezielle bakteriologische Untersuchungsmethoden im Rahmen von Umgebungsuntersuchungen

Für bakteriologische Umgebungsuntersuchungen sind spezielle Untersuchungsmethoden erarbeitet worden. Die in der Luft schwebenden Keime lassen sich leicht durch das Aufstellen von festen Nährböden (Sedimentationsplatten) in Krankenzimmern nachweisen. Diese Methode ist einfach und zur Erfassung des Luftkeimstatus einschließlich der Anaerobier i.a. ausreichend. Zur exakten Bestimmung der Keimzahl in der Luft wird man in bestimmten Fällen sogenannte Luftkeimsammler einsetzen müssen, denen unterschiedliche Systeme zugrunde liegen. Abklatschkulturen (Agarflexkultur nach Kanz, Abklatschfolien) dienen zur qualitativen und quantitativen Keimbestimmung an verschiedenen Oberflächen. Die Tupferabstrichmethode kann nur zu qualitativen Aussagen der Keimbesiedlung herangezogen werden.

Prophylaktische Maßnahmen aus der Sicht des Bakteriologen

„Keimfreiheit" auf einer Krankenpflegestation zu fordern ist unreal und dürfte eine Utopie bleiben. Es besteht die Möglichkeit, besonders infektionsgefährdete Kranke in einem eigenen aseptischen Bereich zu isolieren. Allgemeine prophylaktische Maßnahmen zur Verhinderung von Hospitalinfektionen bzw. von Infektionen mit Hospitalkeimen im engeren Sinne haben das Ziel, Infektionsquellen soweit wie möglich auszuschalten sowie Verschleppung und Verbreitung von Krankheitserregern im Krankenhaus zu verhindern. Dem Bakteriologen kommen in diesem Zusammenhang zahlreiche Aufgaben zu. Durch die Anwendung der unten beschriebenen Untersuchungsverfahren muß u.a. die Luftkeimzahl und das Erregerspektrum in bestimmten Krankenhausbereichen kontrolliert, müssen Gefahrenquellen überwacht und neue Infektionsquellen und Infektionswege aufgedeckt werden. Über das Vorgehen bei derartigen Untersuchungen kann man unterschiedlicher Meinung sein. Eine routinemäßige Überwachung größerer Krankenhausbereiche in festgelegten Zeitabständen ist sehr arbeitsaufwendig und oft nicht sehr effektiv, da im Einzelfall die Auswertung der Untersuchungsergebnisse zu spät kommen kann. Über den erzieherischen Wert für das Pflegepersonal, dem die mikrobielle Verunreinigung von Fußböden, Raumluft, Händen, Kleidungsstücken oder medizinischen Instrumenten mit Hilfe von Bakterienkulturen immer wieder vor Augen geführt werden muß, besteht nach unserer Meinung jedoch kein Zweifel. Beobachtet man Hospitalinfektionen, insbesondere mit ein und demselben Erreger, so ist schnelles Handeln mit allen zur Verfügung stehenden Methoden unbedingt erforderlich. Die Aufgabe einer solchen Umgebungsuntersuchung besteht darin, wie bereits betont, die Infektionsquelle und den Infektionsweg aufzudecken. Anschließend sind entsprechende Maßnahmen und Arbeitsanleitungen auszuarbeiten und dem Pflegepersonal verständlich zu machen, um weitere Infektionen nach dem gleichen Muster zu verhindern. In der Folgezeit soll überprüft werden, ob die neuen Richtlinien befolgt werden. Eine weitere bakteriologische Kontrolle ist dann meistens nicht erforderlich. Hieraus ergibt sich eine zusätzliche wichtige Aufgabe für den Krankenhausbakteriologen. Er muß ständig für Beratungen von Klinikärzten und Pflegepersonal bereit sein. Es ist selbstverständlich, daß vom Bakteriologen nach der Einführung neuer therapeutischer oder diagnostischer Verfahren eine verstärkte Aufmerksamkeit hinsichtlich der Infektionsgefahr verlangt wird.

Im ständigen Kontakt mit den Risikobereichen und Intensivstationen müssen die täglichen bakteriologischen Ergebnisse, u.a. Erregerspektrum und Antibiogramm, kritisch ausgewertet und überprüft werden. Typisierungsversuche sollten schnell anlaufen, um frühzeitig ein vermehrtes Auftreten bestimmter Hospitalkeime zu erkennen. Es darf nicht vergessen werden, daß es im Krankenhausmilieu relativ schnell zu einem „Panoramawechsel" kommen kann, und bisher nicht oder nur wenig beachtete Keime plötzlich in den Vordergrund treten und an Bedeutung gewinnen können. Ein Beispiel hierfür ist das Auftreten der Serratia marcescens als Hospitalkeim. Sie war früher i.allg. bekannt durch ihr Pigmentbildungsvermögen und wurde selbst vor einigen Jahren in einschlägigen Handbüchern noch nicht als Nosoparasit erwähnt.

Der Krankenhausbakteriologe nimmt bei der Bekämpfung des infektiösen Hospitalismus eine Schlüsselstellung ein. Trotzdem ist Hospitalismusbekämpfung eine Angelegenheit des gesamten Krankenhausbereiches und kann nicht auf einer Schulter getragen werden. Aus diesem Grund ist es notwendig, in den Krankenhäusern Ausschüsse für Hygiene und Hospitalismus zu gründen, um durch die Zusammenarbeit von Bediensteten aller Bereiche eine erfolgreiche Arbeit leisten zu können.

Literatur

1. Ahnefeld, F.W., Burri, C., Dick, W., Halmagyi, M.: Prophylaxe und Therapie bakterieller Infektionen (Klinische Anästhesiologie und Intensivtherapie Bd. 8). Berlin Heidelberg New York: Springer 1975
2. Caselitz, F.-H.: Pseudomonas – Aeromonas und ihre humanmedizinische Bedeutung. Jena: VEB Fischer 1966
3. Gibson, G.L.: Infection in Hospital. A Code of Practice. 2nd edition. Edinburgh and London: Churchill Livingstone 1974
4. Grün, L.: Staphylokokken in Klinik und Praxis. Stuttgart: Wissenschaftliche Verlagsgesellschaft 1964
5. Kanz, E.: Hospitalismusfibel. Stuttgart: Kohlhammer 1966

6. Kanz, E.: Aseptik in der Chirurgie, Desinfektion und Sterilisation. München: Urban und Schwarzenberg 1971
7. Kucher, R., Steinbereithner, K.: Intensivstation, Intensivpflege, Intensivtherapie. Stuttgart: Thieme 1972
8. Reploh, H., Otte, H.-J.: Lehrbuch der Medizinischen Mikrobiologie. Stuttgart: Gustav Fischer 1968
9. Seeliger, H.P.R., Dietrich, M., Raff, W.K.: Bekämpfung des infektiösen Hospitalismus durch antimikrobielle Dekontamination. Karlsruhe: G. Braun 1977
10. Walter, A.M., Heilmeyer, L.: Antibiotika-Fibel. Stuttgart: Thieme 1975
11. Werner, H.P., Wiedermann, G.: Angewandte Hygiene im Krankenhaus. Wien: Göschl 1970
12. Williams, R.E.O., Blowers, R., Garrod, L.P., Shooter, R.A.: Hospital infection. London: Lloyd-Luke 1966
13. Williams, R.E.O., Shooter, R.A.: Infection in Hospitals. Oxford: Blackwell 1963

Prof. Dr. F.-H. Caselitz
Bakteriologisches Institut
des Allgemeinen Krankenhauses
Hamburg-Altona
Paul-Ehrlich-Str. 1
D-2000 Hamburg 50
Bundesrepublik Deutschland

Wesentliche Teile des Vortrags von Prof. Dr. med. Fritz Hartmann, Hannover, sind in „Bild der Wissenschaft" 4/1977, Seite 96–111 erschienen. Sie werden ergänzt durch folgende stark gekürzte Fassung des übrigen Teiles, die der Vortragende dankenswerterweise zur Verfügung gestellt hat.

Kranksein im Krankenhaus

Fritz Hartmann

Departement für Innere Medizin der Medizinischen Hochschule Hannover

Das Krankenhaus ist dadurch ein bedeutsamer Teil unserer Umwelt und Mitwelt geworden, daß 14% der Bevölkerung im Jahr durch unsere Krankenhäuser gehen oder jeder von uns 3,6 Tage des Jahres in einem Krankenhaus, statistisch gesehen, verbringt und daß etwa 60% der Menschen in der Bundesrepublik, wenn sie sterben, dies in einem Krankenhaus tun. Kranksein im Krankenhaus bedeutet eine räumliche Trennung aus der gewohnten Umwelt und einen Anpassungszwang an eine neue Mitwelt der Mitkranken, der Ärzte und der Pflegekräfte. Zum Leiden an der Krankheit kommen die damit verbundenen Lasten. Beim Kind sind seit langem die krankhaften Reaktionen bekannt, die unter den Bedingungen des Fehlens emotional zugewandter Bezugspersonen, vor allem der Mutter, auftreten können. Sie sind als psychischer Hospitalismus dem bakteriellen Hospitalismus gegenübergestellt worden. Es handelt sich um Verhaltensweisen, die selbst Krankheitswert haben. Es wird die Frage gestellt, ob es bei Erwachsenen durch den Aufenthalt im Krankenhaus bewirkte Verhaltensweisen gibt, deren Krankseins-Eigenwert so groß ist, daß er erkannt und behandelt werden müßte. Ob solche Verhaltensweisen auftreten, hängt sehr davon ab, ob das Krankenhaus, in das ein Kranker aufgenommen wird, die Merkmale einer „totalen Institution" hat, d.h. ob es die Nutzung seines Angebotes erzwingt, auch wenn die Krankheit das nicht unbedingt erfordert oder der Kranke es nicht will. Die sozialen Wechselbeziehungen im Krankenhaus sind auch für Ärzte und Pflegepersonal Objektbeziehungen, d.h. auf die Befriedigung emotionaler Bedürfnisse, der Bestätigung und des Erfolgserlebnisses ge-

Tabelle 1. Formen der Abweisung von Kranken-Problemen

1. Vermeidung (begünstigt durch Funktionsteilung z.B. Funktions-Pflege, Konsiliar-System).
2. Fall-Denken:
   a) Vergegenständlichung der Krankheit durch Reduktion des Krankseins
   b) Typisierung und Klassifizierung der Krankheit und des Kranken
   c) Krankheitsgeschichte statt Krankengeschichte
   d) Lokalisierung: (der Mann am Fenster)
   e) Numerierungen (der Fall von Zimmer ...)
   f) Funktionalisierung (die Frau, die zum Röntgen soll)
3. Rückzug in das Arztzimmer (Verwaltung) oder in das Laboratorium (Wissenschaft)
4. Verleugnung des Selbst-Betroffenseins z.B. (der Krebskrankheit oder dem Sterben gegenüber)
5. Einstufung eines schlecht angepaßten Kranken als „Problem-Patient":
   a) Psychopath
   b) Depressiv
   c) Misanthrop
   d) Aufsässig-streitsüchtig
   e) bösartig
   f) „undankbarer Patient"

Tabelle 2. Wenn der Patient bei der Visite neue Klagen vorbringt, empfiehlt sich folgende Überlegung:

1. Ist es eine früher überhörte Klage?
2. Fühlt der Kranke diese Klage bisher nicht hinreichend gewürdigt?
3. Ist es eine verstärkte Klage?
   a) Erhöhter Leidensdruck:
      Ereignisse zu Hause, im Berufsbereich,
      Ereignisse im Krankenhaus, bevorstehende diagnostische oder therapeutische Eingriffe
   b) Neue krankheitsbedingte Beschwerden (Verlauf, Komplikation)
4. Auf welches Problem weist die neue oder verstärkte Klage hin?
5. Neue Behandlungsmaßnahmen:
   a) Welches Medikament sollte ich fortlassen (Unverträglichkeit, Unwirksamkeit?)
   b) Welche Maßnahmen sollte ich vorschlagen und erklären?
   c) Welcher Eingriff ist notwendig?

„Wort":	Sprechen
	Andere affektive Zuwendungen
	Krankengymnastik
	Begegnung
	Bewegung
	Diät = Wohlbehagen
„Medikament":	Arzneimittel
„Messer":	Chirurgie, Bestrahlung

richtet. Daraus ergibt sich der „dankbare Patient" als der ideale Partner von Ärzten und Pflegepersonal. Medizinsoziologische Untersuchungen der letzten Jahre erlauben es, Belastungen und Reaktionen unter dem Gesichtspunkt folgender psychosozialer Hospitalismussyndrome des Erwachsenen zu erörtern:

1. Entwurzelung – Vereinsamung,
2. Entpersönlichung – Mangel an Würdigung,
3. Auskunftmangel,
4. Infantilisierung – Selbstbeteiligungsmangel.

Nach dem Vorliegen solcher Syndrome sollte gefragt werden, wenn ein Kranker überangepaßt, depressiv oder resigniert erscheint, insbesondere aber dann, wenn er Verhaltensweisen der Regression zeigt, d.h. Verhaltensweisen, von denen er in der Kindheit gelernt hat, daß sie eine verstärkte Zuwendung der Umgebung veranlassen. Diese Erscheinungen werden oft als ausschließliche Reaktionen auf die Krankheit mißdeutet, während sie Ergebnis stummer Fügung in die Anpassungszwänge der Mitwelt im Krankenhaus sein können. Wenn Krankenverhalten für Ärzte und Pflegepersonal unverständlich wird, entsteht der sog. Problempatient. Rohde hat diese Zustände auch „veranstaltete Depression" genannt. Eine differenzierte Analyse von Regressionsphänomenen deckt auf, welcher Anteil von ihnen durch psychosoziale Wechselwirkungen im Krankenhaus induziert ist. Die folgende Tabelle 1 zeigt, durch welche Verhaltensweisen der Ärzte und des Pflegepersonals ein Problempatient entstehen kann.

Aus solchen Erfahrungen läßt sich eine Aufmerksamkeit für die eigenen Verhaltensweisen von Ärzten und Pflegepersonal ableiten. Wir erkennen an solchen Beispielen den Grad der Nichtübereinstimmung ihres Ideals menschlich zugewandten Verhaltens mit der Wirklichkeit ihres tatsächlichen Umgangs mit den Kranken. Welche praktischen Regeln sich aus solchen Erkenntnissen ableiten lassen, zeigt das Beispiel der Tabelle 2 an den Erörterungen, die der Arzt anstellen kann, wenn ein Kranker bei einer Visite über eine neue Beschwerde klagt oder auf ein neues Symptom aufmerksam macht (Tabelle 2).

Besser und anders als das Kind kann der Erwachsene, obgleich er krank ist, mit solchen Problemen fertig

Tabelle 3. Spezielle Hospitalismus-Syndrome

Einrichtung	Indikationen	Bedingungen	Haupt-Verhaltens-Merkmale	
			Kranke	Personal
Intensiv-Station	Lebensbedrohliche Zustände: Herzinfarkt, Atemstörungen Arzneimittel- und Stoffwechselvergiftungen, Nieren- und Leberversagen, Schock, Verbrennungen	Kein Außenkontakt, Immer unter Aufsicht, Viel Geräte; häufiger Personenwechsel (Schicht, Konsiliarien) Dramatische Nachbar-Ereignisse	Angsthaftes Getriebensein, Deprivation, Claustrophobie	Identifizierung Frustration Aggression Pausen
Isolier-Bett	Akute Leukämien, Knochenmarkstransplantationen, Tumoren unter Chemotherapie, Immunsuppressive Therapie	Plastikzelt, gleichbleibendes Klima; eintönige Nahrung, schwierige Körperpflege, kein direkter Personenkontakt	Objektverlust Narzißmus Deprivation	Monotonie
Infektions-Station	Bakterielle und virale Infektionen Quarantäne	Seltener Hör- und Sichtkontakt (Balkon, Glasscheibe)	Langeweile Aggression Depression	Routine
Chronische Hämodialyse	Chronisches Nierenversagen	Angewiesensein auf technisch sehr spezialisiertes Personal und funktionierende Apparate, Kurze Intervalle des „Wiederauflebens" Warten auf Organspender	Abhängigkeitswünsche, Unabhängigkeitsstrebungen, labiles Selbstgefühl, hypochrondrische Selbstbeschäftigung, Aggressionsabwehr	Frustration
Sterbe-Zimmer	Unbeeinflußbarer Krankheitsverlauf im Endstadium	Einzel-Zimmer, abgebrochene Kontakte zu Mitkranken, oft Nordzimmer	Nichtwahrhabenwollen, Abkapselung, Zorn, Aufbegehren, Verhandeln, Depression, Sich-Ergeben, Zustimmung	Verleugnung, Meidung, Vernachlässigung, Wunscherfüllung

werden: Er kann über seine Probleme sprechen, er kann sie durch individuell geformtes Verhalten, das auffällig wird, non-verbal signalisieren, er kann sein Leiden sublimieren durch individuelle Formen der Selbstdarstellung z.B. der Gestaltung seines Nachttisches und er kann durch Einsicht in die Organisationsbedingungen des Krankenhauses, die Funktionen der Partner, der Belastungen des Personals und der Behinderungen der Mitkranken die teilweise Unbefriedetheit seiner Bedürfnisse einsehen, erklären und – wie die Untersuchungen gezeigt haben – häufig auch entschuldigen.

Genauer studiert sind diejenigen Hospitalismussyndrome, die in Einheiten der Intensivpflege auftreten und Grenzsituationen des Lebens betreffen. Sie sind in Tabelle 3 zusammengestellt.

Aus der Tabelle ergibt sich, daß das Problem des psychosozialen Hospitalismus nicht nur den Gegenstand „Kranker" ins Auge fassen darf, denn dieser ist auch das Gegenüber von Bezugspersonen, die ihrerseits Verhaltensweisen entwickeln, die auf die Grenzlagen der Kranken nicht nur professionell sondern auch emotional eingestellt sind. Die Vergeblichkeit von Bemühungen, wirklich zu helfen, zu heilen oder am Leben zu erhalten, wird nicht nur rational aufgearbeitet als Erfahrung sondern wird auch als Versagen, als Identitätskrise, erlebt. Die Hospitalismussyndrome sind nur dann zu verstehen, zu erklären, zu erkennen und zu vermeiden oder zu behandeln, wenn die Sozialfiguren der Beziehungen von Ärzten zu Kranken und von Kranken zu Pflegepersonal untersucht werden.

Der Lebensraum des Menschen im Lichte einer Theorie der Medizin*

H. Schaefer

I. Physiologisches Institut der Universität Heidelberg

The Environment of Man in the Light of a Theory of Medicine

Summary. 1. A "natural" ambient for man would be an environment in which the human genes came to an equilibrium in his phylogenesis. Even natural environments contain risk factors (like iodine content or water hardness).

2. The methods of investigating ecological influences are very intricate, and the results are uncertain and indirect. The epidemiology plays a decisive role herein. Results however can be interpreted only with the aid of physiological or psychological models.

3. The inadequacies of these ecological methods may be demonstrated using the example of cancer as the result of smoking or of using artificial fertilizers.

4. In the light of epidemiological research, disease appears as a paradigm of disturbed conditions of existence. The etiology of diseases ought to be analyzed with the aid of new theoretical models.

5. Noxious influences from the technical ambient are predominantly menacing human resources, and not so much human health. There are only few noxious substances which elicit illness nowadays to a measurable degree. Three catalogues of such substances occurring in technics, traffic or agriculture are given in Tables 1–3.

6. Diseases appearing as causes of death at rapidly increasing frequency are heart infarction, liver cirrhosis, carcinoma of lungs and bronchi. Traffic accident rates increase as cause of death. These causes of death are the main reason for the decreasing life expectancy in man.

7. The dominating causes of death (cancer excepted) are among others the consequence of behaviour and psycho-social stress.

8. The classical risk factors of disease afford an explanation of their own genesis. This demands a "hierarchy of risk factors", in which the very first causes (etiologies) of disease are either of genetical or of external (extrinsic) character.

9. Socially determined causes play the main role among the external causes of disease.

10. A comprehensive theory of illness can be established with this ecological theory of etiologies. The importance of emotional reactions on social factors is obvious.

11. One of the most important noxious social factors is an inadequate education.

12. The prevention of disease has to be predominantly a change in behaviour.

Key words: Environment (ambient) – Ecology – Theory of medicine – Etiology – Epidemiology – Noxious influences – Causes of disease – Life expectancy – Behaviour – Causes of death – Psychosocial stress – Risk factors – Education – Prevention.

Zusammenfassung. 1. Ein „natürlicher" Lebensraum für den Menschen wäre diejenige Umwelt, mit der sich seine Gene in der Phylogenie auseinandergesetzt haben. Doch bieten auch diese „natürlichen" Umwelten Gefahren (Jodgehalt, Wasserhärte z.B.).

2. Die Methoden zur Erforschung ökologischer Einflüsse sind extrem kompliziert, unsicher und indirekt. Die Epidemiologie spielt hier die entscheidende Rolle. Ihre Resultate sind aber nur im Lichte physiologischer oder psychologischer Modelle interpretierbar.

3. Die Fragwürdigkeiten der ökologischen Methodik lassen sich eindrucksvoll am Problem des Raucherkrebses und des Karzinoms als Folge künstlicher Düngung demonstrieren.

4. Krankheit erscheint im Lichte der epidemiologischen Forschung als Paradigma gestörter Existenzbe-

* Vortrag auf der 109. Versammlung der Gesellschaft Deutscher Naturforscher und Ärzte, Stuttgart 19.–23. September 1976

dingungen. Die Ätiologie der Krankheiten muß mit neuen theoretischen Modellen analysiert werden.

5. Die Noxen aus der technischen Umwelt sind vorwiegend solche, welche unsere Hilfsquellen, weniger direkt unsere Gesundheit, bedrohen. Es gibt nur wenige Schadstoffe, die heute bereits mit Sicherheit menschliche Krankheit in meßbarem Ausmaß hervorrufen. Drei Kataloge von Noxen aus Technik, Verkehr und Landwirtschaft werden aufgestellt (Tabellen 1–3).

6. Diejenigen Krankheiten, welche derzeit als Todesursache besonders rasch zunehmen, sind Herzinfarkt, Leberzirrhose, Lungen- und Bronchialkarzinom und Bronchitis. Hierzu treten Verkehrsunfälle als besonders rasch zunehmende Todesursache. Diese 5 Todesursachen sind fast allein der Grund für das Absinken der Lebenserwartung der Männer.

7. Diese dominierenden Todesursachen (außer Krebs) sind durchwegs die Folge eines falschen Verhaltens und des psychosozialen Streß.

8. Die klassischen Risikofaktoren der Krankheiten müssen auf ihre eigene Entstehung hin untersucht werden. Das setzt eine „Hierarchie der Risikofaktoren" voraus, deren erste Ursachen (Ätiologien) entweder genetische, oder externe Ursachen sein müssen.

9. Unter den externen Ursachen der Krankheit spielen die gesellschaftlich bedingten die größte Rolle.

10. Es läßt sich aus dieser ökologischen Theorie der Ätiologien eine umfassende Theorie der Krankheit ableiten. Die Bedeutung der emotionalen Reaktionen auf gesellschaftliche Faktoren ist evident.

11. Eine der wichtigsten ökologischen Noxen ist eine fehlerhafte Erziehung.

12. Prävention von Krankheit muß in erster Linie Verhaltensänderung sein.

Schlüsselwörter. Lebensraum – Ökologie – Theorie der Medizin – Ätiologien – Epidemiologie – Noxen – Umwelt – Krankheitsursachen – Lebenserwartung – Gesundheitsgerechtes Verhalten – Todesursachen – Psychosozialer Streß – Risikofaktoren – Erziehung – Prävention.

Der Lebensraum

Der Lebensraum von Mensch und Tier ist derjenige Umweltraum, welcher ein Garant der Fortexistenz der Arten ist, in dem er die Produkte hervorbringt, welche die Lebewesen zu ihrer artgemäßen Existenz benötigen.

Dieser scheinbar so lapidar-selbstverständliche Satz birgt dennoch alle Probleme unserer modernen Welt in sich. Selbst für das Tier gibt es Existenzbedingungen, die in einer vom Menschen noch unberührten Welt nicht immer erfüllt waren. Die technische Welt heute bedroht Pflanzen und Tier freilich so, daß mindestens bei der Tierwelt in jedem Jahrzehnt einige Tierarten auszusterben scheinen. Für den Menschen liegen die Dinge seltsamerweise nicht so extrem. Wie wir noch hören werden, gibt es kaum sichere Hinweise für eine Bedrohung seiner *physischen* Existenz durch die gegenwärtige Technik.

Wovon aber lebt der Mensch? Wenn das Sprichwort wahr ist, daß er nicht vom Brote allein lebt, so werden wir uns eingestehen müssen, daß die Bestimmung des menschlichen Lebensraumes etwas mit dem *Wesen des Menschen* zu tun hat. Will er in seiner Umwelt bestimmte Faktoren als „natürlich" und damit als zuträglich deklarieren, und anderen diese Eigenschaft absprechen, so sieht er sich vor zwei Schwierigkeiten gestellt.

Deren erste beruht in der Definition dessen, was eine „natürliche Umwelt" ist. Diese natürliche Umwelt wäre auf jeden Fall jene Welt, mit denen sich im Lauf der letzten Million Jahre die Erbanlagen des Menschen ins Gleichgewicht gesetzt haben. In einer solchen Umwelt stellt die „Physiologie des Menschen" das Hauptstück der Gesamtproblematik dar. Der Eingriff des Menschen in die Natur durch Entwicklung von Technik und Gesellschaftsordnungen ist in seiner Pathogenität primär durch die Grenzen der „Toleranz" und der Anpassungsfähigkeit bestimmt. Diese Grenzen aber sind offenbar weit, und zudem ist es schwer zu ermitteln, welche Umwelt die heute vorhandenen Gene des Menschen wirklich festlegte. Die Frage engt sich also darauf ein, welche leiblichen „Bedürfnisse" der Mensch aufweist, ohne deren Befriedigung die menschliche Existenz nicht ohne Gefährdung möglich ist. Im einfachsten Fall sind es jene Minimalforderungen an Luft, Wasser und Nahrungsstoffen, mit denen sich die Normwerte des menschlichen Leibes aufrecht erhalten lassen. Es hat sich aber gezeigt, daß die Normen von Landschaft zu Landschaft verschieden sind, daß große Spielbreiten der meisten Werte auch bei Gesunden gefunden werden, die man früher für krankhaft angesehen hätte, und daß sich Voraussagen über später eintretende Krankheit aus leichten Abweichungen der Normwerte selten machen lassen [1]. Es hat sich überdies gezeigt, daß Umwelteinflüsse verschiedener Art, auch solche rein physikochemischer Natur, für die menschliche Existenz bedrohlich sein können, obgleich sie sicher „natürlich" in dem soeben definierten Sinne sind. Die Härte des Trinkwassers z.B. hat vielleicht einen Einfluß auf die Infarktentstehung [2], sein Jodgehalt sicher einen Einfluß auf die Kropfbildung; Klima und natürliche Lebewesen sind die Ursache von Krankheit und Tod, das in der Atmosphäre ständig sich bildende Nitrit Ausgangsstoff krebserzeugender Nitrosamine.

Bedürfnisse des Menschen sind also nicht einmal hinsichtlich seiner leiblichen Existenz einwandfrei definierbar. Die Bedürfnisse aber, auf deren Erfüllung es dem Menschen am meisten ankommt, und für die er sein Leben in Kampf und Revolution zu opfern bereit ist, sind gewiß weder leiblicher Art noch objektiv bestimmbar. Der Mensch schafft sie sich selbst durch die soziale Welt, in der die Bedrohung seiner Existenz durch ihn selber erfolgt.

Der Lebensraum des Menschen ist also ein vielfältiges, physiologisch, psychologisch, sozial und politisch relevantes Gebilde, so sehr, daß seine Analyse uferlos wäre, würden wir uns nicht auf die medizinische Seite seiner Problematik beschränken, und selbst hier wird seine Problematik nahezu unlösbar.

Die Methoden

Die Schwierigkeiten, denen sich jede Methode gegenübersieht, welche den Menschen im Haushalt der Natur, in ökologischer Sicht also, betrachtet, sind zweifacher Art. Die Wirkungsflüsse, die von der Umwelt her auf den Menschen einwirken, sind in der Regel weder experimentell variierbar noch isoliert meßbar, bestehen in meist vagen, vielgestaltigen, kontroversen Einflüssen, welche auf große Zahlen von Menschen, wenn nicht gar auf alle Menschen treffen. Die Methoden der Physik und Chemie versagen meist. Eine physikochemisch vorgebildete Medizin ist vor dem Problem hilflos.

Die neue Ära der Medizin, welche nun angebrochen ist und diese Probleme erforschbar gemacht hat, ging von einer Methode aus, welche spezifisch auf die Erforschung vielfältiger und unbestimmter Einflüsse zugeschnitten war, von der Epidemiologie. Darunter verstehen wir die Erforschung gerade der weitverbreiteten Krankheitsursachen, die zudem in zahlreichen einzelnen Wirkungsmechanismen gleichzeitig auf Lebewesen einwirken. Die Methode besteht darin festzustellen, ob es Beziehungen überzufälliger Art zwischen Krankheit einerseits und bestimmten definierbaren Umweltereignissen und Zuständen andererseits gibt.

Die *Eigenschaften der epidemiologischen Methoden* lassen sich am einfachsten an einem Beispiel darstellen. Der Einfluß der Luftverschmutzung auf die menschliche Gesundheit ist seit einigen Jahren ein die Menschen besonders bewegendes Thema. Die Definition der Luftverschmutzung ist zwar unproblematisch, kann in Gramm Schwebestoff pro Kubikmeter Luft, in Teilchenzahl oder als Gehalt an besonderen chemischen Verbindungen gemessen werden. Diese Stoffe finden sich aber niemals über längere Zeit so konstant in der Luft, welche wir einatmen, vor, daß man eine eindeutige Gefahr definieren könnte. Wir weichen vielmehr dahin aus, daß wir undefinierbare Sammelbegriffe einführen, wie z.B. den Begriff der Großstadt-Luft, welche Großstädter einatmen müssen. Die Folgen, die wir mit diese „Noxe“ in Verbindung bringen, sind zunächst unbekannt und werden durch Zufallsbeobachtungen verdachtsweise definierbar. Zwei solche Folgen sind z.B. das Karzinom der Lunge und die chronische Bronchitis.

Wir können nun die Häufigkeiten dieser Krankheiten bei Bewohnern großer Städte mit denen von Landbewohnern vergleichen [3]. Für das Lungen- und Bronchialkarzinom zeigt sich dann, daß es um so häufiger gefunden wird, je größer die Stadt ist, deren Bewohner getestet werden, daß aber der Unterschied hinsichtlich des Befalls an Lungenkarzinom zwischen Rauchern und Nichtrauchern fast siebenmal größer ist als der zwischen Großstadt- und Landbewohnern. Die wichtigste Eigenschaft der epidemiologischen Methoden besteht also darin, das Zusammenfallen von gehäuftem Vorkommen von Krankheit und einer vermuteten Umweltnoxe zu dokumentieren.

Methodische Grenzen

Die Grenzen der Methode liegen darin, daß auch starke Korrelationen zwischen vermuteten Noxen und vermuteten Schäden keinen Schluß auf ein Kausalverhältnis zulassen, es sei denn, wir hätten ein *Modell* dieses Vorgangs aus Physik, Chemie oder Psychologie, das die Korrelation kausal deutet. So ist z.B. der Zusammenhang zwischen Zigarettenrauchen und Lungenkrebs statistisch evident [4]. Es ist bislang aber nicht gelungen, den Schadstoff, der in der Zigarette enthalten ist, eindeutig nachzuweisen. Teerprodukte erzeugen Krebs auf der Haut, kommen aber nur in Spuren in die Lunge. Das im Zigarettenrauch enthaltene Benzpyren macht zwar im Experiment Krebs, doch atmen Angehörige bestimmter Berufe viel Benzpyren ein, ohne häufiger an Lungenkrebs zu erkranken. Die Benzpyren-Hypothese ist nicht haltbar [5].

Die Situation wird noch schwieriger, wenn wir von folgender Tatsache hören. Bei eineiigen Zwillingen, von denen der eine Raucher ist, der andere nicht, findet sich kein Unterschied der Krebshäufigkeit zwischen Rauchern und Nichtrauchern. Trifft also der „Schadstoff“ (wenn es ihn gibt) auf erbgleiche Menschen, so tritt kein Schaden ein [6]. Trotz massiver Evidenz der Schädlichkeit des Rauchens fehlt das Modell, welches den Zusammenhang von Lungenkrebs und Rauchen beweisen könnte [5].

Wir wollen diese methodische Situation an einem zweiten Beispiel erläutern, das uns zugleich tiefer in unsere Problematik einführt. Von „Puristen", also Vertretern einer umweltbewußten Weltanschauung, welche alle technischen Eingriffe in unsere Umwelt für grundsätzlich gefährlich halten, wird auf die Gefahr hingewiesen, welche durch die Verwendung von Kunstdünger für unsere Gesundheit heraufbeschworen wird. Nun nehmen gerade die Krebse des Magens ab, obgleich der Magen doch am ersten mit den in der Nahrung angereicherten Schadstoffen des Kunstdüngers, vor allem Nitraten und Nitriten, in Berührung kommt. Andererseits wird soeben aus Chile die Tatsache berichtet, daß diejenigen Provinzen des langgestreckten Landes, in denen der höchste Verbrauch an Kunstdünger festzustellen ist, eine überzufällig hohe Erkrankungsziffer an Magenkrebs in der Bevölkerung aufweisen [7]. Diese statistische Beziehung läßt sich nun leicht durch ein Modell erklären. Die Biochemie zeigt uns, daß Nitrite dazu benutzt werden, im Körper Nitrosamine herzustellen, welche im Tierversuch stark krebserregend wirken. Der statistische Zusammenhang läßt sich also zu einer kausalen Hypothese erweitern. Der tatsächliche Rückgang des Magenkarzinoms wäre mit der Beseitigung anderer Noxen zu erklären, deren sinkende Wirkung die steigende Krebsgefährdung des Kunstdüngers überkompensiert.

Krankheit als Paradigma gestörter Existenzbedingungen

Die neue Sicht einer epidemiologisch orientierten Medizin ist in erster Linie in der neuen Theorie der Krankheitsursachen erkennbar, einer Theorie, welche wie alle das Prinzip einer Sache betreffenden Theorien gewaltige praktische Konsequenzen hat. Bisher wurden nicht selten die Symptome einer Krankheit für ihre Ursache genommen, und wo man Risikofaktoren, d.h. ursächlich wirksame Faktoren fand, wurde selten nach deren Herkunft gefragt. Gerade für die häufigsten Krankheits- und Todesursachen ist das leicht nachweisbar: die Entstehung der Arteriosklerose, der chronischen Bronchitis, der Karzinome blieb dunkel.

Die neue Krankheitslehre hat uns vor allem gelehrt, daß fast jede Krankheit mehrere und oft zahlreiche Ursachen hat. Sie drückt diese Tatsache im Begriff der „multifaktoriellen Genese der Krankheit" aus. Die Ursachen, welche multifaktoriell, also in Tateinheit bei der Krankheitsentstehung zusammenwirken, lassen sich in zwei und nur zwei Gruppen einteilen: in erbbedingte und umweltbedingte Risikofaktoren. Für unser Thema spielen die Erbfaktoren der Krankheit zwar eine bedeutsame Rolle, doch so, daß wir ihre Bedeutung als „Empfänglichkeit" für Noxen der Umwelt zusammenfassen und nicht näher betrachten wollen.

Diese Umwelt wirkt auf zweierlei Weise auf uns ein, wenngleich diese beiden Weisen mehr gedanklich als praktisch voneinander abzugrenzen sind. Die erste Weise beginnt mit (wenn nicht schon vor) der Geburt und drückt sich in der Summe aller leiblichen und geistigen Erfahrungen aus, welche bleibende Spuren am Leib- und Geistgedächtnis hinterlassen. Diese Wirkungsweise ist eine ständige, uns fortwährend modifizierende, welche zu einem bestimmten Lebensmoment das dann genetisch geprägte, durch die Umwelt bedingte Lebewesen „Mensch" erzeugt hat. Dem Arzt kommt dieses „Individuum" mit seinen charakteristischen Eigenschaften vor Augen und er stellt, falls eine Krankheit ausbrach, dann einen neuen Einbruch von Umweltkräften fest, die „Krankheitserreger", auf welche das Individuum in seiner individuellen Weise reagiert.

Noxen aus der technischen Umwelt

Das Spektrum der ständigen pathogenen Umwelteinflüsse ist breiter als man noch vor kurzem annahm. Ein System dieser Einflüsse ist heute noch nicht zu entwerfen. Einem Bündel möglicher Noxen steht ein Bündel möglicher umweltbedingter Krankheiten gegenüber. Deren strenge Zuordnung ist bislang nur in Ausnahmefällen gelungen, ja man hat sie nicht einmal zu systematisieren versucht. Ein Blick auf die beträchtlich schwellende Literatur beweist, daß das medizinische Problem aus dieser Diskussion häufig völlig fortgelassen wurde, so als sei es selbstverständlich, was der Mensch durch seine Umwelt erleide. Man pflegt sich auf ökonomisch einfache Bilanzen zu stürzen, nachzuweisen, wieviel Menschen man (unter völlig utopischen politischen Bedingungen übrigens) bestenfalls ernähren könne [8], und den Planeten „geplündert" haben werde [9], oder wann wir den Rohstoff x aufgebraucht und wie rasch sich Luft oder Wasser mit dem Abfallprodukt y anreichern. Wenn wir die mit einer Halbwertszeit von 9 Jahren wachsende Energieproduktion auf die von ihr bewirkte Erwärmung der Erdoberfläche hin durchrechnen, kommen wir zu beängstigenden Resultaten, ohne daß dabei sicher gesagt werden könnte, wann genau sich deletäre klimatische Verhältnisse einstellen, z.B. die Polkappen von Eis abschmelzen und das Flachland unserer Kontinente überfluten [10]. Was aber dem Menschen selber geschieht, daran verschwendet auch der Club of Rome kaum einen Gedanken [11].

Betrachten wir einige der Noxen, die man als Krankheitsursache anzuschuldigen pflegt, nach Angaben von Hentschler [12]. Zur besseren Übersicht ord-

Tabelle 1. Schadstoffe, die aus Industrie u. Technik stammen (Material nach Hentschler [12])

Zu Beginn jeder Zeile ist angezeigt, ob die Wirkung am Menschen *derzeit* schon sichere (!) oder nur fragliche (?) Schäden hervorruft

Stoff	Angriffsort, Wirkung
! Asbest	Asbestose, Carzinom
? Kadmium	Nierenkrankh., Hochdruck
? CO	Stoffwechselschäden über Hb–CO
? NO_2	Lunge, Carzinome
? Quecksilber	Zentralnervensystem
? SO_2	Bronchitis, Kreislaufschäden
? Vanadium	Lungenkrebs
? Aldehyde	Allg. Reizung

Tabelle 2. Schadstoffe, die aus dem Autoverkehr stammen (Material nach Hentschler [12])

Anordnung wie Tabelle 1

Stoff	Angriffsort, Wirkung
? Asbest	Asbestose, Carzinom
? Blei	Blut, Zentralnervensystem
? CO	Stoffwechselschäden
? NO_2	Lunge, Carzinome
? Aldehyde	Allg. Reizung
? Benzol	Blut, Carzinom?
? Benzypyren	Lungenkrebs?

Tabelle 3. Schadstoffe, die aus der Landwirtschaft stammen (Material nach Hentschler [12])

Sonst wie Tabelle 1

Stoff	Angriffsort, Wirkung
? Arsen	Carzinome in Lunge, Leber
? Nitrit	Carzinome (über Nitrosamin)
? Antibiotika	Änderung der Infektiosität
? Insektizide	Lebercarzinom? Nervensystem
? Herbizide	Mißbildungen

nen wir diese Noxen in 3 Klassen, je nach ihrer Herkunft.

Tabelle 1 betrifft die *Industrie als Schadstoff-Produzent*. Fragen wir zu Beginn bei jedem dieser Schadstoffe danach, ob *sichere* Schädigungen beobachtet sind, so zeigt diese Liste lauter Unsicherheiten. Insgesamt 8 Stoffe machen *vielleicht* die in der Tabelle angeführten Schäden, mit Ausnahme von Asbest, das sichere Schäden macht [13].

Tabelle 2 betrifft Noxen, welche möglicherweise vom *Autoverkehr* ausgehen. Sie enthält 7 Stoffe, davon 3, welche auch industriell allgemein produziert werden. Keiner dieser Stoffe aber wirkt unter heute vorliegenden Verhältnissen so, daß eine Krankheit als sicher durch ihn hervorgerufen bezeichnet werden könnte.

Tabelle 3 gibt die vorwiegend *landwirtschaftlichen Schadquellen* und ihre Schadstoffe an. Es ist eine kleine Liste, da die 3 letzten Positionen Sammelbezeichnungen für verschiedene Stoffe sind. Auch hier: nirgends *sichere* Schäden am Leib des Menschen.

Dies negative Ergebnis darf uns nicht beruhigen, denn ökologische Schäden, an Tieren und Pflanzen, sind sicher zahlreich und bedrohlich. Sie wirken sich auf den Menschen zunächst indirekt existenzgefährdend aus, nämlich durch Minderung seiner Nahrungsquellen. Pflanzen und Tiere sind Zwischenstationen aller Schadstoffe, die im Flußwasser aufgefangen werden, und der Mensch kommt mit ihnen nicht direkt in Berührung. Es könnte so scheinen, als sei der ästhetische Schaden, den R. Carson [14] mit ihrem Buchtitel „Der stumme Frühling" beschreibt, das derzeit Eindrucksvollste an der Umweltproblematik. Ein solch ästhetischer Effekt ist auch die unglaubliche Verschmutzung von Wohnarealen durch weggeworfene Gegenstände. Wir lassen unseren Abfall unter uns wie ein Baby, das Reinlichkeit noch nicht gelernt hat. Wir sind im Begriff, eine Verschmutzungsgesellschaft zu werden.

Die Suche nach ökologischen Krankheiten

Die Unsicherheiten in unseren drei Tabellen haben einen einfachen Grund: es gelingt nur ausnahmsweise, den methodisch umgekehrten Weg zu beschreiten, nämlich Krankheiten aufzufinden, welche sich in letzter Zeit vermehrt haben und als Folge der Einwirkung bestimmter Schadstoffe bezeichnet werden könnten.

Die Durchmusterung der Krankheitsursachen ist vielmehr erstaunlich unergiebig, was den Nachweis von Umweltschäden technischen Ursprungs anlangt, überrascht aber durch einen Befund, der uns eine neue Sicht auf das Phänomen Krankheit eröffnen wird. Das umfangreiche Datenmaterial kann hier nur in stark abstrahierter Form wiedergegeben werden. Auch beschränken wir uns auf die Todesursachen-Statistik. Die Statistik der (nicht tödlichen) Erkrankungen ist unsicher und bringt keine neuen Gesichtspunkte. Zunächst sehen wir von 5 Krankheiten als Todesursache ab, die uns wegen ihrer überragenden Bedeutung abschließend beschäftigen werden. Es lassen sich aus dem Rest der Todesursachen zwei Listen bilden: Krankheiten, welche in den letzten 20 Jahren zugenommen haben und solche, die abgenommen haben oder an Häufigkeit gleich geblieben sind. Letztere sind für uns unergiebig [15]. Die an Häufigkeit als Todesursache zunehmenden Krankheiten hingegen geben einige Hinweise auf mögliche Schäden. Die

Tabelle 4. Standardisierte Sterblichkeit, pro 100000 Lebende, der 5 Todesursachen beim Mann, welche seit 1952 besonders stark an Häufigkeit zunahmen

Todesursache	Sterblichkeit 1952	Zunahme in % von 1952–1971
1. Koronare Herzkrankheiten	65	202
2. Leberzirrhose	12	167
3. Lungen- u. Bronchial-Carzinom	27	115
4. Bronchitis	13	108
5. Verkehrsunfälle	31	48
Insgesamt 1–5	148	143

Krankheit, bei der Umweltschäden verdeckt sein könnten, ist der Krebs. Insgesamt nimmt der Krebs aller Organe an Häufigkeit nur wenig zu, und zwar in 20 Jahren um 5,6% für beide Geschlechter, für Männer mehr (18,5%), weil die Krebshäufigkeit der Frauen (um 6,9%) sank. Einzelne Krebsarten sinken auch beim Mann erheblich ab. Die Zunahmen einiger anderer Krebsarten sind prozentual aber beachtlich: 115% in 20 Jahren beim Krebs der Bauchspeicheldrüse, 42% beim Krebs des Gehirns, für deren Verursachung wir keinerlei Modell haben. Andere Krankheiten, die stark zunehmen, wie Asthma und Lungenblähung (letztere 123%!), sind nur im Zusammenhang mit Bronchitis deutbar, und sicher weitgehend die Folge des Rauchens.

Die 5 Hauptursachen des Todes, welche besonders rasch an Bedeutung, d.h. an Häufigkeit, zunehmen, sind der Herzinfarkt, das Lungen- und Bronchialkarzinom, die Bronchitis, die Leberzirrhose und der Verkehrsunfall [15]. Würde die Häufigkeitszunahme an diesen 5 „Killern" unterblieben sein, so hätte sich die Lebenserwartung (als Maß der mittleren Lebensdauer) der Männer nicht in den letzten Jahren verkürzt, sondern wäre weiter angestiegen.

Wie Tabelle 4 zeigt, nahmen diese 5 Killer auf fast das $2^1/_2$fache des Ausgangswertes in 20 Jahren zu, freilich nur bei Männern so stark. Sie stellen dabei rund 13% aller Todesfälle 1952, aber über 34% 1972, d.h. diese 5 Todesursachen haben sich in 20 Jahren relativ fast verdreifacht und stellen $^1/_3$ aller Todesursachen. Unser Tod wird einförmiger: er wird in steigendem Ausmaß von immer weniger Krankheitsformen beherrscht. Schon heute machen nur 3 Gruppen von Todesursachen (Krebs, Kreislaufkrankheiten, Unfälle) 71% und 6 (Lungenkrankheiten, Verdauungskrankheiten, Prostataerkrankungen zusätzlich) bereits 89% aller tödlichen Krankheiten aus. Die Forschung, welche den Tod zu bekämpfen wünscht, hat es also scheinbar leicht: sie könnte sich auf eine sehr kleine Zahl von möglichen Todesursachen konzentrieren.

Der Schaden stammt vom eigenen Verhalten

Was nun die 5 großen „Killer" anlangt, so ist leicht nachweisbar, daß jede dieser Krankheiten vorwiegend aus falschem *Verhalten* oder aus Faktoren entsteht, welche in der sozialen Umwelt liegen, und dem medizinischen Zugriff nicht zugänglich sind. Für *Unfälle*, erst recht *Verkehrsunfälle* (5% der Todesursachen der Männer) ist das banal. Die Ursache des *Lungenkrebses* und der *Bronchitis* ist überwiegend die Folge des Rauchens. Die *Leberzirrhose* hängt vorwiegend vom Alkoholkonsum, wahrscheinlich noch etwas vom Medikamentenkonsum ab. Wieweit andere Umweltfaktoren eine Rolle spielen, ist ungewiß. Gewiß ist nur, daß diese Rolle nicht groß sein kann. Der massivste Faktor bei den 5 Killern ist der *Herzinfarkt*.

Die Hierarchie der Risikofaktoren

Dieser größte Killer der Gegenwart bietet uns gleich zwei fundamentale Schwierigkeiten. Nur ein recht oberflächlich argumentierender Mediziner könnte behaupten, daß er wüßte, was eigentlich dieser Infarkt ist, wie er entsteht und im Detail abläuft. Im Tierversuch läßt er sich nicht in der für den Menschen typischen Form imitieren. Beobachtungen, die ein vollständiges Modell des Infarktes liefern, sind nicht vorhanden. Die zweite Schwierigkeit bietet der Infarkt darin, daß seine Ursache trotz enormer Anstrengungen zu ihrer Aufklärung letztlich unbekannt ist [16].

Die epidemiologischen Studien Amerikas, aus Framingham und Tecumseh und das spätere National Pooling Project, haben statistisch nachweisen können, daß solche Personen infarktgefährdet sind, welche die folgenden *Risikofaktoren* aufweisen: erhöhten Gehalt an Blutfetten, erhöhten arteriellen Blutdruck, erhöhten Blutzucker, Zigarettenkonsum [17]. Bewegungsarmut spielt vielleicht eine Rolle. In einer großen Zahl von Untersuchungen wurde ferner festgestellt, daß Faktoren, welche wir heute unter dem etwas verwaschenen Oberbegriff des „psychosozialen Streß" zusammenfassen, ebenfalls gefährdend scheinen. Eine entsprechende Korrelation wurde nachgewiesen zwischen der Infarktgefährdung in einer Bevölkerungsgruppe einerseits und hoher sozialer Mobilität, sozialer Schicht, Arbeits- und Lebensunzufriedenheit und bestimmten persönlichen Eigenschaften wie Ehrgeiz, Rastlosigkeit, leichte emotionale Erregbarkeit andererseits, um die wichtigsten Faktoren zu nennen [16, 18]. Von den sozialen und emotionalen Faktoren

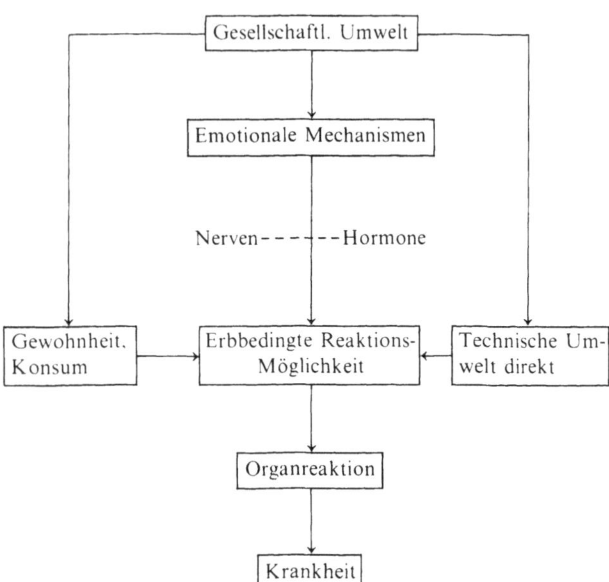

Abb. 1. Schema möglicher Wirkungen auf den Leib des Menschen (vgl. Text)

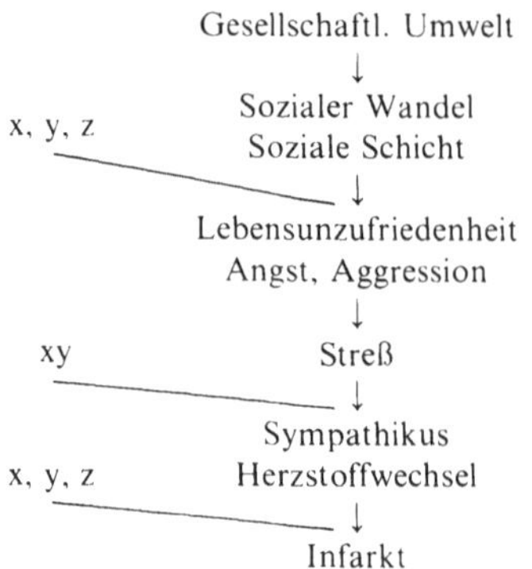

Abb. 2. Schema einer pathogenetischen Kette unter Berücksichtigung jeweils nur einer von vielen möglichen Wirkungen. Dargestellt ist also nur der prinzipielle Weg der Entstehung von Risikofaktoren aus einer „Hierarchie" von Vorläufern

hat sich durch Messungen nachweisen lassen, daß sie die Blutfette, die Blutgerinnung und den Blutspiegel an Katecholaminen steigern, und damit Mechanismen auslösen, durch welche die Herzarterien verengt werden und der Herzstoffwechsel rasch und erheblich steigt.

Man ist nun keineswegs sicher, damit das Infarkt-Geheimnis gelöst zu haben. Insbesondere stehen wir vor der Notwendigkeit, die Entstehung von Risikofaktoren selber zu erklären. Durch eine Entartung unserer Gene können sie schwerlich entstanden sein. Die Krankheiten änderten ihre Häufigkeit in 20 Jahren dramatisch. In solchen Zeiten ändern sich Gene in einer Bevölkerung nicht so stark.

Wir wissen nun nichts über die Änderungen einiger Risikofaktoren im letzten Jahrhundert. Der Fettkonsum z.B., den man für die Zunahme von Blutfettwerten verantwortlich machen könnte, hat sich in den letzten Jahrzehnten kaum erhöht [19]. Ob also, und wenn ja, dann weshalb sich Cholesterin im Serum als Risikofaktor des Infarktes so stark erhöht hat, daß es die dramatische Zunahme erklären könnte, ist unbekannt. Es ist vielmehr zu vermuten, daß das Cholesterin bei weitem nicht die Rolle spielt, die man ihm zumaß. Das zeigen auch neuere Studien [17]. Woher aber kommen Blutzucker-Steigerung, Diabetes, Rauchgewohnheiten, erhöhter Blutdruck, Bewegungsarmut?

Das Schema *möglicher* Wirkungen auf den Leib des Menschen ist nun tatsächlich einfach, wie Abbildung 1 zeigt. Sehen wir von Erbkrankheiten, Naturkatastrophen, Infektionen und Parasiten als Krankheitsursachen ab, so bleibt nur die gesellschaftliche Umwelt als Schadquelle. Sie wirkt auf drei Wegen: durch technische direkte Einflüsse (z.B. bei Berufskrankheiten), durch Änderung von Sitten und Gewohnheiten, insbesondere beim Konsum, und durch die emotionalen Reaktionen, als Antwort auf „soziale Reize", die über Nerven und Hormone, zusammen mit den beiden anderen Wirkungswegen, die erbbedingten Reaktionsmöglichkeiten des Organismus antreiben und Krankheit auslösen. Das kann nach einem klar gegliederten Schema gehen (Abb. 2). Soziale Phänomene lösen Angst, Aggression, Lebensunzufriedenheit aus. Wir wissen aus der Epidemiologie, daß im Zusammenhang mit diesen psychischen Daten die Anfälligkeit für Infarkte stark erhöht ist [16, 18]. Der physiologische Weg ist klar: der N. Sympathikus wird stärker aktiviert und kann den Herzstoffwechsel so antreiben, daß im Zusammenwirken mit anderen Faktoren x, y, z (z.B. Blutgerinnung, Arteriosklerose) der Infarkt begünstigt wird. Die Herkunft der anderen Faktoren läßt sich vermutlich analog ableiten. Entsprechende Messungen liegen vor (Lit. in [16]).

Der leibliche Endprozeß der Krankheit Infarkt weist also eine lange, historische Kette voraufgehender kausaler Ereignisse auf, die sich in der Theorie einer kausal gegliederten Abfolge pathogener Mechanismen darstellen, die wir als „*Hierarchie der Risikofaktoren*" bezeichnen wollen [20]. Und um es zu wiederholen: wo weder Erbanlagen noch Naturkatastrophen noch Infekte vorliegen, bleiben nur gesellschaftsbezogene Noxen übrig. Die bislang angeschuldigten Krankheitsursachen sind selber offenbar Folgezustände in einer Hierarchie kausaler pathogenetischer Prozesse.

Die Theorie der Krankheit

Die bisherige Theorie der Medizin sieht sich durch diese Tatsachen herausgefordert, da ihre Ätiologien-Lehre sie nicht mit umfaßt. Doch auch die Umweltforschung ist der Einseitigkeit anzuklagen, da sie die Natur der Schäden nicht gebührend breit betrachtet und nicht nur vor der politischen Undurchführbarkeit aller „Überlebensprogramme" [21], sondern auch vor der wachsenden Selbstschädigung unserer Gegenwartsmenschen ineffektiv bleibt. Wie also sollte eine neue Theorie der Medizin aussehen?

Die alten Ärzte sprachen von den „atria mortis", den Eintrittspforten des Todes. Insoweit Medizin eine Rettung vor dem Tode betreibt, muß ihre Theorie eine Pathophysiologie der Eintrittspforten des Todes sein. Die Risikofaktoren, welche an dieser Nahtstelle vom Leben und Tod wirksam sind, wollen wir primäre Risikofaktoren nennen. Ihre Modellierung ist Sache der Physiologie.

Ätiologische Theorien, welche bis auf die *ersten* Aitia der Krankheit vorstoßen, müssen aber die *Entstehung* der Risikofaktoren klären, d.h. eine Sequenz sekundärer und tertiärer Risikofaktoren ermitteln. Von diesen Risikofaktoren höherer Ordnung läßt sich (immer bei Nichtbeachtung der gengebundenen Reaktionen!) mit Sicherheit sagen, daß sie vorwiegend in der Auseinandersetzung des Menschen mit seiner *gesellschaftlichen* Umwelt ihre Quelle haben, also insgesamt Gegenstand der Ökologie sind. Mit dieser Umwelt setzt sich der Mensch, insbesondere emotional, auseinander, in sie greift er aber auch ständig modifizierend ein, und zwar ohne die Folgen seiner Eingriffe für Leib und Seele zu bedenken. Dem Differentialquotienten der Umweltänderung nach der Zeit entspricht die Änderungsgeschwindigkeit der Krankheitshäufigkeiten. Die größten Wandlungen sind den Jahrzehnten nach dem letzten Weltkrieg zuzuschreiben. Gegen diese Bedrohung unserer Gesundheit gibt es keine Sicherheit, auch keine Versicherung, denn was wir Krankenversicherung nennen, sichert uns nur gegen die finanziellen Folgen der Krankheit, und selbst dieser Sicherheitsfaktor wird mit seiner Kostenentwicklung ein Teil der sich nun entwickelnden Umweltkatastrophe: das Krankheitswesen unseres Landes verschlang 1972 über 136 Milliarden DM, und nähert sich dem Betrag von 20% des Bruttosozialproduktes [22].

Die letzten gesellschaftlichen Ursachen der Krankheiten sind freilich weit gefächert. Die Technik, die wir benutzen, spielt dabei eine große Rolle, und zwar durch den privaten technischen Konsum: Bewegungsarmut, Lärm, Hetze des Verkehrs, Körpererschütterungen beim Autofahren, die allgemeine Nervosität der Menschheit, am besten an den Zuständen in unseren Großstädten zu sehen. Die Anonymität als Angstfaktor oder zumindest Faktor der Schutzlosigkeit, die Isolation, die gesellig lebende Tiere tötet, der Wegestreß, der jede Besorgung, jede Vorsprache bei einem Amt zu einer Strapaze macht. Das drückt sich auch in den hohen Ziffern der Erkrankungshäufigkeiten der Großstädte aus, insbesondere bei Krebs und Infarkt. Deshalb ist auch jede *Eingemeindung* ein Schritt in die total falsche Richtung gesellschaftlicher Veränderungen. Die Noxen sind meist langzeitig wirksam, die Schäden das Resultat oft jahrzehntelanger Auseinandersetzung des Organismus mit Lebens- und Ernährungsgewohnheiten, an welche die Gene des Menschen nicht adaptiert sind. Das trifft z.B. sicher auf den Diabetes, vielleicht auch auf die Veränderungen der Blutfette zu, für deren Entstehung uns plausible Gründe fehlen.

In diesem Katalog von Umwelt-Einflüssen sozialer Genese und pathogener Wirkung fehlt freilich noch der gezielte politische Eingriff etwa durch Genmanipulation, durch absichtliche stereotaktische Gehirnoperationen, die aus einem Revoluzzer einen Träumer machen, die gezielte Psychodelie, die politische Besänftigung durch Beimischung von Psychopharmaka in Wasser oder Nahrungsmitteln, von leidgeprüften Angehörigen schwieriger Familienmitglieder heute schon oft geübt. Ich glaube nicht, daß solche Gefahren für sich selber bestehen. Wenn je sie praktikabel werden, ist die Welt so aus den Fugen, daß es auf diese Dinge fast nicht mehr ankommt. Man wird *politische* Prävention solcher Schäden treiben müssen. Die Medizin ist hier machtlos.

Wieweit die *Bevölkerungsdichte* einen unmittelbaren Schadfaktor darstellt, ist nicht gewiß. Tiergesellschaften gehen in dichter Besiedlung zugrunde, an Infekten, Unfruchtbarkeit, Aggression bis zur Selbstzerstörung [23]. Manches spricht freilich dafür, daß einige der geistig-sittlichen Entartungen unserer Gesellschaft mit solchen Übervölkerungssymptomen zu tun haben könnten. Doch scheint ein zweiter Einfluß auf die Integrität der Gesellschaft wesentlich dramatischer zu sein: der Einfluß der insuffizienten Erziehung.

Erziehung als ökologische Noxe

Die Defekte der Erziehung, heute weithin Gegenstand lebhafter Diskussion [24], sind offenbar. Das Ansteigen der Verhaltensanomalien, teils der Neurosen, teils der Kriminalität, hat statistisch gesicherte Zusammenhänge mit den veränderten Bedingungen der Kinderaufzucht, was Chr. Meves zuerst eindringlich begründet hat [25]. Der Zerfall selbst der Kernfamilie und das Problem der berufstätigen Mütter sind in ihren Konsequenzen stark im Gerede, ohne daß übrigens sicher ist, welche Toleranzgrenzen beim Kleinstkind überschritten werden müssen, um diese Defekte zu erzeugen. Die Geschwindigkeit, mit der die soziale und technische Umwelt sich ändert, ist offenbar ein Hauptfaktor in der Genese der Unangepaßtheit unserer Erziehungspraxis. Die Entwicklung neuer Erziehungsformen hat nicht genügend Zeit, sich dem rasenden gesellschaftlichen Wandel anzupassen.

Am Problem der Normalität gesellschaftlicher Zustände und dem raschen sozialen Wandel wird uns deutlich, daß sich die „Natürlichkeit" der menschlichen Umwelt nicht mehr definieren läßt. Was unnatürlich ist, sollte und könnte nur an *Folgen* erkannt und definiert werden, die für die Mehrzahl der Mitglieder unserer Gesellschaft unerwünscht sind, z.B. an der Häufigkeitszunahme von Krankheit und Verbrechen. Vielleicht könnte man diese Schäden auch so definieren, daß Neurose und Kriminalität die *individuell-seelischen Folgen* der Umweltänderung, daß Aggression und daraus fließende allgemeine Grausamkeit die gesellschaftlich relevanten Erscheinungsformen derselben sind. Der Hunger in der Welt ist jedenfalls nicht die einzige Folge sinkender Sterblichkeiten.

Therapie

Der Arzt empfindet die *Therapie* immer als seine wesentliche Aufgabe, und auch wir sollten uns abschließend nach Chancen einer Therapie des menschlichen Lebensraumes fragen, sei es so, daß wir ihn verändern, sei es daß wir den Menschen besser an ihn anzupassen versuchen. Die Möglichkeiten der klassischen Medizin beschränken sich offenbar darauf, die schon eingetretenen Folgen der Depravation unseres Lebensraumes notdürftig zu beseitigen. Wir sollten nicht, etwa den Insinuationen Illichs [26] folgend, diese Leistung für gering oder gar entbehrlich halten. Die kurative Medizin hat eine unersetzbare Funktion, in der sie auch wirksam ist [27]. Das Verhüten der Krankheit erweist sich dagegen als schwierig. Wahrscheinlich gibt es nur einen effektiven Weg, die Gesundheitserziehung, durch die das risikoträchtige Verhalten der Menschen geändert wird [27]. Eine solche Erziehungsfunktion müßte freilich, will sie effektiv sein, über das Individuum hinaus in die Gesellschaft wirken, also eine allgemeine Bewußtseinsänderung herbeiführen. Übervölkerung, Technik, Zerfall der Familie erfordern zwar Maßnahmen, die von menschlichen Individuen durchgeführt werden müssen. Doch sind die Individuen hierzu nur fähig, wenn sich der gesellschaftliche Kontext ändert, in dem sie handeln.

Was also gefordert wird, muß eine allgemeine Verhaltenssteuerung, also eine Ethik sein, die abweichend von aller religiösen Moral, jedoch den Konzepten bisheriger Ethik folgend, eine gesellschaftsbezogene, und überdies zukunftsbezogene Ethik ohne Transzendenz, muß also ein futurologisches Ethos sein. Niemand hat ein Rezept, wie man solches bewirken könne. Und um mit einem Goethe-Zitat zu enden, das offenbar irrt, dürfen wir feststellen, daß wenig Aussicht besteht, daß die Humanität siegen wird, und schon gar nicht wird „einer des andern humaner Krankenwärter sein" [28]. Was vor uns liegt, ist eine Welt des Grauens, wie sie höchstens Breughel gemalt hat, in der Aggression, Krankheit, Kriminalität und Neurose triumphieren. Es sei denn, die gesellschaftlichen Rückstellkräfte sind groß genug, die Risikofaktoren dritter Ordnung zu reduzieren.

Die ökologische Rolle der Medizin

Die Rolle der Medizin in dieser sich uns nahenden Welt mag weniger drastische Veränderungen aufweisen, als wir das gelegentlich von Forschern vernehmen, welche sich Gedanken um eine Medizin der Zukunft machen. Die Meinung, von Illich und seinen Gefolgsleuten propagiert und derzeit allzu einseitig vertreten, die Medizin sei wirkungslos oder gar (wie es Illichs Buch in seinem Untertitel ausdrückt) „eine Hauptgefahr für die Gesundheit", kann leicht widerlegt werden. Der Nutzen der Medizin ist so vielfältig und offenbar, daß man ihn selbst über vielen Fehlentwicklungen nicht übersehen kann. Diese Fehlentwicklungen aber sind keineswegs ausschließlich, nicht einmal vorrangig, die Schuld der Medizin oder ihrer Adepten. Über diesem Lob der Medizin darf freilich die sachliche Problematik nicht übersehen werden, welche der Medizin einige neue Akzente aufdrücken wird, und die, als eine gesellschaftliche Therapie der medizinischen Probleme, sich in folgenden Thesen grob umreißen läßt.

1. Die Medizin muß mehr als bisher bedenken, daß ihre Fortschritte nicht so sehr auf dem Sektor *technischer* Perfektion als dem einer *Gesundheitsführung* der Menschen liegen. Der Arzt tritt erneut in die Rolle als Arbiter gesellschaftlicher Prozesse ein, wie das schon Virchow vorschwebte.

2. Eine solche Therapie muß die Herkunft auch des falschen Verhaltens bedenken. Eine voluntaristische Ethik ist effektlos. Wir müssen dagegen ernsthaft erörtern, wie die Glücksbilanzen der Menschen, gerade auch der unteren Klassen, auf eine Weise hergestellt werden können, welche diese Menschen zur Askese fähig macht. Diese Erörterung setzt ein Analogverständnis der Lebensform breiter Massen voraus, das nur durch bessere Kenntnis dieser Form möglich ist.

3. Gesunderhaltung ist ein Problem der Menschen, das sie weitgehend selber lösen müssen. Es setzt Konsumverzicht voraus, wodurch das Problem der Prävention in doppeltem Sinne ein ethisches Problem wird: es muß teils die wissenschaftliche Medizin, teils die Masse der Menschen, motiviert werden, gegen eigene Interessen zu handeln.

4. Es ist noch kein Konzept in Sicht, das solche Motivationen rational erzeugt. Vermutlich werden sie nur durch Leidensdruck hervorgerufen, also durch Not. Die Kostenentwicklung ist hierzu der erste Schritt.

5. Die Wissenschaftler selber sind in dieser partnerschaftlichen Auseinandersetzung mit der Öffentlichkeit in einem dreifachen Sinn angesprochen: sie müssen Verhaltensänderungen der *Andern* fordern, auch gegen Widerstände, die vielleicht zunächst ihr Sozialprestige weiter senken werden.

Sie müssen das, was sie der Öffentlichkeit abverlangen, auch bei sich selber tun, teils als die *Vorbilder*, denen nachzueifern ist, teils in der Gewissenhaftigkeit vor der eigenen Gesundheit.

Sie müssen drittens ihre Wissenschaft in Bahnen lenken, die aus den alten Geleisen heraustreten, und eine umfassendere Theorie und Praxis der Medizin verwirklichen.

Die Rolle der Wissenschaft wäre es also, in Diagnosen, Prognosen und Handlungen solche Gefahren zu bannen und therapeutische Wege aufzuzeigen, auch wenn sie wenig bequem sind. Auch dieser Vortrag war ein Versuch wissenschaftlich begründeter Diagnose und Prognose. Die Gesundheit des Menschen ist mehr als je zuvor nur mehr als Resultat einer neuen *sittlichen* Ordnung zu bewahren. Die Therapie ist also Sache eines Jeglichen unter uns!

Das scheinbar Paradoxe an dieser Schlußfolgerung liegt darin, daß eine streng naturwissenschaftliche Analyse der Umwelteinflüsse eine Theorie der Medizin hervorruft, welche als Alternative zur Krankheit nur eine Korrektur des Verhaltens anbietet, also, in klassisch-theologischer Sprache formuliert, eine ethische Forderung aufstellt. Wer sich dieser ethischen Norm des Konsumverzichts nicht zu unterwerfen gedenkt, entgeht, wenn auch spät, seiner Strafe nicht. Die Mißachtung der Ethik endet nur hier in einer leiblichen, nicht einer seelischen Katastrophe. Wer aber die Theorie der Psychosomatik, gerade auch als Physiologe, ernst nimmt, kann nicht daran zweifeln, daß die leibliche Katastrophe dann letztlich auch die Seele des so Gestraften mit in das Verhängnis einbezieht.

Literatur

1. Die große Spielbreite der Normen, bei der sich auch bei Gesunden Werte fanden, die man bislang mindestens als Grenzbefunde ansah, wurde in vielen großen epidemiologischen Studien festgestellt, so auch im „Modell einer allgemeinen Vorsorgeuntersuchung" im Jahre 1969/70. Schlußbericht, Sozialministerium Stuttgart 1972. Zur Problematik ferner: Benson, E.S., Strandjord, P.E. (ed.): Multiple laboratory screening. New York-London: Acad. Press 1969; Gross, R.: Medizinische Diagnostik, S. 76ff. Berlin-Heidelberg-New York: Springer 1969; Lilienfeld, A.M., Gifford, G.: Chronic diseases and public health. Baltimore: John Hopkins Press 1966; Sunderman, F., Wand, F., Boerner, F.: Normal values in clinical medicine. Philadelphia: Saunders 1950
2. Amavis, R., Hunter, W.J., Smeets, J.G.P.M. (eds.): Hardness of drinking water and public health. Proc. Europ. Sci. Coll. Luxembourg 1975. Oxford-New York: Pergamon Press 1976
3. Zit. nach Lilienfeld, A.M., Pedersen, E., Dowd, J.E.: Cancer epidemiology. Baltimore: Johns Hopkins. Hosp. Press 1967
4. Terry-Report: Smoking and health. U.S. Hlth. Serv. Publ. Nr. 1103 (1964)
5. WHO: Health Hazards of the human environment. Geneva 1972, S. 29
6. Friberg, L.: Mortality in twins in relation to smoking habits and alkohol problems. Arch. environm. Hlth. **27**, 294 (1973)
7. Armijo, R., Coulson, A.H.: Epidemiology of stomach cancer in Chile. Int. J. Epidemiol. **4**, 301 (1975)
8. Vereinigung Deutscher Wissenschaftler, Welternährungskrise oder ist eine Hungerkatastrophe unausweichlich? Einbek b. Hamburg: Rowohlt, rororo 1968. – Ehrlich, P.R. u. A.: Bevölkerungswachstum und Umweltkrise. Frankfurt: Fischer 1972. – Ehrlich, P.R., Ehrlich, A., Holdren, J.P.: Humanökologie. Berlin-Heidelberg-New York: Springer 1975
9. Gruhl, H.: Ein Planet wird geplündert. Frankfurt: Fischer 1975
10. Inadvertent climate modification. Report of the study of man's impact on climate (SMIC). Cambridge (Mass.)-London: MIT Press 1971
11. Meadows, D.: Die Grenzen des Wachstums. Bericht des Club of Rome zur Lage der Menschheit. Stuttgart: DVA 1972. – Mesarovic, M., Pestel, E.: Menschheit am Wendepunkt. 2. Bericht an den Club of Rome. Stuttgart: DVA 1974
12. Hentschler, D.: Versuch einer Zuordnung von chemischen Noxen und Schäden beim Menschen. In: Schaefer, H. (Hrsg.), Folgen der Zivilisation. Frankfurt: Umschau-Verlag 1974
13. Whipple, H.E. (ed.): Biological aspects of asbestos. Ann. N.Y. Acad. Sci. **132**, Art. 1, 1–766 (1965)
14. Carson, R.L.: The silent spring. Boston: Houghton Mifflin 1962
15. Schaefer, H.: Die Medizin und ihre Häretiker. Hexagon „Roche" **4**, Nr. 6 (1976)
16. Schaefer, H., Blohmke, M.: Herzkrank durch psychosozialen Streß. Heidelberg: Hüthig-Verlag 1977
17. Die umfangreiche Literatur ist in den wichtigsten Arbeiten referiert bei Blackburn, H.: Progress in the epidemiology and prevention of coronary heart disease. Progr. in Cardiol. **3**, 1–36 (1974); ferner: Schaefer, H., Blohmke, M.: Epidemiologie der koronaren Herzkrankheiten. In: M. Blohmke u.a. (Hrsg.), Handbuch der Sozialmedizin, Bd. 2. Stuttgart: Enke 1977
18. Jenkins, C.D.: Psychologic and social precursors of coronary disease. New Engl. J. Med. **284**, 244 (1971). – Jenkins, C.D.: Recent evidence supporting psychologic and social risk factors for coronary disease. New Engl. J. Med. **294**, 987, 1033 (1976)
19. Schaefer, H.: Gestaltwandel der Herzkrankheiten. Therapiewoche **24**, 20, 2215 (1974)
20. Schaefer, H.: Die Hierarchie der Risikofaktoren. Mensch, Medizin, Gesellschaft **1**, 141–146 (1976)
21. Vester, F.: Das Überlebensprogramm. München: Kindler 1972
22. Zahlen des statist. Bundesamtes, vorgelegt bei der Vollversammlung des Bundesgesundheitsamtes am 2.9.1976
23. Christian, J.J.: Phenomena associated with population density.

Proc. nat. Acad. Sci. (Wash.) **47**, 428 (1961). – Christian, J.J.: Population density and reproductive efficiency. Biol. Reprod. **4**, 248 (1971)

24. Die große Zahl von Originalarbeiten und Monographien gestattet keine vollständige Zitation. Das Problem findet sich in folgenden Büchern erörtert: Hassenstein, B.: Verhaltensbiologie des Kindes. München: Piper 1973; – Lehr, U.: Die Rolle der Mutter in der Sozialisation des Kindes. Darmstadt: Steinkopff 1974; – Meves, Ch.: Verhaltensstörungen bei Kindern. München: Piper 1971; – Schaefer, H.: Kind, Familie, Gesellschaft. Sitzungsber. Heidelb. Akad. d. Wiss., math.-naturw. Klasse 1977/1. Berlin-Heidelberg-New York: Springer 1977
25. Glueck, S. u. E.: Jugendliche Rechtsbrecher. Stuttgart: Enke 1972; Meves, Ch.: zit. l. 24
26. Illich, I.: Die Enteignung der Gesundheit. Einbek bei Hamburg: Rowohlt 1975
27. Schaefer, H.: Lebenserwartung und Lebensführung. Mensch, Medizin, Gesellschaft **1**, 27 (1976)
28. Goethe, J.W.: Italienische Reise. 27.5.1787. Hierzu auch F. Nietzsche, Werke. Suhrkamp-Edition III. 920 (Nachlaß)

Prof. Dr. Hans Schaefer
I. Physiologisches Institut der Universität
Im Neuenheimer Feld 326
D-6900 Heidelberg 1
Bundesrepublik Deutschland

Der Vortrag von F. Gross „Vom Nutzen und Schaden der Arzneimittel" ist in erweiterter Form im Verlag Hans Huber, Bern, erschienen. Wir können deshalb nur ein Referat bringen.

Vom Nutzen und Schaden der Arzneimittel

F. Gross, Heidelberg

Ursprünglich mit dem Ziel geschaffen, zu lindern und zu heilen, zeigen die Arzneimittel in zunehmendem Maß auch unerwünschte, mitunter bedrohliche Eigenschaften.

Das Fortschreiten der Wissenschaften, der Chemie, der Biochemie, der Physik und der Technik hat eine nicht vorhergesehene Entwicklung der Synthese und Gewinnung neuer Arzneimittel zur Folge gehabt, mit dem Ergebnis, daß heute zahlreiche Erkrankungen geheilt werden können, die noch vor wenigen Jahrzehnten nicht oder nur unzulänglich zu behandeln waren. Die bakteriellen Infektionskrankheiten – Lungenentzündung, Typhus, Tuberkulose, die Geschlechtskrankheiten – parasitäre Erkrankungen, wie die Malaria, sind heute zu beherrschen. Krankheiten des Herzens und des Kreislaufs, insbesondere hoher Blutdruck, Störungen des Stoffwechsels, wie Zukkerkrankheit oder Gicht, Rheumatismus und eine große Zahl von psychischen Störungen sind einer zumindest symptomatischen Beeinflussung zugänglich geworden, wenn auch nur bei einer kleinen Zahl von Kranken eine Heilung möglich ist.

Diesen unbestrittenen Erfolgen stehen die Schattenseiten des ständig wachsenden Angebotes an Arzneimitteln gegenüber: Die schädigenden Wirkungen, die bei einem bestimmten Prozentsatz der Behandelten auftreten können, und, mindestens ebenso schwerwiegend, der ständig zunehmende Verbrauch an Arzneimitteln, das wachsende Bestreben, sich Erleichterung von vorhandenen oder auch nur eingebildeten Beschwerden zu verschaffen, der Wunsch nach dem Arzneimittel, das Hilfe bringen soll, und der Glaube an die wundertätige Arznei.

Jedes wirksame Arzneimittel, mit dem sich Krankheiten heilen, Beschwerden bessern oder beheben lassen, kann auch potentiell schädigen. Dafür kann einmal eine unrichtige oder unzweckmäßige Anwendung, z.B. eine zu hohe Dosierung, verantwortlich sein, zum anderen aber auch eine nicht vorhersehbare Überempfindlichkeit eines Kranken, der anders auf ein Medikament reagiert als die überwiegende Zahl der Menschen. Schließlich kann auch das Arzneimittel selbst unter bestimmten Umständen Schädigungen hervorrufen, die sich vorzugsweise an bestimmten Organen, der Haut, der Leber, der Niere, am blutbildenden Knochenmark, am Nervensystem, am Herzen oder an den Blutgefäßen, äußern können. Es kann lange Zeit vergehen, ehe es gelingt, die Zusammenhänge zwischen der Einnahme eines Medikamentes und der Schädigung eines bestimmten Organs oder Gewebes festzustellen. Selten ist eine ursächliche Beziehung auszuschließen, aber sie ist meist nur sehr schwer nachzuweisen.

Wie kann man Schäden verhüten? Indem man nicht nur zurückhaltend im Gebrauch der Arzneimittel ist, sondern sich auch genau mit ihren Eigenschaften vertraut macht, sie gezielt einsetzt und sich ständig der Tatsache bewußt ist, daß es sich bei vielen der heute verfügbaren Medikamente um hochwirksame Substanzen handelt, deren Anwendung erhebliche Kenntnisse voraussetzt. Aber diese Kenntnisse dienen nicht nur dem Schutz vor Schaden, sondern sie erlauben es auch, diese Arzneimittel in der bestmöglichen Weise für den Kranken einzusetzen und dadurch das Resultat der Behandlung zu verbessern.

Die Arzneimittel haben positive und negative Wirkungen, nicht nur in bezug auf ihre Anwendung beim Kranken, sondern auch im Hinblick auf die Aufmerksamkeit, die sie außerhalb des ärztlichen Bereiches hervorrufen. Wirtschaftliche, politische und weltanschauliche Interessen begegnen sich heute auf diesem Feld, und unzählige Argumente werden für oder gegen die Arzneimittel vorgebracht. Versuchen wir, Abstand zu gewinnen und die Dinge objektiv zu betrachten, die Arzneimittel an der ihnen zukommenden Rolle bei der Behandlung und Betreuung der Kranken zu messen, dann wird der Nutzen den möglichen Schaden weit überwiegen.

Die Bedeutung der Immunologie für den Menschen – Eingriff und Wandel

Otto Westphal *
Max-Planck-Institut für Immunbiologie, Freiburg-Zähringen

Classical immunological research has been mainly devoted to natural defense mechanisms against infections and to the development and action of vaccines. With the discovery of immune tolerance and following investigations on transplantation immunity, the concept of the immune response was generalized as the higher animal's ability to discriminate between 'self' and 'notself'. Since then research has concentrated on cells and their products involved in these immune phenomena. Application of the vast knowledge in the field of modern immunology should aid greatly in the solution of many actual clinical problems and in alleviating public health hazards (parasitology, etc.) in the Third World.

Die traditionelle Immunologie

In Jahrtausenden hat der Mensch erkannt, daß er ein natürliches Abwehrsystem gegen ansteckende Krankheiten besitzt, welches beim Infekt anspricht, die Erreger unschädlich macht und oftmals gegen den erneuten Infekt schützt, immun macht. Ebenso alt ist die Erfahrung, daß das Immunsystem willentlich durch Impfung mittels geeignet präpariertem Infektionsmaterial, sozusagen durch Imitation des Infektreizes, angeregt werden kann. So sind in den letzten zwei Jahrhunderten die vielen Impfstoffe für Mensch und Haustier entstanden und ständig, entsprechend dem Fortschritt der Forschung und Technik, weiter entwickelt worden. 1976 konnte die Weltgesundheits-Organisation in Genf (WHO) die endgültige Ausrottung des Pocken-Virus aufgrund einer planmäßig durchorganisierten Impfaktion verkünden, und das Virus befindet sich nunmehr als wissenschaftliches Präparat in einigen Laboratorien, von denen es (hoffentlich) seinen Weg nach außen nie mehr nehmen wird. Die letzten Pockenfälle wurden in einer entfernten Region Äthiopiens registriert und saniert. In früheren Jahrhunderten sind rund 10% der Menschen, arm wie reich, den Pocken erlegen, bis Edward Jenner in England vor fast 200 Jahren die ersten Impfungen mit Kuhpockenlymphe wagte. Der Pocken-Impfzwang, Quarantäne-Bestimmungen usw. wurden aufgegeben, wodurch allein die USA jährlich mehr als 100 Millionen Dollar einsparen! – Eingriff und Wandel zum Guten ... Als Markstein in der Immunologie darf auch der Impferfolg gegen die Kinderlähmung (seit 1962) angesehen werden.

Mit der Entdeckung der Sulfonamide und des Penicillins in den dreißiger Jahren wurde indessen eine neue Ära der Infektionsbekämpfung eröffnet. Die Lebenserwartung der Menschen, allein durch Chemotherapie und Antibiotika, hat sich signifikant gewandelt. Doch hat die Natur in ihrer Dynamik und Adaptivität innerhalb von (nur) 2–3 Jahrzehnten auch gezeigt, daß dieser gewaltige Fortschritt im Kampf gegen Infekte neue ernste Probleme brachte: Die unkontrollierte und unnötige Anwendung von Antibiotika bei Mensch und Tier (z.B. in der Landwirtschaft) führte zur Herauszüchtung von Antibiotika-resistenten Keimen, welche heute teilweise nahezu allen bekannten Antibiotika widerstehen. Der entsprechend verstärkten Suche nach immer neuen Antibiotika steht der Ruf „Zurück" zu wirksamen Impfstoffen gegenüber, und tatsächlich gibt es viele Ansätze zur Gewinnung neuartiger Impfstoffe, z.B. nicht-pathogener Lebendkeime zur oralen Immunisierung, mit der immunogenen Oberflächenstruktur pathogener Erreger, welche auch bei Antibiotika-resistenten Keimen voll wirksam sind.

Die Flaute in der immunologischen Forschung und die allgemeine Geringschätzung ihrer Bedeutung nach den dreißiger Jahren wurde aber, zwei Jahrzehnte später, vor allem durch bedeutende Entdeckungen auf immun*biologischen* Gebieten überwunden.

* Nach einem Vortrag, gehalten aus Anlaß der 109. Versammlung der Gesellschaft Deutscher Naturforscher und Ärzte vom 19.–23.9. 1976 in Stuttgart

Die neue Immunologie

Mit der Entdeckung der Immun-Toleranz und den Erfahrungen über Transplantations- und Tumor-Immunität sowie detaillierten Studien über die am Immunsystem beteiligten Zelltypen – Freßzellen, B- und T-Lymphocyten – ist in den vergangenen 20–25 Jahren die neuere Immunologie mit ihrer erweiterten Konzeption entstanden: Das Immunsystem reagiert nicht nur auf Infekterreger, sondern allgemein auf fremde Strukturen, es unterscheidet „fremd" von „eigen". Dieses Phänomen sowie die Ausbildung eines immunologischen „Gedächtnisses" im Lauf des Lebens auf Grund individueller immunologischer „Erfahrung" gehören zu den erregendsten Naturerscheinungen, deren Aufklärung – und Nutzung – heute rund 20000 Immunologen in aller Welt intensiv betreiben.

Es gibt zwei Arten von Immunantworten auf immunogene Reize, auf „fremde" Struktur: die *humorale* Antwort, welche durch lösliche Proteine – Immunglobuline oder Antikörper (im Immunserum) – charakterisiert ist, und die *zelluläre* Antwort durch lymphatische Zellen, die an ihrer Oberfläche Antikörper-ähnliche Strukturen, sog. Rezeptoren, besitzen. Diese Rezeptoren dienen der Erkennung von „fremd", und die Reaktion mit dem Fremdstoff ist das Signal für eine Art Lawinen-Reaktion, die Ingangsetzung des Immunapparates.

Antikörper wurden rein dargestellt und in Klassen – IgG, IgM, IgA, IgE und IgD – mit verschiedener biologischer Funktion unterteilt. Die vollständige Strukturaufklärung in Form von Aminosäure-Sequenzen vieler homogener Antikörper erlaubte tiefe Einblicke in die Art der Reaktion des immunogenen Fremdstoffes mit dem entsprechenden Antikörper und das Wesen der so hohen Antikörper-Spezifität sowie in die Evolution der ungeheuren Zahl möglicher Spezifitäten der Immunantwort.

Immunlymphocyten als Träger der zellulären Immunität erwiesen sich als wesentliche Faktoren bei der Transplantations-Immunität und vielfach als überaus wichtig bei der immunologischen Tumorabwehr – und neuerdings immer mehr auch bei der Immunantwort gegen manche Infekte, bei denen man bislang die humorale Immunität mit Antikörpern für vorherrschend hielt.

Im Verlauf der Erforschung immunologischer Mechanismen haben auch Impfstoffe zweiter Art zunehmend Bedeutung erlangt – Stoffe, welche die Immunantwort allgemein steigern oder unterdrücken können, sog. Adjuvantien einerseits, Immunsuppressiva andererseits, die man als Immunmodulatoren zusammenfaßt. Solche Mittel haben u.a. dort große Bedeutung, wo der immunogene Reiz gering ist, also bei schwachen Antigenen, wie sie häufig bei Krebszellen vorliegen. Die Frage, warum die eine Fremdstruktur stark, eine andere (oftmals sehr nahestehende) nur schwach oder gar nicht als immunologischer Reiz wirkt – ebenso wie die Tatsache, daß ein und dasselbe Antigen (Impfstoff) bei einer tierischen Species stark, bei einer nahestehenden anderen Species aber nur schwach immunogen wirkt – , war die Grundlage für die heute sehr wichtige Immun*genetik* und die Entdeckung der sog. IR-Gene (Immun-Response-Gene). Die Verfolgung dieser neuen immunologischen Forschungsrichtung wird es in Zukunft prinzipiell möglich machen, sozusagen „maßgeschneiderte" Impfstoffe zu entwickeln, welche – anhand der besonderen Ausrüstung des Individuums oder der Species – zu maximalem Ansprechen der Immun-Gene führen: ein Aufgabengebiet der Immun*chemie*.

Großen Einfluß haben die neuen Befunde auf die Klinik gehabt, und sie werden auch weiterhin bedeutsam sein: Viele Erkrankungen wurden als durch immunologische Überfunktion (auto-Immunität) oder Unterfunktion (Immunmangel-Krankheiten) oder auch Fehlfunktion hervorgerufen, wie bei vielen Allergien, erkannt und so einer rationelleren Therapie zugänglich.

Weltweite Immunologie

Im Ganzen kann man z.Z. feststellen, daß den theoretisch erzielten Fortschritten in der Immunologie deren praktische Anwendung vielfach hinterher hinkt. Dies gilt ganz besonders für immunologische Probleme in der dritten Welt. Zwei große Forschungsaufgaben kann man dabei besonders ansprechen: einmal den Einfluß von Unter- und Mangelernährung auf die Entwicklung und das Funktionieren des Immunsystems beim Neugeborenen und Kleinkind, wo irreversible Schäden – besonders am T-Lymphocyten-System – eintreten können. Zum anderen eröffnet sich ein gewaltiges Feld moderner Immunologie durch den Befund, daß viele Parasiten vom Immunapparat erkannt und eliminiert werden können. Parasiten-Immunologie ist auch angesichts der Tatsache höchst aktuell, daß bislang nur wenige wirksame Chemotherapeutika gegen Parasiten gefunden wurden. Dabei sind schätzungsweise rund 1 Viertel der Menschheit von parasitären Infekten bedroht und Hunderte von Millionen tatsächlich befallen. Dennoch wurde weltweit bis vor kurzem kaum 1 Prozent der biomedizinischen Forschungsmittel von den Industrieländern für Parasitologie ausgegeben; demgegenüber betragen die Mittel für Krebsforschung – weil in diesen Ländern viel aktueller – ein Vielfaches.

Auch die Bundesrepublik sollte mehr Mittel und Forscher für dringend benötigte Immunologie in der Dritten Welt einsetzen.

"Each year about five million children in the developing world are killed by common infections diseases preventable by immunization. Millions of other children survive but are disabled through brain damage, chronic lung illness, or blindness" (WHO-Zitat, 1976).

Ausblick

So ist die Immunologie, effektiv und potentiell, ein überaus mächtiges Instrument für gezielten menschlichen Eingriff und damit gewollten Wandel geworden. Mehr Gesundheit und verlängertes Leben für mehr Menschen werden die Folgen sein, die ihrerseits wiederum neue Aufgaben und Probleme mit sich bringen. Der Mensch wird sich immer mit der Dynamik der Natur und mit dem erzielten Fortschritt in bezug auf seine Umweltgestaltung auseinandersetzen müssen. Die Frage ist, ob er sich jeweils nur von den Zwängen leiten läßt oder ob er durch zunehmende Sachkenntnis – sprich: Forschung – und Kooperation in weltweiter humaner Solidarität die Auseinandersetzung mit den Kräften der Natur (seine innere und äußere Umwelt) in mehr souveräner Weise beherrschen wird? Die Entwicklung und Förderung immunologischer Forschung ist nur ein Beispiel.

Eingegangen am 18. Oktober 1976

Die Nutzung des mikrobiellen Lebensraumes – moderne Entwicklungen biologischer Technologien[**]

Von Paul Präve[*]

Die Mikrobiologie wurde früher fast nur auf dem Lebensmittelgebiet und bei der Herstellung von Antibiotika genutzt. Unter den neuen Biotechnologien ist vor allem die Biomasseproduktion als Schlüsselentwicklung anzusehen. Biomasse besteht aus fett- oder proteinreichen Mikroorganismen, die als Viehfutter dienen können. Diese Mikroorganismen wachsen nicht nur auf Celluloseabfällen und anderen biologischen Ausgangssubstraten, sondern z. B. auch auf Erdöl und Methanol. Der Energieaufwand ist vergleichweise gering. Die zunehmende Erkenntnis der Problematik von Ein-Weg-Technologien für unsere Zivilisation läßt die heutige Biotechnologie als vielversprechende Entwicklung erscheinen. Die Biotechnologie nutzt die cyclischen Stoffwechselwege der Mikroorganismen und kann in vielen Fällen Abfallstoffe in den natürlichen Kreislauf zurückführen.

1. Einleitung

Die Mikrobiologie ist eine relativ junge Wissenschaft; ihre Objekte sind Kleinlebewesen, deren Größe im Mikrometer-Bereich liegt. Obwohl der Mensch die Mikroorganismen seit Jahrtausenden nutzt, wurde ihm erst vor etwa 100 Jahren bewußt, daß sie als Krankheitserreger oder „Schadpflanzen" in sein Leben eingreifen können. Namen wie *Koch*, *Pasteur*, *Ehrlich* und *Behring* stehen für den außerordentlichen Zuwachs an Wissen über die Wirkungen der schädlichen, oft tödlichen Kleinlebewesen.

Fast gleichzeitig wurde aber auch erkannt, daß ohne Mikroorganismen der Kreislauf der Natur nicht erhalten bliebe. Auch wurde langsam klar, daß Mikroorganismen an einer Fülle von Prozessen beteiligt sind. Der Mensch macht sie sich direkt zunutze, z. B. für die Lebensmittelherstellung.

In den letzten Jahren setzte sich der Begriff Biotechnologie für die angewandte Mikrobiologie immer mehr durch. Er drückt aus, daß biologische Prozesse mit technischen Verfahren durchgeführt werden – eine Kombination von Biologie und Technologie[1–3]. Grundlage ist die Mikrobiologie, da in allen Verfahren Mikroorganismen verwendet werden. Die Biotechnologie nimmt eine Schlüsselposition im vorliegenden Themenkreis ein. Es ist eine ihrer Hauptaufgaben, die Reaktionen der Mikroorganismen mit den Bedingungen in den Reaktoren in Einklang zu bringen, so daß das Verfahren durchgeführt und das gewünschte Produkt hergestellt werden kann.

2. Biotechnologie

Mikroorganismen umfassen das Gebiet der Kleinlebewesen von den Bakterien über Hefen und Pilze bis zu den Algen. Um diese Arten handhaben zu können, bedarf es vieler spezieller Labormethoden und verfahrenstechnischer Methoden sowie großindustrieller Anlagen. Zahlreiche Reaktor- oder Kesseltypen werden eingesetzt, Rührtechnik, Belüftung, Abtrennung, Trocknung, Extraktion und andere Methoden werden angewendet. In zunehmendem Maße werden auch für besondere Aufgaben spezielle Technologien entwickelt.

Die mikrobiologischen Verfahren haben eine lange Geschichte. Erst die Entwicklung in anderen wissenschaftlichen Disziplinen, z. B. das Mikroskopieren oder die Aufklärung biochemischer Stoffwechselwege, ermöglichte die Erklärung von Prozessen, die bereits seit Jahrhunderten routiniert durchgeführt wurden. Auch heute noch sind die wissenschaftlichen Grundlagen der funktionierenden empirischen Verfahren nicht in allen Fällen bekannt.

Über die Frage, welches die ersten biotechnologischen Prozesse waren, kann man philosophieren. Sicherlich spielte der

[*] Dr. P. Präve
Hoechst AG, Pharma Biochemie und Mikrobiologie
Postfach 800320, D-6230 Frankfurt (M)-Höchst

[**] Nach einem Vortrag auf der 109. Versammlung der Gesellschaft Deutscher Naturforscher und Ärzte, am 21. September 1976 in Stuttgart.

Zufall die entscheidende Rolle. Ebenso sicher ist anzunehmen, daß mikrobiologische Umwandlungsprozesse an Lebensmitteln bereits sehr früh genutzt wurden. Der Mensch wußte auch, daß er seine Nahrung z. B. durch Trocknen haltbar machen konnte. Andererseits ist es einer Überlegung wert, ob nicht das „Andauen" bereits vor dem Feuergebrauch eine Rolle spielte. Ein Selektionsvorteil wäre dem entstanden, der hochwertiges Eiweiß bereits in besser verdaulicher Form zu sich nehmen konnte.

Die Herstellung von Met, Brot, Wein, Sauerkraut, Käse und anderen Milchprodukten sind Gruppen von mikrobiologischen Prozessen, die seit alters her benutzt werden.

Im Gegensatz zu den meisten modernen Technologien, die von vorhandenen Rohstoffen ausgehen und letztlich immer Abfall produzieren, kann die Biotechnologie oft den Abfall in den natürlichen Kreislauf zurückführen. So ist eine biologische Abwasserreinigung oft die entscheidende Methode, um ein Wassersystem wieder auf sein natürliches Niveau zu bringen. Darüber hinaus werden in vielen Fermentationen (so wird das Hauptverfahren der Biotechnologie genannt) vorrangig Restprodukte aus Landwirtschaft oder Lebensmittelindustrie verwendet.

Zu den in den Mikroorganismen per se vorhandenen cyclischen Stoffwechselwegen kommen die Vorteile der industriellen Technologien. So haben derartige biotechnologische Prozesse geringen Landbedarf, sie sind oft vom Klima unabhängig, und sie können am Entstehungsort des Substrates oder am Verbrauchsort des Produktes durchgeführt werden. Sie sind somit unserer Situation angemessen und zukunftsträchtig.

3. Mikrobiologische Verfahren – Übersicht über die wichtigsten Verfahren[4, 5]

3.1. Lebensmittelherstellung

Die klassische Nutzung der Mikroorganismen ist ihre Anwendung zur Herstellung von Lebensmitteln. Durch Prozesse dieser Art werden vorhandene Ausgangssubstrate in eine eßbare, wohlschmeckende, gut verdauliche und/oder haltbare Form überführt.

Tabelle 1. Ausgewählte mikrobiologische Prozesse – Lebensmittelherstellung.

Produkte	Mikroorganismen
Milchprodukte	
Joghurt	*Streptococcus thermophilus*
Kefir	*Streptococcus lactis*
Rocquefort	*Penicillium rocquefortii*
Gouda	*Bacterium sp.*
Tilsiter	*Bacterium sp.*
Alkoholische Produkte	
Bier	*Saccharomyces cerevisiae*
	Saccharomyces carlsbergensis
Rum	*Saccharomyces cerevisiae*
	Hefen
Whisky	*Saccharomyces cerevisiae*
Wein	*Saccharomyces ellipsoideus*
Soja (auch Weizen)	
Miso, Tofu	*Aspergillus oryzae* (Kojipilz) sowie Hefen und Bakterien
Fett- oder Eiweißprodukte (Biomasse)	
Fett	Algen
Eiweiß	Hefen, Bakterien
Landwirtschaftliche Prozesse (Silage, Rotte)	
Futtersilage	Lactobakterien
Flachs	Rottebakterien

In Tabelle 1 ist eine Auswahl derartiger Verfahren zusammengestellt. Um einen Eindruck von der Potenz mikrobieller Verfahren bei der Herstellung von Milchprodukten zu geben, soll die Käsereifung als Beispiel herausgegriffen werden. So umfaßt die Leistung der beteiligten Mikroorganismen die Oxidation des Milchzuckers zu Milchsäure, anderen Säuren, Alkoholen und Ketonen. Weiterhin werden die in der Milch vorhandenen Proteine durch Hydrolyse in Peptide und Aminosäuren überführt. Fette werden zu Fettsäuren hydrolysiert. Diese vielfältigen Prozesse sind vorläufig nur über das in Mikroorganismen vorhandene Enzymsystem zu bewältigen.

Ähnliche Reaktionen laufen bei der Alkoholherstellung ab. Diese Verfahren sind ohne die Hilfe der Mikroorganismen undenkbar. Sie sind ein gutes Beispiel für eine ausgereifte Produktion, die oft vorrangig von den Erfahrungen des Braumeisters oder Kellermeisters abhängt.

Spezielle asiatische Lebensmittel sind kaum in der übrigen Welt bekannt, obwohl sie in ihren Heimatländern eine große Rolle spielen. Bei ihrer Herstellung werden die Substrate von Mikroorganismen so verbessert, daß hochwertige Produkte entstehen. Die Veredelung ist ein starkes Motiv für viele mikrobiologische Verfahren.

Die direkte Gewinnung von Fett oder Eiweiß (Biomasse) mit Hilfe von Mikroorganismen ist eine Entwicklung der letzten Jahrzehnte (siehe Abschnitt 4.1).

Eine große Rolle spielt in der Landwirtschaft die Silage. In einem Säuerungsprozeß durch Lactobakterien wird frisches Grünfutter haltbar gemacht und kann das ganze Jahr verfüttert werden.

Die eigentlichen Verfahrensabläufe gehen immer von zwei Komponenten aus – Mikroorganismen und Substrat – und ergeben drei Komponenten – Mikroorganismen, Restsubstrat und Produkt. Man arbeitet meist in Bottichen, Kesseln oder Fermentern. Die in diesem Abschnitt behandelten Verfahren benötigen in der Regel recht einfache Reaktoren. Dazu gehören einfache Holzfässer, Gärbottiche oder Rührfermenter aus Edelstahl. Zur Abtrennung des Produktes eignen sich z. B. Zentrifugation, Destillation oder Ausfällung.

3.2. Herstellung von Primärmetaboliten

Zu den Produkten, die aus dem Stoffwechsel der Mikroorganismen gewonnen werden, gehören Vitamine und Ethanol, Aminosäuren und Lösungsmittel. Jahrzehntelang waren mikrobiologische Verfahren eine wichtige Möglichkeit, eine Reihe von Lösungsmitteln herzustellen, z. B. Aceton, Butanol oder auch Essigsäure und Glycerin. Da die Ausgangssubstrate immer Stoffe waren, die „nachwuchsen", wie Melasse, Holz und Getreide, wurde hierbei im Grunde dem landwirtschaftlichen Prozeß nur ein industrieller Prozeß angehängt und dabei eine Endnutzung von Rest-, Neben- oder Abfallprodukten erreicht. Unter besonderen Bedingungen, z. B. bei hohen Erdölpreisen, können derartige Verfahren eine Renaissance erleben.

So ist heute in vielen Ländern die Ethanolherstellung zu ökonomischen Preisen möglich, weil diese Länder das Ausgangssubstrat billig produzieren. Neben einigen Spezialitäten ist dies einer der wenigen wichtigen Prozesse zur Lösungsmittelherstellung, der heute mikrobiologisch betrieben wird.

Tabelle 2. Ausgewählte mikrobiologische Prozesse – Primärmetaboliten.

Produkte	Mikroorganismen	Anwendung
2,3-Butandiol	*Bacillus polymyxa*	Lösungsmittel
Ethanol	*Saccharomyces cerevisiae*	Getränke, Lösungsmittel
Citronensäure	*Aspergillus spec.*	Lebensmittel, Getränke
Lysin	*Micrococcus glutamicus*	Lebensmittelzusatz, Futterzusatz
Vitamin B_{12}	*Propionibacterium freudenreichii*	Lebensmittelzusatz, Futterzusatz

In Tabelle 2 sind weitere Produkte aufgeführt, unter denen die Citronensäure eine Ausnahmestellung einnimmt. Sie wird für viele Zwecke verwendet, z. B. als Zusatz zu Limonaden, Säften, Bonbons, Gelees, Speiseeis, Backhilfsmitteln, als Komplexbildner in der Fettindustrie, als pH-Regulator, als Polier- und Beizmittel sowie als Kalkentferner.

Die Citronensäureproduktion aus Melasse oder Paraffin[6] kann nicht nur mit der landwirtschaftlichen Produktion konkurrieren, sondern ist darüber hinaus mit ihrer Land- und Klimaunabhängigkeit auch ein gutes Beispiel für die Vorteile derartiger Biotechnologien.

Eine Entwicklung der letzten zwanzig Jahre ist die Möglichkeit, natürliche Aminosäuren herzustellen. Insbesondere dank japanischer Arbeiten lassen sich heute praktisch alle gewünschten Aminosäuren mit Mikroorganismen synthetisieren. Dies gelang vor allem mit Hilfe von Mutanten. Oft werden in Zweistufenverfahren mit zwei Mikroorganismen die gewünschten L-Aminosäuren produziert.

Aus der Fülle weiterer Möglichkeiten soll nur noch die Vitaminherstellung herausgegriffen werden. Vitamine sind bereits recht komplizierte Substanzen, die aber mit biotechnologischen Verfahren leicht produziert werden können. Ein wichtiges zukünftiges Anwendungsgebiet ist sicher die Biosynthese komplizierter, großer Moleküle, die chemisch nur sehr schwer herzustellen wären.

Die meisten Verfahren dieses Abschnittes bedürfen einer entwickelten Biotechnologie, wobei der Rührfermenter als Reaktor überwiegt. Die Aufarbeitung muß auch bei den Prozessen zur Lösungsmittelherstellung recht aufwendig sein, da das gewünschte Produkt aus der dicken und chemisch komplexen Nährlösung für die Mikroorganismen herausgeholt werden muß.

Bei modernen Verfahren kommt eine genaue Regelung des Prozesses hinzu, um z. B. den pH-Wert während des Prozesses konstant zu halten.

3.3. Herstellung von Sekundärmetaboliten

Sekundärmetaboliten sind Substanzen, die von Mikroorganismen unter besonderen Bedingungen gebildet werden. Diese Metaboliten sind meist nicht essentiell für den normalen Betriebs- oder Baustoffwechsel der Zellen. Es gibt Hinweise, daß die Produktion derartiger Substanzen eine Art Abfallbeseitigung der Zellen ist.

Tabelle 3. Ausgewählte mikrobiologische Prozesse – Sekundärmetaboliten.

Produkte	Mikroorganismen	Anwendung
Amylase	*Bacillus subtilis*	Textilschlichtung
Dextran	*Leuconostoc mesenteroides*	Plasmaexpander
Protein-Toxin	*Bacillus thuringiensis*	Insektizid
Penicillin	*Penicillium chrysogenum*	Arzneimittel

In Tabelle 3 sind einige ausgesuchte Produkte, u. a. Enzyme, zusammengefaßt. Meist werden sie großtechnisch als Waschmittelzusätze, als Schlichtungsmittel, als Verdauungshilfsmittel, zur Obstsaftklärung u. a. eingesetzt. Diese Exoenzyme sind Amylasen, Proteasen, Hemicellulasen, Pektinasen, Invertasen u. a. Sie alle benötigen keine Coenzyme. Zu ihnen gehören nicht die Enzyme des normalen Stoffwechsels, die in der Feinchemikalienbranche eine Rolle spielen, obwohl sie ebenfalls durch biotechnologische Verfahren gewonnen werden.

Weiterhin werden Biopolymere biotechnologisch hergestellt. Sie haben spezielle Anwendungsmöglichkeiten im chemischen und medizinischen Bereich (Dextran).

Die bekannteste und wichtigste Gruppe sind aber die Antibiotika. Es ist heute unvorstellbar, Infektionskrankheiten ohne Antibiotika bekämpfen zu müssen. Die Forschung auf diesem Gebiet bringt auch heute noch interessante Produkte hervor. Sie alle werden von Streptomyceten, Pilzen oder Bakterien in begasten Rührfermentern in chargenweisen Prozessen hergestellt. Die Kesselgrößen können über 100 m^3 betragen. In letzter Zeit werden auch Antibiotikagrundkörper wie die 6-Aminopenicillansäure hergestellt, aus der dann mit chemischen Methoden spezielle, auch gegen resistente Keime wirksame Antibiotika synthetisiert werden.

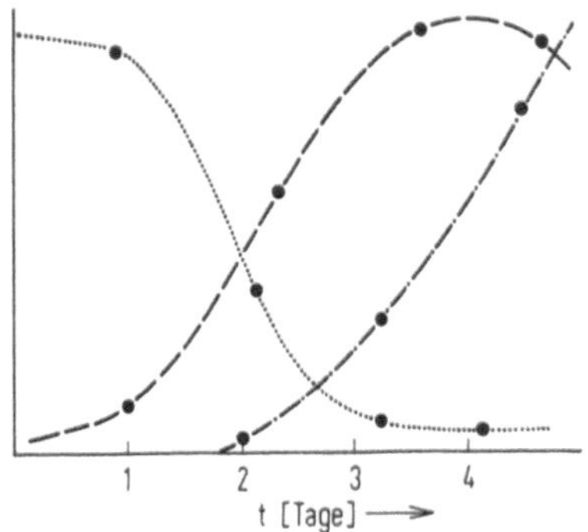

Abb. 1. Produktion eines Antibiotikums, schematisch. --- Wachstum der Zellen (Trockensubstanz der Zellmasse), ···· Konzentration der Kohlenstoffquelle im Nährmedium, -·-·- Konzentration des Antibiotikums.

Die Produktion von Antibiotika bietet die Möglichkeit, stellvertretend für die meisten biotechnologischen Verfahren den prinzipiellen Ablauf einer typischen chargenweisen Fermentation zu zeigen (Abb. 1). Der S-förmigen Wachstumskurve

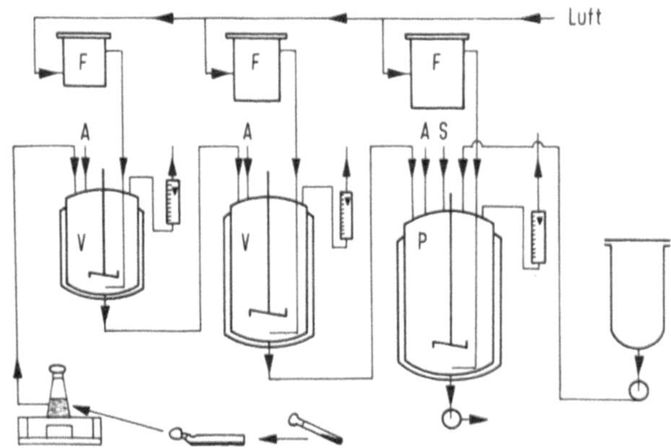

Abb. 2. „scale up" bei der Fermentation (Schrägröhrchen – Schüttelkultur – Fermenter). A = Antischaum, F = Filter, P = Produktionsfermenter, S = Substrat, V = Vorfermenter, Vorratsgefäß (ganz rechts). Arbeitsablauf siehe Text.

der Zellen mit Verzögerungs- (lag-), logarithmischer (log-) und stationärer Phase entspricht eine inverse Kurve für die Konzentrationsabnahme der Kohlenstoffquelle im Nährmedium.

Zum Ende der log-Phase setzt die Synthese des gewünschten Antibiotikums ein.

In Abbildung 2 ist der Prozeß graphisch dargestellt. Von einem Schrägröhrchen mit der Kultur des Mikroorganismus geht man zu einer Schüttelkultur in einem Erlenmeyerkolben über – dies ist der erste Schritt zur submersen Fermentation. Die Kultur wird dann in einen kleinen Vorfermenter (z. B. 20 l) überimpft. Meist werden hierbei und beim Übergang in den zweiten Vorfermenter (200 l) die Wachstumszeiten so gehalten, daß in der logarithmischen Wachstumsphase überimpft wird. In diesem Beispiel müßte also der Produktionsfermenter 2000 l fassen. Dieses „scale up" von ungefähr 1:10 ist typisch für die vorliegenden Verfahren.

Die Herstellung von *Bacillus-thuringiensis*-Sporen gilt einem umweltfreundlichen Produkt. Diese Sporen werden auf Kohlplantagen versprüht und von den Schädlingen, vor allem Raupen, gefressen. In den Raupen wird ein toxisches Produkt aus den Sporen frei. Die Wirkung dieser Substanz kommt also durch eine Korrektur der Masse spezieller Bacilluskeime im Boden zustande. Sie stellt das durch Monokulturen beeinträchtigte Gleichgewicht wieder her.

3.4. Umwandlungsreaktionen

Ungeachtet der Tatsache, daß alle beschriebenen Verfahren Umwandlungen der Substrate sind, muß den „Biotransformationen" besondere Bedeutung zugemessen werden. Manche Mikroorganismen können in einstufigen Reaktionen an speziellen Substanzen als Biokatalysator z. B. eine Oxidation, Methylierung oder Decarboxylierung durchführen. Besonders in der Steroidchemie werden diese mikrobiellen Zwischensynthesen genutzt, um schwierige und aufwendige chemische Verfahren zu vermeiden.

3.5. Wirtschaftliche Bedeutung mikrobiologischer Verfahren

Um die Bedeutung der Biotechnologie richtig einzuschätzen, ist es nötig, die wirtschaftliche Potenz einiger Gruppen herauszugreifen.

So wurden 1974 allein in der Bundesrepublik Deutschland 556000 t Frischkäse sowie Hart-, Schnitt- und Weichkäse im Wert von 1.98 Mrd. DM hergestellt. Dazu wurden noch 178000 t importiert (Wert 0.936 Mrd. DM). Die Brauerei und Mälzerei umfaßte in Deutschland 1972 in 756 Unternehmen 95000 Beschäftigte und hatte einen Umsatz von 9.9 Mrd. DM[7]. Vom Primärmetaboliten Citronensäure wurden 1974 weltweit über 200000 t (ohne Berücksichtigung der Staatshandelsländer) fermentativ erzeugt[8]. Antibiotika werden in großen Mengen hergestellt. Die Produktion von Penicillin stieg in den USA von 75 t im Jahr 1949 auf ca. 4500 t im Jahr 1975. Die Weltproduktion wird heute auf 10000 t/Jahr geschätzt, die Produktion aller Antibiotika auf 25000 t/Jahr.

4. Neue Entwicklungen biotechnologischer Prozesse

Lebewesen sind der Selektion und Mutation, d. h. der Evolution, unterworfen. Diese Veränderungen der Mikroorganismen lassen sich teilweise bereits steuern. Es können z. B. Ausbeuten an Antibiotika erhöht oder die Mikroorganismen an ein anderes Substrat angepaßt werden.

Mikrobiologisch-biochemisch-genetische Entwicklungsarbeiten dieser Art haben oft genug auch technische Konsequenzen und können schließlich Veränderungen am Markt bewirken. Bekannte Beispiele sind die Antibiotika, die anfangs in kleinen Glasgefäßen hergestellt wurden und heute in hochentwickelten Fermentern produziert werden. Am Anfang waren Antibiotika eine teure Besonderheit, heute sind sie ein für jedermann zugängliches Pharmazeutikum.

Auch die technische Seite bietet viele interessante Möglichkeiten. Neben die alten Rührfermenter sind neue Fermenter getreten. Nach *Rehm*[2, 9] kann man drei Gruppen unterscheiden – Rührfermenter (z. B. bei Mehrphasenfermentationen verwendbar, wie sie z. B. bei Paraffinsubstraten erforderlich sind), Airlift-Reaktoren (keine mechanische Rührung) und spezielle Reaktoren. Dazu gehören Reaktoren, in denen mit explosiven Gasmischungen gearbeitet werden kann, wie sie für Knallgas- oder Methan-verwertende Mikroorganismen benötigt werden. Weiterhin sind hier u. a. Fallfilm-, Wirbelschicht-, Multistage- und Oberflächenreaktoren einzuordnen[10].

4.1. Biomasseproduktion

Eine der Schlüsselentwicklungen für die gesamte Biotechnologie ist die Biomasseproduktion. Damit ist die Herstellung von Zellmasse aus Mikroorganismen gemeint.

4.1.1. Substrat

In der Regel benötigen Mikroorganismen, wie auch andere lebende Zellen, zum Wachstum eine Kohlenstoff- und eine Stickstoffquelle, daneben müssen Phosphat und andere Salze vorhanden sein.

Als Kohlenstoffquelle und oft auch als Stickstoffquelle dienen organische Verbindungen. Dies bedeutet, daß viele mikrobiologische Prozesse direkt auf Primär- oder Sekundärprodukten der Landwirtschaft basieren: Milch bei der Joghurtproduktion, Gerste bei der Brauerei, Melasse bei der Citronensäureherstellung, Soja bei der Produktion von Antibiotika. Eine weitere Möglichkeit ist die Nutzung von Abfall der menschlichen Kulturen. Biologische Abwasserreinigungsanlagen sind heute bereits unentbehrlich.

Jenseits dieser Substrate für das Wachstum von Mikroorganismen gibt es viele Substanzen, die als Kohlenstoffquelle dienen können, obwohl sie abiologisch erscheinen und einige von ihnen für Zellen giftig sind. Erdöl, Erdgas, Paraffin, Methanol, CO_2, CO, aber auch Cellulose gehören dazu. Im Hinblick auf die Evolution ist es schwierig zu verstehen, daß Bakterien und Hefen existieren, die z. B. Methanol als Kohlenstoffquelle verwenden. Sie lassen sich aus Erde und Wasser oder von Blüten und Früchten isolieren. Eine Erklärung könnte das Vorhandensein von Pektinesterase sein[11]. Bei Cellulose-abbauenden Pilzen ist ein Verständnis leichter. Allerdings sind nur spezielle Gruppen dazu imstande. Der normale Nachwuchs von Cellulose auf der Welt umfaßt pro Jahr einige 100 Millionen Tonnen; die Tätigkeit der genannten Mikroorganismen bewahrt uns vor dem „Erstickungstod" durch Cellulose.

Methanol und Cellulose sind zwei sehr verschiedene Kohlenstoffsubstrate. Methanol kann aus Kohle, Gas und Erdöl gewonnen werden und wird sehr wahrscheinlich einer der wichtigsten und billigsten Grundstoffe der Chemie in der Zukunft sein. Cellulose ist dagegen ein alter Grundstoff menschlicher Kulturen (Wärme, Schiffbau, Hausbau), der überdies Jahr für Jahr nachwächst. Beide Substrate bieten sich an für biotechnologische Verfahren. Nährmedien für Methanol- und für Cellulose-verwertende Bakterien[12] sind in Tabelle 4 zusammengestellt.

Tabelle 4. Nährmedien für Methanol- und für Cellulose-verwertende [12] Bakterien.

Methanol	kontinuierlich zudosiert
NH_4OH (25proz.)	am Start 2.8 ml/l
H_3PO_4 (85proz.)	am Start 2.0 ml/l
$MgSO_4 \cdot 7H_2O$	0.9 g/l
Na_2SO_4	0.24 g/l
$Fe_2(SO_4)_3 \cdot 3H_2O$	85 mg/l
$CaCO_3$ und Leitungswasser	0.14 g/l
Cellulose	5%
KH_2PO_4	1%
NaCl	0.1%
$(NH_4)_2SO_4$	1%
$MgSO_4 \cdot 7H_2O$	0.3%
$CaCl_2$	0.1%
Spurenelemente und Wasser	

Die Umwandlung von Methanol in Biomasse wird in einer vollsynthetischen Nährlösung durchgeführt, d.h. die Mikroorganismen treten hier an die Stelle, die im natürlichen Kreislauf die Pflanzen besetzen. Das auf Cellulose basierende Verfahren beschleunigt den sehr langsamen natürlichen Prozeß der Cellulosezersetzung. In beiden Fällen wird also aus einfach zu erhaltenden Grundstoffen in einem Fermentationsverfahren Biomasse hergestellt. Sie besteht aus Zellen, die oft die für Futter oder Nahrungsmittel gesetzten Normen übertreffen, z.B. an Proteingehalt.

4.1.2. Biotechnologie

Ein Merkmal der bekannten biotechnologischen Prozesse ist die chargenweise Durchführung der Verfahren; eine Charge benötigt Stunden, Tage, vereinzelt auch Wochen. Nach der Ernte erfolgt ein neuer Ansatz. Die Biomasseproduktion läuft dagegen kontinuierlich ab. Das bedeutet, daß Wochen, Monate oder länger aus dem Reaktionsgefäß Biomasse abgezogen werden kann; zur selben Zeit wird Nährmedium zudosiert. Dieser Verfahrensablauf, der in der chemischen Technologie verbreitet ist, kann z.B. durch genetische Veränderungen der Zellen gestört werden; er hat aber auch viele Vorteile (z.B. Wirtschaftlichkeit).

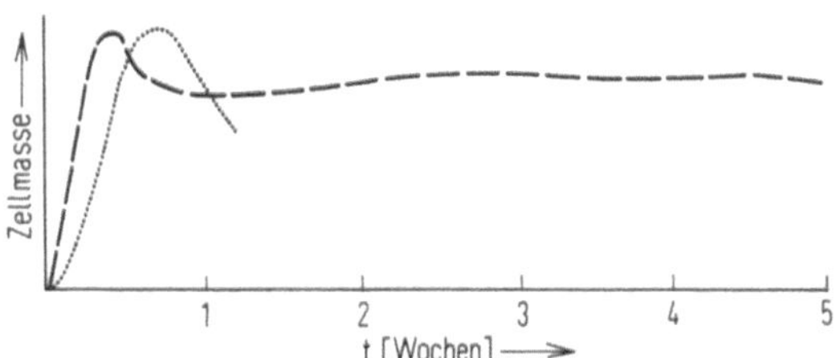

Abb. 3. Wachstumskurven bei Chargen- (·····) und kontinuierlicher Kultur (– – –).

In Abbildung 3 wird ein Chargenprozeß zur Gewinnung von Biomasse aus Methanol mit einem kontinuierlichen Prozeß verglichen. Es handelt sich um einen von Hoechst-Uhde entwickelten, auf Methanol basierenden Prozeß, der das Bakterium *Methylomonas spec.* benutzt[13]. Das Bakterium ist obligat methylotroph. Man verwendet eine vollsynthetische Nährlösung und fermentiert in neu entwickelten Reaktoren.

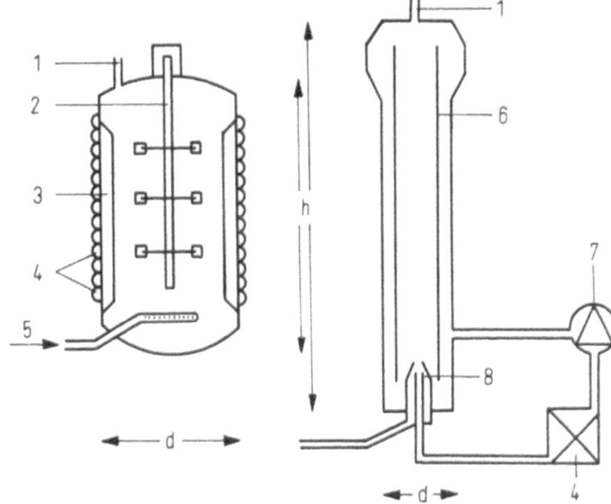

Abb. 4. Vergleich zwischen klassischem Rührkessel (links) und modernem Strahldüsenschlaufenreaktor (rechts). 1 = Abluft, 2 = mehrstufiger Blattrührer, 3 = Schikane, 4 = Kühlung, 5 = Luft, 6 = Einsteckrohr, 7 = Umwälzpumpe, 8 = Strahldüse.

In Abbildung 4 sind ein Vertreter der alten Generation von Fermentern und eine Neuentwicklung dargestellt. Der Weg von der Flachsrotte in einer Erdkuhle über den Gärbottich oder das Sauerkrautfaß und den belüfteten Rührkessel führte zu einer Reihe von neuen Systemen[10, 14–16], die oft von der weit entwickelten chemischen Verfahrenstechnik beeinflußt waren. Die Gründe für die Entwicklung neuer Verfahren lassen sich aus Tabelle 5 ablesen.

Tabelle 5. Vergleich von Reaktoren (Beispiel: Biomasseproduktion).

Konventioneller Rührkessel	Moderner Schlaufenreaktor
Hohe Energiekosten – 10 kW/m³	Niedrige Energiekosten – 2 kW/m³
Interne Kühlung (Mantel) –	Externe Kühlung (Plattentauscher) –
begrenzte Vergrößerungsmöglichkeit	beliebige Vergrößerungsmöglichkeit
Undefinierte Durchmischung – ungleichmäßige Verweilzeit	Definierte Durchmischung – gleichmäßige Verweilzeit
Hoher Luftbedarf – 10–20% Sauerstoffausbeute	Geringer Luftbedarf – 40–50% Sauerstoffausbeute
Chargenbetrieb	Kontinuierlicher Betrieb

Der Vergleich der Zahlen, insbesondere der Werte des Energieverbrauches zeigt, welche Fortschritte eine Optimierung des Reaktionsgefäßes bringen kann.

In diesem Zusammenhang muß auf die Erfassung der Daten eines Reaktions- oder Wachstumsverlaufs im Fermenter hingewiesen werden. Der Computer verdeutlicht entscheidend die Fülle der biologischen Daten, er erleichtert die Auswahl der biologisch sinnvollen Entwicklungen, wenn zwei Voraussetzungen geschaffen werden. Zum einen müssen die Daten des Prozesses im Fermenter gemessen werden. Dies ist bei den Verfahren mit synthetischem Nährmedium relativ leicht möglich; komplexe organische Medien sind sehr viel schwerer zu erfassen. Zum anderen sollte die Stoffwechselphysiologie des Mikroorganismus bekannt sein. Auf dieser Grundlage kann heute begonnen werden, biologische Vorgänge optimal ablaufen zu lassen[3].

4.1.3. Ökonomie

Ökonomische Überlegungen sind bei industriellen Verfahren eine wichtige Komponente. In der Regel genügt es nicht, ein neues, originelles Produkt auf neuen Wegen herzustellen. Der Gesamtprozeß konkurriert mit anderen Verfahren, und oft genug hilft keine Originalität – der alte Prozeß leistet zu einem geringeren Preis fast das gleiche.

Von wirtschaftlichen Überlegungen hängt auch das Schicksal der biologischen und technologischen Neuentwicklungen ab. Die hier angeführten Prozesse zur Biomasseproduktion umfassen aber so viele Verbesserungen, daß wahrscheinlich zumindest Teile der neuen Biotechnologie Eingang in die Praxis finden werden.

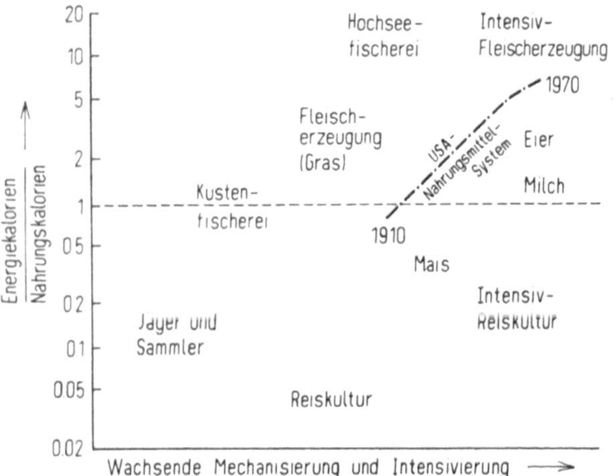

Abb. 5. Energieaufwand für die Nahrungsmittelerzeugung (nach [20, 21]). Angegeben ist das Verhältnis von Energie- zu Nahrungskalorien.

Zuerst ist auf die kontinuierliche Prozeßführung hinzuweisen. Mit dieser Methode ist es möglich, Fermentationsanlagen kleiner zu dimensionieren oder bei größeren Kesseln mehr Produkt zu erzeugen als bei chargenweisem Betrieb. Bei einem Betrieb mit starker Automatisierung ist auch der Personalaufwand kleiner. Die ökonomische Größenordnung von Anlagen zur Biomasseproduktion liegt bei ca. 60000 bis 100000 t/Jahr. Diese Menge an Biomasse, oft auch wegen ihrer Hauptkomponente Protein SCP („single cell protein") genannt, kann von ca. 100 Menschen produziert werden.

Hinzu kommt, daß eine SCP-Fabrik nur wenig Landbedarf hat (ca. 1000 m^2), unabhängig vom Klima ist und ein Produkt herstellt, das immer gleich zusammengesetzt ist. Dieses Produkt kann an fast jedem Punkt der Welt in der gleichen Qualität hergestellt werden. Wenn man noch die für manche Länder sehr wichtige Importabhängigkeit von Produkten wie Soja oder Getreide hinzunimmt, ist zu verstehen, warum bereits einige hunderttausend Tonnen derartigen SCPs produziert werden. Derartige Produkte dürften auch die Proteinpreise beeinflussen[17]. Ein besonders wichtiger Aspekt der Biotechnologie ist aber der Energieaufwand.

Auch vor der starken Erhöhung der Energiepreise war bekannt, daß die Energiekosten für jedes Verfahren entscheidend sind. Dieses Wissen wurde aber wegen der Billigkeit der Primärenergie nicht genügend beachtet. Erst die Schockwirkung der Publikationen über einen möglichen Kollaps der Weltresourcen[18, 19] und dann der Preisanstieg zwangen zu einer kritischen Betrachtung der Gesamtsituation.

Sieht man die Nahrungsmittelversorgung der Menschen unter dem Aspekt des Energieverbrauchs, zeigt sich eine beunruhigende Tendenz. Der Mensch benötigt pro Jahr ca. 1 Mio. kcal, so daß die Welternte energetisch betrachtet für 5.6 Mrd. Menschen reichen müßte. Es gehen aber 50–90 % der Energie verloren, wenn die Kohlenhydrate als Futter für Tiere Verwendung finden. Weiterhin verderben bis zu 34 % der Welternte. Das Meer birgt noch Möglichkeiten; zur Zeit werden aber nur 1 % der Nahrung aus dem Meer gewonnen.

In Abbildung 5 ist aufgetragen, wieviele Kalorien an Energie man aufwenden muß, um eine Kalorie an Nahrung zu erhalten. Man geht dabei vom Verhältnis 1.0 für den Fischfang nahe der Küste aus, d. h. für 1 Nahrungskalorie wird 1 Energiekalorie gebraucht. Energetisch günstig lebten unsere Vorfahren, die Jäger und Sammler. Auch die einfachen Reiskulturen sind in diesem Bereich zu suchen. Die modernen Methoden der Nahrungsbeschaffung oder -herstellung sind sehr viel aufwendiger. Die normale Fleisch- oder Eierproduktion muß bereits 2–5 Kalorien Energie, intensive Fleischerzeugung 10 Kalorien und Fischfang im offenen Meer 20 oder noch weit mehr Kalori-

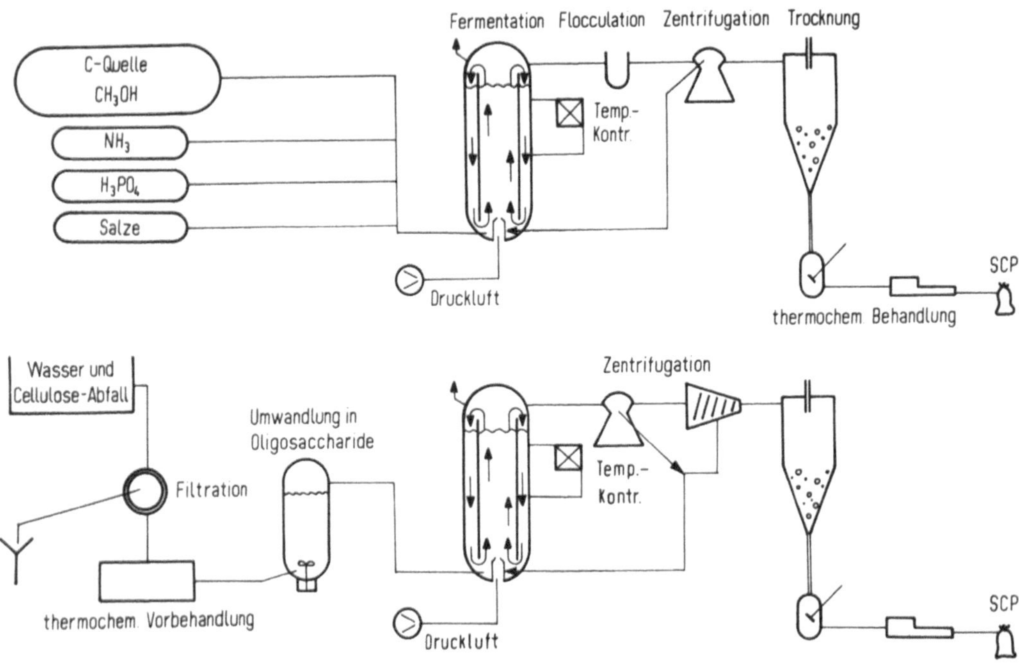

Abb. 6. Zwei SCP (single cell protein)-Prozesse auf Methanol- und auf Cellulosebasis [3].

en für 1 Kalorie Nahrung aufbringen. Diese Angaben zeigen, daß eine hohe Nahrungsmittelproduktion einen hohen Energieaufwand erfordert, der meist nicht erkannt wird. Bei diesen Berechnungen sind Urbarmachung, Bewässerung und Drainage des Landes nicht immer berücksichtigt.

Bei den biologischen Verfahren zur SCP-Herstellung liegt der Aufwand im Mittel bei 5 Energiekalorien für 1 Nahrungskalorie. Da sich die Biomasse vor allem durch ihren hohen Proteingehalt auszeichnet, der in der Größenordnung von höchstwertigen Proteinquellen liegt, ist es nicht verwunderlich, daß weltweit SCP-Verfahren entwickelt werden. Vermutlich werden derartige Produkte in absehbarer Zeit auch direkt zu Lebensmitteln verarbeitet werden, denn beim Umweg über die Tierfütterung gehen im Mittel 85% der Energie verloren[22]. Eine andere Berechnung[23] geht davon aus, daß auf 1 Hektar 4000 kg Getreide geerntet werden, die bei einer Verfütterung 85 kg Protein (Rindfleisch) liefern. Bei der fermentativen Nutzung des Getreides ergeben sich 680 kg Protein.

4.1.4. Biomasseverfahren

Aus der Fülle der Biomasse-Verfahren sollen zwei Beispiele unter dem Aspekt ihrer Anwendungsmöglichkeit betrachtet werden. In Abbildung 6 sind ein auf Methanol und ein auf Cellulose basierender Prozeß dargestellt.

Sehr interessant ist die Verwendung einer „symbiontischen" Kulturmischung in einem Prozeß, der von Cellulose ausgeht[25]. Hierbei wird eine Art Population verimpft, wie sie auch in der Natur vorkommt. Die Anwendung dieses Substrates wird sicher lokal begrenzt sein. Auf Methanol basierende Verfahren lassen sich dagegen global anwenden. Auch ist die Qualität des Produktes ein wichtiges Argument (Tabelle 6).

Tabelle 6. Zusammensetzung einiger Proteinquellen.

	FAO Standard [24]	Sojamehl [24]	SCP-Hefe [24]	SCP-Bakterium [13]
Rohproteingehalt [%]		45	60–62	80–85
Essentielle Aminosäuren [g/16 g N]				
Ile	4.2	4.8	5.3	4.3
Leu	4.8	6.1	7.8	7.4
Lys	4.2	6.1	7.8	6.5
Met + Cys	4.2	2.9	2.5	2.5
Phe + Tyr	5.6	8.4	8.8	7.1
Thr	2.8	4.0	5.4	4.6
Val	4.2	5.0	5.8	5.6
Trp	1.4	1.3	1.3	1.5

4.2. Andere Verfahrensgruppen

4.2.1. Enzyme

Der Schritt von der Herstellung von Zellen zum Inhalt dieser Zellen ist schnell vollzogen. Eine der interessantesten Gruppen der Zellinhaltsstoffe dürften die Enzyme sein. Diese biologischen Katalysatoren spielen eine Schlüsselrolle bei Biosynthesen z. B. von Kohlenhydraten, Proteinen, Fette und Steroiden.

Hauptenzymverbraucher sind Stärkeindustrie, Lederindustrie, Medizin, Lebensmittelindustrie und Waschmittelindustrie. Daneben spielen Enzyme in der Feinchemikalienbranche eine Rolle.

Von Mikroorganismen produzierte Enzyme werden in den nächsten Jahrzehnten große Bedeutung erlangen. So wurde z. B. schon jetzt die mikrobiologische Herstellung von Labenzymen entwickelt, da es für bestimmte Länder schwer ist, die nötigen Mengen Lab für die Käseherstellung zu beschaffen. Die interessanteste Entwicklung sind jedoch die immobilisierten Enzyme[26, 27]. Enzyme können in wasserunlöslichem Material immobilisiert werden, ohne ihre katalytische Aktivität zu verlieren. Der Nutzen ist offensichtlich; es gibt bereits zahlreiche Verfahren für diese Zwecke. So können z. B. immobilisierte Penicillin-spaltende Amidasen in einer Säule oder in einem Reaktor 6-Aminopenicillansäure liefern, die der Ausgangsstoff für viele wichtige halbsynthetische Penicilline ist.

Auch die Nahrungsmittel- und Getränkeindustrie wird ein Anwender derartiger Enzympräparate sein. Im technischen Bereich bieten sich Enzymbehandlungen zur Unschädlichmachung spezieller Abwässer an.

4.2.2. Sekundärmetaboliten

In diesen Zusammenhang gehören z. B. neue Antibiotika, Substanzen mit pharmakologischer Wirkung oder andere Naturstoffe. Die mikrobiologische Herstellung von Lebensmittelfarbstoffen, Insektiziden, Inhibitoren usw. ist eine interessante Entwicklung.

Hierher gehören auch Biopolymere wie z. B. Dextrane. Diese Gruppe ist sehr zukunftsträchtig. Als Bohrhilfsmittel (Xantham) vermitteln sie dem Bohrwasser die nötige Viskosität, um das Gestein hochzutransportieren. Die Eigenschaften dieser fermentativ hergestellten natürlichen Polymere sind für spezielle Anwendungen sehr günstig[17].

4.2.3. Leaching

Die Fähigkeiten der Mikroorganismen lassen sich auch zur Metallgewinnung nutzen. Beim Leachingverfahren werden z. B. kristalline Kupfersulfide oder Uranverbindungen durch Bakterien gelöst. Man weiß zwar, daß Mikroorganismen bei der Verwitterung, Erdbildung, Mineralablagerung usw. mitwirken, doch ist es erstaunlich, daß toxische Schwermetallverbindungen von speziellen Mikroorganismen wie Thiobacillus- und Ferrobacillusarten gelöst werden. Dadurch wird es möglich, vor allem Haldenbestände aufzuarbeiten. In einzelnen Fällen werden die Verfahren bereits großtechnisch (Schweden, Kanada) angewendet, um minderwertige Erze anzureichern.

4.2.4. Rückstandbeseitigung

Die Industriegesellschaft muß sich immer stärker mit den Problemen der Rückstände auseinandersetzen. Beim Abwasser ist meistens eine biologische Reinigung nötig. Die Biotechnologie wird auch zur Müllbeseitigung herangezogen. Bei neueren Verfahren wird der Müll mit Abwasser vermischt und kompostiert. Da Verfahren dieser Art auf den Abfall einer bestimmten Stadt, eines Industrie- oder eines landwirtschaftlichen Betriebs zugeschnitten sein müssen, ist hier ein großes zukünftiges Arbeitsfeld zu sehen. Nur die der Mutation und Adaptation zugänglichen Mikroorganismen und eine entsprechende Technologie können letztlich für die Rückführung der Abfallstoffe sorgen.

Es gibt Verfahren, um aus Abfall wieder Grundsubstrate herzustellen. So wird in vielen Großstädten aus Müll in Gär- oder Faultürmen Methan mit Hilfe von Mikroorganismen produziert. Dieses Methan wird in das städtische Gasnetz eingeschleust oder zur Beheizung kleinerer Kraftwerke oder zum Betrieb der Faultürme selbst verwendet. Der Prozeß läuft anaerob ab, wobei zuerst organische Substanz in Wasserstoff und Fettsäuren umgewandelt wird, die anschließend von den Methanobakterien in Methan und CO_2 zerlegt werden.

4.2.5. Weitere Leistungen von Mikroorganismen

Die N_2-Fixierung durch Mikroorganismen läßt sich noch nicht gezielt für die Düngung in der Landwirtschaft nutzen. Es gibt Bakterien, die den Luftstickstoff mit Hilfe einer Nitrogenase fixieren können (z. B. Clostridien, Azotobacter). In diesen Organismen wird N_2 über NH_3 in Aminosäuren und Proteine umgewandelt. Die alte Dreifelderwirtschaft mit dem Ruhejahr beruhte u. a. auf der Stickstoffanreicherung durch N_2-fixierende Mikroorganismen. Ferner sind die Symbionten zu nennen. Insbesondere die Leguminosen enthalten in den Knöllchen ihrer Wurzeln Bakterien (Rhizobiumarten), die in dieser Symbiose molekularen Stickstoff binden. So werden je Hektar und Jahr ca. 100 bis 200 kg N_2 gebunden. Die heutige Düngerherstellung nach dem Haber-Bosch-Verfahren ist essentiell für unsere Kultur, aber sie erfordert einen hohen Aufwand an Energie. Da es noch mehr Mikroorganismen gibt, die Luftstickstoff binden, besteht die Aussicht, daß dieser ökonomische, energiesparende Prozeß eines Tages stärker genutzt werden kann.

Eine weitere Gruppe von Mikroorganismen muß erwähnt werden – solche, die anorganische Verbindungen umsetzen. (Der Leaching-Prozeß ist bereits in Abschnitt 4.2.3 besprochen worden.) *Desulfovibrio* bilden z. B. Essigsäure und Schwefelwasserstoff unter Verwendung von Sulfat und Wasserstoff. Denitrifizierer reduzieren NO_3 und NO_2 z. B. unter Freisetzung von N_2 und Wasser. Für viele Mikroorganismen ist Licht die Energiequelle, um z. B. H_2S als H-Donor zu verwenden. Diese phototrophen und viele C-autotrophe Mikroorganismen benötigen Kohlenstoff; dieser Kohlenstoff wird aber nicht aus Kohlenhydraten, Fetten und Eiweiß entnommen, sondern aus dem CO_2 der Luft. Diese Kohlenstoffautotrophie rückt die Mikroorganismen in die Nähe der Pflanzen. Die Nutzung dieser Möglichkeiten durch die Biotechnologie beginnt gerade erst. So könnten z. B. übelriechende Gase, die auch CO_2 enthalten, einer Fermentation unterworfen werden, bei der die Mikroorganismen die Schadstoffe umwandeln, das CO_2 als Kohlenstoffquelle nutzen und dabei noch Biomasse liefern.

Zu diesen Beispielen der Nutzung mikrobieller Leistungen gehören auch Möglichkeiten ganz anderer Art. Ein großer Teil der Grundsubstrate für chemische Reaktionen kann mikrobiologisch hergestellt werden. Aceton, Butanol, Isopropanol, Ethanol, Glycerin, Essigsäure und viele andere Substanzen lassen sich mit speziellen Mikroorganismen auf Medien produzieren, die in der Regel Substrate pflanzlicher Herkunft enthalten. Die Ausgangssubstrate wachsen also nach. Derartige Prozesse sind zur Zeit nicht immer ökonomisch; in Entwicklungsländern dient allerdings der eine oder andere Prozeß als einzige Quelle der angegebenen Grundsubstrate. So ist die Ethanolproduktion aus Sulfitablauge, Mais, Molke, Melasse und fast allen Früchten oder Getreiden gerade in Entwicklungsländern, aber auch in Industrieländern, weit verbreitet. Derartige Verfahren könnten in Zukunft wieder stärker angewendet werden, wenn andere Basissubstrate nicht verfügbar oder zu teuer sind.

5. Kreislauf und Anpassung – biotechnologische Möglichkeiten

5.1. Die Nutzung der natürlichen Kreisläufe

Bei Betrachtung des in Abbildung 7 aufgezeichneten Kohlenstoffkreislaufs[28] wird klar, daß die heute durchgeführten Verfahren zur Aufarbeitung von Müll und zur Reinigung von Abwasser erst ein Anfang sein können. Mikroorganismen sind an essentiellen auf- und abbauenden Prozessen in der Biosphäre beteiligt.

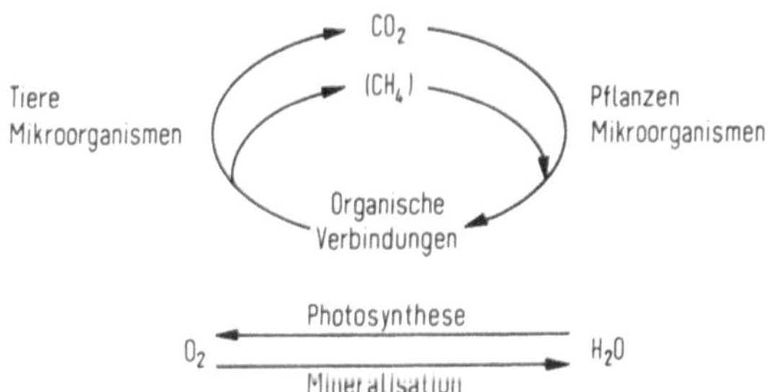

Abb. 7. Kreislauf des Kohlenstoffs [28].

Die Mikroorganismenzellen sind ein mit der Biotechnologie bereits heute zu handhabender Teil des natürlichen Kreislaufs, wobei für andere Teile, z. B. den Kreislauf des Stickstoffs, das gleiche gilt. *Cramer*[29] stellte den biologischen Metabolismus mit cyclischer Funktion dem kulturellen Metabolismus mit linearer Funktion gegenüber. Es ist dabei klar, daß das exponentielle Wachstum eines Parameters in einem geschlossenen System schnell zu stagnierenden Werten führt, jede Wachstumskurve – bei Mikroorganismus oder Mensch – bestätigt das. Und die Feststellung, daß „Wachstum der einzige Beweis für Leben" sei (Kardinal *Newman* 1864, zitiert nach [30]), muß dazu kein Widerspruch sein. Biologische Prozesse halten Fließgleichgewichte aufrecht, und sie tun dies mit einem hohen Wirkungsgrad. Dieser hohe Wirkungsgrad ist durch die Evolution erreicht worden. Die Leistungen von Muskelzellen sind ein Beispiel. Man nimmt an, daß ihr Wirkungsgrad im Mittel 60 % beträgt. Verbrennungsmotoren können Spitzenwerte von 30 % oder mehr erzielen; der mittlere Wert liegt bei knapp 10 %. Intensivtierhaltung, Hochseefischerei, intensive Getreideherstellung haben Wirkungsgrade zwischen 5 und 20 %. Der biotechnologische Prozeß der Biomasseherstellung erreicht 20 % oder mehr (siehe Abb. 5). Es bietet sich an, derartige Verfahren in die Überlegung einzubeziehen, wie man Abfall beseitigen und Nahrung produzieren kann oder allgemein wie man biologische Kreisläufe statt linearer Verbrauchsprozesse installieren kann.

5.2. Angepaßte Verfahren

Biotechnologische Großverfahren, die viel Kapital, umfangreiches know how und hochqualifizierte Mitarbeiter benötigen, können durch Einfachverfahren ergänzt werden, die mit wenig Kapital, geringem know how und einfach ausgebildeten Mitarbeitern betrieben werden. Gerade biotechnologische Verfahren müssen oft an besondere Standorte angepaßt werden. Das Abwasser eines Dorfes in Mitteleuropa muß anders behandelt werden als ein Grubenabwasser in Afrika. Verfahren zur Biomassegewinnung lassen sich auch in speziellen Kleinbetrieben durchführen, die nur einen überschaubaren Bevölkerungskreis mit Biomasse z. B. als Futterkomponente versorgen[31]. Abbildung 8 zeigt einen entsprechenden Reaktor[34]. Ein Markt mit vielen Intensivtierhaltungen muß dagegen mit einer Großanlage bedient werden.

Aber nicht nur kleine und große Anlagen sind möglich, sondern auch die Anpassung an spezielle Bedürfnisse. Der Grund liegt in der Adaptationsmöglichkeit der Zellen. Durch Mutation, Selektion oder einfache Anpassung an Substrate ist die gezielte Lösung einer Aufgabe möglich. So begann man z. B. die erstaunlichen Ergebnisse der molekularbiologischen Forschung der letzten 15 Jahre anzuwenden. Durch

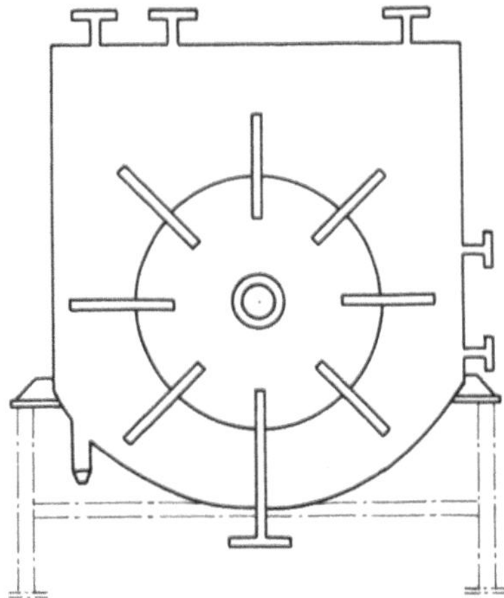

Abb. 8. Schaufelradreaktor zur Biomassegewinnung im kleineren Maßstab.

Plasmidübertragung wurden abbauende Stoffwechselwege eines Bakteriums auf ein anderes übertragen, dort sozusagen gesammelt, und diese „Supermicrobe"[32, 33] kann dann Verbindungen wie Campher, Octan, Salicylate und Naphthalin abbauen. Biotechnologische Verfahren sind eine wichtige Möglichkeit, unsere Zivilisation wieder ins Gleichgewicht zu bringen.

6. Schluß

Der mikrobielle Lebensraum wird bisher nur zufällig und sporadisch genutzt. In der Vergangenheit wurden die Möglichkeiten oft zugunsten von Prozessen vernachlässigt, die wirtschaftlicher waren. Heute ist man sich der Schattenseiten unserer Zivilisation bewußt geworden; Mikrobiologie und Technologie bieten sich an, um die Verhältnisse zu verbessern. Die Mikrobiologie bringt das natürliche Prinzip der Kreislaufprozesse mit, die einfachen Zellen sind zu vielerlei Anpassungen fähig, und die Möglichkeiten der Kleinstlebewesen umfassen alle die Reaktionen, die wir vom lebenden Organismus kennen. Die heutige Technologie ist hoch entwickelt und bietet eine Fülle von Verfahren an, denen unser Zivilisationsniveau zu verdanken ist. *Claude*[35] spricht vom kommenden Zeitalter der Zelle; *Spinks*[23] fordert neben politisch-ökonomischem Pessimismus Vertrauen in die Technologie.

Es liegt nahe, der Symbiose aus Biologie und Technologie, der Biotechnologie, in Zukunft eine entscheidende Position einzuräumen.

Eingegangen am 14. September 1976 [A 153]

[1] *H. Weide*, Monatsh. Veterinärmed. *29*, 704 (1974).
[2] *H.-J. Rehm:* Industrielle Mikrobiologie. Springer, Berlin 1967.
[3] *P. Präve, D. A. Sukatsch, U. Faust*, Interdisc. Sci. Rev. *1*, 85 (1976).
[4] *S. C. Prescott, C. G. Dunn:* Industrial Microbiology. McGraw-Hill, New York 1959.
[5] *M. J. Pelczar jr., R. D. Reil:* Microbiology. McGraw-Hill, New York 1972.
[6] DOS 2212929 (1972), Benckiser GmbH.
[7] Statistisches Jahrbuch für die Bundesrepublik Deutschland 1975. Stat. Bundesamt/Wiesbaden. Verlag Kohlhammer, Stuttgart 1976.
[8] *G. Schulz, J. Rauch* in: Ullmanns Encyklopädie der technischen Chemie. 4. Aufl. Verlag Chemie, Weinheim 1975, Bd. 9, S. 624ff.
[9] *H.-J. Rehm*, Chem. Ind. (Düsseldorf) *27*, 373 (1975).
[10] *W. Sittig, H. Heine*, Vortrag auf der Achema 1976.
[11] *R. K. Finn*, persönliche Mitteilung.
[12] *S. Schmid, M. T. Bomar*, Alimenta *14*, 185 (1975).
[13] *U. Faust, B. Dorsemagen, P. Präve, D. A. Sukatsch, K. H. Zepf* in *H. Dellweg:* 5. Internationales Fermentations-Symposium, Berlin 1976. Verlag Versuchs- und Lehranstalt für Spiritusfabrikation und Fermentationstechnologie, Berlin 1976, S. 203.
[14] *A. Prokof, J. Votrula*, Folia Microbiol. *21*, 185 (1976).
[15] *V. Oels, K. Schügerl, J. Todt*, Chem. Ing. Tech. *48*, 73 (1976).
[16] *A. Einsele, A. Fiechter*, Chem. Anlagen Verfahren April 1973, S. 57.
[17] *C. S. Barnes*, Food Technol. Aust. Febr. 1976, S. 55.
[18] *D. L. Meadows* et al.: The Dynamics of Growth in an Finite World. Wright-Allen Press, Cambridge 1973.
[19] Futures *1* (Febr.) 1973, Guildford Surrey.
[20] *J. S. Steinhart, C. E. Steinhart*, Science *184*, 307 (1974).
[21] *A. L. Johnson jr.*, Astronaut. Aeronaut. Nov. 1974, S. 64.
[22] *D. Pimentel, L. E. Hurd, A. C. Bellotti, M. J. Forster, I. N. Oka, O. D. Sholes, R. J. Whitman*, Science *182*, 443 (1973).
[23] *A. Spinks*, Proc. Roy. Soc. Med. *67*, 969 (1974).
[24] *H. G. de Pontanel:* Proteins from Hydrocarbons. Academic Press, London 1972.
[25] *R. K. Finn, A. L. Tannahill*, Biotechnol. Bioeng. *15*, 413 (1973).
[26] *H. H. Weetall*, Process. Biochem. Juli/Aug. 1975, S. 3.
[27] *W. R. Vieth, K. Venkatasubramanian*, Chem. Technol., Jan. 1974, S. 47.
[28] *W. C. Evans*, Biochem. Soc. Trans. 7, 433 (1976).
[29] *F. Cramer:* Fortschritt durch Verzicht. Nymphenburger Verlagshandlung, München 1975.
[30] *H. G. Stever*, Interdisc. Sci. Rev. *1*, 1 (1976).
[31] *R. Knecht, U. Faust*, UNIDO, Draft Report of the Exper. Group Meeting, Vienna, Okt. 1973, ID/WG. 164/29.
[32] *A. M. Chakrabarty, D. A. Friello*, US-Pat. 3923603 (1974), General Electric Company.
[33] Processing, Febr. 1976, S. 7.
[34] *U. Faust, R. Knecht, W. Wengeler*, DOS 2454443 (1976), F. Uhde GmbH.
[35] *A. Claude*, Science *189*, 433 (1975).

S O N D E R D R U C K A U S

ÄRZTLICHE PRAXIS
Die Zeitung des Arztes in Klinik und Praxis

XXIX. Jahrgang Nr. 82 (Seiten 3355—3359) vom 11. Okt. 1977

Professor Dr. med. Dr. phil. P. H. Hofschneider

Künstliche Veränderungen des Erbguts

Eine Vorlesung über Verfahren zur Neukombination genetischen Materials[1][2]

Jeder Chemiker erinnert sich der ersten Harnstoff-Synthese durch Wöhler im Jahr 1828. Auch damals wurde eine Art geistige Schallmauer durchbrochen. Weil „nicht sein kann, was nicht sein darf", hielt man es seinerzeit für unmöglich, sicher auch für gefährlich, daß eine organische Substanz, die bisher nur von lebenden Zellen produziert wurde, durch die Hand eines Chemikers im Reagenzglas entstand. Heute ist die synthetische Chemie eine Selbstverständlichkeit. Ähnlich könnte es sich nach Ansicht des Autors mit künstlichen Eingriffen in die Erbsubstanz verhalten. Wir werden in vergleichsweise kurzer Zeit wissen, was die Neukombination von Genen durch des Menschen Hand und im Reagenzglas für die Forschung sowie im weiteren Sinn für die Gesellschaft zu leisten vermag.

Eingriffe in die Erbsubstanz gibt es ohne Zutun des Menschen schon genauso lange, wie Leben überhaupt existiert. Sie bewirken — als Mutationen — blind und ungezielt Veränderungen im Erbgut. Meistens führen sie zu einem genetischen Defekt und zu Schwächung oder Tod des betroffenen Individuums. Nur selten geben sie einem Lebewesen im Vergleich zu seinen Artgenossen eine bessere Überlebenschance. Dann werden im Lauf der Generationen sich dessen Nachkommen gegen jene der anderen Artgenossen durchsetzen. Auf sehr lange Zeiträume hin gesehen kommt es so durch wiederholte natürliche Selektion der seltenen positiven Veränderungen des Erbguts zum Wandel der Arten, so wie es erstmals von Darwin beschrieben wurde.

Der Mensch hat es schon früh gelernt, sich dieses Prinzips zu seinem Nutzen zu bedienen, indem er die Selektion von Erbgutveränderungen nicht der Umwelt überließ, sondern seinen Zielvorstellungen unterwarf. So entstanden Haustierrassen mit hohem Fleischertrag, Getreidearten

[1]) Dieser Aufsatz wird an Stelle des stärker fachlich orientierten Originalvortrags „Eingriff in die Erbsubstanz" hier abgedruckt, um das derzeit so stark diskutierte Gebiet der Neukombination von Genen im Reagenzglas möglichst allgemein verständlich darzulegen.

[2]) Für diesen Sonderdruck wurde der in ÄRZTLICHE PRAXIS veröffentlichte Text neu überarbeitet. Er ist jedoch in allen wesentlichen Punkten mit der Erstfassung identisch. Die Gesellschaft Deutscher Naturforscher und Ärzte dankt dem Herausgeber von ÄRZTLICHE PRAXIS, Herrn Dr. E. Banaschewski, sehr für die großzügige Überlassung dieses Druckes.

besonders großer Ergiebigkeit, aber auch Rennpferde, Zierpflanzen und anderes mehr.

Heutzutage werden Tierzucht und Pflanzenzüchtung mit wissenschaftlichen Methoden und von Genetikern betrieben. Ohne die Ergebnisse ihrer Arbeit wäre die Sicherstellung der Ernährung des Menschen kaum mehr möglich.

So gesehen muß es verwundern, daß der „Eingriff in die Erbsubstanz", „die genetische Manipulation", in der Öffentlichkeit oft als gefährlich und im negativen Sinn als geheimnisumwittert empfunden wird. Sicher gibt es hierfür eine Reihe von Gründen. So muß in diesem Zusammenhang die vom Dritten Reich praktizierte „Eugenik" genannt werden. Mit ihr wird die Genetik noch oft und zu Unrecht in einen Topf geworfen. Populärwissenschaftliche Literatur, obgleich gut gemeint, muß irreführen, wenn sie sich etwa mit den folgenden Worten ankündigt: „Wünschenswerte Veränderungen (des Menschen) durch genetische Manipulationen und die Anfertigung menschlicher Duplikate sind in greifbare Nähe gerückt, die Züchtung parahumaner Arbeitswesen mit niedrigen Intelligenzquotienten gilt vielen Genetikern als selbstverständliches Fernziel." Wer derartiges liest und glaubt, wird neue genetische Methoden, die auch nur scheinbar dem Erreichen dieses Zieles dienen, mit Mißtrauen betrachten und sich vielleicht verantwortungsbewußt zum Eingreifen veranlaßt sehen.

Kein Wunder also, daß ein in den letzten Jahren entwickeltes Verfahren zur Neukombination von genetischem Material im Reagenzglas einer sehr kritischen öffentlichen Prüfung unterworfen wird. Ich möchte mich deshalb im folgenden ausschließlich mit diesem Verfahren beschäftigen. Persönlich bin ich mir zwar sicher, daß es die zitierte Vision ihrer Verwirklichung auch nicht einen winzigen Schritt näher bringt. Es stellt aber in der Tat eine neue Art des Eingriffs in die Erbsubstanz dar, die auch Außenstehende faszinieren kann.

Der Eingriff in die Erbsubstanz war bisher prinzipiell dadurch limitiert, daß die Grenzen einer Geschlechtsgemeinschaft, also einer biologischen Art, nicht übersprungen werden konnten. Nur innerhalb einer Art konnten z. B. erwünschte Erbanlagen durch Kreuzung geeigneter Elterntiere zwecks Züchtung einer speziellen Rasse zusammengeführt werden. Diese Grenze wird durch das neue Verfahren im Prinzip überwunden, als Empfänger des Erbmaterials kommen allerdings ausschließlich Bakterien in Frage — und diese Aussage soll gleich an dieser Stelle übereilte Phantasien dämpfen.

Isolierung und Übertragung einer Bakterien-Erbeigenschaft

Vor der Schilderung der Entwicklung und Arbeitsweise des Verfahrens möchte ich kurz darlegen, wie die Erbsubstanz aufgebaut ist. Vereinfacht gesprochen besteht sie in den Zellen aller Lebewesen aus einem oder mehreren Nukleinsäuremolekülen. Ein solches Molekül kann man sich als einen sehr langen Faden vorstellen, der eine Notenschrift trägt. Allerdings gibt es statt der sieben Grundtöne der Oktave nur deren vier, die wir A, C, G und T [3]) nennen. Diese Töne werden auf der Nukleinsäure wie in der Notenschrift zu Tonfolgen aufgereiht. Eine Erbanlage bzw. ein Gen ist somit einer Melodie zu vergleichen, alle Melodien einer Zelle zusammengenommen ergeben die genetische Information dieser Zelle bzw. das Genom. Die Nukleinsäure hat zwei wichtige Eigenschaften: Ehe eine Zelle sich in zwei Tochterzellen teilt, verdoppelt sie sich, so daß die gleichen Erbmelodien an beide Tochterzellen weitergegeben werden können. Sie wird außerdem in der Zelle wie ein Tonband abgespielt. Und genauso, wie wir einzelne Melodien als solche erkennen und auf sie verschieden reagieren, reagiert die Zelle auf das Ertönen der Erbmelodien durch eine spezifische Leistung. Es kommt — wie der Fachmann sagt — zur Genexpression, d. h. es werden Gen-spezifische Proteine synthetisiert. Diese wiederum bauen die Zelle auf und steuern ihren Stoffwechsel.

Wie wurde nun das Verfahren zur Neukombination von Genen entwickelt?

In Bakterien besteht der Nukleinsäurefaden aus einem in sich ringförmig geschlossenen Molekül, das ca. 1 mm lang ist und Bakterien-Chromosom genannt wird. Leider zerbricht der Ring, wenn man versucht, ihn aus den Bakterien zu isolieren, und er ist deshalb für genetische Experimente im Reagenzglas schlecht geeignet.

[3]) A = Adenin, C = Cytosin, G = Guanin und T = Thymin.

Die Situation änderte sich jedoch, als die Resistenz von Bakterien gegen Antibiotika genetisch untersucht wurde. Die Nukleinsäure, welche die Melodie trägt, aus der Bakterien hören, wie sie Antibiotika-resistent werden können, ist nicht Bestandteil des großen Chromosomenrings, sondern stellt selbst einen sehr viel kleineren Ring dar, der **Plasmid** genannt wird. Solche Plasmide können aus Bakterien intakt isoliert werden.

Man könnte also mit diesen Plasmidringen eine Erbeigenschaft — nämlich Antibiotikaresistenz — auf Antibiotika-sensitive Bakterien übertragen, gelänge es nur, die Ringe in diese Bakterien hineinzubefördern.

Wie dies zu bewerkstelligen sei, wurde in ganz anderem Zusammenhang gefunden. Wenn man Bakterien mit einer Salzlösung aus Calciumchlorid wäscht, werden deren Wände durchlässig, und die Bakterien nehmen nun Plasmide auf. Zwar gelingt der Versuch nur bei etwa einem unter 1 Million Bakterien. Aber wir können dies eine Bakterium, wenn es die Eigenschaft der Antibiotikaresistenz tatsächlich erblich erworben hat, trotzdem leicht entdecken. Auf einer Nährplatte, die das entsprechende Antibiotikum enthält, kann nämlich nur dies Bakterium eine sichtbare Kolonie aus vielen Nachkommen bilden, während alle anderen Bakterien durch das Antibiotikum abgetötet werden.

Durchbrechung der Artgrenze

Man kann sich nun fragen, ob die gewaschenen Bakterien vielleicht auch Nukleinsäurefäden mit viel interessanteren Eigenschaften in sich aufnehmen könnten. In diesem Fall wäre es möglich, auch Erbmelodien von Nicht-Bakterien als Spender zu übertragen — und somit die Artgrenze zu durchbrechen. Die Erfahrung zeigt, daß dies nicht, jedenfalls nicht meßbar, möglich ist. Zwar werden Nukleinsäurestücke vielleicht aufgenommen, aber solche Stücke sind im Gegensatz zu intakten Bakterienchromosomen und Plasmiden keine vermehrungsfähige Einheit und gehen deshalb spätestens bei Teilung des Bakteriums für die Nachkommen verloren.

Ein unerwarteter Ausweg aus dieser Situation ergab sich aus der Entdeckung der sogenannten **Restriktionsenzyme.** Sie gehören zur Klasse der längst bekannten Nukleasen; diese vergleicht man am besten mit molekularen Scheren, welche die Notenschrift der Nukleinsäuren in winzige Fetzen zerschneiden, so daß nur einzelne Töne übrigbleiben, die nichts mehr von der ursprünglichen Melodie erzählen. Restriktionsenzyme sind hingegen spezialisiert: sie zerschneiden die Nukleinsäuren nur im Bereich ganz spezieller Tonfolgen, die sie in jeder beliebigen genetischen Melodie erkennen können; für das Restriktionsenzym Eco R II lautet sie etwa G-G-A-C-C. Je seltener die Tonfolge bzw. die Erkennungssequenz ist, desto größer werden im Durchschnitt die entstehenden Nukleinsäurestücke. Alle Stücke, die vom selben Restriktionsenzym geschnitten wurden, haben gemeinsam, daß sie zwar verschiedene genetische Melodien oder Melodiestücke enthalten, aber immer mit denselben Tonfolgen beginnen bzw. enden.

Aber noch eine andere häufige Eigenschaft dieser Enden muß erwähnt werden. Wenn man eine Notenschrift exakt der Tonzeichenfolge G-G-A-C-C folgend durchschneidet, wird die Schrift nicht wie durch einen glatten Schnitt getrennt, sondern es entstehen — wie man auf einem Stück Papier leicht erkennen kann — hakenartige Schnittflächen, welche die zerschnittenen Stücke nach wie vor verklammern. Natürlich können die beiden Stücke der Notenschrift jetzt leicht getrennt werden, aber es ist auch augenscheinlich, daß ein korrektes Wiederzusammenfügen der Stücke durch diese Schnittflächen sehr erleichtert wird. Ganz analog verhalten sich die Schnittflächen, welche durch einige Restriktionsenzyme hervorgerufen werden. Sie besitzen molekulare Widerhaken, die das Zusammenfügen von Nukleinsäurestücken mit gleichen Schnittflächen sehr erleichtern (Abbildung 1).

Mit diesem Wissen ausgestattet, können wir jetzt in Gedanken ein Experiment zur Neukombination von Erbmaterial im Reagenzglas auch über Artgrenzen hinweg vornehmen (Abbildung 2).

Zunächst wird ein Plasmid mit einem geeigneten Restriktionsenzym aufgeschnitten bzw. linearisiert. Anschließend wird mit demselben Enzym Nukleinsäure eines beliebigen Spenders — z. B. eines Bakteriums oder einer Taufliege — in spezifische Spaltstücke zerlegt. Diese Stücke werden mit dem linearisierten Plasmid gemischt. Jetzt erlaubt man, daß sich die Widerhaken wieder verbinden. Viele Plasmide

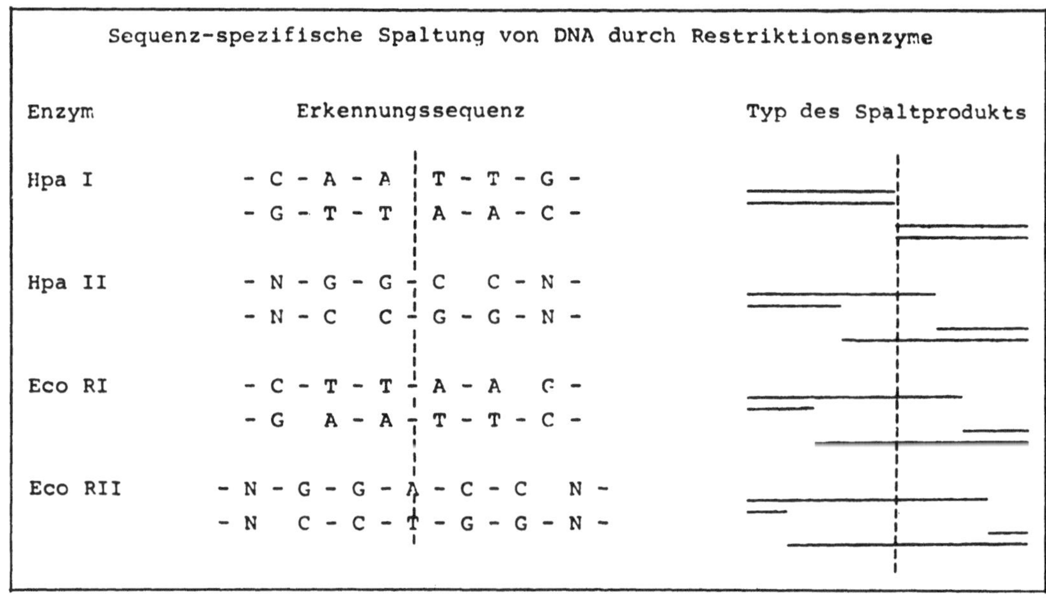

Abb. 1: Die Abbildung zeigt links für 4 Restriktionsenzyme die Erkennungssequenzen („Tonfolgen") auf doppelsträngiger Desoxyribonukleinsäure (DNA). Man erkennt, daß jedes Enzym eine spezifische Erkennungssequenz besitzt. Diese lautet für „Eco RII", wie im Text als Beispiel erwähnt, G-G-A-C-C. Entlang dieser Sequenz wird die doppelsträngige DNA – welche der Notenschrift enspricht – durchschnitten. Es entstehen einsträngige Enden (siehe rechts), die wie Haken und Ösen ein Wiederzusammenfügen der Fragmente erleichtern. Man hat aber inzwischen auch gelernt, stumpfe Enden (Hpa I) wieder zu verbinden.

werden sich wieder in sich selbst schließen, aber andere nehmen Stücke der Spender-Nukleinsäure in sich auf, ehe der Ringschluß zustande kommt. Mit enzymatischen Methoden werden die lose verhakten Ringe in sich geschlossen und in Calciumchlorid-gewaschene Empfängerbakterien eingeschleust. Abschließend erfolgt ein doppelter Selektionsschritt. Zuerst werden durch Zugabe von Antibiotikum die Plasmid-haltigen Bakterien ermittelt. Unter diesen wiederum müssen dann jene entdeckt werden, die zusätzliche Spender-Nukleinsäure enthalten.

Ich fasse das Ergebnis des Experiments zusammen: In bakterielle Plasmide kann man im Reagenzglas Nukleinsäurestücke bzw. Erbmaterial beliebiger Herkunft einbauen (Abbildung 3). In Empfängerbakterien eingebracht, werden diese Stücke als Bestandteile des Plasmids vermehrt und somit an die Nachkommen weitergegeben. Es entsteht also ein Bakterienstamm, der ein neues Stück Erbmelodie hinzugewonnen hat. Wir wollen die wichtige Frage, ob die Bakterien die neue Melodie auch abhören und verwerten können oder ob sie hierfür je nach Art des Spenders taub sind, zurückstellen und uns zunächst den wirklichen und auch nur denkbaren Gefahren zuwenden, die mit dem Verfahren verbunden sind.

Wie beurteilt man die Risiken heute?

Diese Gefahren wurden zuerst von Wissenschaftlern erkannt, die selbst an der Entwicklung des Verfahrens beteiligt waren. Sie verzichteten freiwillig auf bestimmte Experimente und beriefen 1975, benannt nach dem Veranstaltungsort, die Konferenz von Asilomar ein. Von einer internationalen Wissenschaftlergruppe wurde ein Moratorium beschlossen, das bis zur Klärung wichtiger Fragen bestimmte Experimente verbot und die Ausarbeitung von Sicherheitsrichtlinien vorsah. Heute, rund zwei Jahre nach der Konferenz, stellt sich die Lage wie folgt dar:

Erste Gefahrenannahme: Wie das geschilderte Experiment zeigt, wird mit allen Experimenten Antibiotikaresistenz auf bis dahin Antibiotika-sensitive Empfänger-

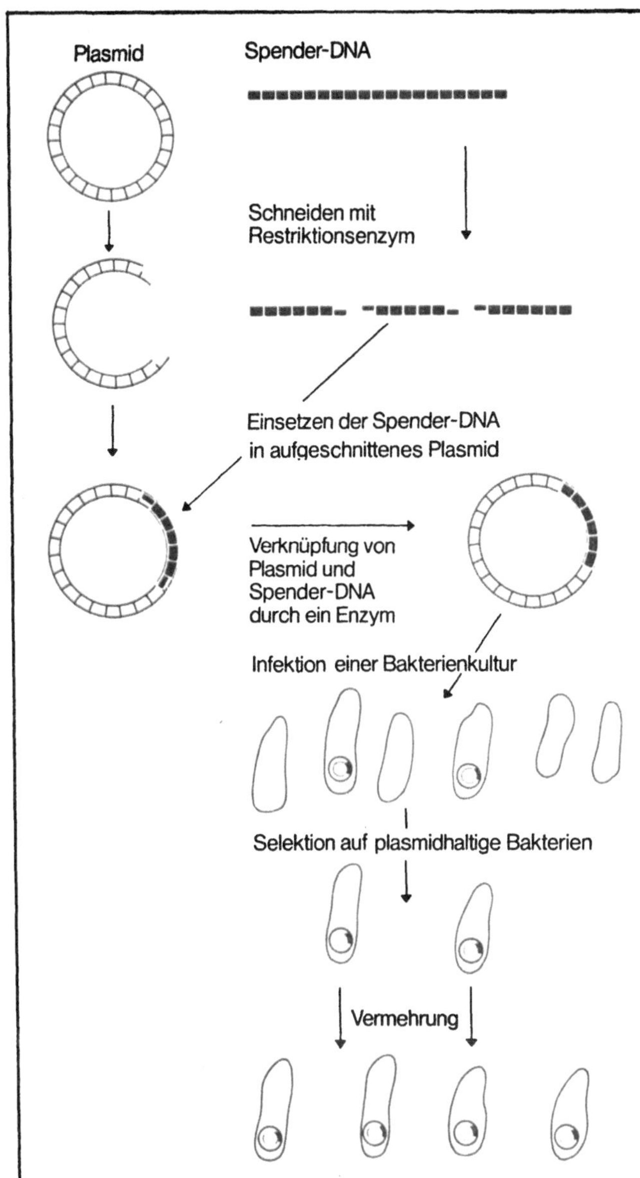

Abb. 2: Schema der experimentellen Neukombination von Genen: Plasmide können an bestimmten Stellen mit „Restriktionsenzymen" zerschnitten werden. Hier wird dann das DNA-Molekül des Spenders eingesetzt und der Ring wieder geschlossen. Nach der Übertragung auf Bakterien vervielfältigt sich das Plasmid mit dem neuen Gen, so daß dieses Erbgut jetzt auch an alle Tochterbakterien weitergegeben wird. Durch geeignete Selektionsverfahren, die sehr kompliziert und zeitraubend sein können, müssen die wenigen Bakterien, welche das Plasmid mit dem neuen Gen enthalten, aufgefunden werden. Man rechnet mit Ausbeuten von einem „richtigen" unter 1 bis 1000 Millionen „falschen" Bakterien.

Bakterien ausgebreitet. Da es sich bei diesen um den Stamm Escherichia coli handelt, der auch im menschlichen Darm lebt, war zu prüfen, ob hierdurch die Antibiotikatherapie gefährdet werden kann. Die Frage ist praktisch gesehen zu verneinen. Zunächst haben die Resistenz-tragenden Plasmide, ohne Zutun des Forschers, auch in der Natur die Eigenschaft, sich auf Antibiotika-sensitive Bakterien auszubreiten. Sie werden deshalb auch Resistenz-Transfer-Faktoren genannt. Leider findet man sie überall, und sie erhalten speziell dann durch Selektion eine besondere Ausbreitungschance, wenn Antibiotika unterdosiert verabreicht werden. Jeder einzelne, der Antibiotika unkontrolliert oder unterdosiert einnimmt, stellt deshalb eine größere Gefahr dar als ein ganzes genetisches Labor. Außerdem ist man heute nicht mehr ausschließlich auf Antibiotikaresistenz als Selektionsmerkmal für die Empfängerbakterien angewiesen, sondern benützt vorzugsweise andere Merkmale, die medizinisch gesehen unbedenklich sind. Hier kann man z. B. die Fähigkeit zum Milchzuckerabbau oder die Colizinimmunität nennen.

Zweite Gefahrenannahme: Die verwendeten Empfängerbakterien als solche sind zwar nicht krankheitserregend, aber trotzdem gefährlich. Entkommen sie aus dem Labor, ist ihre rasche Ausbreitung unvermeidlich. Tragen sie zusätzlich neues genetisches Merkmal, könnten sie eine Seuche auslösen. Wir wollen uns zunächst dem ersten Argument zuwenden und dann das soeben genannte als einen dritten Gefahrentyp behandeln. Es ist definitiv falsch, Laborbakterien mit wilden, ausgehungerten Hunden zu vergleichen, die, von der Laborkette losgelassen, den Nächstbesten anfallen. Richtig ist, daß sie wie ein Schoßhündchen, das seinem Herrn verlorenging, in der freien Wildbahn kaum eine Überlebenschance haben. Sie stellen infolge ihrer jahrzehntelangen Laborvergangenheit abgeschwächte Keime dar und können sich gegen den verwandten Wildtyp, der ihre natürlichen Lebensräume besetzt hält, nicht durchsetzen. Dies haben erst in jüngster Zeit durchgeführte, sehr sorgfältige genetische Experimente erneut gezeigt. Selbst mit künstlicher Starthilfe sind sie nicht in der Lage, sich auszubreiten und natürliche Lebensräume zu besetzen.

Für die dritte Gefahrenannahme gibt es keine konkreten Anhaltspunkte. Obwohl sie somit eine nur denkbare oder potentielle Gefahr darstellt, muß sie gründlich bedacht werden. Sie läßt sich mit der folgenden Überlegung beschreiben: Wenn ein Bakterium genetisches Material von einer fremden biologischen Art erhält, wenn also die Artgrenze übersprungen wird, könnte es, vom Forscher unbeabsichtigt, zu einem bisher unbekannten Krankheitserreger werden.

Zunächst möchte ich einiges anführen, was dagegen spricht, daß jemals aus der denkbaren eine echte, ernste Gefahr werden könnte:

- Pathogenität eines Bakteriums heißt nicht nur, daß es eine krankheitserregende Substanz produziert. Es muß sich zusätzlich entweder ausbreiten können

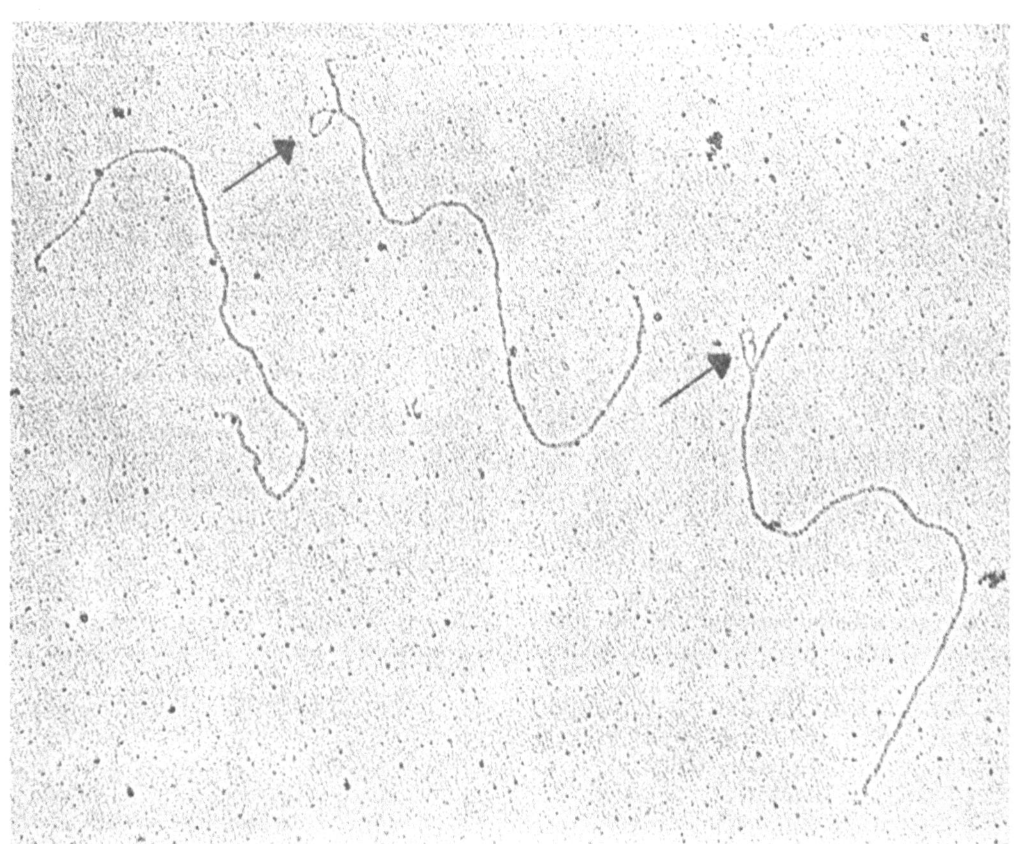

Abb. 3: Das Einsetzen eines Gens in ein Plasmid kann im Elektronenmikroskop durch „Heteroduplex-mapping" sichtbar gemacht werden. Man erkennt hier das eingesetzte Gen als kleine Schleife. Jeder der drei Nukleinsäurefäden ist etwa zweitausendstel Millimeter lang.

oder die Eigenschaft an andere Bakterien weitergeben. Die erste Möglichkeit trifft, wie oben geschildert, nicht zu, die andere läßt sich durch geeignete Experimentiertechnik ausschließen.

Es hat sich in den letzten Jahren ergeben, daß das Einbringen einer artfremden genetischen Melodie in ein Bakterium nicht gleichzeitig bedeutet, daß diese auch abgehört wird. Sie bleibt vielmehr stumm und wirkungslos.

Sicherheitsrichtlinien — Laborsicherheitsstufen

Trotz dieser Argumente muß man zugeben, daß sich eine irgendwie denkbare Gefahr aus prinzipiellen logischen Gründen nicht mit absoluter Sicherheit ausschließen läßt. Hat man sie erst einmal erdacht, ist man verpflichtet, ihr Rechnung zu tragen. Auch aus diesem Grund wurden die Sicherheitsrichtlinien entwickelt, auf die ich jetzt eingehe.

Für das Gebiet der Bundesrepublik wurden Sicherheitsrichtlinien von einer Kommission des Bundesministeriums für Forschung und Technologie erarbeitet, die ihrerseits dem Kern bereits bestehender englischer und amerikanischer Richtlinien folgte. Gemessen am Stand der Forschung im Lande kommen die Richtlinien absolut noch rechtzeitig. Sie wurden für den Bereich der Max-Planck-Gesellschaft schon in Kraft gesetzt, und andere Forschungsbereiche werden sicher in Kürze folgen.

Die denkbaren Risiken werden um so höher angesetzt, je näher der Spender dem Menschen steht. Genetisches Material von Säugetieren ist deshalb mit einem höheren denkbaren Risiko belastet als Gene von Pflanzen, Einzellern oder Bakterien. Verschärft werden die Sicherheitsvorkehrungen dann, wenn die Genspender bei Menschen, Tieren oder Pflanzen Krankheiten verursachen können. Experimente dürfen in einem solchen Fall, wenn überhaupt, nur beim Vorliegen einer eindeutigen Positiv-Legitimation begonnen werden.

Unterschiedliche Experimentiertechniken und verschiedene Gestaltung der Arbeitsräume sowie organisatorische Maßnahmen kennzeichnen vier verschiedene Laborsicherheitsstufen, L_1 bis L_4. Die oberste Stufe, L_4, hat nur international vergleichende Bedeutung, da einschlägige Experimente hier im Lande weder vorgesehen noch geplant sind. In der zweithöchsten Stufe, L_3, ist der Arbeitsraum durch eine Schleuse vom übrigen Gebäude getrennt. Er steht unter Unterdruck, die Luft wird durch bakteriendichte Filter abgesaugt. Zu- und Abwasserleitungen sind nicht erlaubt. Ergänzt werden die Laborsicherheitsstufen durch zwei biologische Sicherheitsstufen, B_1 und B_2. Sie bedeuten, daß als Empfänger der neukombinierten Gene nur zwei stark abgeschwächte Keime verwendet werden, die sich — wie das zitierte Schoßhündchen — in der freien Natur nicht behaupten können.

Schließlich ist wichtig, daß nicht mit Gen-Suppen vom Typ des Leipziger Allerlei, sondern nur mit gereinigtem Erbmaterial bekannten Inhalts gearbeitet werden soll. Verschiedene Gremien werden unter Beteiligung der Öffentlichkeit die Einhaltung der Richtlinien überwachen. Den Skeptiker mag zusätzlich überzeugen, daß die Ergiebigkeit dieser Art Forschung nicht steigt, wenn man „gefährlich" arbeitet. Moral und Erfolg liegen im Gegenteil auf einer Linie.

Impulse für Grundlagen und Biotechnologie

Mit den geschilderten Sicherheitsrichtlinien wird die Neukombination von genetischem Material nicht untersagt, sondern nur Auflagen unterworfen. Mit diesen wird, wie ich meine, ein gefahrloses Arbeiten gewährleistet.

Ich möchte abschließend darlegen, daß diese Arbeiten nicht nur fortgeführt werden sollen, einfach weil dies ohne Gefährdung der Beteiligten oder der Bevölkerung möglich ist, sondern weil man sich von ihnen wichtige naturwissenschaftliche Grundlagenerkenntnisse sowie biotechnologische Nutzanwendungen verspricht.

Was erwartete Fortschritte in den Grundlagenkenntnissen betrifft, muß ich kurz auf das Bild zurückkommen, daß die genetische Information einer Zelle aus vielen Melodien bzw. Genen aufgebaut ist. Jede einzelne Zelle etwa des menschlichen Körpers besitzt den gleichen Melodiensatz. Trotzdem hört offensichtlich jede Zellart nur bestimmte Melodien ab. Wissenschaftlich wird dieses Phänomen als Differenzierung bezeichnet. Sie führt dazu, daß in verschiedenen Zellarten nur ein ganz bestimmter Teil der vorhandenen genetischen Information abgerufen wird, und daß schließlich aus der befruchteten Eizelle so verschiedene Zellarten wie Leber-, Lungen- oder Gehirnzellen werden. Bis heute ist uns der Mechanismus, der zu dieser Differenzierung führt, unbekannt. Mit Sicherheit stellt die Neukombination von Genen ein wichtiges Werkzeug dar, das den Forschern helfen wird, ihn aufzudekken. Da man annehmen muß, daß Störungen in der Differenzierung zu vorzeitigem Altern, zu Entartungen wie Krebs und zu anderen Krankheiten führen, kann man sich aus diesen Arbeiten langfristig auch praktische Auswirkungen auf die Medizin erhoffen.

Nach diesem Beispiel aus der Grundlagenforschung noch ein Wort zur Biotechnologie. Man setzt große Hoffnungen auf die Möglichkeit, seltene Naturstoffe in Zukunft billig in Bakterien produzieren zu können. Das oft zitierte Paradebeispiel ist Insulin. Es ist das Produkt eines einzelnen Gens und wird in den Langerhansschen Inseln des Pankreas gebildet. Einer amerikanischen Forschergruppe ist es bereits gelungen, Stücke des Insulingens auf Bakterien zu übertragen. Ob sich die biotechnologischen Hoffnungen erfüllen, hängt von der Lösung eines bisher noch offenen Problems ab: Zwar werden die Stücke des Insulingens in den Bakterien erblich weitergegeben, die auf ihnen niedergelegte genetische Information wird aber von den Bakterien nicht erkannt. Zwar verwenden Bakterien und tierische Zellen dieselbe Tonschrift, aber sie haben einen verschiedenen musikalischen Geschmack; Bakterien verhalten sich etwa wie begeisterte Jazz-Hörer, die Melodie des Insulin-Gens hört sich aber klassisch an und wird deshalb vom Bakterium nicht beachtet. Es hat sich in den letzten Jahren gezeigt, daß, wissenschaftlich gesprochen, die Integration eines zellulären Gens in ein bakterielles Plasmid noch lange nicht dessen Genexpression bedeutet. Um dieses Ziel zu erreichen, muß es gezielt an bakterielle Erkennungssequenzen angekoppelt werden. Es gilt als sicher, daß dies möglich ist, wenngleich schwierig. Positive Experimente mit natürlichen Nukleinsäuren stehen noch aus. Es scheint aber in einem Fall gelungen zu sein, ein im Labor synthetisiertes Nukleinsäurefragment für das Empfängerbakterium E. coli „hörbar“ zu machen.

Den revolutionärsten Beitrag wird die Neukombination von Genen vielleicht eines Tages für die Gewinnung von Nutzpflanzen leisten. Durch Pflanzengenetik, Düngung und modernen Ackerbau ist es gelungen, die Erträge an pflanzlichem Protein pro Hektar Ackerfläche gewaltig zu steigern. Aber gleichzeitig hat der Verbrauch an Primärenergie, wie Erdöl usw., gemessen am Ertrag sehr zugenommen. Ein Teil der Energie wird benötigt, um Stickstoffdünger herzustellen. Es gibt nun eine Pflanzenart, die Leguminosen, die sich mit Hilfe ihrer Knöllchenbakterien den Stickstoff direkt aus der Luft holen. Gelänge es, dieses System durch Neukombination von Genen auf unsere wichtigsten Nutzpflanzen zu übertragen, würden sich der Pflanzenzüchtung ganz neue, billige und energiesparende Wege öffnen.

Prof. Dr. med. Dr. phil. P. H. Hofschneider, Direktor der Abteilung Virusforschung im Max-Planck-Institut für Biochemie, Am Klopferspitz 18 a, 8033 Martinsried bei München.

Werk-Verlag Dr. Edmund Banaschewski, München-Gräfelfing. — Druck: Hier. Mühlberger, Augsburg.